Contents

- 初めてでも分かりやすい！　動画で学ぶ本！ …………………………………………… 2
- 1級土木施工管理技術検定試験 第二次検定 受検ガイダンス　無料 YouTube 動画講習　6
- 最新問題の一括要約リスト ……………………………………… 無料 YouTube 動画講習　13

第Ⅰ編　施工経験記述

1. 技術検定試験　重要項目集 ……………………………… 無料 YouTube 動画講習　32
2. 最新問題解説 ………………………………………………………………………………… 56

第Ⅱ編　施工管理記述

第1章　土工
- 1.1　試験内容の分析と学習ポイント …………………………………………… 97
- 1.2　技術検定試験　重要項目集 ………………………………………………… 99
- 1.3　最新問題解説 ………………………………………………………………… 117

第2章　コンクリート工
- 2.1　試験内容の分析と学習ポイント …………………………………………… 154
- 2.2　技術検定試験　重要項目集 ………………………………………………… 156
- 2.3　最新問題解説 ………………………………………………………………… 174

第3章　品質管理
- 3.1　試験内容の分析と学習ポイント …………………………………………… 219
- 3.2　技術検定試験　重要項目集 ……………………………… 無料 YouTube 動画講習　222
- 3.3　最新問題解説 ………………………………………………………………… 245

第4章　安全管理
- 4.1　試験内容の分析と学習ポイント …………………………………………… 306
- 4.2　技術検定試験　重要項目集 ………………………………………………… 309
- 4.3　最新問題解説 ………………………………………………………………… 323

第5章　施工管理
- 5.1　試験内容の分析と学習ポイント …………………………………………… 386
- 5.2　技術検定試験　重要項目集 ………………………………………………… 389
- 5.3　最新問題解説 ………………………………………………………………… 399

攻略編

- 令和7年度　虎の巻（精選模試）施工経験記述編 ……………………………………… 453
- 令和7年度　虎の巻（精選模試）第一巻 ……………………… 無料 YouTube 動画講習　466
- 令和7年度　虎の巻（精選模試）第二巻 ……………………… 無料 YouTube 動画講習　475
- 施工経験記述添削講座（読者限定の有料通信講座） …………………………………… 485

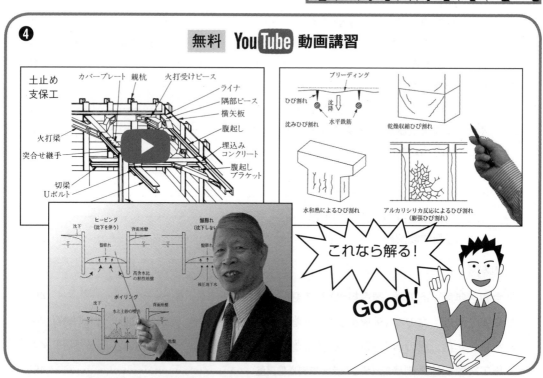

8日間の集中学習で完全攻略！
本書は最短の学習時間で国家資格を取得できる自己完結型の学習システムです！

本書「スーパーテキストシリーズ 分野別 問題解説集」は、本年度の第二次検定を攻略するために必要な学習項目をまとめた虎の巻（精選模試）とYouTube動画講習を融合させた、短期間で合格力を獲得できる自己完結型の学習システムです。

> 3日間で 問題1 の施工経験記述が攻略できる！
> YouTube動画講習を活用しよう！
>
> YouTube動画講習を視聴し、施工経験記述の練習を行うことにより、工事概要・施工計画・工程管理・安全管理・品質管理・環境保全の書き方をすべて習得できます。

> 5日間で 問題2 ～ 問題11 が攻略できる！
> 虎の巻（精選模試）に取り組もう！
>
> 本書の虎の巻（精選模試）には、本年度の第二次検定に解答するために必要な学習項目が、すべて包括整理されています。

無料 YouTube 動画講習 受講手順

スマホから　https://get-ken.jp/
GET研究所　検索

←スマホ版無料動画コーナー
URL　https://get-supertext.com/

（注意）スマートフォンでの長時間聴講は、Wi-Fi環境が整ったエリアで行いましょう。

① スマートフォンのカメラで上記の画像を撮影してください。

② 画面右上の「動画を選択」をタップしてください。

③ 受講したい受検種別をタップしてください。

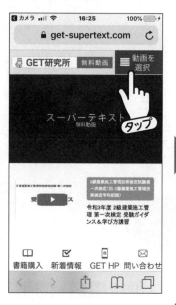

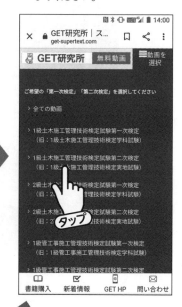

④ 受検種別に関する動画が抽出されます。

画面中央の再生ボタンをクリックすると動画が再生されます。

※ 動画の視聴について疑問がある場合は、弊社ホームページの「よくある質問」を参照し、解決できない場合は「お問い合わせ」をご利用ください。

https://get-ken.jp/
GET研究所　検索

①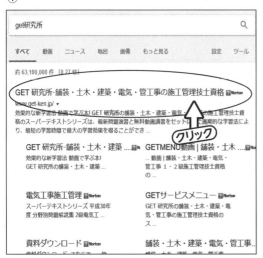

②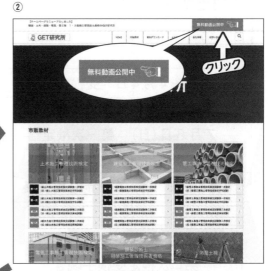

③画面右上の「動画を選択」をクリックしてください。

④受講したい受検種別をクリックしてください。

⑤受検種別に関する動画が抽出されます。

画面中央の再生ボタンをクリックすると動画が再生されます。

※動画下のYouTubeボタンをクリックすると、大きな画面で視聴できます。

受検ガイダンス＆学び方講習 - 1

１級土木施工管理技術検定試験
受検ガイダンス

```
┌─────────────────────┐      ┌─────────────────────┐
│ １級土木施工管理技術検定試験 │      │ １級土木施工管理技術検定試験 │
│      第一次検定       │      │      第二次検定       │
└──────────┬──────────┘      └──────────┬──────────┘
           ▽                            ▽
┌─────────────────────┐      ┌─────────────────────┐
│ 3月21日～4月4日 受検申し込み │      │   第一次検定免除者の   │
└──────────┬──────────┘      │   第二次検定申し込み   │
           ▽                  │   3月21日～4月4日    │
┌─────────────────────┐      └──────────┬──────────┘
│  7月6日(日)  第一次検定  │                 │
└──────────┬──────────┘                 │
           ▽                             │
┌─────────────────────┐                 │
│  8月14日  第一次検定合格発表 │                 │
└──────────┬──────────┘                 │
           ▽                             │
┌─────────────────────┐                 │
│   当年度第一次検定合格者   │                 │
│   第二次検定受検手続き    │                 │
└──────────┬──────────┘                 │
           ▽                             │
┌─────────────────────┐                 │
│  10月5日(日)  第二次検定  │◀────────────────┘
└──────────┬──────────┘
           ▽
┌─────────────────────┐
│ 翌年1月9日 第二次検定合格発表 │
└──────────┬──────────┘
           ▽
┌─────────────────────┐
│      合格証交付申請      │
└──────────┬──────────┘
           ▽
┌─────────────────────┐
│       合格証交付        │
└──────────┬──────────┘
           ▽
┌─────────────────────┐
│ １級土木施工管理技士 資格取得 │
└──────────┬──────────┘
           ▽
┌─────────────────────┐
│       講習・申請        │
└──────────┬──────────┘
           ▽
┌─────────────────────┐
│   監理技術者資格者証交付   │
└─────────────────────┘
```

※この流れ図は、令和6年度の第二次検定および令和6年12月11日の報道発表資料に基づくものです。試験日程は、年度によって異なります。試験日程は、今後変更される可能性もあります。令和7年度の試験日程については、必ずご自身でご確認ください。

受検申し込み用紙　提出・問い合わせ先

〒187-8540
東京都小平市喜平町2-1-2
(財)全国建設研修センター　土木試験部
　　　TEL　042-300-6860
　　　FAX　042-300-6868

受検ガイダンス＆学び方講習-2

1 1級土木施工管理技術検定試験第二次検定の概要

(1) 試験日

令和7年10月5日（日曜日）

(2) 試験時間

入室時間　　　　　　　：13時00分まで
受検に関する説明　　　：13時00分～13時15分
第二次検定の試験時間：13時15分～16時00分（2時間45分）

(3) 試験地

札幌・釧路・青森・仙台・東京・新潟・名古屋・大阪・岡山・広島・高松・福岡・那覇の13都市が予定されています。

(4) 試験内容

1級土木施工管理技術検定試験第二次検定では、施工管理法に関して、受検者が下記に掲げる知識と能力を有していることを確かめるため、記述式による筆記試験が行われます。

①監理技術者として、土木一式工事の施工の管理を適確に行うために必要な知識を有すること。

②監理技術者として、土質試験及び土木材料の強度等の試験を正確に行うことができ、かつ、その試験の結果に基づいて工事の目的物に所要の強度を得る等のために必要な措置を行うことができる応用能力を有すること。

③監理技術者として、設計図書に基づいて工事現場における施工計画を適切に作成すること、又は施工計画を実施することができる応用能力を有すること。

(5) 合格基準

第二次検定についての得点が60％以上であることが合格基準であるとされていますが、試験の実施状況等に応じて変更される可能性があります。ただし、問題1の施工経験記述に明らかな誤り（工事概要に空欄がある、架空の工事を記述したなど）があった場合は、第二次検定についての得点に関係なく不合格となります。

(6) 合格率

1級土木施工管理技術検定試験第二次検定や実地試験（第二次検定の旧称）の合格率は、概ね3割～4割であったので、比較的難易度の高い国家試験であるといえます。特に、令和5年度の第二次検定は、合格率が29％という特に難易度の高い試験になっていました。

※このページの内容は、令和6年度の第二次検定に基づいて推定したものです。試験日や試験内容などについては、年度によって異なる可能性や、今後変更される可能性があります。令和7年度の試験日や試験内容などについては、必ずご自身でご確認ください。

2　1級土木施工管理技術検定試験第二次検定の出題内容

　1級土木施工管理技術検定試験第二次検定は、問題1から問題3までの**必須問題**と、問題4から問題7までの**選択問題(1)**と、問題8から問題11までの**選択問題(2)**で構成されている。

　このうち、問題1の施工経験記述と、問題2及び問題3の「施工の管理を適確に行うために必要な知識」に関する問題は、**必須問題**なので全員が解答しなければならない。問題4から問題7までの**選択問題(1)**は、主として空欄に用語や数値を記入する問題であり、4問題のうちから2問題を選択して解答する。問題7から問題11までの**選択問題(2)**は、主として論述式で文章を記述する問題であり、4問題のうちから2問題を選択して解答する。

問題	出題分野	出題内容の例（○は出題分野）	選択方式	出題方式	配点（推定）	
問題1	施工経験記述	施工計画・工程管理・安全管理・品質管理・環境保全	全員必須	論述式	40%	40%
問題2	各種の管理・土工・コンクリート工	㊥品質・安全・計画・環境（副産物）、㊟盛土・軟弱地盤、㋐打込み・養生	全員必須	空欄記入	10%	20%
問題3				論述式	10%	
問題4	土工・コンクリート工・品質管理・安全管理・施工管理	㊟㊞盛土・軟弱地盤・建設発生土、㋐㊞打込み・締固め・養生・構造物、㊀墜落防止・建設機械・掘削作業、㊞施工計画・再資源化・適正処分	4問題中2問題を選択	空欄記入	10%	20%
問題5					10%	
問題6					10%	
問題7					10%	
問題8	土工・コンクリート工・品質管理・安全管理・施工管理	㊟㊞法面・軟弱地盤・締固め規定、㋐㊞受入れ・打継ぎ・暑中・寒中、㊀労働災害防止・移動式クレーン、㊞構造物・騒音・廃棄物適正処理	4問題中2問題を選択	論述式	10%	20%
問題9					10%	
問題10					10%	
問題11					10%	

※この表は、令和3年度～令和6年度の第二次検定を中心としたこれまでの試験の傾向を基に作成したものです。
※近年では、「全球測位衛星システムなどを用いた盛土の情報化施工による締固め管理」の出題が多くなっています。

――――――――――選択問題の学習方針について――――――――――

　令和2年度までの1級土木施工管理技術検定実地試験（第二次検定の旧称）では、問題1の施工経験記述を除き、問題2から問題11までのすべてが選択問題であり、各分野の出題数が一貫して同じであった。しかし、令和3年度以降の第二次検定では、問題2と問題3も必須問題となり、各分野の出題数が年度ごとに異なるようになった。なお、必須問題の出題内容は、過去の試験における選択問題から抽出・編集されたものが中心である。

　したがって、令和2年度以前の実地試験では「難易度の高い問題は選択しないことにして学習しない」または「得意な分野だけを重視して学習する」ような学習方針を採ることができたが、令和3年度以降の第二次検定では「すべての問題を学習する」学習方針を採らなければならなくなったと考えられる。

受検ガイダンス＆学び方講習-4

1級土木施工管理技術検定試験第二次検定の評価基準（推定例）

問題	設問	設問内容		摘要	配点	
必須問題	問題1	工事概要記述	(1)工事名	不合格要件：空欄・土木工事以外	2	10
			(2)立場	不合格要件：空欄・誤字・脱字	2	
			(3)工事内容 ①発注者名	不合格要件：空欄	1	
			②工事場所	不合格要件：空欄	1	
			③工期	不合格要件：空欄・施工量との不適合	1	
			④主な工種	不合格要件：空欄・技術的課題との不適合	2	
			⑤施工量	不合格要件：空欄・主な工種との不適合	1	
		設問1 施工経験記述	(1)現場・課題・検討項目	具体的な現場状況	2	16
				施工管理上の技術的課題	3	
				課題解決のための検討項目	3	
			(2)処置・評価	検討項目の対応処置	6	
				対応処置の評価	2	
		設問2 施工経験記述	(1)判明した課題	施工管理上の技術的課題	6	14
			(2)処置・評価	技術的課題に対する対応処置	6	
				対応処置の評価	2	
	問題2	土工・コンクリート工・品質管理・安全管理・施工管理		空欄に語句を記入（5箇所）	10	20
	問題3			解答を記述（2項目又は5項目）	10	
選択問題(1)	問題4	土工・コンクリート工・品質管理（土工関係・コンクリート工関係）・安全管理・施工管理（施工計画・環境保全）	4問中2問選択	空欄に語句を記入（5箇所）	10	20
	問題5			空欄に語句を記入（5箇所）	10	
	問題6			空欄に語句を記入（5箇所）	10	
	問題7			空欄に語句を記入（5箇所）	10	
選択問題(2)	問題8	土工・コンクリート工・品質管理（土工関係・コンクリート工関係）・安全管理・施工管理（施工計画・環境保全）	4問中2問選択	解答を記述（2項目又は5項目）	10	20
	問題9			解答を記述（2項目又は5項目）	10	
	問題10			解答を記述（2項目又は5項目）	10	
	問題11			解答を記述（2項目又は5項目）	10	
合計（合格基準：60点以上かつ「不合格要件」に該当しない）					100	

※ 問題1 の 設問1・設問2 については、摘要の数や内容が異なる場合があります。「施工管理上の技術的課題」とは、「施工計画・工程管理・安全管理・品質管理・環境保全」のうち、各設問で問われている事項の技術的課題になります。

受検ガイダンス&学び方講習-5

3 初学者向けの標準的な学習手順

※ この勉強法は、初めて第二次検定を受ける方に向けたものです。これまでに1級土木施工管理技術検定試験第二次検定や実地試験（第二次検定の旧称）を受けたことがあるなど、既に自らの勉強法が定まっている方は、その方法を踏襲してください。しかし、この勉強法は本当に効率的なので、勉強法が定まっていない方は、活用することをお勧めします。

　本書では、第二次検定を8日間の集中学習で攻略することを目標にしています。各学習日の学習時間は、4時間を想定しているので、長期休暇を利用して一気に学習することを推奨しますが、毎週末に少しずつ学習することもできます。

　この学習手順は、第二次検定を初めて受検する方が、最短の学習時間で合格できるように構築されています。より詳しい学習手順については、「受検ガイダンス&学び方講習」のYouTube動画講習を参照してください。

1日目 の学習手順（土工の分野を集中学習します）
①「虎の巻」解説講習（YouTube動画講習）のうち、「土工」の部分を視聴してください。
②虎の巻（精選模試）第一巻及び第二巻のうち、「土工」の問題を学習してください。
③第Ⅱ編の第1章「土工」分野を学習してください。

2日目 の学習手順（コンクリート工の分野を集中学習します）
①「虎の巻」解説講習（YouTube動画講習）のうち、「コンクリート工」の部分を視聴してください。
②虎の巻（精選模試）第一巻及び第二巻のうち、「コンクリート工」の問題を学習してください。
③第Ⅱ編の第2章「コンクリート工」分野を学習してください。

3日目 の学習手順（品質管理の分野を集中学習します）
①「虎の巻」解説講習（YouTube動画講習）のうち、「品質管理」の部分を視聴してください。
②虎の巻（精選模試）第一巻及び第二巻のうち、「品質管理」の問題を学習してください。
③第Ⅱ編の第3章「品質管理」分野を学習してください。

4日目 の学習手順（安全管理の分野を集中学習します）
①「虎の巻」解説講習（YouTube動画講習）のうち、「安全管理」の部分を視聴してください。
②虎の巻（精選模試）第一巻及び第二巻のうち、「安全管理」の問題を学習してください。
③第Ⅱ編の第4章「安全管理」分野を学習してください。

5日目 の学習手順（施工管理の分野を集中学習します）
①「虎の巻」解説講習（YouTube動画講習）のうち、「施工管理」の部分を視聴してください。
②虎の巻（精選模試）第一巻及び第二巻のうち、「施工管理」の問題を学習してください。
③第Ⅱ編の第5章「施工管理」分野を学習してください。

6日目 の学習手順（施工経験記述を書くための準備をします）
①施工経験記述の考え方・書き方講習（YouTube動画講習）を視聴してください。
②第Ⅰ編「施工経験記述」を通読し、だいたいの内容を把握してください。
③あなたが実務経験証明書に記入した工事について、資料を収集・整理してください。

7日目 の学習手順（施工経験記述の工事概要を記述して施工経験のストーリーを考えます）
①本書487ページの施工経験記述記入用紙（A票）をコピーし、工事概要を書いてください。
②施工計画・工程管理・安全管理・品質管理・環境保全の施工経験のストーリーを考えてください。

8日目 の学習手順（施工計画・工程管理・安全管理・品質管理・環境保全の施工経験を書いてみます）
①本書489ページの施工経験記述記入用紙（B票）を3枚コピーしてください。
②品質管理・安全管理・工程管理の3つのテーマについて、施工経験を書き込んでください。
③本書491ページの施工経験記述記入用紙（C票）を3枚コピーしてください。
④工程管理・施工計画・環境保全の3つのテーマについて、施工経験を書き込んでください。
※施工経験記述添削講座（有料）の受講をご希望の方は、本書の485ページをご覧ください。

4　学習手順の補足

①この学習手順では、8日間のうち、問題1 の施工経験記述には3日間を費やしています。毎年度の試験の傾向から見ると、問題1 で不合格と判定された場合、問題2 以降は採点されないおそれがあるからです。問題1 の施工経験記述は、それだけ重要なのです。

②1日目～5日目の学習手順では、「虎の巻」解説講習（YouTube動画講習）を見てから、虎の巻（精選模試）を学習することになっていますが、この方法では、虎の巻（精選模試）を自らの力だけで解いてみる前に、その答えが分かってしまいます。これを避けたいと思う方は、動画を見る前に、自らの力だけで虎の巻（精選模試）に挑戦してみるという学習方法も考えられます。こちらの方法は、何度か第二次検定や実地試験（第二次検定の旧称）を受けたことがあるなど、既に学習経験のある方にお勧めです。

5　最新問題の一括要約リスト

本書の13ページ～30ページでは、平成27年度以降に出題された 問題2 ～ 問題11 の全問題について、その要点を分野別に集約しています。これを数回通読すると、学習範囲の全体像を把握し、学習をより確かなものにすることができます。「最新問題の一括要約リスト」は、YouTube動画講習としても提供しているため、手元にスマートフォンなどがあれば、ちょっとした隙間時間（通勤電車の中や休憩時間など）にも、効率よく学習を進めてゆくことができます。

6　超特急コースの学習手順

この学習手順は、8日間の学習時間を取ることができない受検者のために、標準的な学習手順を更に短縮したものです。この学習手順では、本書の「最新問題の一括要約リスト」と重要度の高い「虎の巻（精選模試）」に絞り込んで学習を進めていきます。

1日目 の学習手順（施工経験記述を1日で学習します）
本書の453ページに掲載されている虎の巻（精選模試）施工経験記述編を学習してください。

2日目 の学習手順（最新問題の重要ポイントを把握します）
本書の13ページに掲載されている「最新問題の一括要約リスト」を学習してください。

3日目 の学習手順（最も重要度の高い問題だけを学習します）
本書の466ページに掲載されている虎の巻（精選模試）第一巻を学習してください。

受検ガイダンス＆学び方講習 - 7

7 「無料 YouTube 動画講習」の活用

本書の学習と併せて、無料 YouTube 動画講習 を視聴すると、理解力を高めることができます。是非ご活用ください。本書は、書籍と動画講習の2本柱で学習を行えるようになっています。

GET研究所の動画サポートシステム

書籍	無料 YouTube 動画講習
受検ガイダンス	受検ガイダンス＆学び方講習 無料 YouTube 動画講習
最新問題の一括要約リスト	完全合格のための学習法 無料 YouTube 動画講習
施工経験記述 技術検定試験 重要項目集	施工経験記述の考え方・書き方講習 無料 YouTube 動画講習
施工経験記述 最新問題解説	
施工管理記述 技術検定試験 重要項目集(分野別)	情報化施工による盛土の締固め管理 無料 YouTube 動画講習
施工管理記述 最新問題解説(分野別)	
虎の巻(精選模試)	「虎の巻」解説講習 無料 YouTube 動画講習

※この表は、「書籍」に記載されている各学習項目(左欄)に対応する「動画講習」のタイトル(右欄)を示すものです。
※「情報化施工による盛土の締固め管理」に関する学習資料は、GET研究所ホームページから取得してください。

無料 YouTube 動画講習 は、GET研究所ホームページから視聴できます。

https://get-ken.jp/

[GET 研究所] [検索] ➡ 無料動画公開中 ➡ 動画を選択

「情報化施工による盛土の締固め管理」に関する学習資料は、GET研究所ホームページから取得してください。
※この学習資料についての詳細は、本書の227ページを参照してください。

https://get-ken.jp/

[GET 研究所] [検索] ➡ [資料ダウンロード] ➡ [スーパーテキスト付属資料] ➡ 土木施工管理
●情報化施工による盛土の締固め管理

最新問題の一括要約リスト

1級土木施工管理技術検定試験第二次検定 完全合格のための学習法

この学習法で一発合格を手にしよう!

　問題1 の施工経験記述は、本書の第Ⅰ編を読み、「施工経験記述の考え方・書き方講習」の無料動画を視聴し、施工計画・工程管理・安全管理・品質管理・環境保全の5つの出題分野について、あらかじめ自身の工事経験を書いてみることで、事前に準備できるため、合格点を獲得しやすい分野である。

　問題2・問題4・問題5・問題6・問題7の5つの問題は、主として空欄に用語または数値を記入する形式である。穴埋め問題は、一見すると簡単に思えるかもしれないが、法律や基準書などに書かれている用語や数値を、そのまま正確に記入するためには、過去に出題された用語や数値を自分の手で正確に記述してみるなどの特別な訓練が必要となる。

　問題3・問題8・問題9・問題10・問題11の5つの問題は、主として土木工事における留意点を、文章で記述する形式である。この記述問題に解答するためには、施工方法を要約し、自分の手で記述するための特別な訓練が必要となる。

　GET研究所では、独学者の一発合格を目標として、「完全合格のための学習法」を無料動画として提供している。13ページ～30ページの「最新問題の一括要約リスト」を手元に置き、「完全合格のための学習法」を視聴することで、本年度の 問題2 ～ 問題11 に解答するための「特別な訓練」を行うことができる。

> 過去問題を子細に分析したこの「最新問題の一括要約リスト」には、本年度の試験に向けて学習すべき内容が集約されています。この資料を読み込むと、試験の全体像を短時間で一括して把握できるため、完全合格への近道となります。是非ご活用ください。

※最新問題の一括要約リストでは、各問題の要点をできる限り短い文章に集約しているため、表現が必ずしも正確ではない場合(前提条件や例外規定の省略など)があります。詳細な内容については、本書の対応する最新問題解説を参照してください。なお、上記の問題番号は、令和3年度以降の第二次検定に基づくものです。

←スマホ版無料動画コーナー
URL　https://get-supertext.com/
(注意)スマートフォンでの長時間聴講は、Wi-Fi環境が整ったエリアで行いましょう。

「完全合格のための学習法」の動画講習を、GET研究所ホームページから視聴できます。
https://get-ken.jp/

GET研究所　検索　➡　　➡

完全合格のための学習法 - 1

1級土木施工管理技術検定試験第二次検定　最新問題の一括要約リスト

※各分野(各項目)の出題数や出題方式は、年度ごとに異なっています。
※最新問題の一括要約リストの活用方法は、無料動画「完全合格のための学習法」で解説しています。

土工分野の空欄記入問題

※空欄記入問題は、基準書に掲載されている文章の一部を空欄にしたものが多くなっています。このような場合には、原則として、基準書に掲載されている用語を記入しなければならず、類似の用語を記入したのでは正解にならない場合があります。

問題	空欄	前節—記入用語—後節
令和5年度 切土法面施工時の排水対策	(イ)	気象条件による影響で、最も多いのは雨水流下による**浸食**である。
	(ロ)	排水工の位置を決定する場合には、十分な**現地踏査**が必要である。
	(ハ)	**地下水**の水位が高い切土部では、切土の段階ごとに水位を下げる。
	(ニ)	切土部では、地下水のある側に、十分な深さの**トレンチ**を設ける。
	(ホ)	切土作業中は、地質や**湧水**の状況を注意して観察し、対応策をとる。
令和3年度 建設発生土の安定処理	(イ)	高含水比や強度不足の材料には、**天日**乾燥による脱水処理を行う。
	(ロ)	固化材による安定処理は、基礎地盤・**路床**・路盤に利用される。
	(ハ) 重要	高含水比粘性土は、**トラフィカビリティー**確保のために改良する。
	(ニ)	石灰を施工する作業者は、マスクや防塵**眼鏡**を使用する。
	(ホ) 重要	石灰と土との反応は緩慢なため、十分な**養生**期間が必要である。
令和2年度 建設発生土の有効利用	(イ)	高含水比の材料には、曝気乾燥を行うか、処理材を**混合**調整する。
	(ロ) 重要	安定が懸念される材料には、盛土法面**勾配**の変更などを行う。
	(ハ)	有用な現場発生土は、**仮置き**を行い、土羽土として有効利用する。
	(ニ) 重要	**透水性**の良い砂質土や礫質土は、排水材料への使用を図る。
	(ホ)	スレーキングしやすい材料は、圧縮**沈下**を軽減する必要がある。
令和元年度 軟弱地盤上への盛土	(イ)	盛土の準備排水では、軟弱地盤の表面に**素掘り**排水溝を設ける。
	(ロ)	軟弱地盤上の盛土では、盛土**中央部**付近の沈下量が大きい。
	(ハ) 重要	施工面に横断勾配をつけて仕上げ、雨水の**浸透**を防止する。
	(ニ) 重要	軟弱地盤においては、**側方**移動や沈下によって丁張りが移動する。
	(ホ)	沈下量の大きい区間では、**腹付け**盛土が必要となることが多い。
平成30年度 盛土の施工	(イ)	湧水の多い箇所での盛土の施工においては、**排水処理**を行う。
	(ロ) 重要	盛土材料は、締固め後の**せん断強度**が高いことが望ましい。
	(ハ)	盛土材料は、吸水による**膨潤性**が低いことが望ましい。
	(ニ)	路体では、1層の締固め後の仕上り厚さを**30cm以下**とする。
	(ホ)	施工含水比が得られるように、敷均し時には**含水量調節**を行う。

完全合格のための学習法 - 2

問題	空欄	前節―記入用語―後節
平成29年度 構造物と盛土との接続部分	(イ) **重要**	裏込め材料には、非圧縮性で**透水性**がある安定した材料を用いる。
	(ロ)	盛土先行の裏込め部は、底部が**くさび形**になり、面積が狭くなる。
	(ハ)	構造物裏込め付近は、水が集まりやすいため、排水**勾配**を確保する。
	(ニ)	構造物に偏土圧を加えないよう、両側から**均等**に薄層で施工する。
	(ホ) **重要**	**踏掛版**は、盛土と橋台などの境界に設置し、段差の影響を緩和する。
平成28年度 高含水比の建設発生土	(イ) **重要**	天日乾燥などによる**脱水**処理が困難な場合、安定処理が行われる。
	(ロ)	**セメント・セメント系**固化材や石灰・石灰系固化材が用いられる。
	(ハ)	粘性土では、早期に改良できる**生石灰**による安定処理が望ましい。
	(ニ)	安定処理の作業では、風速・**風向**に注意し、粉塵の発生を抑える。
	(ホ)	石灰・石灰系固化材は、十分な**養生**期間が必要である。
平成27年度 軟弱地盤対策 （軟弱土）	(イ)	盛土載荷重工法は、**残留沈下量**の低減や地盤の強度増加を図る。
	(ロ)	地下水位低下工法は、受けていた**浮力**に相当する荷重を載荷する。
	(ハ)	地下水位低下工法は、荷重を軟弱層に載荷して**圧密**を促進する。
	(ニ) **重要**	表層混合処理は、添加材を撹拌混合し、**せん断強度**を増加させる。
	(ホ) **重要**	表層混合処理は、施工機械の**トラフィカビリティー**の確保を図る。

完全合格のための学習法 - 3

コンクリート工分野の空欄記入問題

問題	空欄	前節―**記入用語**―後節
令和6年度 暑中コンクリートの打込み	(イ)	充填性を確保するため、打込み時の最小**スランプ**を満足させる。
	(ロ) **重要**	練混ぜ開始から打込み終了までの時間は、**1.5時間以内**とする。
	(ハ) **重要**	打継ぎ部や打重ね部は、乾燥しやすく、**品質**の低下を招きやすい。
	(ニ)	型枠や鉄筋が高温になる場合は、コンクリートが急激に**乾燥**する。
	(ホ)	打込み時のコンクリート温度の上限は、**35℃以下**を標準とする。
令和4年度 コンクリートの打継目の施工	(イ) **重要**	コンクリートの打継目は、せん断力の**小さい**位置に設ける。
	(ロ)	海洋の近くでは、塩分が打継目に浸透し、**鉄筋**の腐食を促進する。
	(ハ)	打ち継ぐときは、コンクリート表面を**粗**にして十分に吸水させる。
	(ニ)	鉛直打継面は、ワイヤブラシや**チッピング**などにより粗にする。
	(ホ)	水密性を要する構造物の鉛直打継目には、**止水板**を用いる。
令和3年度 コンクリートの養生	(イ) **重要**	セメントの**水和**反応が阻害されないよう、表面の乾燥を防止する。
	(ロ) **重要**	打込み後のコンクリートは、一定期間は十分な**湿潤**状態に保つ。
	(ハ)	**混合セメントB種**を使用した場合の養生期間は、7日を標準とする。
	(ニ) **重要**	暑中コンクリートは、表面が急激に乾燥し、**ひび割れ**が生じやすい。
	(ホ)	暑中コンクリートは、**散水**又は覆い等により、表面の乾燥を抑える。
令和2年度 コンクリートの混和材料	(イ)	**フライアッシュ**は、水和熱の低減・長期強度の増進が期待できる。
	(ロ)	膨張材は、乾燥収縮・硬化収縮による**ひび割れ**を低減できる。
	(ハ)	**高炉スラグ**微粉末は、アルカリシリカ反応を抑制し、高強度を得る。
	(ニ)	流動化剤は、運搬時間が長い場合に、**スランプ**ロスを低減させる。
	(ホ)	高性能 AE 減水剤は、圧送性の改善・耐凍害性の向上が期待できる。
令和元年度 コンクリート構造物の施工	(イ) **重要**	打継目は、できるだけせん断力の**小さい**位置に設ける
	(ロ)	**スペーサ**は、鉄筋を適切な位置に保持し、所要のかぶりを確保する。
	(ハ)	長時間大気に曝される場合は、鉄筋の**防錆**処理を行う。
	(ニ)	型枠への側圧は、打上がり速度が速く、温度が低いほど**大きく**なる。
	(ホ) **重要**	打込み後の一定期間は、十分な**湿潤**状態と適当な温度に保つ。
平成30年度 コンクリートの養生	(イ) **重要**	セメントの**水和**反応を十分に進行させる必要がある。
	(ロ) **重要**	打込み後の一定期間は、コンクリートを十分な**湿潤**状態に保つ。
	(ハ)	打上がり面は、**湿布や養生マット等**により給水による養生を行う。
	(ニ)	混合セメントを使用する場合、養生期間を**長く**する必要がある。
	(ホ)	**膜養生**剤の散布あるいは塗布によって、露出面の養生を行う。

完全合格のための学習法 - 4

問題	空欄	前節―**記入用語**―後節
平成29年度 コンクリートの 現場内運搬	(イ) 重要	コンクリートの**水セメント比**以下の先送りモルタルを圧送する。
	(ロ)	ポンプの輸送管の管径が**大きい**ほど、圧送負荷は小さくなる。
	(ハ)	ポンプの機種・台数は、圧送負荷・**吐出量**・打込み量等を考慮する。
	(ニ) 重要	斜めシュートによる運搬では、**材料分離**が起こりやすくなる。
	(ホ)	バケットによる運搬では、**打込み速度**と品質変化を考慮する。
平成28年度 コンクリートの 打込み・締固め	(イ)	かぶりを正しく保つため、**スペーサ**を必要な間隔に配置する。
	(ロ) 重要	コンクリートを移動させると、**材料分離**を生じる可能性が高まる。
	(ハ)	表面に集まった**ブリーディング**水は、取り除いてから打ち込む。
	(ニ) 重要	締め固めた後に、**再振動**を適切な時期に行うと、空隙が少なくなる。
	(ホ)	空隙が少なくなると、鉄筋との**付着強度**の増加などに効果がある。
平成27年度 コンクリートの 打継ぎ	(イ) 重要	水平打継目では、コンクリート表面の**レイタンス**を取り除く。
	(ロ) 重要	コンクリート表面(打継面)を粗にした後に、十分に**吸水**させる。
	(ハ)	**化学的侵食**などの劣化因子を含む既設コンクリートは、撤去する。
	(ニ)	断面修復では、鋼材の**防錆**処理を行い、プライマーを塗布する。
	(ホ)	断面修復では、**ポリマー**セメントモルタル等を充填する。

コンクリート工分野の誤り訂正問題

※下記の年度では誤り訂正問題が出題されましたが、その考え方・解き方は空欄記入問題と同じです。

問題	空欄	前節―**適切でない箇所(正しい語句)**―後節
令和3年度 コンクリートの 施工	①	コンクリートの再振動は、できるだけ**遅い**時期(硬化直前)がよい。
	②	コンクリートのひび割れは、**タンピング**と再仕上げで修復する。
	③ 重要	コンクリートを打ち継ぐ場合は、その表面を粗にして**吸水**させる。
	④	型枠底面のスペーサは、**モルタル製**または**コンクリート製**とする。

品質管理(土工関係)分野の空欄記入問題

問題	空欄	前節―**記入用語**―後節
令和6年度 土の締固めに おける試験と 品質管理	(イ) 重要	最も効率よく土を密にできる含水比を、**最適含水比**という。
	(ロ) 重要	**礫**や砂は、最大乾燥密度が高く、締固め曲線が鋭くなる。
	(ハ)	**シルト**や粘性土は、最大乾燥密度が低く、締固め曲線が平坦になる。
	(ニ) 重要	締固め品質の規定は、盛土に要求する**性能**を確保するものである。
	(ホ)	路体や路床の試験は、**施工当初**および材料が変化した場合に行う。

完全合格のための学習法 - 5

問題	空欄	前節―**記入用語**―後節
令和6年度 情報化施工による盛土の締固め管理	(イ)	TS・GNSS の適用にあたっては、地形条件や**電波**障害を調査する。
	(ロ)	GNSS は、使用衛星数が **5 衛星**以上の状況で、座標観測を 2 回行う。
	(ハ)	プリズム・アンテナの位置と、締固め位置との**オフセット**量を測る。
	(ニ)	FLOAT 解になる場合は、FIX 解に回復するまで作業を**中断**する。
	(ホ)	毎回の締固め終了後、締固め回数分布図と**走行軌跡**図を出力する。
令和4年度 土の締固めにおける試験と品質管理	(イ) 重要	最も効率よく土を密にできる含水比を、**最適含水比**という。
	(ロ) 重要	礫や**砂**では、最大乾燥密度が高く、締固め曲線が鋭くなる。
	(ハ) 重要	シルトや**粘性土**では、最大乾燥密度が低く、曲線が平坦になる。
	(ニ) 重要	締固め品質規定は、盛土に要求する**性能**を確保できるようにする。
	(ホ)	**盛土材料**や施工部位により、最も合理的な品質管理方法を用いる。
令和4年度 情報化施工による盛土の締固め管理	(イ)	締固め管理システムの精度の確認結果は、**監督職員**に提出する。
	(ロ)	**過転圧**が懸念される土質では、締固め回数の上限値を決定する。
	(ハ)	盛土材料の**含水比**は、所定の締固め度が得られる範囲内とする。
	(ニ)	盛土施工範囲の**全面**にわたって、まき出し作業の結果を確認する。
	(ホ) 重要	試験施工で決定した**まき出し厚**以下となるように作業を実施する。
令和元年度 盛土の締固め規定	(イ) 重要	基準試験の最大乾燥密度・**最適含水比**を利用する方法がある。
	(ロ)	空気間隙率または**飽和度**を規定する方法がある。
	(ハ)	締め固めた土の**強度**・変形特性を規定する方法がある。
	(ニ) 重要	測距・測角が同時に行える**トータルステーション**で管理する。
	(ホ)	GNSS で機械の走行位置を計測し、盛土の**転圧回数**を管理する。
平成29年度 盛土の締固め管理	(イ)	品質規定方式では、発注者が品質の規定を**仕様書**に明示する。
	(ロ)	品質規定方式では、締固めの方法については**施工者**に委ねる。
	(ハ)	施工部位・材料に応じて管理項目・**基準値**・頻度を適切に設定する。
	(ニ) 重要	工法規定方式では、**まき出し厚**・締固め回数などを規定する。
	(ホ)	GNSS を用いて締固め機械の**走行位置**をリアルタイムに計測する。
平成27年度 盛土の品質管理	(イ) 重要	含水比と乾燥密度の関係は、**締固め曲線**(凸の曲線)で示される。
	(ロ)	最適含水比のときの乾燥密度を**最大乾燥密度**という。
	(ハ)	盛土の品質管理では、空気間隙率または**飽和**度を規定する。
	(ニ)	乾燥密度と最大乾燥密度との比である**締固め度**が要求される。
	(ホ)	**施工含水比**は、最適含水比を基準として規定された範囲内とする。

完全合格のための学習法 - 6

品質管理(コンクリート工関係)分野の空欄記入問題

問題	空欄	前節―**記入用語**―後節
令和5年度 コンクリート構造物の調査および検査	(イ) 重要	叩きによる方法では、コンクリート表層部の**浮き**を把握できる。
	(ロ)	反発度法は、コンクリートの**強度**を推定するために用いられる。
	(ハ)	反発度法で所定の強度に達しない場合、原位置で**コア**を採取する。
	(ニ) 重要	電磁波レーダ法や電磁誘導法では、鋼材の径や**位置**を推定できる。
	(ホ)	自然電位法では、コンクリート中の鉄筋の**腐食**状態を推定できる。
令和5年度 コンクリートの運搬・打込み・締固め	(イ) 重要	打込み時間は、外気温が25℃以下のときは**2.0時間以内**とする。
	(ロ)	**コールドジョイント**が発生しない許容打重ね時間間隔とする。
	(ハ) 重要	柱の**沈下**がほぼ終了してから、梁のコンクリートを打ち込む。
	(ニ) 重要	棒状バイブレータは、**材料分離**の原因となる横移動に使用しない。
	(ホ) 重要	締め固めた後、**再振動**を適切な時期に行うと、空隙を少なくできる。
令和3年度 レディーミクストコンクリートの選定	(イ)	時間限度内に**運搬**・荷卸し・打込みが可能な工場を選定する。
	(ロ)	**粗骨材**の最大寸法・セメントの種類などを基に選定する。
	(ハ)	**呼び強度**・荷卸し時の目標スランプなどを基に選定する。
	(ニ)	**空気量**の変動は、強度や耐凍害性に大きな影響を及ぼす。
	(ホ)	**単位水量**の試験方法には、加熱乾燥法・エアメータ法などがある。
令和2年度 コンクリートの打込み・締固め・養生	(イ)	許容打重ね時間間隔は、外気温25℃以下では**2.5時間以内**とする。
	(ロ) 重要	**ブリーディング**が多いコンクリートの表面には、砂すじが生じる。
	(ハ)	コンクリートの**沈下**が落ち着いてから上層コンクリートを打つ。
	(ニ)	棒状バイブレータは、一様な間隔(一般に**50cm以下**)で差し込む。
	(ホ) 重要	養生の目的は、**湿潤**状態に保ち、温度を制御することである。
平成30年度 型枠・支保工の取外し	(イ)	コンクリートがその**自重**に耐えられる強度まで取り外さない。
	(ロ)	**施工期間中**に加わる荷重に耐えられる強度まで取り外さない。
	(ハ) 重要	取外しの時期・順序は、構造物の種類とその**重要度**を考慮する。
	(ニ)	フーチング側面は、圧縮強度が**3.5N/mm²以上**で取り外してよい。
	(ホ)	取外し後に載荷する場合は、**作用**荷重の種類と大きさを考慮する。
平成28年度 コンクリート構造物の非破壊検査	(イ)	表層の反発度は、強度・**含水**状態・中性化などの影響を受ける。
	(ロ) 重要	打音法は、表層部の**浮き**や空隙箇所などを把握することができる。
	(ハ) 重要	電磁波レーダ法は、**かぶり**の厚さを調べることができる。
	(ニ) 重要	電磁波レーダ法は、**鉄筋の位置**を調べることができる。
	(ホ)	赤外線法は、表面**温度**の分布状況から、浮きや剥離を調べる。

完全合格のための学習法 - 7

安全管理分野の空欄記入問題

問題	空欄	前節―**記入用語**―後節
令和6年度 墜落防止用ネットの安全基準	(イ)	製造者名・製造年月・仕立寸法・網目・新品時の網糸の**強度**を表す。
	(ロ)	人体以上の重さの落下物による**衝撃**を受けたネットは、使用しない。
	(ハ)	使用開始後**1年以内**と、その後6月以内ごとに1回、試験を行う。
	(ニ)	ネットの定期試験では、試験用糸について、等速**引張**試験を行う。
	(ホ)	作業床とネットの取付け位置との**垂直**距離は、所定の値以下とする。
令和6年度 移動式クレーンによる労働災害の防止	(イ)	転倒防止方法などを定め、作業**開始前**に、関係労働者に周知させる。
	(ロ)	記載されているジブの**傾斜角**の範囲を超えて使用してはならない。
	(ハ)	運転者・玉掛者が、クレーンの**定格荷重**を知れるように表示する。
	(ニ)	原則として、アウトリガーまたはクローラを**最大限**に張り出させる。
	(ホ)	運転について、一定の**合図**を定め、**合図**を行う者を指名する。
令和5年度 型枠支保工の安全基準	(イ) 重要	著しい損傷・**変形**・腐食がある材料を使用してはならない。
	(ロ)	支柱・**梁**・繋ぎ・筋交い等の配置等が示された組立図を作成する。
	(ハ) 重要	設計荷重は、型枠1m²につき**150kg以上**の荷重を加えた値とする。
	(ニ) 重要	支柱の継手は、**突合せ**継手または差込み継手とする。
	(ホ)	鋼管支柱には、高さ**2m以内**ごとに、水平つなぎを2方向に設ける。
令和4年度 地下埋設物近接作業と架空線近接作業	(イ)	埋設物がある場合は、**埋設物の管理者**および関係機関と協議する。
	(ロ)	埋設物は、**試掘**段階から復旧段階までの間、防護・維持管理する。
	(ハ)	架空線がある場合は、現場の出入口等に**高さ**制限装置を設置する。
	(ニ)	架空線がある場合は、ブーム等の旋回・**立入り禁止**区域を設定する。
	(ホ)	架空線と機械・工具・材料について、安全な**離隔**を確保する。
令和4年度 墜落等による危険の防止	(イ) 重要	高さが2m以上の**作業床**の端や開口部等には、囲い等を設ける。
	(ロ)	墜落制止用器具は、**フルハーネス**型を原則とする。
	(ハ)	高さ又は深さが**1.5mを超える**箇所には、昇降設備等を設ける。
	(ニ) 重要	物体の落下による危険があるときは、**防網**の設備を設ける。
	(ホ) 重要	架設通路の危険箇所には、高さ**85cm以上**の手すり等を設ける。
令和3年度 車両系建設機械による労働災害の防止	(イ) 重要	岩石の落下による危険がある場所では、**ヘッドガード**を備える。
	(ロ)	作業場所の地形・地質を調査し、その結果を**記録**しておく。
	(ハ)	転倒・転落による危険がある場所では、転倒時**保護構造**を有する。
	(ニ)	転倒・転落による危険がある場所では、**シートベルト**を備える。
	(ホ) 重要	構造上定められた安定度・**最大使用**荷重などを守る。

完全合格のための学習法 - 8

問題	空欄	前節―**記入用語**―後節
令和2年度 足場の点検と安全基準	（イ）	足場用墜落防止設備の取り外し・**脱落**の有無について点検する。
	（ロ）**重要**	強風・大雨・大雪等の悪天候や、**中震**以上の地震の後に点検する。
	（ハ）**重要**	足場材料には、著しい損傷・**変形**・腐食のあるものは使用しない。
	（ニ）**重要**	架設通路には、高さ85cm以上の**手すり**を設ける。
	（ホ）	作業床の幅は**40cm以上**とし、床材間の隙間は3cm以下とする。
令和元年度 車両系建設機械による労働災害の防止	（イ）**重要**	車両系建設機械に**接触**する箇所に、労働者を立ち入らせない。
	（ロ）	車両系建設機械の**運行経路**について、路肩の崩壊を防止する。
	（ハ）	車両系建設機械の運行経路について、地盤の**不同沈下**を防止する。
	（ニ）	運転位置を離れるときは、**原動機**を止め、走行ブレーキをかける。
	（ホ）	車両系建設機械は、主たる用途以外の**用途**に使用してはならない。
平成30年度 墜落災害の防止	（イ）**重要**	高さが**2m以上**の箇所で作業を行う場合は、作業床を設ける。
	（ロ）**重要**	高さが2m以上の箇所で作業を行う場合は、**作業床**を設ける。
	（ハ）**重要**	作業床を設けることが困難なときは、**防網**を張る。
	（ニ）	労働者に**安全帯**（要求性能墜落制止用器具）を使用させる。
	（ホ）	安全帯および取付け設備の異常の有無について、**随時点検**する。
平成29年度 車両系建設機械による労働災害の防止	（イ）	作業に係る場所について、地形・**地質**の状態を調査する。
	（ロ）	作業に係る場所についての調査の結果は、**記録**しておく。
	（ハ）	岩石の落下による危険があるなら、堅固な**ヘッドガード**を備える。
	（ニ）	運転位置から離れるときは、作業装置を**地上に下ろす**。
	（ホ）**重要**	構造上定められた安定度・**最大使用**荷重を守る。
平成28年度 土止め支保工	（イ）	組立図には、部材の配置・寸法・材質・取付けの時期・**順序**を示す。
	（ロ）**重要**	圧縮材（火打ちを除く）の継手は、**突合せ**継手とする。
	（ハ）	切梁または火打ちの**接続部**は、堅固なものとする。
	（ニ）**重要**	**中震**以上の地震の後に、土止め支保工の点検をする。
	（ホ）	土止め支保工の点検では、切梁の**緊圧**の度合について点検する。

完全合格のための学習法 - 9

安全管理分野の誤り訂正問題

※下記の年度では誤り訂正問題が出題されましたが、その考え方・解き方は空欄記入問題と同じです。

問題	空欄	前節―適切でない箇所(正しい語句)―後節
令和4年度 建設工事現場における労働災害防止	① 重要	高所作業車による作業では、作業の指揮者を**定めて**、指揮をさせる。
	②	高さ**5m以上**のコンクリート工作物の解体では、作業計画を定める。
	③	土石流危険河川では、作業開始前**24時間**の降雨量を測定する。
	④ 重要	高さ3.5m以上の型枠支保工は、組立開始**30日前**までに届け出る。
	⑤ 重要	酸素欠乏危険作業では、労働者に**空気呼吸器等**を使用させる。
	⑥ 重要	土止め支保工の火打ちを除く圧縮材の継手は、**突合せ**継手とする。
平成27年度 型枠支保工と足場工	①	型枠1m²につき**150kg以上**の荷重を加えた荷重を考慮する。
	②	鋼管を支柱とする場合は、高さ2m以内ごとに**水平つなぎ**を設ける。
	④	鋼管足場の作業床には、高さ**85cm以上**の手すりを設ける。
	⑥ 重要	鋼管足場の建地間の積載荷重は、**400kg**を限度とする。
	⑦	枠組足場では、最上層および5層以内ごとに**水平材**を設ける。

施工管理(施工計画)分野の空欄記入問題

問題	空欄	前節―記入用語―後節
令和2年度 施工計画作成の留意事項	(イ)	人員不足時は、計画・**工程**・体制・機械などの対応策を検討する。
	(ロ)	工事難度を考慮し、工事の**安全**施工が確保されるように作成する。
	(ハ) 重要	都市内工事にあっては、**第三者**災害防止上の安全確保に留意する。
	(ニ)	現場における組織編成・**業務分担**・指揮命令系統を明確にする。
	(ホ)	振動・騒音・水質汚濁・粉塵などを考慮した**環境**対策を講じる。
平成29年度 施工計画の立案	(イ) 重要	施工計画は、設計図書および**事前調査**の結果に基づいて検討する。
	(ロ) 重要	都市内工事では、**第三者**災害防止上の安全確保に十分留意する。
	(ハ)	現場における組織編成・**業務分担**・指揮命令系統を明確にする。
	(ニ) 重要	環境保全計画の対象としては、騒音・**振動**・地盤沈下などがある。
	(ホ)	仮設工の計画では、各仮設物の形式・**配置**・残置期間に留意する。
平成27年度 管渠の布設	(イ)	施工手順は、基礎工➡**コンクリート養生工**➡型枠工(撤去)である。
	(ロ)	床掘工における主な作業内容は、**掘削**である。
	(ハ)	埋め戻し工における主な作業内容は、**敷均し**と締固めである。
	(ニ)	管布設工の確認項目は、**基準高**・延長・蛇行の有無などである。
	(ホ) 重要	コンクリート基礎工の確認項目は、**基準高**・幅・厚さなどである。

完全合格のための学習法-10

施工管理（環境保全）分野の空欄記入問題

問題	空欄	前節―記入用語―後節
令和5年度 産業廃棄物管理票の交付	(イ)	産業廃棄物の引渡しと**同時**に、受託した者に管理票を交付する。
	(ロ)	管理票には、委託に係る産業廃棄物の**種類**を記載する。
	(ハ)	管理票には、委託に係る産業廃棄物の**数量**を記載する。
	(ニ) 重要	管理票を交付した者は、管理票の写しを交付日から**5年間**保存する。
	(ホ) 重要	管理票を交付した者は、報告書を作成し、**都道府県知事**に提出する。
令和3年度 特定建設資材廃棄物の再資源化等の促進	(イ)	コンクリート塊は、破砕・選別・混合物**除去**・粒度調整等を行う。
	(ロ)	コンクリート塊は、破砕・選別・混合物除去・**粒度**調整等を行う。
	(ハ)	建設発生木材は、チップ化し、**木質**ボード・堆肥等の原材料とする。
	(ニ)	原材料としての利用が困難な建設発生木材は、**燃料**とする。
	(ホ)	アスファルト・コンクリート塊は、**安定処理**混合物等とする。
令和元年度 特定建設資材廃棄物の再資源化等の促進	(イ)	コンクリート塊は、破砕・**選別**・混合物除去・粒度調整等を行う。
	(ロ)	コンクリート塊は、再生**クラッシャーラン**とする。
	(ハ) 重要	コンクリート塊は、舗装の**路盤材**に利用することを促進する。
	(ニ)	**建設発生木材**は、チップ化し、木質ボード・堆肥の原材料とする。
	(ホ)	アスファルト・コンクリート塊は、**再生加熱**アスファルトとする。
平成30年度 関係者の責務と役割（建設副産物適正処理推進要綱）	(イ)	発注者は、工事の発注にあたり、建設副産物対策の**条件**を明示する。
	(ロ) 重要	発注者は、建設廃棄物の再資源化等に必要な**経費**を計上する。
	(ハ)	元請業者は、**排出**事業者として再資源化・処理を適正に実施する。
	(ニ)	元請業者は、建設副産物の発生の**抑制**が行われる計画を作成する。
	(ホ)	**下請負人**は、建設副産物対策に自ら積極的に取り組む。
平成28年度 建設副産物の適正な処理	(イ)	元請業者は、**特定建設資材**に係る分別解体等を適正に実施する。
	(ロ)	元請業者および**下請負人**は、工事現場等において分別を行う。
	(ハ)	分別は、**再生資源利用**促進計画・廃棄物処理計画等に基づいて行う。
	(ニ)	建設廃棄物の現場内保管は、分別した廃棄物の**種類**ごとに行う。
	(ホ) 重要	元請業者は、建設廃棄物の排出時に、**産業廃棄物管理票**を交付する。

完全合格のための学習法 - 11

土工分野の記述問題

※課題の太字部分は、出題頻度の高い重要な項目です。

問題	課題	記述ポイント	
令和6年度 切梁式土留め支保工内の掘削	下記の項目から2つを選び、その**留意点**または実施方法を記述 「**掘削順序**、過掘りの防止、場内排水、**漏水・出水時の処理**」	①	場内排水：土粒子が含まれる水を河川に排出するときは、河川管理者に届け出て許可を受けるか、各都道府県の条例に基づき、濾過施設を経て排水する。
		②	漏水・出水時の処理：豪雨などによる大規模な出水があったときは、釜場の水中ポンプを増設するなどの臨機の措置を講じる。
令和4年度 切梁式土留め支保工内の掘削	下記の項目から2つを選び、その**実施方法**または留意点を記述 「**掘削順序**、軟弱粘性土地盤の掘削、**漏水・出水時の処理**」	①	掘削順序：切梁の中央部付近を最初に掘削し、その左右の掘削量が均等になるように、土留め壁に向かって徐々に掘削を進める。
		②	軟弱粘性土地盤の掘削：掘削土は土留め壁から離れた場所に仮置きし、土留め壁は根入れ深さが大きくなるように打ち込む。
令和3年度 軟弱地盤対策工法	下記の軟弱地盤対策工法から2つを選び、概要と期待される効果を記述 「サンドマット工法、サンドドレーン工法、**深層混合処理工法**、薬液注入工法、**掘削置換工法**」	①	サンドマット工法：軟弱地盤の表面に一定の厚さの砂を敷設し、上部排水の促進を図る工法である。トラフィカビリティーの確保が期待できる。
		②	サンドドレーン工法：軟弱地盤中に透水性の高い砂柱を造成し、排水距離を短くする工法である。圧密の促進と、地盤のせん断強度の増加が期待できる。
令和2年度 切土法面排水	①目的 ②法面施工時の**留意点**	①	湧水・表流水・地下水による切土法面の浸食と崩壊を防止すること。
		②	地下水位の高い地点を切土する場合は、法面勾配の検討以上に、地下排水溝の検討を優先させる。
令和元年度 切土・盛土の法面保護工	下記の法面保護工法から2つを選び、工法の説明と施工上の留意点を記述 「**種子散布工、張芝工**、プレキャスト枠工、ブロック積擁壁工」	①	説明	種子散布工：種子を混合した材料を、1cm未満の厚さで散布する。
			留意点	種子散布工：材料に色の付いた粉を混入させる。
		②	説明	張芝工：切芝またはロール芝を、法面の全面を覆うように張る。
			留意点	張芝工：芝を目串で法面に密着させ、目土・播土で定着させる。
平成30年度 盛土材料の固化材	①石灰・石灰系固化材の特徴または施工上の留意事項 ②セメント・セメント系固化材の特徴または施工上の留意事項	①	特徴	粘性土系の盛土材料の改良に適する。
			留意事項	生石灰は発熱するため、眼鏡・手袋などの保護具を使用する。
		②	特徴	六価クロムが溶出するおそれがある。
			留意事項	粉体セメントの散布時には、防塵対策を行う。
平成29年度 軟弱地盤対策工法	下記の軟弱地盤対策工法から2つを選んで説明し、期待される効果を記述 「**載荷盛土工法**、サンドコンパクションパイル工法、**薬液注入工法**、荷重軽減工法、押え盛土工法」	①	載荷盛土工法：構造物の建設前に、軟弱地盤に盛土荷重をあらかじめ載荷させておき、粘土層の圧密を進行させる工法。圧密による地盤強度の増加と、残留沈下量の減少が期待される。
		②	薬液注入工法：地盤の空隙部に薬液を注入し、深い位置にある軟弱層を改良して地盤の止水性を向上させる工法。全沈下量の低減と、地盤の固結による液状化の発生防止が期待される。

完全合格のための学習法 - 12

問題	課題	記述ポイント	
平成28年度 盛土施工中の仮排水	①仮排水の目的 ②仮排水処理の施工上の留意点	①	盛土の軟化を防止し、法面の流失を防止する。
		②	施工天端に4%～5%の横断勾配を付け、雨水を法肩排水溝に導く。
平成27年度 構造物と盛土との接続	橋台・カルバートなどの構造物と盛土との接続部分において、段差などの変状を抑制する方法	①	裏込め材料となる良質材を薄層にまき出し、小型機械で左右対称に転圧し、偏圧を防止する。
		②	不同沈下が予測されるときは、橋台・カルバートと盛土との境界に、踏掛版を設置する。

コンクリート工分野の記述問題

問題	課題	記述ポイント	
令和6年度 コールドジョイントの発生防止	打重ねの場合に、コールドジョイントの発生を防止するための打込み・締固めの対策を2つ記述	①	打重ね時間間隔は、外気温が25℃以下なら2.5時間以内、25℃を超えるなら2.0時間以内とする。
		②	上下層のコンクリートを一体化させるため、内部振動機を下層に10cm程度挿入して締め固める。
令和5年度 コンクリートの養生	養生に関する施工上の留意点を5つ記述	①	日平均気温が低い場合は、湿潤養生日数を長くする。
		②	散水やシート養生は、表面が硬化した後に開始する。
		③	事前に、膜養生剤の使用量や施工方法を確認する。
		④	給熱養生では、表面の乾燥を防ぐために、散水する。
		⑤	マスコンクリートは、断熱性の高い材料で保温する。
令和4年度 コンクリートのひび割れ防止対策	下記のひび割れから2つ選び、その防止対策を記述 「沈みひび割れ、コールドジョイント、水和熱による温度ひび割れ、アルカリシリカ反応によるひび割れ」	①	コールドジョイント：上下層のコンクリートを一体化させるため、内部振動機を下層に10cm程度挿入して締め固める。
		②	水和熱による温度ひび割れ：水和反応による発熱が少ない低熱セメントを使用すると共に、打設後は保温材で覆い、温度低下を緩やかにする。
令和2年度 コンクリート打込み後のひび割れ	①初期段階に発生する沈みひび割れの原因と対策 ②マスコンクリートの温度ひび割れの原因と対策	①	原因	水平鉄筋によるコンクリートの沈下の抑制。
			対策	タンパーでコンクリート表面を叩き締める。
		②	原因	外気接触面とコンクリート内部との温度差。
			対策	保温養生を行い、内外の温度差を低減する。
令和元年度 上層と下層を一体とする打重ね	①コンクリート打込み時の施工上の留意点 ②コンクリート締固め時の施工上の留意点	①	外気温が25℃を超える場合、打重ね時間間隔は2.0時間以内とする。
		②	内部振動機の先端を、下層コンクリートに10cm程度挿入する。
平成30年度 打継目の施工	①打継目を設ける位置に関する施工上の留意事項 ②水平打継目の表面処理に関する施工上の留意事項	①	せん断力が小さく、乾燥収縮等によるひび割れが生じない位置とする。
		②	打継面のレイタンスや緩んだ骨材粒を取り除き、十分に吸水させる。
平成29年度 暑中コンクリートの施工	①暑中コンクリートの打込みにおける配慮事項 ②暑中コンクリートの養生における配慮事項	①	打込み前にコンクリート温度を測定し、35℃以下であることを確認してから打ち込む。
		②	コンクリート表面に覆いをかけて直射日光を遮断し、散水による湿潤養生を行う。

完全合格のための学習法 - 13

問題	課題		記述ポイント
平成28年度 寒中コンクリートの施工	寒中コンクリート（日平均気温4℃以下）の施工 ①初期凍害防止のための留意点 ②給熱養生の留意点	①	寒中コンクリートの打込み温度は、5℃〜20℃とする。
		②	寒中コンクリートの給熱養生中は、常に湿潤状態を保つようにする。
平成27年度 暑中コンクリートの施工	暑中コンクリート（日平均気温25℃を超える）を打込みする際の留意事項（配合・養生・通常の打込みに関する事項は除く）	①	暑中コンクリートの打込み温度は、35℃以下とする。
		②	暑中コンクリートを練り始めてから打ち終わるまでの時間は、1.5時間以内とする。

品質管理（土工関係）分野の記述問題

問題	課題		記述ポイント
令和5年度 盛土の情報化施工における締固め管理	下記の日常管理帳票から2つを選び、その作成時の留意事項を記述 「材料品質記録、まき出し厚記録、締固め回数分布図と走行軌跡図、締固め層厚分布図」	①	盛土材料の品質の記録：盛土材料が搬出された土取場の名称を記録する。その土取場に複数の土質の材料があるときは、土質名についても記録する。
		②	締固め回数分布図と走行軌跡図：施工範囲の全数及び全層について作成する。その日の締固めが複数回に分けられる場合は、各回について個別に作成する。
令和4年度 盛土の品質管理のための試験・測定方法	下記の試験・測定方法から2つ選び、その内容および結果の利用方法を記述 「砂置換法、RI法、現場CBR試験、ポータブルコーン貫入試験、プルーフローリング試験」	①	ポータブルコーン貫入試験：コーン圧入時の地盤の貫入抵抗から、地盤のコーン指数を求める。その結果は、各種の土工機械が、その地盤を走行できるかを判断するために利用される。
		②	プルーフローリング試験：荷重車を走行させながら、その車輪による盛土の沈下量を目視する。その結果は、盛土の締固めが不十分な箇所を特定するために利用される。
令和2年度 盛土の締固め管理方式	2つの規定方式名と、締固め管理の方法を記述	①	工法規定方式：発注者が試験施工を行い、使用機械・敷均し厚・締固め方法を仕様書に記載し、受注者は仕様書に書かれた方法で管理する。
		②	品質規定方式：発注者が仕様書で定めた品質条件を満たせるよう、受注者が締固め方法を定めて管理する。品質確認についても受注者の責任で行う。
平成30年度 盛土の規定方式	盛土の締固め管理方式における2つの規定方式名と、それぞれの締固め管理の方法を記述	①	工法規定方式：発注者が試験施工を行い、使用機械・敷均し厚・締固め方法を仕様書に記載し、受注者は仕様書に書かれた方法で管理する。
		②	品質規定方式：発注者が仕様書で定めた品質条件を満たせるよう、受注者が締固め方法を定めて管理する。品質確認についても受注者の責任で行う。
平成28年度 盛土の規定方式	盛土施工の締固め施工管理に関する2つの規定方式と、それぞれの施工管理方法を記述	①	工法規定方式：試験施工の結果から、発注者が、敷均し厚さ・締固め回数・敷均し機械・ローラ重量などの工法を、設計図書において定める。受注者は、定められた工法に従って施工する。
		②	品質規定方式：発注者が、締固め度・飽和度などの品質を、仕様書において定める。受注者は、土質や材料に応じた工法や管理基準を定め、仕様書の品質を満たすよう施工する。

完全合格のための学習法 - 14

品質管理（コンクリート工関係）分野の記述問題

問題	課題		記述ポイント
令和元年度 コンクリート構造物の劣化防止対策	下記の劣化原因から2つを選び、劣化防止対策を記述「塩害、凍害、アルカリシリカ反応」	①	塩害：コンクリートの塩化物イオン濃度が0.3kg/m³以下であることを確認する。
		②	凍害：コンクリートの空気量が4％〜7％の範囲にあることを確認する。
平成29年度 鉄筋の検査	鉄筋の加工・組立・継手の検査における品質管理項目とその判定基準を5つ記述	①	鉄筋の種類・径・数量が、設計図書通りである。
		②	鉄筋の加工寸法が、許容誤差以内である。
		③	組立鉄筋の中心間隔が、±20mm以内である。
		④	重ね継手の位置・長さが、設計図書通りである。
		⑤	圧接継手の外観が、圧接工事標準仕様書に適合する。
平成27年度 コンクリートの劣化現象への対策	①アルカリシリカ反応の抑制対策 ②コンクリート中の鋼材の腐食の抑制対策	①	混合セメントB種を使用するか、コンクリート中のアルカリ総量を3.0kg/m³以下とする。
		②	コンクリート中の塩化物イオン量を0.3kg/m³以下とし、鋼材表面にエポキシ樹脂を塗布する。

安全管理分野の記述問題

問題	課題		記述ポイント
令和6年度 足場の点検事項	悪天候などの後に、足場における作業を行うときに、作業開始前に点検させる事項を2つ記述	①	足場の床材について、損傷・取付け・掛渡しの状態を点検する。
		②	足場の建地・布・腕木について、緊結部・接続部・取付部の緩みの状態を点検する。
令和5年度 足場の組立て等の安全管理	高さ2m以上の足場の組立て等の作業において、事業者が講じる措置を、労働安全衛生法令から2つ記述	①	足場の組立て・解体・変更の時期・範囲・順序について、作業に従事する労働者に周知させる。
		②	強風・大雨・大雪などの悪天候のために、作業の実施に危険が予想されるときは、作業を中止する。
令和5年度 車両系建設機械の安全管理	車両系建設機械による労働者の災害防止のため、事業者が実施すべき安全対策を、労働安全衛生規則から5つ記述	①	岩石落下危険場所で、堅固なヘッドガードを備える。
		②	作業場所の地形・地質の状態を調査し、記録する。
		③	運行経路と作業方法を、関係労働者に周知させる。
		④	路肩の崩壊防止・地盤の不同沈下防止の措置を行う。
		⑤	傾斜地で、転倒時保護構造とシートベルトを備える。
令和3年度 移動式クレーンの安全管理	クレーン等安全規則などに定められている労働災害防止対策の措置を5つ記述	①	荷を吊り上げるときは、外れ止め装置を使用する。
		②	吊上荷重5t以上の機械は免許取得者に運転させる。
		③	定格荷重を運転者・玉掛者が分かる位置に表示する。
		④	作業時は、アウトリガーを最大限に張り出させる。
		⑤	運転について一定の合図を定め、合図者を指名する。
令和2年度 機械掘削・積込み作業中の事故防止対策	事業者が実施すべき事項を5つ記述	①	土止め支保工を設けて防護網を張る。
		②	運行の経路や積卸し場所への出入方法を定める。
		③	転落のおそれがあるときは、誘導者を配置する。
		④	労働者に保護帽を着用させる。
		⑤	作業を安全に行うために必要な照度を保持する。

完全合格のための学習法 - 15

問題	課題	記述ポイント	
令和元年度 移動式クレーンの安全管理	クレーン等安全規則に定められている労働災害防止対策を2つ記述	①	作業中は、アウトリガーを最大限に張り出させる。
		②	運転について一定の合図を定め、合図者を指名する。
平成30年度 明り掘削と型枠支保工の安全対策	下記のいずれかの作業の安全対策を労働安全衛生規則から5つ記述 ①明り掘削作業 ②型枠支保工の組立て又は解体の作業	①	1 事前調査として、地層の状態等を調査する。 2 点検者を指名し、作業開始前に点検させる。 3 運搬機械の経路を労働者に周知させる。 4 労働者に保護帽を着用させる。 5 必要な照度を保持する。
		②	1 関係労働者でない者の立入を禁止する。 2 悪天候のときは作業を中止する。 3 材料の上げ下ろしには、吊り袋等を用いる。 4 支柱の沈下防止措置を講じる。 5 支柱の脚部の滑動防止措置を講じる。
平成29年度 墜落防止のための安全対策	高所作業で、墜落による危険を防止するため、事業者が実施すべき安全対策を5つ記述	①	高さが2m以上の作業箇所に、作業床を設ける。
		②	作業床の端や開口部に、囲い等を設ける。
		③	安全帯やその取付け設備を、随時点検する。
		④	脚立の脚と水平面との角度を75度以下に保つ。
		⑤	無関係な労働者の立入禁止措置を講じる。
平成28年度 移動式クレーンの安全管理	移動式クレーンによる作業において、安全管理上必要な措置を2つ記述 (図の誤りを指摘する)	①	クレーン誘導のため、合図者を設置し、合図者の合図により作業を行うようにする。
		②	移動式クレーンの下に敷鉄板を設置し、アウトリガーを最大限に張り出させる。
平成27年度 機械掘削作業の安全管理	油圧ショベルによる掘削作業で予想される労働災害と防止対策を2つ記述 (図の誤りを指摘する)	①	油圧ショベルの転落が予想される。ショベルの履帯の方向を90°回転させて防止する。
		②	バケットの点検者への接触が予想される。合図を行う誘導者を選任することで防止する。

施工管理(施工計画)分野の記述問題

問題	課題	記述ポイント	
令和6年度 施工体制台帳の作成	施工体制台帳について、建設業法令および入札契約適正化法で定められている事項を5つ記述	①	公共工事では、下請契約を締結した時は作成する。
		②	発注者の請求があった時は、発注者に閲覧させる。
		③	建設工事の従事者の氏名・年齢・職種を記載する。
		④	建設業者の健康保険などの加入状況を記載する。
		⑤	下請負人に係る建設工事の内容・工期を記載する。
令和5年度 プレキャストボックスカルバートの施工手順	プレキャストボックスカルバートの工種名と施工上の留意事項を記述	①	床掘工:床付け面付近は、乱さず平坦に仕上げる。
		②	敷設工:低所から高所に向かって順に据え付ける。
		③	連結工:仮緊張を行い、安定後に本緊張を行う。
		④	裏込め工:一層の仕上り厚さを20cm以下にする。

完全合格のための学習法 - 16

問題	課題		記述ポイント
令和3年度 施工計画の立案	施工計画の各検討項目における検討内容を記述 「契約書類確認、自然条件調査、近隣環境調査、資機材調査、施工手順」	①	契約書類確認：工事数量や仕様（規格）などのチェックを行うと共に、契約関係書類を正確に理解する。
		②	自然条件調査：地形・地質・気象・海象などの自然特性を把握し、地下水や湧水などの調査を行う。
		③	近隣環境調査：近接する既設施設物の変状防止対策や使用空間の確保を検討し、施工計画に反映する。
		④	資機材調査：資材の納期・調達先・価格と、機械の種類・性能・調達方法・サービス体制を確認する。
		⑤	施工手順：工期全体の作業量の平準化を前提とし、全体工期に影響の大きい工種を優先して検討する。
令和3年度 管渠の施工手順	管渠敷設工事の工種名と施工上の留意事項を記述	①	床掘工：床付け面を乱さないよう、機械を後進させながら平坦に仕上げる。
		②	管敷設工：低所から高所に向かって敷設し、受口を高所に向けて配管する。
		③	埋め戻し工：偏土圧を加えないよう、管渠の両側から左右均等に薄層で埋め戻す。
令和元年度 施工計画の作成	公共土木工事の施工計画書の下記項目から2つを選び、記載内容を記述 **現場組織表、主要資材、施工方法、安全管理**	①	現場組織表：現場における組織の編成と、命令系統・業務分担について記載する。
		②	主要資材：工事に使用する指定材料・主要資材に関して、品質確認の手法・材料確認時期を記載する。
平成30年度 プレキャストボックスカルバートの施工手順	プレキャストボックスカルバートの工種名と施工上の留意事項を記述	①	床掘工：床付け面を乱さず、平坦に仕上げる。
		②	敷設工：基礎面を清掃し、基礎の低い側から高い側に向かって敷設する。
		③	裏込め工：一層の仕上り厚さを20cm程度以下とし、十分に締め固める。
平成28年度 施工計画の作成	公共土木工事の施工計画書の下記項目から2つを選び、記載内容を記述 **現場組織表、主要船舶・機械、施工方法、環境対策**	①	現場組織表：現場代理人・主任技術者・事務担当者・安全担当者などを記載する。
		②	主要船舶・機械：設計図書に定められていない機械の機械名・規格・台数・性能・摘要などを記載する。

施工管理（環境保全）分野の記述問題

問題	課題		記述ポイント
令和6年度 騒音・振動の防止のための対策・調査	建設工事に伴う**騒音または振動を防止するための具体的な対策または調査**について5つ記述	①	工事現場の周辺で、家屋・施設の有無を調査する。
		②	建物の施工前・施工時・施工直後の状態を把握する。
		③	作業待ち時には、建設機械のエンジンを止める。
		④	トンネルの坑口に、防音壁・防音シートを設置する。
		⑤	発破掘削では、低爆速火薬・遅発電気雷管を用いる。
令和4年度 建設廃棄物の現場内保管	周辺の生活環境に影響を及ぼさないようにするための**具体的措置**を5つ記述	①	保管所周囲に、構造耐力上安全な囲いを設ける。
		②	鼠・蚊・蠅などの害虫を発生させないようにする。
		③	廃棄物保管場所である旨を示す掲示板を設ける。
		④	崩壊・流出の防止措置と、粉塵防止措置を講じる。
		⑤	底面を不透水性の材料で覆った排水桝を設ける。

完全合格のための学習法 - 17

問題	課題	記述ポイント	
令和2年度 騒音防止・振動防止のための対策	具体的対策を5つ記述	①	低騒音型建設機械を使用する。
		②	不必要な高速運転や無駄な空ぶかしを避ける。
		③	トンネル坑口に、防音壁・防音シートを設置する。
		④	発破掘削では、低爆速火薬を使用する。
		⑤	大型機器は、現場敷地境界線から離して設置する。
平成29年度 建設廃棄物の分別・保管	適正処理のための**分別・保管**について、排出事業者が現場内で実施すべき対策を5つ記述	①	混合廃棄物の分別として、廃棄物の種類ごとにコンテナ等を設置し、その標示を行う。
		②	一般廃棄物の分別として、作業員の生活に伴い生じる一般廃棄物用の分別容器を設置する。
		③	有機物が付着した廃容器包装・廃石膏ボード等は、管理型産業廃棄物として分別する。
		④	特別管理産業廃棄物である飛散性アスベストは、湿潤化・二重梱包して保管する。
		⑤	粉塵が生じる建設廃棄物を保管するときは、シート掛け・散水等を行う。
平成27年度 廃棄物の適正処理	下記の措置について、元請業者が行う事項を記述 ①**一時的な現場内保管** ②**収集運搬**	①	保管場所に囲いを設けて、廃棄物の一時保管場所である旨を表示する。
		②	廃棄物は、その種類ごとに分けて運搬する。異なる廃棄物を混合しない。

第Ⅰ編　施工経験記述

施工経験記述

施工経験記述の考え方・書き方講習
無料 YouTube 動画講習

1．技術検定試験 重要項目集

2．最新問題解説

←スマホ版無料動画コーナー
URL　https://get-supertext.com/
（注意）スマートフォンでの長時間聴講は、Wi-Fi 環境が整ったエリアで行いましょう。

「施工経験記述の考え方・書き方講習」の動画講習を、GET 研究所ホームページから視聴できます。
https://get-ken.jp/
GET 研究所　検索　➡　無料動画公開中 　➡　動画を選択 　※動画講習は無料で視聴できます。

施工経験記述添削講座　有料 通信講座
※ 施工経験記述添削講座の詳細については、485 ページを参照してください。

1 施工経験記述 技術検定試験 重要項目集

1.1 最新の出題分析

必須問題　施工経験記述の分析表　　　　　　　　　　　●出題項目

出題項目 \ 年度	R6	R5	R4	R3	R2	R元	H30	H29	H28	H27	H26	H25	H24
品 質 管 理		●		●	●	●				●		●	
安 全 管 理	●		●	●			●	●	●		●		
工 程 管 理													●
施 工 計 画	●												

※今後の試験では「出来形管理」や「環境保全」が出題される可能性も考えられます。

1.2 施工経験記述の学習ポイント

　1級土木施工管理技術検定試験の受検者は、土工・コンクリート工などの主要な土木工事（下請契約の請負代金の総額が所定の金額以上の大規模な土木工事）について、ひとつ以上の経験があるものと見なされる。そのため、総合建設業や発注者側の技術者には有利であるが、専門工事業だけを行ってきた技術者には不利である。一例として、仮設工事や解体工事業の技術者は、「品質管理」を記述するのは困難であるが、「工程管理」や「安全管理」は記述しやすい。このように、工事業の種類によって記述の難易度が異なることがある。

　令和5年度～平成25年度までの11年間は、一貫して「安全管理」または「品質管理」に関する内容が出題されてきた。また、これ以前の試験では、「工程管理」や「出来形管理」に関する内容が出題されることもあった。しかし、施工経験記述の出題方式は、令和6年度以降の試験では大きく変更されることが発表されていた。実際に、令和6年度の試験では、従来の「安全管理」に関する内容に加えて、新たに「施工計画」に関する内容が出題されていた。

　近年の施工管理技術検定試験の傾向から考えると、今後の試験では、「工程管理」・「安全管理」・「品質管理」・「施工計画」・「環境保全」の5つの内容から、2つの内容が出題されると思われる。この他に、「出来形管理」・「建設副産物」に関する内容の出題も考えられるが、「出来形管理」は「品質管理」の一環であり、「建設副産物」は「環境保全」の一環であると考えればよい。したがって、本年度の第二次検定に合格するためには、少なくとも**「工程管理」・「安全管理」・「品質管理」・「施工計画」・「環境保全」**の5つの内容について、どの組合せで出題されても対応できるよう、事前の練習が必須になると考えられる。

※「施工経験記述 技術検定試験 重要項目集」は、令和6年度の出題方式に準拠しています。

1.3 施工経験記述の書き方と基本的な骨組

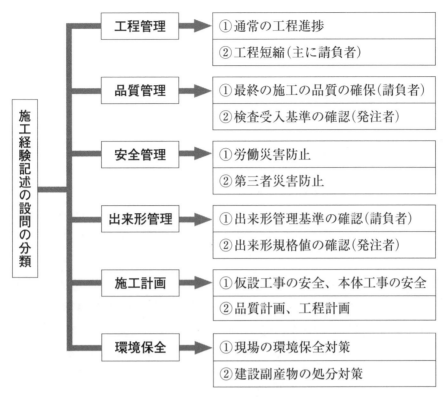

※出来形管理の項目は、近年は出題がなく、今後出題される可能性も低いと思われる。
しかし、過去に出題があったことは事実なので、この重要項目集では多少の解説を行っている。

設問の形式

施工経験記述の出題方式は、次のような構成となっている。各設問では、工事について、「現場状況→技術的課題→検討項目→対応処置→評価」を示す。なお、各設問で記述する行数や、「設問2」の「Ⅰ」の記述項目は、出題年度によっては多少異なる場合がある。

工事概要	工事名・あなたの立場・発注者名・工事場所・工期・主な工種・施工量

※「工事概要」に空欄があるときや、その工事が土木工事でない場合は、その時点で不合格となる。

設問1	Ⅰ	工事の現場状況・技術的課題・検討項目(8行)	※技術的課題は、工程管理・安全管理・品質管理・施工計画・環境保全のうち、設問で指定されたものとする。
	Ⅱ	上記Ⅰの検討項目の対応処置・その評価(8行)	

※「設問1」に空欄があるときや、その内容が設問に即していない場合は、その時点で不合格となる。

設問2	Ⅰ	工事の現場状況・技術的課題・検討項目(8行)	※技術的課題は、工程管理・安全管理・品質管理・施工計画・環境保全のうち、設問で指定されたものとする。
	Ⅱ	上記Ⅰの検討項目の対応処置・その評価(8行)	

※「設問2」に空欄があるときや、「設問1」と同一内容の解答である場合は、その時点で不合格となる。

施工経験記述の考え方・書き方講習 - 3

施工経験記述のストーリーの作成

論文の書き方を要領よくまとめたものである。ここを一気に読み切り、あなたの頭の中に、論文の全体構造をしっかり読み込めば、どんな問題にも柔軟に対応できる。

(1) 特に留意した技術的な課題のストーリーの例

あなたが取り上げた「**主な工種**」の中で、特に留意した**作業(項目)**について施工管理技術上、「問題となった事」を課題として示す。たとえば、次のように**ストーリー**を定める。

① 工程管理	「基礎工が3日間遅れたので、特に、**鉄筋工の工程短縮**を課題とした。」
② 品質管理	「日平均4℃以下のコンクリート工の施工であったので、特に**コンクリート工の品質確保**を課題とした。」
③ 安全管理	「土工において、重機類の走行が多く、労働者と重機類との接触事故を防止する必要があった。このため、特に**労働者の安全確保**を課題とした。」
④ 出来形管理	「擁壁工の天端型枠が施工時変形が大きく出来形(精度)を確保することが困難と予想されたため、特に**擁壁工の出来形確保**を課題とした。」
⑤ 施工計画 ⑥ 環境保全	「舗装版破砕工、掘削工の施工時、重機の騒音・振動の発生が予想されたため、特に、作業時における**現場周辺の騒音・振動を抑制**することを課題とした。」

※上記の⑤・⑥は「環境保全(騒音・振動による生活環境への悪影響の防止)のための施工計画」の例である。
　すなわち、上記の⑤・⑥の内容は「施工計画」と「環境保全」のどちらの出題内容にも対応するものである。

以上のように、「～であったので、～を課題とした。」
　　　　　　　「～が予想されたので、～を課題とした。」
　　　　　　　「～する必要があったので、～を課題とした。」
のようなパターンで記述すると文章の納まりが良い。

(2) 技術的な課題を解決するために検討した理由・内容と現場で実施した対応処置(結果)

あなたが(1)で技術的課題とした事について、(2)では、**具体的な作業名(項目)**を取り上げ技術的に**検討した理由と内容**を示すもので、検討の段階を示すものであるから、「解決のための技術的な考え方」を示せばよく、(3)で示す「処置した結果」と異なる。(2)と(3)を明確に区別して記述しなければならない。多くの論文は、(2)と(3)の区別がなく、同じ事を2回記述している。(2)の検討内容は「**考え方**」で、(3)の処置は「**結果の評価**」で、別ものである。論文の書き方を (1)課題 (2)検討 (3)処置・結果の評価としてパターン化して表すと、次の表のようになる。

施工経験記述の考え方・書き方講習 - 4

論文の基本的なストーリー

出題項目		課題 → 検討内容 → 処置・評価の基本的な骨組
① 工程管理ストーリーの例	(1)課題	鉄筋工で3日間短縮することを**課題**とした。
	(2)検討	擁壁工の工程を3日間短縮する**ため**(理由)、鉄筋の現場組立作業を外注とし、擁壁鉄筋をユニットで納入して、**鉄筋ユニット**(内容)をクレーンで吊込み現場で継手することを**検討**した。
	(3)処置評価	鉛直継目を考慮して、長さ3,300㎜、高さ2,950㎜のL形組立鉄筋で**ユニット化**(処置)し、移動式クレーンで吊込み配力鉄筋を長さ50cm重ね継手とし、組立て、**鉄筋工を3日間短縮**できた。
② 品質管理ストーリーの例	(1)課題	寒中コンクリートの品質確保することを**課題**とした。(品質はひび割れの程度やコンクリートの強度などで表す)
	(2)検討	夜間には－2℃程度まで気温が低下する**ため**(理由)、擁壁コンクリート打込作業時の温度を全アジテータ車の**荷卸時に確認**(内容)するよう**検討**した。
	(3)処置評価	コンクリートの荷卸時、コンクリートを採取し、温度計で検温し、指定温度10℃前後であることを確認し、打込み、夜間の冷え込みに対応するため、発泡スチロールで型枠を覆い、その上からブルーシートをかけ**北風を防止**(処置)し、7日間湿潤養生し、所要の**品質を確保**できた。
③ 安全管理ストーリーの例	(1)課題	土工における重機と労働者との接触を防止し、労働者の安全を確保することを**課題**とした。
	(2)検討	労働災害防止の**ため**(理由) 土工作業時、重機の旋回範囲に境界柵を設け、労働者の立入を防止し、のり肩付近の作業では、**誘導者による合図**(内容)により移動するよう**検討**した。
	(3)処置評価	重機の旋回作業の半径6ｍの範囲をワイヤーロープで**境界柵を設置**(処置)・点検し労働者の立入を禁止した。重機の路肩での施工では、**誘導員を配置**(処置)し、合図により路肩へ近づくようにすることで、労働者の**労働災害を防止**できた。
④ 出来形管理ストーリーの例	(1)課題	型枠の変形を防止し、擁壁工の出来形(基準高、天端幅等)を確保することを**課題**とした。(天端高などは±20㎜などの精度で表す)
	(2)検討	擁壁コンクリート打込作業時の振動により型枠が変形しないよう(理由)型枠に控えを設け、擁壁型枠の**天端の移動を防止**(内容)するよう**検討**した。
	(3)処置評価	型枠の移動・変形を防止するため、型枠組立後、3ｍ間隔に単管パイプを用いて、型枠天端の**水平部材に控えを設け**(処置)、コンクリートを打込んだ結果、天端幅300㎜(－30㎜)、基準高さ2,500㎜(±50㎜)の**出来形管理基準**を満たすことができた。

施工経験記述

施工経験記述の考え方・書き方講習 - 5

出題項目		課題 → 検討内容 → 処置・評価の基本的な骨組
⑤ 施工計画 ⑥ 環境保全 ストーリーの例	(1) 課題	重機による作業で発生する騒音・振動を抑制することを**課題**とした。
	(2) 検討	市街地の生活環境を保全する**ため**(理由)、低騒音・低振動が確認されているブレーカー、バックホウを選定し、**点検整備**(内容)を行ない、破砕・掘削作業時における騒音・振動を少なくする施工方法を**検討**した。
	(3) 処置 評価	市街地での施工であったので、使用機械は国土交通大臣の指定する低騒音・低振動型のバックホウとブルドーザを選定(処置)した。また、点検整備は毎日確認・修理し、無理な運転を避け、休止中は**アイドリングストップ**(処置)をしたことで、重機の作業時の騒音・振動を抑制し**現場環境を保全**できた。

※上記の⑤・⑥は「環境保全(騒音・振動による生活環境への悪影響の防止)のための施工計画」の例である。
すなわち、上記の⑤・⑥の内容は「施工計画」と「環境保全」のどちらの出題内容にも対応するものである。

　以上でもわかるように、作業を単純に行なうだけでなく、「管理された作業」を明記することが最大ポイントである。
　また、(2)**検討した内容**では、具体的な作業名(項目)をあげ、**理由と内容**を示すもので数値はかならずしも必要がないが、(3)の**対応処置(結果の評価)**では、結果を示すため、できるだけ**具体的な数値で説明**することが重要である。

> 平成28年度の試験からは、記述する行数が変更され、記述項目として「行った管理の評価」が追加されました。また、令和6年度の試験からは、出題項目がひとつからふたつに変更されました。令和7年度の試験に向けて、本テキストの記述例に基づき、練習してください。

施工経験記述の重要性について

　施工経験記述の出題には、下記の注意書きがある。すなわち、問題1 の施工経験記述に重大な誤りがあった場合には、問題2 以降の施工管理記述がたとえ満点であっても不合格となる。自らの施工経験記述を準備する際には、この注意書きをよく読んでおく必要がある。

> 問題1で
> ①工事概要の解答が無記載又は記述漏れがある場合,
> ②設問1の解答が無記載又は設問で求められている内容以外の記述の場合,
> どちらの場合にも問題1の設問2以降は採点の対象となりません。

1.4 工事概要の書き方

必須問題

問題 1	あなたが経験した土木工事を1つ選び、工事概要を具体的に記述したうえで、次の設問1・設問2に答えなさい。なお、あなたが経験した工事でないことが判明した場合は失格となります。

問題1 工事概要	あなたが経験した土木工事に関し、次の事項について解答欄に明確に記述しなさい。 〔注意〕「経験した土木工事」は、あなたが工事請負者の技術者の場合は、あなたの所属会社が受注した工事内容について記述してください。例えば、あなたの所属会社が二次下請業者の場合は、発注者名は一次下請業者名となります。なお、あなたの所属が発注機関の場合の発注者名は、所属機関名となります。

(1)、(2)、(3)に空欄があると不合格となります。

(1) 工事名

工 事 名	

(2) 工事現場における施工管理上のあなたの立場

立　　場	

(3) 工事の内容

①	発 注 者 名	
②	工 事 場 所	
③	工　　　　期	
④	主 な 工 種	
⑤	施 工 量	

施工経験記述の考え方・書き方講習 - 7

問題1 施工経験記述 解答例　工事概要　あなたの経験した工事の概要

工事概要の考え方・書き方

1　工事名の書き方

　工事名は、あなたの経験した工事名が土木工事名となっていなければならない。建築工事、管（空調関係等）工事、造園工事、給水工事、機械据付工事、コンクリート2次製品製造など、土木施工の工事とみなされないものは不適合なので、施工経験記述の工事名で**土木工事でないものは不合格**となるおそれが大きい。建築工事であっても「○○○マンション杭基礎工事」「○○○鉄塔基礎工事」のように、土木工事と認められるよう正式の工事名に付記して土木工事であることを示すなどの配慮が必要である。塗装工事・給水工事など土木工事と近い工事を書く場合は、受検案内書の確認や直接試験機関に問い合わせるなどを行って、土木工事であることを確認しておく必要がある。

2　工事現場における施工管理上のあなたの立場

　主な工種を施工する上でのあなたの施工管理上の立場と規定されている。請負会社の立場では、現場監督（元請）、現場監督（下請）、現場主任、副現場主任、主任技術者、現場代理人などを示す。発注機関の立場では、発注者側監督員、総括監督員、主任監督員などを示す。いずれにしても、施工管理の立場であるため作業主任者、運転手、作業員等の記述は不合格である。

　ここでは誤字が致命的となる。自分の立場を正しく書けない人は、監理技術者としてふさわしくない。督→×督、×督、×賢などや、主任→×主人などの誤字が多い。特に発注機関の受検者に「督」の誤字が多くみられるので注意して確認する。

3　発注者名の書き方

　発注者名は、あなたの所属している会社が、元請（A社）、1次下請（B社）、2次下請（C社）、発注機関のどれなのかによって、次のように記述する。なお発注者名には、発注機関名を示せばよく、○○下水道局局長　山下太一 ➡ ○○下水道局とし、**個人名はいらない**。

あなたの所属している会社	発注者名
元請A社	発注者名（役所などの発注機関名）
1次下請B社	元請A社名
2次下請C社	1次下請B社名
発注機関	発注者名

4　工事場所の書き方

　工事場所はできるだけ詳細に示す、契約書などを参考にする。これは、現実にどこで施工した経験かを判断するもので、○○市本町3丁目など漠然としたものでなく、○○市本町3丁目5-3などのように詳しく示す。道路の補修工事のように何kmにもわたり点在するものは、契約書に示された起点の住所を示し、「他15箇所」のように示す。また、鉄道、地下鉄、高速道路など地上の住所の番地と異なるときは、契約書に示す位置とすることができる。

5　工期の書き方

　工期は、数日のものから数年にわたるものがある。1級土木施工管理技士の国家試験であることから考えて、通常、品質管理が行なえる工事規模の経験が期待されているが、ごく小規模な工事でも管理的記述に配慮すれば問題がない。しかし、工期が数年にわたる場合、1年に2～4回の中間検査がかならず行われる。そうした中間検査で合格した土木工事について経験を記述する。数年にわたる工期のなかで、あなたが記述しようとする課題を含む中間検査期間を工期とすることができる。また、工期と施工量とは整合性が必要で、工期に見合う施工量でないときは、工期と施工量が共に合格点とならないと考えられる。

6　主な工種の書き方

　主な工種で、擁壁工、造成工、アスファルト舗装工、下水道管布設工、築堤工、防波堤工、えん堤工などの比較的大きな取組の工種を示すのは、あなたの所属する会社が、元請であったり発注機関であったりする場合が多い。これに対して、あなたの所属する会社が下請の場合、下請した作業工程の部分により、擁壁工なら、土工、型枠工、鉄筋工、コンクリート工となったり、アスファルト舗装工では、路体工、路床工、路盤工、基層・表層工のように、下請した部分が工種となる。

　主な工種とは、あなたの取上げた工事における工種のうちこれからあなたが記述しようとする作業工程を含む工種のことである。したがって、論文中に一度も記述されない工種は、いかに、請負契約上重要な工種であっても、ここでいう**主な工種**でない。したがって、**主な工種**の個数は、あなたが施工管理した工種のうち、できれば2個～3個に留めるようにする。また、**主な工種**に記述したものについては、**必ず施工量を示さなければならない**。**主な工種**に記述したものは、できれば**設問1**または**設問2**の本文中で、課題や検討事項として、その工種に関係した内容を記述することが望ましい。

7　施工量の書き方

　施工量には、2つの制約がある。

(1) 主な工種の例に応じた施工量の例を示し、量名称、作業数量、量記号（単位）で表示する。それを例示すると下表のようである。

(2) 施工量の量と工期の関係が適正かどうかを確認する。工期の割に施工量が少ないときは、工期内に行なわれた他工種を、主な工種の欄に示し、その工種に応じた施工量を併記し、工期と施工量の関係は必ず確認して整合させる。

主な工種の例	施工量の表示例
擁壁工	基礎掘削土量　1,580 m^3 L型現場打擁壁　平均高 2.5m、延長 18m
コンクリート工	擁壁コンクリート打設量　1,250 m^3 型枠設置面積　4,050 m^2
土工	掘削土量　5,000 m^3
下水道管布設工	VU管 φ200 延長 250m 掘削・埋戻土量　2,500 m^3
下水埋戻工	埋戻路床土量　1,350 m^3 埋戻路盤土量　802 m^3
アスファルト補修工	オーバーレイ　厚さ 50mm、面積 600 m^2

施工経験記述の考え方・書き方講習 - 10

問題1　工事概要　　　解　答　例

問題1 — 工事概要 の解答例は、あなたの立場によって異なるので、元請、下請、発注機関の例について示す。

(1) 元請の立場での工事概要の記述例

工事名

工 事 名	東松山市営住宅団地造成工事

工事現場における施工管理上のあなたの立場

立　　場	現場監督

工事の内容

①	発 注 者 名	東松山市都市計画局
②	工 事 場 所	埼玉県東松山市吉岡3丁目11-15
③	工　　　期	令和6年5月20日〜令和6年9月15日
④	主 な 工 種	土工、擁壁工
⑤	施　工　量	切土・盛土量　5,390m^3 鉄筋コンクリートL形擁壁工 平均高さ2.5m、延長200m

(2) 下請の立場での工事概要の記述例

工事名

工 事 名	東松山市営住宅団地造成擁壁工事

工事現場における施工管理上のあなたの立場

立　　場	現場主任

工事の内容

①	発 注 者 名	東松山建設株式会社
②	工 事 場 所	埼玉県東松山市吉岡3丁目11-15
③	工 期	令和5年7月12日～令和5年10月3日
④	主 な 工 種	擁壁工
⑤	施 工 量	擁壁型枠面積　4,200m² 擁壁コンクリート（呼び強度21）打設量　5,600m³

(3) 発注機関の立場での工事概要の記述例

工事名

工 事 名	東松山市営住宅団地造成工事

工事現場における施工管理上のあなたの立場

立 場	発注者側監督員

工事の内容

①	発 注 者 名	東松山市都市計画局
②	工 事 場 所	埼玉県東松山市吉岡3丁目11-15
③	工 期	令和4年5月20日～令和4年11月20日
④	主 な 工 種	土工、擁壁工
⑤	施 工 量	切土量　59,000m³、盛土量　48,000m³ RC・L形擁壁　平均高 2.5m、延長 250m

1.5　現場状況・技術的課題・検討項目・対応処置・評価の書き方

1　現場状況および技術的課題として取り上げる場合の課題の代表例

　次の①～⑥の出題項目に合わせて、1)～3)のような技術的課題が考えられる。しかし、ここに示すのは、技術的課題の代表例にすぎないので、自身の施工経験に合わせて技術的課題を示すことが必要である。また、施工経験記述では、具体的な現場状況の記述が求められている。具体的な現場状況については、工事概要に記述した工事名や施工量などを中心として文章化したうえで、必要があれば「工事を始める前に現場でどのような問題が発生していたのか」や「その工事は何を目的として実施するのか」などを示せばよい。

① 品 質 管 理：1)路床の品質の確保、路盤の品質の確保、表層の**品質の確保**
　　　　　　　2)各種構造物のコンクリートの**品質の確保**
　　　　　　　3)各種構造物の接合の**品質の確保**
② 出来形管理：1)道路の**形状寸法**(幅、厚さ、基準高、平たん性、勾配)**の確保**
　　　　　　　2)各種構造の**形状寸法**(厚さ、幅、直径、仕上精度、勾配)**の確保**
③ 工 程 管 理：1)各工程の順守による**工期の確保**
　　　　　　　2)各工程の短縮による**工期の確保**
④ 安 全 管 理：1)**労働災害防止対策**(労働者の安全確保)
　　　　　　　2)**公衆災害防止対策**(第三者である歩行者と一般車両の安全確保)
⑤ 施 工 計 画：1)施工計画の**立案**・仮設備(足場・支保工・土留工など)**の安全確保**
　　　　　　　2)工程計画における**工期の確保**
　　　　　　　3)品質計画における**品質の確保**
⑥ 環 境 保 全：1)工事に伴う**騒音・振動**・沈下・交通障害・地盤沈下・水質汚濁・大気汚染・土壌汚染・悪臭・飛散物などの防止のための対策
　　　　　　　2)建設副産物の**有効利用**および産業廃棄物の**適正処分**のための対策

2 技術的課題を解決するために検討した項目

　検討内容には、施工の方針を示すので、施工したことを示してはならない。材料（Material）、人・機械（Man、Machine）、施工法（Method）の3M（スリーエム）の項目を含む主な工種の中から検討項目として作業名（項目）を2つ程度考えて、技術的課題を解決するために検討した項目として示す。

① 材料は、骨材、セメント、土といった素材から、U字溝、ヒューム管などの各種工場製品、レディーミクストコンクリートなど、幅広くとらえて、施工に使用するものは何でも材料の管理となる。さらに、材料の中には足場型枠支保工などの「仮設工」の配置、撤去なども含むものと考え、これらの選定、受入れ検査、点検管理について検討することを記述できる。

② 人・機械は、労働者数、土工機械、吊込み機械、コンクリート施工機械、道路舗装用機械、杭打機について検討したことを記述できる。
　各種工事に応じて用いる労働者の有する資格及び機械について、その使用する規格、性能の選定、また、低公害型機械の選定など、機械を選定し、施工に必要な機械の利用の順序を検討したことを記述できる。

③ 施工法については、

（ア）品質・出来形管理では使用材料、使用機械を示して、構造物の仕上り厚さ、締固め度、水密性などの品質確保、及び幅、高さ、厚さなど構造寸法などの出来形確保について記述できる。

（イ）工程管理では、工程を「A」から「B」に変更することを示す場合と、予定工程を順守するための作業量を示す場合がある。たとえば、増班による並行作業、施工時間の延長、現場施工に代えて工場製品の利用による工期短縮や工程確保を記述できる。

（ウ）安全管理では、安全施設の設置と点検、安全誘導に関する配置、立入禁止区域の明示などを記述できる。

（エ）施工計画や環境保全では、仮設工の設置点検や施工現場で生じる騒音・振動等の各種公害に対する防止策を記述できる。

　検討内容（方針）は次の表の項目のようにまとめることができる。

施工経験記述の考え方・書き方講習 - 14

技術的課題を解決するために検討した項目として採り上げる検討内容の例の一覧表

出題項目	使用材料・設備	人・使用機械	施工方法
①品質管理 ②出来形管理	①材料の良否の管理 ②材料の温度管理 ③材料の受入れ検査	①機械と材料との適合化 ②機械能力の適正化 ③機械と施工法との適合化 ④測量用器具	①敷均し厚・仕上厚の適正化 ②締固め・養生の管理 ③締固め度・密度・強度の管理 ④出来形管理
③工程管理	①材料・設備・手配の管理 ②工場製品の利用で短縮 ③使用材料の変更で短縮	①機械の大型化で短縮 ②使用台数の増加で短縮 ③機械の適正化(組合せ) ④労働力の増加	①施工個所の複数化 ②班の増加や並行作業 ③時間外労働の増加 ④工法の改良
④安全管理	①仮設備の設置・点検 ②仮設材料の安全性の点検	①使用機械の転倒防止 ②機械との接触防止 ③機械の安全点検	①控えの設置 ②立入禁止措置 ③安全管理体制の適正化 ④危険物取扱いの教育
⑤施工計画 ⑥環境保全	①仮設備の設置・点検 ②遮音壁・防振溝などの設置 ③泥水・粉塵防止設備の設置	①低公害機械の使用 ②機械の使用時間の制限 ③特定建設作業の届出	①低公害工法の採用 ②沈下防止用土留工法の採用 ③建設副産物の有効利用法 ④沿道障害の防止

3　現場で実施した対策・処置とその評価

　対策処置とその評価とあるので、あなたが行った対策処置に対する評価を記述する。「安全管理」が問われているなら、労働者や第三者の立場から考えて評価する。「工程管理」が問われているなら、工程短縮や工程確保の処置が工程管理上有効であったかどうかを評価する。「品質管理」が問われているなら、品質確保のための処置が適切であったかどうかを試験結果の値から評価する。(当然だが否定的な評価を記述してはならない)

　ここで注意すべきは、問われている管理に対する評価を書かなければならないことである。一例として、「工程管理」が問われているのに、「工期短縮によりコスト削減を実現した」などの「原価管理」に関する評価を書いた場合、得点にならない可能性が高い。この場合は、何故有効な工程管理ができたかを考え、その有効性に対する評価を記述することが適切である。問われていない他の管理に言及することは不適切である。

　本テキストでは、文字数は書き方の理解を容易にするため(要点を整理しやすいよう)、横30文字程度として解説していますが、実際の記述は、最新問題の解答例を参考に、横25文字～40文字程度として、「、」や「。」などをしっかり用いて表現して下さい。

　また、令和6年度の試験では、技術的課題(現場状況や検討項目を含む)の行数が8行、対応処置とその評価の行数が8行となっていましたが、この行数は年度によって数行増減されることもあります。こうしたときは、空行ができないよう、横文字数を変えて、指定行数に合わせて(最終行まで記述が継続するように調整して)記述して下さい。こうした方針を事前に考えておいて下さい。

1.6　施工経験記述の記入例　転記不合格（実務例ではありません）

(1)　品質管理の記述例

> **問題**　あなたが経験した土木工事を1つ選び、**工事概要**を具体的に記述したうえで、次の**設問**に答えなさい。なお、あなたが経験した工事でないことが判明した場合は失格となります。

工事概要　あなたが**経験した土木工事**に関し、次の事項について解答欄に明確に記述しなさい。

(1) 工事名

工事名	東京都道第28号線池谷地区道路拡幅工事

(2) 工事現場における施工管理上のあなたの立場

立場	現場主任

(3) 工事の内容

①	発注者名	東京都西多摩市建設事務所
②	工事場所	青梅市古川町5－3－1
③	工期	令和4年12月11日～令和5年3月9日
④	主な工種	掘削工、擁壁工
⑤	施工量	掘削土量 850m^3 擁壁コンクリート（呼び強度21）　打設量 340m^3

設問　工事概要に記述した工事の「**品質管理**」に関し、次の事項について解答欄に具体的に記述しなさい。
　(1) 具体的な**現場状況**と特に留意した品質管理上の**技術的課題**と、その課題を解決するために**検討した項目**
　(2) (1)で記述した検討項目の**対応処置**とその**評価**

記述方針の例

道路拡幅工事の**品質管理**について記述する場合におけるストーリー構成の例

現場状況	技術的課題	検討した項目	対応処置	評価
道路拡幅工事のための擁壁設置	寒中コンクリートの品質確保	①打込み温度の検討 ②養生温度の検討	①10℃前後で打込み ②15℃で養生の温度管理	擁壁コンクリートの圧縮強度について21N/mm^{2}以上を確認

施工経験記述の考え方・書き方講習 - 16

(1) 具体的な**現場状況**と特に留意した品質管理上の**技術的課題**と、その課題を解決するために**検討**した**項目**

行数の割合の例

[1]現場状況：本工事は、都道第28号線の交通量を緩和するため、池谷地区の山側の斜面に、幅3.2mの拡幅をするための土留め擁壁を施工するものであった。

現場状況
3行～4行

[2]技術的課題：鉄筋コンクリート擁壁を施工するにあたり、寒冷期におけるコンクリートの品質を確保することが技術的課題であった。

技術的課題
2行～3行

[3]検討した項目：寒冷期のコンクリートの品質確保のため、次の2項目について検討した。　①寒冷期のコンクリート打込み温度の確保　②コンクリートの養生温度の確保

検討項目
2行～3行

(2) (1)で記述した検討項目の**対応処置**とその**評価**

[1]対応処置①：寒冷期のコンクリートの打込み温度を10℃程度とするため、レディーミクストコンクリートの温度を指定し、温度計で打込み温度が10℃程度であることを確認してから施工した。

対応処置①
3行

[2]対応処置②：コンクリートの養生温度を確保するため、擁壁外部を二重のブルーシートで保温し、内部をジェットヒーターで加温し、常時湿潤状態であることを確認し、養生温度を15℃として品質管理した。

対応処置②
3行

[3]評価：擁壁コンクリートの供試体は、標準養生28日後の圧縮強度試験結果が21N/mm² 以上となり、仕様書の品質を確保できた。

評価
2行

※ 設問 については、本ページではひとつの項目（品質管理）だけを示していますが、実際の試験では、品質管理・工程管理・安全管理・施工計画・環境保全のうち、 設問1 ・ 設問2 として、ふたつの項目が出題されると考えられます。この項目は、年度により異なります。

※ 出来形管理は、品質管理の一環であり、独立した項目としての出題の可能性は低いと考えられるので、施工経験記述の記述例としては採録しておりません。

（2） 施工計画の記述例

問題 あなたが経験した**土木工事**を1つ選び、**工事概要**を具体的に記述したうえで、次の**設問**に答えなさい。なお、あなたが経験した工事でないことが判明した場合は失格となります。

工事概要 あなたが**経験した土木工事**に関し、次の事項について解答欄に明確に記述しなさい。

(1) **工事名**

工 事 名	山梨県道第21号線湖東地区道路拡幅工事

(2) **工事現場における施工管理上のあなたの立場**

立 場	現場主任

(3) **工事の内容**

①	発注者名	山梨県内山市第二建設事務所
②	工事場所	山梨県内山市8-3-2
③	工期	令和3年9月8日～令和4年2月5日
④	主な工種	掘削工、擁壁工
⑤	施工量	掘削土量 1050m^3 擁壁コンクリート（呼び強度21） 打設量 440m^3

設問 工事概要に記述した工事の「**施工計画**」の作成に関し、次の事項について解答欄に具体的に記述しなさい。
(1) 具体的な**現場状況**と、施工計画立案に先立ち行った現場の事前調査で判明した**施工上の課題**
(2) (1)で記述した課題について、施工計画の作成にあたり反映した**対応処置**とその**評価**

記述方針の例

道路拡幅工事の**施工計画**について記述する場合におけるストーリー構成の例

現場状況	事前調査	施工上の課題	対応処置	評価
道路拡幅工事のための擁壁設置	斜面の落石の頻度および高所作業の必要性	労働者の滑落防止のための措置の必要性	ロープ高所作業 ①作業計画作成 ②ロープ支持者 ③特別教育実施	労働災害の防止ができた

施工経験記述の考え方・書き方講習 - 18

(1) 具体的な**現場状況**と、施工計画立案に先立ち行った現場の事前調査で判明した**施工上の課題**

[1]現場状況：山梨県道第21号線湖東地区は、国道19号線に繋がる山岳地帯にある。本工事は、地山を掘削して幅4mを拡幅するため、高さ6mの鉄筋コンクリート擁壁を長さ62mにわたり施工するものである。

[2]施工上の課題：現場での実地調査の結果、落石の多い斜面の掘削や、高さ6mとなる高所作業場所などで、労働者の安全を確保するため、安全設備の設置や、労働者の滑落防止用の安全管理体制を整え、労働者が作業を行うときの保護具であるハーネスの使用のための特別教育の実施など、事前調査において労働災害防止上の課題が判明した。

行数の割合の例
- 現場状況：3行～4行
- 事前調査で判明した施工上の課題：4行～5行

(2) (1)で記述した課題について、施工計画の作成にあたり反映した**対応処置**とその**評価**

[1]対応処置：地山掘削時の労働者の転落防止対策として、斜面の一部に勾配が40度を超える急傾斜地が6m続いていたため、ロープ高所作業をする必要があったので、次のような施工計画を立案した。
① ロープ高所作業となるため、作業計画と作業手順書を作成した。
② ロープ作業での昇降中には、2名のロープ支持者を配置した。
③ ロープ作業者は特別教育の修了者とし、保護具を使用させた。

[2]評価：ロープ作業では、鉄杭を設けてロープの支持を確実にし、十分な滑落防止設備と安全管理体制により、労働災害を防止できた。

- 対応処置の理由：3行
- 対応処置の内容：3行
- 評価：2行

※ 設問 については、本ページではひとつの項目（施工計画）だけを示していますが、実際の試験では、品質管理・工程管理・安全管理・施工計画・環境保全のうち、 設問1 ・ 設問2 として、ふたつの項目が出題されると考えられます。この項目は、年度により異なります。

※ 実際の試験では、 設問2 の注意点として、「ただし、 設問1 と同一内容の解答は不可とする。」と書かれています。一例として、 設問1 に安全管理、 設問2 に施工計画が出題された場合に、 設問1 に「歩行者の安全確保のための安全管理」を記述し、 設問2 に「歩行者の安全を確保するための施工計画」を記述するようなことは、避けた方が望ましいと考えられます。何らかの理由により、両方の設問に「歩行者の安全確保」を記述したい場合は、その技術的課題や対応処置について、同一の内容を記述しないように注意してください。

(3) 工程管理の記述例

> **問題** あなたが経験した土木工事を1つ選び、工事概要を具体的に記述したうえで、次の設問に答えなさい。なお、あなたが経験した工事でないことが判明した場合は失格となります。

工事概要 あなたが経験した土木工事に関し、次の事項について解答欄に明確に記述しなさい。

(1) 工事名

工 事 名	栃木県道5号線上毛野地区改良工事

(2) 工事現場における施工管理上のあなたの立場

立 場	現場主任

(3) 工事の内容

①	発注者名	栃木県毛野市土木部計画課
②	工事場所	毛野市御食村2丁目4-1
③	工期	令和3年9月24日～令和5年12月26日
④	主な工種	路床工、安定処理工、地下水位低下工
⑤	施工量	路床工の土工量 2400m^3　路床工の安定処理面積 4800m^2 排水管の設置総延長 1260m

設問 工事概要に記述した工事の「工程管理」に関し、次の事項について解答欄に具体的に記述しなさい。
(1) 具体的な現場状況と特に留意した工程管理上の技術的課題と、その課題を解決するために検討した項目
(2) (1)で記述した検討項目の対応処置とその評価

記述方針の例

路床改良工事の工程管理について記述する場合におけるストーリー構成の例

現場状況	技術的課題	検討した項目	対応処置	評価
不同沈下した道路の軟弱路床の改良の必要性	軟化した路床の改良を工程内で完了させること	①地下水位低下工程の確保 ②路床土安定処理工程の確保	①班数の増加と工区の分割 ②高耐水性工法と工区の分割	路床工の工程が当初の計画の通りに完了した

施工経験記述の考え方・書き方講習 - 20

(1) 具体的な**現場状況**と特に留意した工程管理上の**技術的課題**と、その課題を解決するために**検討した項目**

[1]現場状況：本工事は、栃木県道5号線の舗装を改良するため、道路幅員5.8m・長さ820m・改修面積4800m²について、不同沈下した軟弱路床を改良するものである。

[2]技術的課題：軟化した路床の改良を、予定の工程内で完了させるため、路床内への浸水対策工の実施方法と、路床土の改良工法を適切に選定し、路床工の工程を確保することが技術的課題であった。

[3]検討した項目：工程確保のために、次のような検討をした。
①路床地下水位低下工程の確保　②路床土安定処理工程の確保

行数の割合の例
- 現場状況　3行〜4行
- 技術的課題　2行〜3行
- 検討項目　2行〜3行

(2) (1)で記述した検討項目の**対応処置**とその**評価**

[1]対応処置①：路床への浸水防止対策として、山側の断面方向の840mおよび道路の横断方向の合計420mの排水管を、3班体制として6工区に分割して設置することで、路床浸水防止工の工程を短縮した。

[2]対応処置②：路床土の安定処理は、耐水性の高いセメント安定処理として、スタビライザとタイヤローラを併用し、2工区を同時に施工することで、路床土安定処理工程を確保した。

[3]評価：当初は工期内に実施することは困難と思われた路床浸水防止工が、当初の計画の通りに完了し、路床工の工程が確保できた。

- 対応処置①　3行
- 対応処置②　3行
- 評価　2行

※ 設問 については、本ページではひとつの項目（工程管理）だけを示していますが、実際の試験では、品質管理・工程管理・安全管理・施工計画・環境保全のうち、 設問1 ・ 設問2 として、ふたつの項目が出題されると考えられます。この項目は、年度により異なります。

※ 工程管理の対応処置やその評価には、施工者自身の工夫で実施したことを記述しなければなりません。一例として、「天候に恵まれたので計画通りに完了できた」というようなことは、それが工程確保に繋がるものであっても、対応処置やその評価に記述してはなりません。

（4） 環境保全の記述例

問題 あなたが経験した土木工事を1つ選び、工事概要を具体的に記述したうえで、次の設問に答えなさい。なお、あなたが経験した工事でないことが判明した場合は失格となります。

工事概要 あなたが経験した土木工事に関し、次の事項について解答欄に明確に記述しなさい。

(1) **工事名**

工事名	群馬県道12号線沼園坂改良工事

(2) **工事現場における施工管理上のあなたの立場**

立場	現場主任

(3) **工事の内容**

①	発注者名	群馬県沼園市工事事務所
②	工事場所	沼園市大崎町6丁目3-1
③	工期	令和元年6月10日～令和3年8月20日
④	主な工種	土工、路床工、法面保全工、撤去工
⑤	施工量	土工量1440m^3　打換え工の施工面積2400m^2　法面保全工の面積1800m^2　舗装撤去面積2400m^2

設問 工事概要に記述した工事の「環境保全」に関し、次の事項について解答欄に具体的に記述しなさい。
　(1) 具体的な**現場状況**と特に留意した環境保全上の**技術的課題**と、その課題を解決するために**検討した項目**
　(2) (1)で記述した検討項目の**対応処置**とその**評価**

記述方針の例

路床改良工事の**環境保全**について記述する場合におけるストーリー構成の例

現場状況	技術的課題	検討した項目	対応処置	評価
市街地に隣接した場所での工事	騒音・振動の抑制と飛散の防止	①低騒音・低振動の建設機械 ②セメント飛散防止対策	①油圧式の舗装版破砕機 ②散水と飛散防止シート	市街地の環境を保全できた

施工経験記述の考え方・書き方講習 - 22

(1) 具体的な**現場状況**と特に留意した環境保全上の**技術的課題**と、その課題を解決するために**検討した項目**

[1]現場状況：本工事では、舗装版を取り壊す場所が、市街地に隣接していた。そのため、発注者から騒音・振動の抑制対策が求められていた。また、路床安定処理にセメント安定処理を予定しているが、セメントの飛散を防止する必要性がある現場であった。

[2]技術的課題：舗装版の取壊し時の騒音・振動の抑制と、安定処理工法におけるセメントの飛散防止による環境保全を技術的課題とした。

[3]検討した項目：環境保全のため、次の検討をした。①騒音・振動を抑制できる土工機械の選定　②セメント飛散防止対策のための措置

行数の割合の例
- 現場状況　3行～4行
- 技術的課題　2行～3行
- 検討項目　2行～3行

(2) (1)で記述した検討項目の**対応処置**とその**評価**

[1]対応処置①：舗装版の取壊し時の騒音・振動を抑制するため、舗装版破砕機は、騒音・振動の発生量が少ない油圧式のものを使用し、ブレーカ・コンクリートカッタは、低騒音かつ低振動のものを使用した。

[2]対応処置②：セメント安定処理の際にセメントが飛散しないよう、セメントを散布する路床土の周囲に、飛散防止シートを張って囲んだ。また、セメント散布前の路床土に散水し、湿らせて飛散を抑制した。

[3]評価：近隣環境保全対策として、工事中の騒音・振動を抑制し、現場からのセメントの飛散を抑制したので、市街地の環境を保全できた。

- 対応処置①　3行
- 対応処置②　3行
- 評価　2行

※ 設問 については、本ページではひとつの項目（環境保全）だけを示していますが、実際の試験では、品質管理・工程管理・安全管理・施工計画・環境保全のうち、 設問1 ・ 設問2 として、ふたつの項目が出題されると考えられます。この項目は、年度により異なります。

※環境保全の項目では、建設副産物対策（発生抑制・再使用・再生利用）や、建設副産物対策を実施したことによって得られた副次的効果を問われることもあると考えられます。そのような場合は、次のような内容を記載することができます。（ふたつの例を挙げます）

①[技術的課題]土工事における建設発生土を抑制する必要があった。[対応処置]根切り区域で撤去した既設道路材料を、新規道路材料として再生利用すると共に、撤去時に分別を心がけた。[副次的効果]新規道路材料を少なくできたので、工事原価を抑制できた。

②[技術的課題]型枠工事における建設発生木材を抑制する必要があった。[対応処置]地下構造物の型枠を、木製型枠からラス型枠に変更し、打ち込むコンクリートのスランプを小さくした。[副次的効果]捨型枠となったので、型枠の取り外し工程を省力化できた。

（5） 安全管理の記述例

> **問題** あなたが経験した土木工事を１つ選び、 工事概要 を具体的に記述したうえで、次の 設問 に答えなさい。なお、あなたが経験した工事でないことが判明した場合は失格となります。

工事概要 あなたが経験した土木工事に関し、次の事項について解答欄に明確に記述しなさい。

(1) 工事名

工 事 名	佐賀県玉浜町公共下水道幹１－112延伸工事

(2) 工事現場における施工管理上のあなたの立場

立 場	現場監督補佐

(3) 工事の内容

①	発注者名	佐賀県玉浜町土木課
②	工事場所	玉浜町大川筋２丁目－７－３
③	工期	令和２年９月12日〜令和２年10月21日
④	主な工種	土工、下水道管敷設工
⑤	施工量	土工量1180m³ 硬質塩化ビニル管φ300mmの施工延長 650.44m

設問 工事概要に記述した工事の「安全管理」に関し、次の事項について解答欄に具体的に記述しなさい。ただし、交通誘導員の配置のみに関する記述は除く。
(1) 具体的な**現場状況**と特に留意した安全管理上の**技術的課題**と、その課題を解決するために**検討した項目**
(2) (1)で記述した検討項目の**対応処置**とその**評価**

記述方針の例

下水道管敷設工事の**安全管理**について記述する場合におけるストーリー構成の例

現場状況	技術的課題	検討した項目	対応処置	評価
狭い生活道路での下水道管の敷設	労働者と第三者の安全確保	①掘削作業中の労働災害防止 ②施工中の第三者災害防止	①塀の転倒防止用の土留め壁 ②十分な幅の歩行者用通路	労働災害と第三者災害を防止できた

施工経験記述の考え方・書き方講習 - 24

(1) 具体的な**現場状況**と特に留意した安全管理上の**技術的課題**と、その課題を解決するために**検討した項目**

　[1]現場状況：本工事は、住宅団地に下水道の分岐幹線1号として、φ300mmのVU管を、650.44m敷設するものである。本管を埋設する施工場所は、ブロック塀が近接する狭い生活道路の下であった。

　[2]技術的課題：深さ2.6mの掘削中に、ブロック塀の転倒を防止することで、労働者の災害を防止し、道路を通行する歩行者と車両の安全を確保することが、安全管理上の技術的課題であった。

　[3]検討した項目：災害防止のために、次の項目を検討した。
　①掘削作業中の労働者の安全確保 ②施工中における第三者災害の防止

行数の割合の例
- 現場状況　3行～4行
- 技術的課題　2行～3行
- 検討項目　2行～3行

(2) (1)で記述した検討項目の**対応処置**とその**評価**

　[1]対応処置①：労働者と第三者の安全を確保するために、ブロック塀の転倒防止対策として、簡易鋼矢板を用いて土留め壁を構築し、腹起しと切梁による支保工を設けた。

　[2]対応処置②：公道を通行する歩行者の転落防止のため、掘削する区間に沿って、幅1.5mの仮設通路を設置した。この通路には、夜間の通行を考慮し、夜間照明を設けて必要な照度を確保した。

　[3]評価：土留め壁の設置により、労働災害と第三者災害を防止できた。また、通路幅を十分に確保したので、歩行者の安全を確保できた。

- 対応処置①　3行
- 対応処置②　3行
- 評価　2行

※ 設問 については、本ページではひとつの項目（安全管理）だけを示していますが、実際の試験では、品質管理・工程管理・安全管理・施工計画・環境保全のうち、 設問1 ・ 設問2 として、ふたつの項目が出題されると考えられます。この項目は、年度により異なります。

※本書のここまでの記述例(1)～記述例(5)は、代表的な土木工事の施工経験をひとつ抜き出したものにすぎません。土木工事の施工経験には多様なものがあるので、この先の最新問題解説の解答例についても、併せて参照してください。

2 施工経験記述 最新問題解説 必須問題

| 令和6年度 | 必須問題 | 施工経験記述 | 安全管理・施工計画 |

【問題 1】 あなたが経験した土木工事を1つ選び，工事概要を具体的に記述したうえで，次の〔設問1〕，〔設問2〕に答えなさい。
なお，あなたが経験した工事でないことが判明した場合は失格となります。

〔工事概要〕 あなたが経験した土木工事に関し，次の事項について解答欄に明確に記述しなさい。

〔注 意〕 「経験した土木工事」は，あなたが工事請負者の技術者の場合は，あなたの所属会社が受注した工事内容について記述してください。例えば，あなたの所属会社が二次下請業者の場合は，発注者名は一次下請業者名となります。
なお，あなたの所属が発注機関の場合の発注者名は，所属機関名となります。

(1) 工事名
(2) 工事現場における施工管理上のあなたの立場
(3) 工事の内容
　① 発注者名
　② 工事場所
　③ 工期
　④ 主な工種
　⑤ 施工量

〔設問1〕 工事概要に記述した工事の「**安全管理**」に関し，次の事項について解答欄に具体的に記述しなさい。
ただし，交通誘導員の配置のみに関する記述は除く。

(1) 具体的な**現場状況**と特に留意した安全管理上の**技術的課題**と，その課題を解決するために**検討した項目**
(2) (1)で記述した検討項目の**対応処置とその評価**

〔設問2〕 工事概要に記述した工事の「**施工計画**」の作成に関し，次の事項について解答欄に具体的に記述しなさい。
ただし，設問1と同一内容の解答は不可とする。

(1) 施工計画立案に先立ち行った現場の事前調査で判明した**施工上の課題**
(2) (1)で記述した課題について施工計画の作成にあたり反映した**対応処置とその評価**

※令和3年度以降の試験問題では、ふりがなが付記されるようになりました。

安全管理の評価の書き方

安全管理についての「その評価」には、事故防止対策を行ったことだけではなく、「労働者や第三者(公衆)を被災させなかったこと」(安全管理の方法が適切であったことの評価)を明確に記述する。また、安全管理の結果として、「工程の短縮」や「品質の向上」ができたとしても、これを「その評価」に記述した場合、安全管理とは関係ないので、得点には繋がらない。

施工計画の評価の書き方

施工計画についての「その評価」には、現場の事前調査で判明した「施工上の課題」を解消するための施工計画に関して、作成した施工計画が「工程の短縮」・「安全の確保」・「品質の確保」に役立ったこと(施工計画が適切であったこと)を明確に記述する。施工計画は、工程管理・安全管理・品質管理を計画的に実施するためのものなので、「その評価」には、施工計画を前提としたものである限り、工程管理・安全管理・品質管理のいずれを記述してもよい。

記述方針の例

橋脚の設置と橋桁の架設について記述する場合におけるストーリー構成の例
※施工計画のストーリーは、本書59ページの解答例に対応するものです。

	現場状況	技術的課題	検討した項目	対応処置	評価
安全管理のストーリー構成	駅前の歩道上で行う橋脚工事の公衆災害と労働災害の防止	①歩行者の安全確保 ②従事する労働者の安全確保	①歩行者用の通路の設置 ②クレーン設置と墜落防止	①幅と高さの確保と通路整備 ②敷鉄板の敷設と照明設備	①公衆災害を防止できたこと ②労働災害を防止できたこと

	事前調査	施工上の課題	計画への反映	対応処置	評価
施工計画のストーリー構成	ボーリングによる地質調査で天然ガスの存在を確認	①可燃性ガスの噴出のおそれ ②酸素欠乏危険作業の実施	①火災や爆発を防止する計画 ②酸素欠乏症を防止する計画	①緊急時の措置と作業内規 ②酸素濃度の測定記録	①火災を防止できたこと ②労働者を保護できたこと

解答例

工事概要

(1) 工事名

工 事 名	東田猪花駅前スカイブリッジ設置工事

(2) 工事現場における施工管理上のあなたの立場名

立　場	現場主任

(3) 工事の内容

①	発注者名	猪花市都市開発部建設課
②	工事場所	千葉県猪花市3丁目7番地
③	工　期	令和5年8月10日〜令和5年12月10日
④	主な工種	橋梁基礎工、歩行者用空中通路架設工
⑤	施工量	オープンケーソン橋脚(直径2.4m×高さ18m)の設置数：12本、橋桁(幅4m×長さ12m)の架設数：48本、掘削土量：360m³

※この解答例は架空の工事なので、本試験でそのまま転記すると不合格になります。

施工経験記述

設問1 (1) 具体的な現場状況・安全管理上の**技術的課題**・課題を解決するために**検討した項目**

[1]現場状況：本工事は、東田電鉄猪花駅に接続する高架歩道橋を施工するもので、歩道橋の支柱となる12本のコンクリート橋脚をオープンケーソン工法で設置し、その上部に48本の橋桁を架設するものである。 〔現場状況 3行〕

[2]技術的課題：施工にあたり、現行歩道の一部を使用して工事を行うため、歩道を通行する歩行者の安全を確保するとともに、橋桁の架設時には、架設労働者の労働災害を防止することが課題であった。 〔技術的課題 3行〕

[3]検討した項目：歩道を通行する歩行者の工事中における安全を確保することと、橋桁架設時の労働災害を防止することの2項目を検討した。 〔検討項目 2行〕

設問1 (2) (1)で記述した検討項目の**対応処置**とその**評価**

[1]対応処置①：歩行者用の通路のうち、車両用通路との境には、隙間なく柵を設置して明確に区分した。この通路は、路面の凹凸をなくし、雨天時の歩行に支障がないよう、排水に良好にするための僅かな勾配を付けた。 〔対応処置① 3行〕

[2]対応処置②：橋桁の架設は、鉄道の終電を待ってから行うため、移動式クレーンは事前に鉄板敷きを行い、転倒防止措置を確認した。また、照明器具で照度を確保し、立入禁止区域を設け、誘導員を配置した。 〔対応処置② 3行〕

[3]評価：歩行者用の通路を適切に設置したので、工事中にも歩行者が安全に通行できた。また、周到な仮設の準備により、労働災害を防止できた。 〔評価 2行〕

設問2 (1) 施工計画立案に先立ち行った現場の事前調査で判明した**施工上の課題**

[1]現場状況：主な工種であるオープンケーソン工事では、歩道の一部を使用するため、発注者から第三者災害防止が要請されていた。また、橋桁の架設工事は、夜間の限られた時間帯での工程が定められていた。 〔現場状況 3行〕

[2]事前調査：2台のビデオカメラを設置し、歩行者・高齢者・車椅子などの動向を24時間体制で調査した。また、架設工程確保のため、現地踏査に基づきシミュレーションしてその工程を定めた。 〔事前調査 3行〕

[3]施工上の課題：歩行者対策としての仮設通路の構造設計と、架設作業の設備配置と、QC工程表(施工品質管理票)の作成を課題とした。 〔施工上の課題 2行〕

設問1 (2) (1)で記述した課題について施工計画の作成にあたり反映した**対応処置**とその**評価**

[1]対応処置①：通行形態から、歩行者・高齢者・車椅子使用者などを確認し、幅0.9m・有効高さ2.1mの仮設通路を確保し、現場に隣接する箇所である3mの区間は、合板で天井と側面を囲って飛来物を防止した。 〔対応処置① 3行〕

[2]対応処置②：架設工程の現地踏査により、照明設備の位置・高さ・配線方法を定め、移動式クレーンの配置場所に鉄板を敷いて転倒を防止し、橋桁の玉掛け位置を確認し、予定の手順に従い施工し、工程内で架設した。 〔対応処置② 3行〕

[3]評価：十分な現地踏査と事前調査に基づき、第三者災害を防止することができ、余裕をもって架設工程を確保できた。 〔評価 2行〕

※実際の試験では、もう少し長い文章を記述することもできます。その記述方法については、次頁を参照してください。

設問1 (1) 具体的な現場状況・安全管理上の**技術的課題・課題を解決するために検討した項目**

　現場状況を確認したところ、オープンケーソン工法で施工する橋脚は、混雑が生じやすいターミナル駅付近において、歩道の一部を占用して実施することになっていた。また、営業線を跨ぐ橋桁の架設工事は、夜間の限られた時間帯に施工することが決まっていた。
　安全管理上の技術的課題としては、歩道を通行する歩行者（特に近くの老人ホームを利用する高齢者や車椅子使用者）と施工機械との接触による公衆災害や、夜間の橋桁架設工事に従事する作業者の墜落災害や、移動式クレーンの転倒による労働災害などが挙げられた。
　これらの課題を解決するため、適切な歩行者用通路の確保による公衆災害の防止方法と、架設時の墜落災害を防止するための照度の確保と、移動式クレーンの設置方法を検討した。

設問1 (2) (1)で記述した検討項目の**対応処置とその評価**

　歩行者が安全に通行できるよう、車道とは別に、幅0.9m以上・有効高さ2.1m以上の歩行者用通路を確保した。この歩行者用通路は、段差や路面の凹凸をなくすとともに、滑りにくい状態を保ち、スロープ・手すり・視覚障害者誘導用ブロックなどを設けるようにした。
　架設工事に使用する移動式クレーンは、転倒を防止するために必要な広さおよび強度を有する敷鉄板の上に設置し、そのアウトリガーを最大限に張り出させた。また、橋桁架設工事の作業場について、すべての箇所の照度が150ルクス以上であることを確認した。
　これらの対応処置により、歩行者が工事中にも安心して通行できるようになり、公衆災害を防止することができた。また、夜間の架設工事中の労働災害を防止することができた。

設問2 (1) 施工計画立案に先立ち行った現場の事前調査で判明した**施工上の課題**

　工事現場となる千葉県猪花市は、水溶性天然ガスが地層中に存在することが知られていた。そのため、オープンケーソン工法で施工する橋脚の基礎工事では、可燃性ガスの噴出や、作業者の酸素欠乏症を避けるために、地質に関する事前調査が重要であると考えた。
　施工計画に先立って行う事前調査として、古地図を確認したところ、工事現場に旧河道が含まれており、地中にガス溜まりがあることが懸念された。また、地表面の現地踏査およびボーリング調査を実施したところ、ボーリングコアから微量のメタンが検出された。
　この事前調査により、オープンケーソン基礎工事は、酸素欠乏危険作業を伴うものであり、可燃性ガスの噴出による火災のおそれがあるという施工上の課題が判明した。

設問2 (2) (1)で記述した課題について施工計画の作成にあたり反映した**対応処置とその評価**

　施工計画の作成にあたり、可燃性ガスによる爆発・火災を防止するための計画と、避難・救護などの措置を検討し、可燃性ガスの濃度に応じた作業内規を定めて施工計画書に記載した。また、日々の計測結果に応じて、施工計画書を速やかに変更できる体制を整えた。
　また、酸素欠乏症等危険作業計画書の作成にあたり、入坑者に笛を持たせて体調不良時に使用させるなどの対応措置を定めた。この計画書には、測定箇所の図を描き、5箇所の測定点を定めると共に、測定点・測定時間・濃度などの欄を設けた記録表を用意した。
　これらの対応処置が明確であることにより、作業者の安全を常に確保できた。また、この施工計画書に従って工事を行ったので、火災や酸素欠乏症は一度も発生しなかった。

※これは、前頁よりも少し長い文章を記述した解答例です。（施工計画については前頁とは別の内容を示しています）

令和5年度 必須問題 施工経験記述 品質管理

【問題 1】 あなたが経験した土木工事の現場において、その現場状況から特に留意した品質管理に関して、次の〔設問1〕、〔設問2〕に答えなさい。

〔注意〕 あなたが経験した工事でないことが判明した場合は失格となります。

〔設問1〕 あなたが経験した土木工事に関し、次の事項について解答欄に明確に記述しなさい。

〔注意〕 「経験した土木工事」は、あなたが工事請負者の技術者の場合は、あなたの所属会社が受注した工事内容について記述してください。従って、あなたの所属会社が二次下請業者の場合は、発注者名は一次下請業者名となります。
なお、あなたの所属が発注機関の場合の発注者名は、所属機関名となります。

(1) 工 事 名
(2) 工事の内容
　① 発注者名
　② 工事場所
　③ 工　　期
　④ 主な工種
　⑤ 施 工 量
(3) 工事現場における施工管理上のあなたの立場

〔設問2〕 上記工事の現場状況から特に留意した品質管理に関し、次の事項について解答欄に具体的に記述しなさい。

(1) 具体的な現場状況と特に留意した技術的課題
(2) 技術的課題を解決するために検討した項目と検討理由及び検討内容
(3) 上記検討の結果、現場で実施した対応処置とその評価

※令和3年度以降の試験問題では、ふりがなが付記されるようになりました。

品質管理の評価の書き方

品質管理についての「その評価」には、あなたが施工した「主な工種」に関して、構造物の品質が「仕様書に示された性能を確保できたこと」を明確に記述する必要がある。このとき、品質管理の副次的な効果として、「工程の短縮」や「安全の確保」ができていたとしても、そのことを「その評価」に記述してはならない。「その評価」に、品質管理とは無関係なこと(工程管理や安全管理)を記述すると、減点になるおそれがある。

記述方針の例

橋梁工事（コンクリート床版の施工）について記述する場合におけるストーリー構成の例

	品質管理の技術的課題	検討項目・理由・内容	対応処置・評価
ストーリー構成	橋梁工事において、コンクリート床版を寒冷期に施工するときの品質の確保	① 初期凍結を防止できる配合のコンクリート ② 寒中コンクリートの保温養生および給熱養生	① 水セメント比の低減による強度の確保 ② 養生環境改善による寒中コンクリートの品質確保

解答例

設問1

(1) 工事名

工 事 名	国道4号線奥羽街道橋梁建設工事

(2) 工事の内容

①	発 注 者 名	国土交通省東北地方整備局岩手道路事務所
②	工 事 場 所	岩手県北巻市端牧町8丁目
③	工 期	令和4年11月23日〜令和5年3月2日
④	主 な 工 種	コンクリート床版工
⑤	施 工 量	コンクリート打設量：198m^3、高欄総延長：62m

(3) 工事現場における施工管理上のあなたの立場

立 場	工事主任

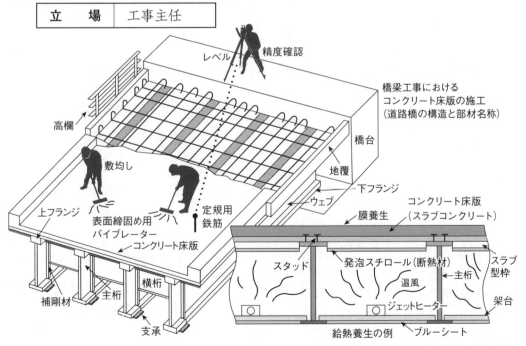

※この解答例は架空の工事なので、本試験でそのまま転記すると不合格になります。

設問2 現場状況から特に留意した**品質管理**

解答のポイント

(1) 具体的な現場状況と特に留意した技術的課題[7行]

　　本工事は、岩手県の奥羽街道にある橋梁の改修工事を行うもので、橋長164mの二径間について、コンクリート床版を打ち換える必要があった。【現場状況】

　　コンクリート工事は、コンクリートの急冷による品質低下が懸念される寒冷期に行う必要があったので、コンクリートの配合と養生方法に留意し、コンクリート床版の品質を確保することが技術的課題であった。【課題】

(1) 品質管理の技術的課題

品質管理の対象となる目的構造物や工事内容を記載

主な工種を記載
現場状況を記載
品質管理の課題を記載

(2) 検討した項目と検討理由及び検討内容[10行]

①初期凍結防止と強度確保（コンクリートの配合）【検討項目】

　　初期凍結を防止するため、発熱量が多い早強ポルトランドセメントを使用することを検討した。また、水セメント比を低減してコンクリートの強度を高めるために、混和剤を使用することを検討した。【理由】【内容】

②保温養生と給熱養生の実施（コンクリートの養生）【検討項目】

　　日平均気温が4℃以下であるため、コンクリートの温度が低下しやすいので、吹き付ける冷風を止めるための保温養生と、給熱養生をすることで、養生中のコンクリート温度を5℃以上に保つことを検討した。【理由】【内容】

(2) 検討の項目・理由・内容

コンクリートの配合（項目）

凍結防止と強度確保（理由）
配合と混和剤の使用（内容）

コンクリートの養生（項目）

温度が低下しやすい（理由）
必要な温度の確保（内容）

(3) 現場で実施した対応処置とその評価[10行]

　　試験施工で、早強ポルトランドセメントの使用による弊害が生じないことを確認した。また、促進型の高性能AE減水剤を配合し、セメントの凝結速度を早めると共に、気泡の導入により耐凍害性を向上させた。【処置】

　　コンクリートの養生中は、型枠底部を断熱性の高い発泡スチロール材で被覆し、型枠外周の足場の全面に防風シートを張った。最低気温が−3℃以下になるときは、ジェットヒーターによる給熱養生を併用した。【処置】

　　以上の措置により、寒冷期の施工においても、仕様書に示されたコンクリート床版の品質を確保できた。【評価】

(3) 対応処置・評価

早強ポルトランドセメントを使用するための試験施工

AE減水剤の使用により、水セメント比を低下させる処置

保温材と防風シートによるコンクリートの温度低下の抑制

気温低下時のジェットヒーターによる給熱養生の実施

仕様書に示された性能を確保できたことを記載（評価）

※実際の試験では、もう少し長い文章を記述する必要があります。その記述方法については、次頁を参照してください。

設問2 上記工事の現場状況から特に留意した品質管理に関し、次の事項について解答欄に具体的に記述しなさい。

(1) **具体的な現場状況**と特に留意した**技術的課題**

　本工事は、岩手県の国道4号線の奥羽街道において、北賀川を横断する橋梁の改修工事を行うものである。この改修工事では、橋長164mの二径間について、コンクリート床版を打ち換える必要があった。
　このコンクリート工事は、日程の都合上、冷風が吹く1月〜2月の寒冷期に施工することになっており、コンクリートの急冷による品質低下が懸念されていた。
　その施工にあたっては、コンクリートの配合を適切に行うと共に、養生方法に留意することで、コンクリート床版の品質を確保することが技術的課題であった。

(2) 技術的課題を解決するために**検討した項目と検討理由及び検討内容**

①初期凍結の防止と強度の確保(コンクリートの配合における検討項目)
　初期凍結を防止するため、水和反応による発熱量が多いコンクリートを使用する必要があった。そのため、コンクリートに使用するセメントは、早強ポルトランドセメントとした。これに加えて、水セメント比を低減してコンクリートの強度を高めるために、コンクリートの配合時に、混和剤を使用することを検討した。

②保温養生と給熱養生の実施(コンクリートの養生における検討項目)
　養生中の日平均気温が4℃以下になることが予想されていたので、初期凍害を防止できるだけの強度が得られるまで、コンクリート温度を5℃以上に保つ必要があった。そのため、河川の上流から吹き付ける冷風を止めるための保温養生を行うことを検討した。これに加えて、給熱養生用のジェットヒーターの調達を検討した。

(3) 上記検討の結果、**現場で実施した対応処置**とその評価

　試験施工において、早強ポルトランドセメントの使用によるひび割れなどの弊害が生じないことを確認した。また、コンクリートの配合において、促進型の高性能AE減水剤を使用し、セメントの凝結速度を早めると共に、気泡の導入による耐凍害性の向上を実現した。
　コンクリートの養生中は、型枠底部を断熱性の高い発泡スチロール材で被覆すると共に、型枠外周の足場の全面に防風用のブルーシートを張った。これに加えて、最低気温が−3℃以下になることが予想されるときは、コンクリート床版の下に断熱材となる発泡スチロールを敷き、ジェットヒーターから温風を送った。
　以上の措置により、仕様書に示された所要の強度を確保できるまで、初期凍結を起こさずに、寒冷期におけるコンクリート床版の品質を確保することができた。

※これは、前頁の解答例を基にして、実際の試験の形式にあわせて記述した解答例です。

令和4年度 必須問題 施工経験記述 安全管理

【問題 1】 あなたが経験した土木工事の現場において，その現場状況から特に留意した安全管理に関して，次の〔設問1〕，〔設問2〕に答えなさい。

〔注意〕 あなたが経験した工事でないことが判明した場合は失格となります。

〔設問1〕 あなたが経験した土木工事に関し，次の事項について解答欄に明確に記述しなさい。

〔注意〕 「経験した土木工事」は，あなたが工事請負者の技術者の場合は，あなたの所属会社が受注した工事内容について記述してください。従って，あなたの所属会社が二次下請業者の場合は，発注者名は一次下請業者名となります。
なお，あなたの所属が発注機関の場合の発注者名は，所属機関名となります。

(1) 工 事 名
(2) 工事の内容
　① 発注者名
　② 工事場所
　③ 工　　期
　④ 主な工種
　⑤ 施 工 量
(3) 工事現場における施工管理上のあなたの立場

〔設問2〕 上記工事の現場状況から特に留意した安全管理に関し，次の事項について解答欄に具体的に記述しなさい。
ただし，交通誘導員の配置のみに関する記述は除く。

(1) 具体的な現場状況と特に留意した技術的課題
(2) 技術的課題を解決するために検討した項目と検討理由及び検討内容
(3) 上記検討の結果，現場で実施した対応処置とその評価

※令和3年度以降の試験問題では、ふりがなが付記されるようになりました。

安全管理の評価の書き方

安全管理についての「その評価」には、事故防止対策を行ったことだけではなく、「労働者や第三者（公衆）を被災させなかったこと」（安全管理の方法が適切であったことの評価）を明確に記述する。また、安全管理の結果として、「工程の短縮」や「品質の向上」ができたとしても、これを「その評価」に記述した場合、安全管理と関係がないので、得点には繋がらない。

記述方針の例

道路工事について記述する場合におけるストーリー構成の例

	安全管理の技術的課題	検討項目・理由・内容	対応処置・評価
ストーリー構成	道路工事施工時の安全確保	①車両接触や資材落下による公衆災害の防止 ②工事車両と作業員との接触による労働災害の防止	①標示板と交通誘導員の設置および帆布による被覆 ②立入禁止柵の設置および誘導員の配置と教育

解答例

設問1

(1) 工事名

工 事 名	国道17号線群馬県豊秋地区道路改修工事

(2) 工事の内容

①	発 注 者 名	国土交通省豊秋国道事務所
②	工 事 場 所	群馬県豊秋市青城地区
③	工 期	令和3年5月10日~令和4年2月14日
④	主 な 工 種	路盤工・基層工・表層工
⑤	施 工 量	施工総延長:320m、路盤工・基層工・表層工の施工面積:各6400m^2

(3) 工事現場における施工管理上のあなたの立場

立 場	現場代理人

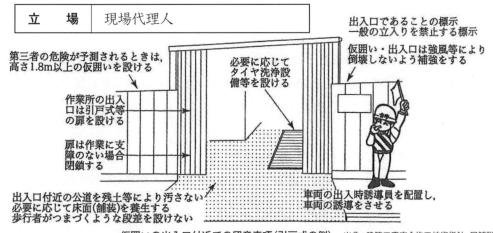

仮囲いの出入口付近での留意事項(引戸式の例)　　出典:建築工事安全施工技術指針・同解説

工事用ゲート(車両出入口)の設置における基本事項

- 一般交通に支障を及ぼさない位置に設ける。
- 引戸式とし、大型車両の出入が容易な高さと幅を確保する。
- 床面は舗装養生し、歩行者の躓(つまず)きや転倒を防止する。
- 公衆災害を防止するためのカーブミラーを設ける。
- 関係者以外の立入を禁止する旨の標示板を設ける。
- 強風時に転倒しないよう、控えを設けるなど工夫する。
- 車両動線上に、障害物がないようにする。

※この解答例は架空の工事なので、本試験でそのまま転記すると不合格になります。

設問2 現場状況から特に留意した**安全管理**

(1) 具体的な現場状況と特に留意した技術的課題 [7行]

　本工事は、国道17号線の豊秋地区の舗装に、経年劣化によるひび割れが発生し、円滑な通行が妨げられていたため、改修計画に従って改修する道路工事である。2箇所の路盤について、打換え工法で改修し、その上からポーラスアスファルト混合物で舗装するため、舗装材料の搬出入に伴う公衆災害防止と、敷均し機械との接触による労働災害防止が技術的課題であった。

（現場状況）（課題）

(2) 検討した項目と検討理由及び検討内容 [10行]

①資材の搬出入に関する安全対策（公衆災害の防止）（検討項目）
　路盤材料やアスファルト舗装材料の搬出入時における安全のため、積載物落下による公衆災害の防止を検討した。また、道路反射鏡（カーブミラー）を設置し、歩行者を安全に誘導することを検討した。（理由）（内容）

②敷均し機械と労働者との接触防止（労働災害の防止）（検討項目）
　路盤・表層・基層の施工中に、作業中の労働者が敷均し機械と接触することを避けるため、モータグレーダやアスファルトフィニッシャの使用時は、誘導員を配置し、敷均し機械を安全に誘導することを検討した。（理由）（内容）

(3) 現場で実施した対応処置とその評価 [10行]

①積み込まれた資材の上から帆布を掛け、資材の落下や飛散を防止した。また、搬出入に使用する工事用ゲートの出入口に、カーブミラーを設けて安全確認ができるようにし、ダンプカーを誘導させた。（処置）

②敷均し機械と労働者との間に、離隔距離が確保できたことを確認し、旗を用いて誘導した。旗による合図は、誘導員自身に決めさせるのではなく、事業者が現場で統一的に定めた。（処置）

以上の結果、公衆災害や労働災害を起こすことなく、工事を終えることができた。（評価）

解答のポイント

(1) 安全管理の技術的課題

- 安全管理の対象となる工事場所や工事内容を記載する。
- 土木工事における公衆災害の防止と労働災害の防止を安全管理の課題とする。

(2) 検討の項目・理由・内容

- 公衆災害の防止（項目）
- 搬出入時の安全確保（理由）
- 落下防止と道路反射鏡（内容）

- 労働災害の防止（項目）
- 敷均し機械の使用（理由）
- 誘導員の配置（内容）

(3) 対応処置・評価

- 「建設工事公衆災害防止対策要綱（土木工事編）」から当該工事に係る事項を記載（処置）

- 「労働安全衛生規則」から当該工事に係る事項を記載（処置）

- 公衆災害と労働災害を防止できたことを示す。（評価）

※実際の試験では、もう少し長い文章を記述する必要があります。その記述方法については、次頁を参照してください。

設問 2 上記工事の**現場状況**から特に留意した**安全管理**に関し、次の事項について解答欄に具体的に記述しなさい。ただし、交通誘導員の配置のみに関する記述は除く。

(1) **具体的な現場状況**と特に留意した**技術的課題**

　国道17号線の群馬県豊秋地区では、経年劣化によるひび割れの多発により、自動車の円滑な通行が妨げられていた。本工事は、この国道の維持管理に係る国土交通省からの包括的民間委託の一環として、舗装の維持修繕を図るものである。
　工事の事前調査では、施工対象区間の一部について、急速な劣化によるひび割れが修繕段階に達しており、路盤を含めた舗装打換え工法を要することが判明した。
　舗装打換え工法は、大型機械による作業となるため、資材の搬出入に伴う公衆災害防止と、施工機械と作業員との接触による労働災害防止が技術的課題であった。

(2) 技術的課題を解決するために**検討した**項目と検討理由及び検討内容

① 作業場の出入口付近における接触災害と飛来落下災害の防止（公衆災害の防止）
　公衆と工事車両との接触や、工事車両からの資材の落下が生じると、歩行者や運転者の死傷などの重大な事故に繋がるおそれがある。特に、作業場の出入口では、このような災害が生じやすいので、扉の構造・標示板の掲示・交通誘導員の配置などについて検討し、工事車両に積まれた資材を帆布で覆うことを検討した。

② 車両系建設機械の使用に係る危険の防止／特に接触の防止（労働災害の防止）
　タイヤローラなどの転圧機械は、後進による作業を行うことがあり、後方不注意による作業員との接触があると、作業員の死亡事故に繋がりやすい。このような労働災害を防止するため、立入禁止区域を明確に設定することを検討した。また、その区域内に作業員を立ち入らせるときのために、誘導者の確保と教育を検討した。

(3) 上記検討の結果、**現場で実施した対応処置とその評価**

　作業場の出入口には、引戸式の扉を設け、作業に必要のない限りこれを閉鎖して、公衆の立入りを禁じる標示板を掲げた。車両の出入りが頻繁な時間帯には、交通誘導警備員を配置した。出入りする車両には、搬出入する資材の落下を防止するための帆布を掛けた。この帆布は、風圧に対して安全な構造であることを確認した。
　車両系建設機械を用いて作業を行うときは、運転中の車両系建設機械との接触による危険がある範囲内に、作業員を立ち入らせないよう、立入禁止柵を設けた。やむを得ず作業員を範囲内に立ち入らせるときは、誘導者を配置した。その際、車両系建設機械の運転についての合図は、事業者の立場から現場代理人である自らが統一的に定めた。
　以上の措置により、公衆災害や労働災害を起こすことなく、工事を完遂できた。

※これは、前頁の解答例を基にして、実際の試験の形式にあわせて記述した解答例です。

令和3年度　必須問題　施工経験記述　安全管理

【問題 1】 あなたが経験した土木工事の現場において，その現場状況から特に留意した安全管理に関して，次の〔設問1〕，〔設問2〕に答えなさい。
〔注意〕　あなたが経験した工事でないことが判明した場合は失格となります。

〔設問1〕　あなたが経験した土木工事に関し，次の事項について解答欄に明確に記述しなさい。

〔注意〕　「経験した土木工事」は，あなたが工事請負者の技術者の場合は，あなたの所属会社が受注した工事内容について記述してください。従って，あなたの所属会社が二次下請業者の場合は，発注者名は一次下請業者名となります。
なお，あなたの所属が発注機関の場合の発注者名は，所属機関名となります。

(1) 工事名
(2) 工事の内容
　① 発注者名
　② 工事場所
　③ 工期
　④ 主な工種
　⑤ 施工量
(3) 工事現場における施工管理上のあなたの立場

〔設問2〕　上記工事の現場状況から特に留意した安全管理に関し，次の事項について解答欄に具体的に記述しなさい。
ただし，交通誘導員の配置のみに関する記述は除く。

(1) 具体的な現場状況と特に留意した技術的課題
(2) 技術的課題を解決するために検討した項目と検討理由及び検討内容
(3) 上記検討の結果，現場で実施した対応処置とその評価

※令和3年度以降の試験問題では、ふりがなが付記されるようになりました。

安全管理の評価の書き方

安全管理についての「その評価」には、事故防止対策を行ったことだけではなく、「労働者や第三者（公衆）を被災させなかったこと」(安全管理の方法が適切であったことの評価)を明確に記述する。また、安全管理の結果として、「工程の短縮」や「品質の向上」ができたとしても、これを「その評価」に記述した場合、安全管理と関係がないので、得点には繋がらない。

記述方針の例

橋脚設置工事について記述する場合におけるストーリー構成の例

	安全管理の技術的課題	検討項目・理由・内容	対応処置・評価
ストーリー構成	橋脚施工時の安全確保	①歩行者用安全通路の確保による公衆災害の防止 ②橋脚施工に伴う労働災害の防止	①固定柵の設置と安全誘導による歩行者の安全確保 ②固定柵と照明の設置による労働者の安全確保

解答例

設問1

(1) 工事名

工事名	山手沢駅前ペデストリアンデッキ第二期工事

(2) 工事の内容

①	発 注 者 名	山手市都市計画整備局
②	工 事 場 所	北海道山手市夕陽町3丁目—3
③	工 期	令和2年8月15日～令和3年2月14日
④	主 な 工 種	橋脚工
⑤	施 工 量	オープンケーソンφ2.2m×H28m×8本、掘削土量240m³、鋼管φ1.2m×t2.2mm×H7.4m×8本

(3) 工事現場における施工管理上のあなたの立場

立 場	現場主任

ペデストリアンデッキ
(歩行者用の高架通路)の例

※この解答例は架空の工事なので、本試験でそのまま転記すると不合格になります。

設問2 現場状況から特に留意した**安全管理**

(1) 具体的な現場状況と特に留意した技術的課題 [7行]

本工事は、北武線山手沢駅に接続するペデストリアンデッキを施工するため、コンクリート橋脚と鋼床版付きのボックスガーダーを架設する工事である。 〔現場状況〕

本工事は、幅6mの歩道を占用して行うため、夜間工事となった。そのため、車両系建設機械の近くにいる労働者の安全を確保すると共に、夜間における歩行者の安全を確保することが技術的課題であった。 〔課題〕

(2) 検討した項目と検討理由及び検討内容 [10行]

①夜間における歩行者の安全確保 〔検討項目〕

夜間工事において歩行者の通行を制限するので、歩行者用通路の確保をすることを検討した。この歩行者用通路は、建設工事公衆災害防止対策要綱に則り、適切な幅の確保と、有効な柵の設置を検討した。 〔理由〕〔内容〕

②車両系建設機械による危険の防止 〔検討項目〕

掘削や部材吊上げの際に、車両系建設機械を使用するので、労働者との接触防止対策を検討した。具体的な対策として、照度の保持・立入禁止柵の設置・誘導者の配置を検討した。 〔理由〕〔内容〕

(3) 現場で実施した対応処置とその評価 [10行]

①高齢者や車椅子使用者の通行が想定されるので、幅0.9m以上・有効高さ2.1m以上の歩行者用通路を確保し、高さ1m以上の移動柵と照明設備を設置した。その高さ0.8mを超える部分は金網とした。 〔処置〕

②作業を安全に行うために必要な照度が保持されていることを確認し、接触のおそれがある箇所との境に、立入禁止柵を設置した。やむを得ず、作業範囲内に労働者を立ち入らせるときは、誘導者を配置した。 〔処置〕

以上の結果、公衆災害や労働災害を起こすことなく、工事を終えることができた。 〔評価〕

解答のポイント

(1) 安全管理の技術的課題

安全管理の対象となる工事場所や工事内容を記載する。

土木工事における公衆災害の防止と労働災害の防止を安全管理の課題とする。

(2) 検討の項目・理由・内容

公衆災害の防止（項目）

歩行者の通行を制限（理由）

幅の確保と柵の設置（内容）

労働災害の防止（項目）

車両系建設機械の多用（理由）

照度と柵と誘導者（内容）

(3) 対応処置・評価

「建設工事公衆災害防止対策要綱（土木工事編）」から当該工事に係る事項を記載（処置）

「労働安全衛生規則」から当該工事に係る事項を記載（処置）

公衆災害と労働災害を防止できたことを記載（評価）

※実際の試験では、もう少し長い文章を記述する必要があります。その記述方法については、次頁を参照してください。

設問2 上記工事の**現場状況**から特に留意した**安全管理**に関し、次の事項について解答欄に具体的に記述しなさい。ただし、交通誘導員の配置のみに関する記述は除く。

(1) **具体的な現場状況**と特に留意した**技術的課題**

　本工事は、北武線山手沢駅の西口ロータリーに歩道橋兼広場(ペデストリアンデッキ)を施工するため、8本のコンクリート橋脚を設置し、鋼床版を有するボックスガーダーを架設する工事である。

　本工事は、通勤通学客が多い駅の近くの歩道を占用して行うため、夜間工事となった。また、夜間にも歩行者が絶えない幅6mの歩道に、橋脚を設置する必要があった。そのため、夜間における歩行者の安全を確保すると共に、車両系建設機械の近くにいる労働者の安全を確保することが、技術的課題であった。

(2) 技術的課題を解決するために**検討した項目と検討理由及び検討内容**

① 夜間における歩行者の安全確保(公衆災害の防止)

　幅6mの歩道上に、直径2.2mのオープンケーソンを用いて橋脚を設置するために、夜間工事において歩行者の通行を制限するので、歩行者用通路の確保をすることを検討した。この歩行者用通路について、建設工事公衆災害防止対策要綱(土木工事編)に則り、適切な幅を確保し、有効な柵を設置することを検討した。

② 車両系建設機械の使用に係る危険の防止(労働災害の防止)

　コンクリート橋脚を建て込むための掘削や、その部材の吊上げの際に、車両系建設機械を使用するので、車両系建設機械と労働者との接触を防止するための対策を検討した。具体的な対策として、照度の保持・立入禁止柵の設置・誘導者の配置を検討した。

(3) 上記検討の結果、**現場で実施した対応処置とその評価**

　高齢者や車椅子使用者の通行が想定されるので、幅0.9m以上・有効高さ2.1m以上の歩行者用通路を確保した。歩行者用通路と作業場との境には、間隔を空けずに移動柵を設置すると共に、照明設備を設置した。この移動柵は、車両系建設機械が歩行者に接触しないよう、高さを1m以上とする必要があったので、高さ0.8mを超える部分は金網とし、歩行者の見通しを妨げないようにした。

　また、車両系建設機械による作業を安全に行うために必要な照度が保持されていることを確認し、接触のおそれがある箇所との境に、立入禁止柵を設置した。やむを得ず、車両系建設機械の作業範囲内に労働者を立ち入らせるときは、誘導者を配置し、一定の合図を定めた上で、誘導者に車両系建設機械を誘導させた。

　以上の措置により、公衆災害や労働災害を起こすことなく、工事を完遂できた。

※これは、前頁の解答例を基にして、実際の試験の形式にあわせて記述した解答例です。

令和2年度　必須問題　施工経験記述　品質管理

問題1　あなたが経験した土木工事の現場において、その現場状況から特に留意した品質管理に関して、次の設問1、設問2に答えなさい。

〔注意〕あなたが経験した工事でないことが判明した場合は失格となります。

設問1　あなたが**経験した土木工事**に関し、次の事項について解答欄に明確に記述しなさい。

〔注意〕「経験した土木工事」は、あなたが工事請負者の技術者の場合は、あなたの所属会社が受注した工事内容について記述してください。従って、あなたの所属会社が二次下請業者の場合は、発注者名は一次下請業者名となります。なお、あなたの所属が発注機関の場合の発注者名は、所属機関名となります。

(1) 工事名
(2) 工事の内容
　① 発注者名
　② 工事場所
　③ 工期
　④ 主な工種
　⑤ 施工量
(3) 工事現場における施工管理上のあなたの立場

設問2　上記工事の**現場状況から特に留意した品質管理**に関し、次の事項について解答欄に具体的に記述しなさい。

(1) **具体的な現場状況**と特に留意した**技術的課題**
(2) 技術的課題を解決するために**検討した項目と検討理由及び検討内容**
(3) 上記検討の結果、**現場で実施した対応処置とその評価**

品質管理の評価の書き方

品質管理についての「その評価」には、「主な工種」の施工が行われた結果として、所要の品質を確保できたことを示す必要がある。また、その着目点(品質を確保するために用いた手法)についても記述することが望ましい。

施工経験記述の重要性について

施工経験記述の出題には、下記の注意書きがある。すなわち、問題1の施工経験記述に重大な誤りがあった場合には、問題2以降の施工管理記述がたとえ満点であっても不合格となる。自らの施工経験記述を準備する際には、この注意書きをよく読んでおく必要がある。

> ※問題1は必須問題です。必ず解答してください。
> 　問題1で
> 　①設問1の解答が無記載又は記述漏れがある場合、
> 　②設問2の解答が無記載又は設問で求められている内容以外の記述の場合、
> 　どちらの場合にも問題2以降は採点の対象となりません。

記述方針の例

下水道改修工事について記述する場合におけるストーリー構成の例

	品質管理の技術的課題	検討項目・理由・内容	対応処置・評価
ストーリー構成	下水道管の品質の確保	① 作業場所の環境（乾燥状態に維持） ② 耐震継手の性能の確保	① 軽量鋼矢板による2段の土留め支保工 ② ゴム製の耐震継手の適切な取付け

解答例

設問1

(1) 工事名

工事名	三鷹市天文台通り南4号下水道改修工事

(2) 工事の内容

①	発 注 者 名	三鷹市
②	工 事 場 所	東京都三鷹市本町6丁目
③	工　　　　期	令和元年6月20日～令和元年12月12日
④	主 な 工 種	下水道布設替工
⑤	施 工 量	下水道管 VUφ350mm、施工総延長1806.5m、人孔（3号・4号）計18基、耐震継手36箇所

(3) 工事現場における施工管理上のあなたの立場

立　　場	現場代理人

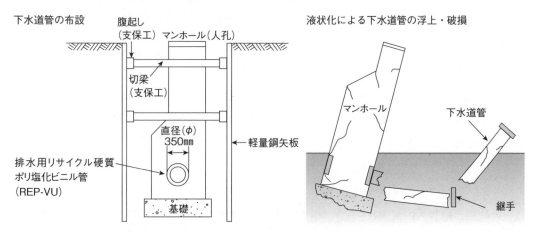

※この解答例は架空の工事なので、本試験でそのまま転記すると不合格になります。
※工期を和暦で記述するときは年号に注意してください。2019年に開始または終了した工事は、4月以前については「平成31年」、5月以降については「令和元年」と記載する必要があります。

設問2 現場状況から特に留意した**品質管理**

(1) 具体的な現場状況と特に留意した技術的課題 [7行]

　本工事は、三鷲市本町の交差点から王川沿いにある1806.5 mの下水道管を、硬質ポリ塩化ビニル管に布設替えする工事である。地下水位が高く、湧水量が多い箇所があり、地震の影響を受けやすい状況であった。(現場状況)

　施工にあたり、施工環境を乾燥状態に保つための湧水処理と、設計図書に定められた耐震性能を確保することが、技術的課題であった。(課題)

(2) 検討した項目と検討理由及び検討内容 [10行]

①土留め支保工による湧水処理　(検討項目)

　下水道管の布設位置と地盤の起伏の観点から、(理由) 土留め支保工の転用が可能であったので、遮水性と経済性を両立できる軽量鋼矢板の採用を検討し、(内容) その根入れ深さや段数について検討した。

②耐震継手による耐震性能の確保　(検討項目)

　人孔と下水道管の不同沈下による継手の破損を(理由) 防止するため、人孔と硬質ポリ塩化ビニル管を、伸(内容) 縮可とう性の大きいゴム製の耐震継手で接続することを検討し、その施工方法についても検討した。

(3) 現場で実施した対応処置とその評価 [10行]

①配管の施工品質を確保するためには、作業環境(処置) を乾燥状態に保つ必要があるので、2段の軽量鋼矢板を粘性土地盤中に20cm以上挿入し、漏水がないことを確認してから布設替えの作業を行った。

②耐震継手の耐震性能を確実に確保できるよう、硬(処置) 質ポリ塩化ビニル管を人孔から挿入した後、鋼製バンドを所定の圧力でボルト締めし、人孔内面からモルタルでバックアップ材を固定した。

以上の結果、配管内の水濡れを防ぎ、耐震性が向上(評価) したので、布設替えした下水道管の品質を確保できた。

解答のポイント

(1) 品質管理の技術的課題

施工品質に影響する現場の施工環境を記述する。

目的構造物（主な工種）の施工で、仕様書の品質を確保すべきことを技術的課題とする。

(2) 検討の項目・理由・内容

湧水の処理（項目）
施工地盤の状況（理由）
軽量鋼矢板の長さと段（内容）

耐震性能の確保（項目）
不同沈下への対応（理由）
耐震継手の使用（内容）

(3) 対応処置・評価

土留め支保工として、十分な根入れ長さのある軽量鋼矢板を2段設置（処置）

鋼製バンドやバックアップ材による耐震継手の施工（処置）

下水道管の品質を確保できたことを示す（評価）

※実際の試験では、もう少し長い文章を記述する必要があります。その記述方法については、次頁を参照してください。

設問2 上記工事の**現場状況**から特に**留意した品質管理**に関し、次の事項について解答欄に具体的に記述しなさい。

(1) **具体的な現場状況**と特に留意した**技術的課題**

　本工事は、三鷲市本町の交差点から王川沿いに伸びる天文台通りに沿って布設された総延長1806.5mの下水道管を、直径(φ)350mmの排水用リサイクル硬質ポリ塩化ビニル管(REP-VU)に布設替えする工事である。河川に隣接した工事地点は、地下水位が比較的高く、施工中の湧水や地震時の不同沈下のおそれがあったため、乾燥状態での施工と耐震性能の確保が設計図書に定められていた。
　施工にあたっては、施工環境を乾燥状態に保つための湧水処理と、設計図書に定められた耐震性能を確保することが、特に留意した技術的課題であった。

(2) 技術的課題を解決するために**検討した項目**と**検討理由及び検討内容**

①土留め支保工による湧水処理
　下水道管の布設位置は、深さ2.4m～3.0mの範囲であるが、地盤の起伏は比較的小さく、土留め支保工の転用が可能であった。また、施工地盤はよく締まった粘性土から成る関東ローム層であったので、遮水性と経済性を両立できる軽量鋼矢板の採用を検討し、その根入れ深さや段数についても検討した。

②耐震継手による耐震性能の確保
　地震時には、固定された人孔と下水道管との間で沈下量に差が生じることで、人孔と下水道管の継手が破損するおそれがあった。この継手の破損を防止するため、人孔と下水道管は、伸縮可とう性の大きいゴム製の耐震継手で接続することを検討し、その詳細な施工方法についても検討した。

(3) 上記検討の結果、**現場で実施した対応処置とその評価**

　1000mm以上の掘削幅を確保するため、軽量鋼矢板による支保工を2段設置し、その根入れ深さを200mm以上とした。また、掘削底面からの浸透水による影響を避けるため、厚さ20mmの山砂を敷いてタンパで締め固めた。その後、配管内への漏水がないことを確認してから布設替えの作業を行うことで、施工環境を乾燥状態に保ち、下水道管の品質を確保することができた。
　人孔と下水道管を接続する耐震継手は、下水道管側の接続端部に挿入し、鋼製バンドのボルトを所定の圧力で締め付けて固定した後、人孔内側から空隙部にバックアップ材を詰めてモルタルで固定した。この作業により、地震時に耐震継手が破損・脱落するおそれが少なくなったので、下水道管の耐震性能についての品質を確保することができた。

※これは、前頁の解答例を基にして、実際の試験の形式にあわせて記述した解答例です。

| 令和元年度 | 必須問題 | 施工経験記述 | 品質管理 |

問題1 あなたが経験した土木工事の現場において、その現場状況から特に留意した品質管理に関して、次の 設問1 、 設問2 に答えなさい。

〔注意〕あなたが経験した工事でないことが判明した場合は失格となります。

設問1 あなたが**経験した土木工事**に関し、次の事項について解答欄に明確に記述しなさい。

〔注意〕「経験した土木工事」は、あなたが工事請負者の技術者の場合は、あなたの所属会社が受注した工事内容について記述してください。従って、あなたの所属会社が二次下請業者の場合は、発注者名は一次下請業者名となります。
なお、あなたの所属が発注機関の場合の発注者名は、所属機関名となります。

(1) 工事名
(2) 工事の内容
　　① 発注者名
　　② 工事場所
　　③ 工期
　　④ 主な工種
　　⑤ 施工量
(3) 工事現場における施工管理上のあなたの立場

設問2 上記工事の**現場状況から特に留意した品質管理**に関し、次の事項について解答欄に具体的に記述しなさい。

(1) **具体的な現場状況**と特に留意した**技術的課題**
(2) 技術的課題を解決するために**検討した項目と検討理由及び検討内容**
(3) 上記検討の結果、**現場で実施した対応処置とその評価**

品質管理の評価の書き方

品質管理についての「その評価」には、「主な工種」の施工が行われた結果として、所要の品質を確保できたことを示す必要がある。また、その着目点（品質を確保するために用いた手法）についても記述することが望ましい。

施工経験記述の重要性について

施工経験記述の出題には、下記の注意書きがある。すなわち、 問題1 の施工経験記述に重大な誤りがあった場合には、 問題2 以降の施工管理記述がたとえ満点であっても不合格となる。自らの施工経験記述を準備する際には、この注意書きをよく読んでおく必要がある。

> ※問題1は必須問題です。必ず解答してください。
> 問題1で
> ①設問1の解答が無記載又は記述漏れがある場合、
> ②設問2の解答が無記載又は設問で求められている内容以外の記述の場合、
> どちらの場合にも問題2以降は採点の対象となりません。

記述方針の例

道路改修工事について記述する場合におけるストーリー構成の例

	品質管理の技術的課題	検討項目・理由・内容	対応処置・評価
ストーリー構成	上層路盤工の品質管理（舗装のひび割れの防止）	① 路床の軟化による不同沈下の抑制 ② 不同沈下に追従できる路盤の選定	① 路床上部のセメント安定処理 ② 瀝青安定処理による路盤の構築

解答例

設問1

(1) **工事名**

工 事 名	国道17号線特定地区改修工事

(2) **工事の内容**

①	発 注 者 名	国土交通省川越工事事務所
②	工 事 場 所	埼玉県さいたま市南町4丁目
③	工　　　　期	平成29年4月24日〜平成29年8月14日
④	主 な 工 種	路床工、路盤工
⑤	施 工 量	施工総延長600m、路床のセメント安定処理5800m³、路盤の再生加熱アスファルト安定処理1150m³

(3) **工事現場における施工管理上のあなたの立場**

立　　場	現場主任

参考

モーターグレーダによる敷均し

設問2 現場状況から特に留意した**品質管理**

(1) 具体的な現場状況と特に留意した技術的課題 [7行]

　本工事は、国道16号線の上り線600 mを、路盤から打ち換える工事である。水田地帯を通過する幹線道路であったため、地下水位が高く、路床の不同沈下による大きなひび割れが生じていた。 〈現場状況〉

　施工にあたっては、路床の軟化を防止すると共に、不同沈下に追従できる柔軟な路盤工を選定し、仕様書に示された品質を確保する必要があった。 〈課題〉

(2) 検討した項目と検討理由及び検討内容 [10行]

　舗装のひび割れ防止のため、次の項目を検討した。
①路床の軟化による不同沈下の抑制 〈検討項目〉
　水田に水を張る期間は、地下水位が上昇して路床が軟化するため、路床上部をセメント安定処理し、路床の軟化を防止することを検討した。 〈理由〉〈内容〉
②不同沈下に追従できる路盤の選定 〈検討項目〉
　既存の舗装発生材により、上層路盤をセメント安定処理する予定であったが、不同沈下に追従できないため、アスファルトコンクリート再生骨材を用いた瀝青安定処理路盤にすることを検討した。 〈理由〉〈内容〉

(3) 現場で実施した対応処置とその評価 [10行]

①路床上部を、深さ50cmにわたってセメント安定処理し、スタビライザで混合してタイヤローラで締め固めて90％以上の締固め度を確保した。 〈処置〉
②既存の舗装発生材に、再生骨材を30％混合し、再生加熱アスファルト混合物による瀝青安定処理を行った。厚さ10cmの瀝青安定処理路盤を、モーターグレーダで敷き均し、ロードローラとタイヤローラで締め固めて93％以上の締固め度を確保した。 〈処置〉

以上の結果、不同沈下を抑制し、道路舗装のひび割れを防止できるようになった。 〈評価〉

解答のポイント

(1) 品質管理の技術的課題

施工品質に影響する現場の施工環境を記述する。

目的構造物（主な工種）の施工で、仕様書の品質を確保すべきことを技術的課題とする。

(2) 検討の項目・理由・内容

路床の不同沈下抑制（項目）
地下水位の上昇（理由）
セメント安定処理（内容）

路盤工の選定（項目）
不同沈下への追従（理由）
瀝青安定処理路盤（内容）

(3) 対応処置・評価

厚さ50cmのセメント安定処理路床の構築、締固め度90％の確保（処置）

厚さ10cmの瀝青処理安定処理路盤の構築、締固め度93％の確保（処置）

不同沈下の抑制で、ひび割れを防止できたことを示す（評価）

※実際の試験では、もう少し長い文章を記述する必要があります。その記述方法については、次頁を参照してください。

設問2 上記工事の現場状況から特に留意した品質管理に関し、次の事項について解答欄に具体的に記述しなさい。

(1) 具体的な現場状況と特に留意した技術的課題

　本工事は、埼玉県を通過する国道16号線のうち、延長600mの上り線を、路盤から打ち換える工事である。工事箇所は、水田地帯を通過する幹線道路であったため、地下水位の高い状態が続いていた。地下水の影響により、路床の不同沈下が発生し、表層部の縦方向に大きなひび割れが生じていた。

　施工にあたっては、路床の軟化を防止すると共に、不同沈下に追従できる柔軟な路盤工を選定する必要があった。したがって、仕様書に示された路盤工の品質を確保することが技術的課題であった。

(2) 技術的課題を解決するために検討した項目と検討理由及び検討内容

①路床の軟化による不同沈下の抑制

　水田に水を張る期間は、地下水位の上昇による路床の軟化が避けられないことが分かった。そのため、路床上部をセメント安定処理することで、路床の軟化を防止することを検討した。

②不同沈下に追従できる路盤の選定

　既存の舗装発生材のみを、再生加熱アスファルト混合物として使用し、上層路盤をセメント安定処理して構築する予定であったが、これは剛性の高い路盤となるため、不同沈下に追従できない舗装である。そのため、アスファルトコンクリート再生骨材を用いた瀝青安定処理路盤を構築し、たわみ性路盤とすることで、不同沈下に追従できる舗装とすることを検討した。

(3) 上記検討の結果、現場で実施した対応処置とその評価

　路床の上部を、深さ50cmにわたってセメント安定処理した。その後、スタビライザで混合し、タイヤローラで締め固めることにより、90％以上の締固め度を確保した。

　路盤の材料は、再生加熱アスファルト混合物の割合を70％、アスファルトコンクリート再生骨材の割合を30％とした。その後、残余の再生加熱アスファルト混合物による瀝青安定処理を行い、厚さ10cmの瀝青安定処理路盤を構築した。その後、モーターグレーダで敷き均し、ロードローラとタイヤローラで締め固めることにより、93％以上の締固め度を確保した。

　以上の対応処置により、路床の不同沈下を抑制し、路盤が不同沈下に追従できるようになったので、ひび割れが生じにくい道路舗装を構築することができた。

※これは、前頁の解答例を基にして、実際の試験の形式にあわせて記述した解答例です。

| 平成30年度 | 必須問題 | 施工経験記述 | 品質管理 |

問題1 あなたが経験した土木工事の現場において、その現場状況から特に留意した品質管理に関して、次の設問1、設問2に答えなさい。
〔注意〕あなたが経験した工事でないことが判明した場合は失格となります。

設問1 あなたが**経験した土木工事**に関し、次の事項について解答欄に明確に記述しなさい。
〔注意〕「経験した土木工事」は、あなたが工事請負者の技術者の場合は、あなたの所属会社が受注した工事内容について記述してください。従って、あなたの所属会社が二次下請業者の場合は、発注者名は一次下請業者名となります。
なお、あなたの所属が発注機関の場合の発注者名は、所属機関名となります。
(1) 工事名
(2) 工事の内容
　　① 発注者名
　　② 工事場所
　　③ 工期
　　④ 主な工種
　　⑤ 施工量
(3) 工事現場における施工管理上のあなたの立場

設問2 上記工事の**現場状況から特に留意した品質管理**に関し、次の事項について解答欄に具体的に記述しなさい。
(1) **具体的な現場状況**と特に留意した**技術的課題**
(2) 技術的課題を解決するために**検討した項目と検討理由及び検討内容**
(3) 上記検討の結果、**現場で実施した対応処置とその評価**

品質管理の評価の書き方

品質管理についての「その評価」には、「主な工種」の施工が行われた結果として、所要の品質を確保できたことを示す必要がある。また、その着目点(品質を確保するために用いた手法)についても記述することが望ましい。

記述方針の例

床版打換え工事について記述する場合におけるストーリー構成の例

	品質管理の技術的課題	検討項目・理由・内容	対応処置・評価
ストーリー構成	暑中コンクリートの品質確保	① 暑中コンクリートの打込み温度 ② 暑中コンクリートの養生方法	① コンクリートの打込み温度の確認 ② 散水による湿潤養生の実施

解答例

設問1

(1) **工事名**

工事名	甲府バイパス東川橋床版打換え工事

(2) **工事の内容**

①	発注者名	関東地方整備局山梨国道事務所
②	工事場所	山梨県甲府市成川町3丁目
③	工期	平成28年9月24日～平成29年8月25日
④	主な工種	橋梁床版打換え工
⑤	施工量	橋長208.6m、橋幅8.4m、コンクリート床版打設量384m³

(3) **工事現場における施工管理上のあなたの立場**

立場	工事主任

参考

床版打換え工事

設問 2 現場状況から特に留意した**品質管理**

解答のポイント

(1) 具体的な現場状況と特に留意した技術的な課題 [7行]

　本工事は、東川橋のコンクリート床版が老朽化したため、その打換えを行う工事である。工事対象である三径間連続梁合成桁橋におけるコンクリート版の打換えは、長さ208.6m・幅員8.4mに渡るものであった。〔目的構造物〕〔工種〕

　本工事は、夜間でも気温が25℃を下回らない熱帯夜が続く中で行う期間があったため、コンクリート床版のひび割れの発生を抑制することが課題となった。〔現場状況〕〔課題〕

(1) 品質管理の技術的課題

次の事項を明確に記述する。
① 目的構造物
② 主な工種
③ 施工現場の環境（気温など）
④ 主な工種の品質確保の課題

(2) 検討した項目と検討理由及び検討内容 [10行]

① 暑中コンクリートとしての打込み温度の検討 〔検討項目〕

　夜間工事ではあったが、日平均気温が25℃を超えており、高温によるひび割れが懸念されたため、コンクリートの打込み温度を管理し、できるだけ低温のコンクリートを打ち込むことを検討した。〔理由〕〔内容〕

② 暑中コンクリートとしての養生方法の検討 〔検討項目〕

　面積が広いコンクリート床版を、均一な温度にする必要があったため、遮光シートで被覆して日中の直射日光を防ぎ、初期養生終了後は、十分に吸水した養生マットと散水による湿潤養生を行うことを検討した。〔理由〕〔内容〕

(2) 検討の項目・理由・内容

2つの項目を採り上げる。
① 打込み温度の管理（項目）
　　高温によるひび割れ（理由）
　　低温のコンクリート（内容）

② 養生方法（項目）
　　床版の面積が広い（理由）
　　散水による湿潤養生（内容）

(3) 現場で実施した対応処置とその評価 [10行]

① コンクリートの打込み温度が30℃以下であることを確認し、日中に外気温が上昇しても、コンクリートの温度が65℃以上にならないことを確認した。〔処置〕

② 直射日光が当たる所と当たらない所との温度差を防ぐため、日除けを設けた。また、温度上昇を防ぐため、養生マットには常時散水を行った。この湿潤養生を5日間行い、ひび割れの発生を抑制した。〔処置〕

　以上の処置により、コンクリートの温度上昇を防止したことで、暑中コンクリートとなる期間においても、コンクリート床版の品質を確保することができた。〔評価〕

(3) 対応処置・評価

① コンクリートの打込み温度について具体的な数値を示す。

② 温度差の抑制と、温度上昇の抑制の両方を示し、湿潤養生についてはその期間も示す。

着目点：コンクリートの温度上昇の防止
品質管理ができたことを示す。

※実際の試験では、もう少し長い文章を記述する必要があります。その記述方法については、次頁を参照してください。

設問2 上記工事の**現場状況から特に留意した品質管理**に関し、次の事項について解答欄に具体的に記述しなさい。

(1) **具体的な現場状況**と特に留意した**技術的課題**

　本工事は、補修工事を何度も繰り返して行った経歴があり、老朽化が進んでいる東川橋のコンクリート床版を打ち換える工事である。打換え工事の対象となる三径間連続梁合成桁橋におけるコンクリート床版は、長さが208.6 m、幅員が8.4 mに渡るものであった。
　本工事は、夜間でも気温が25℃を下回らない熱帯夜が続く中で行う期間があったため、暑中コンクリートとして施工する必要があった。そのため、コンクリート床版のひび割れの発生を抑制することが技術的課題となった。

(2) 技術的課題を解決するために**検討した項目と検討理由及び検討内容**

①暑中コンクリートとしての打込み温度の検討
　夜間工事ではあったが、施工日の最低気温が25℃を超えており、コンクリート床版に、高温下での水分蒸発によるひび割れが発生することが懸念された。そのため、コンクリートの打込み温度を管理し、できるだけ低温のコンクリートを打ち込むことを検討した。

②暑中コンクリートとしての養生方法の検討
　コンクリート床版を安全に養生するためには、約1750m^{2}という広い面積を、均一な温度に保つ必要があった。そのため、遮光シートで被覆して日中の直射日光を防ぎ、初期養生終了後は、十分に吸水した養生マットと散水による湿潤養生を行うことを検討した。

(3) 上記検討の結果、**現場で実施した対応処置とその評価**

　コンクリートを荷卸しするときに、すべてのアジテータトラックについて、コンクリートの温度を確認した。その後、コンクリートの打込み温度が30℃以下であることを確認し、日中に外気温が上昇しても、コンクリートの温度が65℃以上にならないことを確認した。
　直射日光が当たる所と当たらない所との温度差を防ぐため、コンクリート床版の全面に影を落とす日除けを設けた。また、温度上昇を防ぐため、養生マットの上から常時散水を行った。このような湿潤養生を5日間行い、高温下での水分蒸発によるひび割れの発生を抑制した。
　以上の処置により、コンクリートの温度上昇を防止したことで、暑中コンクリートとなる期間においても、コンクリート床版の品質を確保することができた。

※これは、前頁の解答例を基にして、実際の試験の形式にあわせて記述した解答例です。

| 平成29年度 | 必須問題 | 施工経験記述 | 安全管理 |

問題1 あなたが経験した土木工事の現場において、その現場状況から特に留意した安全管理に関して、次の 設問1 、 設問2 に答えなさい。

〔注意〕あなたが経験した工事でないことが判明した場合は失格となります。

設問1 あなたが経験した**土木工事**に関し、次の事項について解答欄に明確に記述しなさい。

〔注意〕「経験した土木工事」は、あなたが工事請負者の技術者の場合は、あなたの所属会社が受注した工事内容について記述してください。従って、あなたの所属会社が二次下請業者の場合は、発注者名は一次下請業者名となります。
なお、あなたの所属が発注機関の場合の発注者名は、所属機関名となります。

(1) 工事名
(2) 工事の内容
　　① 発注者名
　　② 工事場所
　　③ 工期
　　④ 主な工種
　　⑤ 施工量
(3) 工事現場における施工管理上のあなたの立場

設問2 上記工事の**現場状況**から特に留意した**安全管理**に関し、次の事項について解答欄に具体的に記述しなさい。

ただし、交通誘導員の配置のみに関する記述は除く。

(1) **具体的な現場状況**と特に留意した**技術的課題**
(2) 技術的課題を解決するために**検討した項目**と**検討理由**及び**検討内容**
(3) 上記検討の結果、**現場で実施した対応処置とその評価**

「その評価」の正しい書き方

「その評価」を記述する項目は、平成28年度の試験から追加されたものである。これまでの受検者の解答を分析すると、「現場で実施した対応処置とその評価」の項目において、特に「その評価」の書き方を誤解している記述文が多数見受けられた。

平成28年度・平成29年度の施工経験記述は、どちらも「安全管理」を問うものだったので、「その評価」には、現場責任者としての立場から、「労働者や第三者を被災させなかったこと」を記述する必要がある。安全管理の結果として、「工程の短縮」や「品質の向上」ができたとしても、これを「その評価」に記述した場合、安全管理と関係がないので、得点には繋がらない。

同様に、「工程管理」が問われているなら「工程を確保できたこと」を、「品質管理」が問われているなら「仕様書に示された品質を確保できたこと」を、「その評価」に記述する必要がある。問われていない他の管理に関することを記述してはならない。

記述方針の例

道路改修工事について記述する場合におけるストーリー構成の例

	安全管理の技術的課題	検討項目・理由・内容	対応処置・評価
ストーリー構成	第三者災害の防止	① 歩行者の保護 ② 一般車両の保護	① 手すり付きの移動柵の設置と点検 ② 保安灯の設置、誘導者の配置

解答例

設問1

(1) 工事名

工 事 名	国道16号線新宿道路改修工事

(2) 工事の内容

①	発 注 者 名	国土交通省川越事務所
②	工 事 場 所	埼玉県川越市奈良町2丁目-3-18
③	工　　　　期	平成28年6月25日～平成29年2月3日
④	主 な 工 種	路床工、路盤工、アスファルト舗装工
⑤	施 　工 　量	路床土量8600m³、路盤土量3800m³、アスファルト舗装面積9600m²

(3) 工事現場における施工管理上のあなたの立場

立　　場	現場主任

参考

道路改修工事

設問2 現場状況から特に留意した**安全管理**について

(1) 具体的な**現場状況**と特に留意した**技術的な課題**［7行］

水田地帯にある国道16号線新宿地区では、地下水位が高いため、表層部に多数のひび割れが発生していた。本工事は、路床および路盤を打ち換えるものである。工事現場は、幅員12mのほぼ直線の道路で、一般車両の通行が多い。また、工事現場に小学校が隣接していることから、歩行者や一般車両等の安全を確保するため、第三者災害防止を技術的課題とした。

（目的構造物／現場状況／課題）

(2) 検討した項目と検討理由及び検討内容［10行］

車道幅員6mの対面通行となる工事区間において、交通災害防止のため、次の項目を検討した。

①歩行者保護のための対策　〔検討項目〕

通学児童の安全を確保するため、工事現場に隣接する通学路に、十分な幅の手すりがついた移動柵を施設し、交通災害を防止することを検討した。（理由／内容）

②一般車両保護のための対策　〔検討項目〕

夜間における一般車両の工事現場への侵入を防ぐため、工事現場の位置を一般車両に知らせるための夜間視認設備を設置することを検討した。（理由／内容）

(3) 現場で実施した対応処置とその評価［10行］

①通学路との境界線に、歩道幅1.5mを確保できる形で、H形鋼で造られた長さ6m・高さ90cmの手すり付き移動柵を4個並べ、常時点検した。（処置）

②工事現場の500m手前から標識を設置し、交通流に対面する位置に内部照明式の標示板を設けた。また、夜間に200m前方から視認できる回転式注意灯を設置し、夜間に150m前方から視認できる保安灯を現場境界線に2m間隔で配置し、交通誘導員を4名配置した。（処置）

以上の処置により、第三者の交通災害を防止できた。（評価）

解答のポイント

(1) 安全管理の技術的課題

記述点を工事全体から定めることを考慮し、次のような第三者災害防止について検討する。
①歩行者の安全
②一般車両の安全

(2) 検討の項目・理由・内容

2つの項目を採り上げる。

①歩行者の安全確保（項目）
　児童が付近を通行（理由）
　移動柵の施設（内容）

②一般車両の安全確保（項目）
　夜間の交通量が多い（理由）
　夜間視認設備の設置（内容）

(3) 対応処置・評価

①現場境界分離用の移動柵について、材料・形状などの具体的な数値を示す。

②夜間視認設備である標識・標示板・回転式注意灯・保安灯などについて、具体的な数値を示す。

安全管理ができたことを示す。

※実際の試験では、もう少し長い文章を記述する必要があります。その記述方法については、次頁を参照してください。

設問2 上記工事の**現場状況**から特に**留意**した**安全管理**に関し、次の事項について解答欄に具体的に記述しなさい。ただし、交通誘導員の配置のみに関する記述は除く。

(1) **具体的な現場状況**と特に留意した**技術的課題**

　水田地帯を通過する国道16号線新宿地区は、地下水位が高いため、表層部に多数のひび割れが発生していた。本工事は、4車線の道路を2車線に規制し、路床および路盤を打ち換えるものである。
　工事現場は、幅員12ｍのほぼ直線の道路で、昼夜を問わず一般車両の通行が多い。また、工事現場に小学校が隣接していることから、朝夕は多くの児童が通行する。工事期間中、歩行者や一般車両等の安全を確保する必要があったため、第三者災害防止を技術的課題とした。

(2) 技術的課題を解決するために**検討した項目**と**検討理由及び検討内容**

①朝夕における歩行者保護のための対策
　朝夕における通学児童の安全を確保し、交通災害を防止するため、作業場で使用するクレーンなどについて、ブームの旋回範囲が歩行者の通行位置と重ならないようにする必要があった。このため、工事現場に隣接する通学路に、十分な幅の手すりがついた移動柵を施設することを検討した。

②夜間における一般車両保護のための対策
　工事現場の道路では、夜間における視認性が良好ではなく、交通量が比較的多いことが判明していた。このため、夜間において、一般車両が工事現場に侵入しないよう、工事現場の位置を一般車両に知らせるための夜間視認設備を設置することを検討した。

(3) 上記検討の結果、**現場で実施した対応処置とその評価**

　通学路との境界線に、歩道幅1.5ｍを確保できる形で、300㎜×300㎜のＨ形鋼で造られた長さ6ｍ・高さ90㎝の手すり付き移動柵を4個並べて設置した。この移動柵が破損したり移動したりしていないかを、常時点検した。
　工事現場の500ｍ手前から標識を設置すると共に、交通流に対面する位置に内部照明式の標示板を設けた。工事現場には、夜間に200ｍ前方から視認できる光度の回転式注意灯を設置した。工事現場と道路との境界には、夜間に150ｍ前方から視認できる光度の保安灯を、2ｍ間隔で配置した。特に見通しが悪い区間では、人や車両の誘導を行わせるための交通誘導員を4名配置した。
　以上の処置により、歩行者と重機との接触事故を防止し、工事現場への一般車両の侵入を防止したことで、第三者の交通災害の発生を防止できた。

※これは、前頁の解答例を基にして、実際の試験の形式にあわせて記述した解答例です。

平成28年度　必須問題　施工経験記述　安全管理

問題1　あなたが経験した土木工事の現場において、その現場状況から特に留意した安全管理に関して、次の設問1、設問2に答えなさい。

〔注意〕あなたが経験した工事でないことが判明した場合は失格となります。

設問1　あなたが**経験した**土木工事に関し、次の事項について解答欄に明確に記述しなさい。

〔注意〕「経験した土木工事」は、あなたが工事請負者の技術者の場合は、あなたの所属会社が受注した工事内容について記述してください。従って、あなたの所属会社が二次下請業者の場合は、発注者名は一次下請業者名となります。
　　　　なお、あなたの所属が発注機関の場合の発注者名は、所属機関名となります。

(1) 工事名
(2) 工事の内容
　　① 発注者名
　　② 工事場所
　　③ 工期
　　④ 主な工種
　　⑤ 施工量
(3) 工事現場における施工管理上のあなたの立場

設問2　上記工事の**現場状況から特に留意した安全管理**に関し、次の事項について解答欄に具体的に記述しなさい。ただし、交通誘導員の配置のみに関する記述は除く。

(1) **具体的な現場状況**と特に留意した**技術的課題**
(2) 技術的課題を解決するために**検討した項目と検討理由及び検討内容**
(3) 上記検討の結果、**現場で実施した対応処置とその評価**

平成28年度からの新傾向とその対策

　平成28年度の施工経験記述では、あなたが行った安全管理について、「その評価」を記述する項目が新たに追加されている。ここでは、安全管理の評価として、「対応処置を実施した結果、適切な安全処置ができた」ことを記述しなければならない。重要な点として、安全処置に対する評価を記述するものなので、原価管理・工程管理・品質管理に関する記述は避けるべきである。

記述方針の例

下水道布設替え工事について記述する場合におけるストーリー構成の例

	安全管理の技術的課題	検討項目・理由・内容	対応処置・評価
ストーリー構成	労働者の安全確保	①ボイリングの防止 ②掘削底面の安定処理	①ウェルポイント排水工法の採用 ②セメント固化材による掘削底面の処理

解答例

設問1

(1) 工事名

工 事 名	練馬区小泉通り南4号下水本管布設替え工事

(2) 工事の内容

①	発 注 者 名	東京都下水道局
②	工 事 場 所	東京都練馬区小泉町3丁目
③	工 期	平成28年4月20日～平成28年8月10日
④	主 な 工 種	下水道布設替え工
⑤	施 工 量	下水道管VU φ400mm、延長617m、人孔1号16基

(3) 工事現場における施工管理上のあなたの立場

立 場	現場監督

参考

下水道布設替え工事

設問2 現場状況から特に留意した**安全管理**について

(1) 具体的な現場状況と特に留意した技術的な課題

　本工事は、幅12mの市道に埋設されている長さ617mの下水道管を、φ400のVU管に布設替えするため、1号の人孔を16基設置するものである。〔目的構造物〕

　施工にあたり、凹部となっている地形のうち3箇所では、地下水位が高く、掘削時に地山が崩壊することが予測されたため、掘削時および管渠設置時の労働者の安全を確保することが課題であった。〔現場状況〕〔課題〕

(2) 検討した項目と検討理由及び検討内容

　労働者の安全確保のため、次の検討を行った。

①ボイリングの防止　〔検討項目〕

　地質調査において、地形的な凹部となっている3箇所の地下水位が1.2mと高かったので、ウェルポイント工法で地下水位を低下させ、深さ3.0mまで安全に掘削を行うことを検討した。〔理由〕〔内容〕

②掘削底面の安定処理　〔検討項目〕

　下水道管の布設替えは、立坑内作業となるので、地山の崩壊による労働者への危険を防止するため、深さ3.0m～3.4mまでの掘削は、セメント安定処理工法により行い、掘削底面の安定の確保を検討した。〔理由〕〔内容〕

(3) 現場で実施した対応処置とその評価

　地下水位が1.2mよりも高い3箇所を掘削する前に、幅80cmの鋼矢板を両側に圧入し、2m間隔でウェルポイントを挿入し、ボイリングを防止した。また、掘削底面から深さ40cmまでの部分について、人孔や管を設置する前に、120kg/m³のセメント固化材をバックホウで混合し、安定処理することで、管設置時の地盤を安定させ、労働災害を防止した。〔処置〕〔処置〕

　ウェルポイント工法を併用したことで、鋼矢板のたわみが少なくなり、労働者が安心して作業できた。〔評価〕

解答のポイント

(1) 安全管理の技術的課題

次の事項を明確に記述する。

①目的構造物（主な工種を含む）

②施工現場状況の特徴（どのような危険があるかを記す）

③安全上の課題（管渠敷設工における労働者の安全確保）

(2) 検討の項目・理由・内容

2つの項目を採り上げる。

①ボイリングの防止（項目）
　地下水位が高い（理由）
　ウェルポイント工法（内容）

②掘削底面の安定処理（項目）
　立坑内安全作業（理由）
　底面安定処理（内容）

(3) 対応処置・評価

上記①と②の検討事項を受けて、工程順に、具体的な対応処置を記述する。

　　鋼矢板の圧入
　　　　↓
　　ウェルポイントの挿入
　　　　↓
　　セメント固化材の混合
　　　　↓
　　人孔と管の設置

上記の処置について、安全管理上の評価を記述する。

※実際の試験では、もう少し長い文章を記述する必要があります。その記述方法については、次頁を参照してください。

[設問2] 上記工事の**現場状況**から特に**留意**した**安全管理**に関し、次の事項について解答欄に具体的に記述しなさい。ただし、交通誘導員の配置のみに関する記述は除く。

(1) **具体的な現場状況**と特に留意した**技術的課題**

　本工事は、練馬区小泉通り南4号線の再開発に伴い、幅12mの市道に埋設されている長さ617mの下水道管を、φ400のVU管に布設替えする工事である。この工事では、1号のマンホールを16基設置する必要があった。

　施工にあたり、石神井川沿いの低地となっている地形のうちの3箇所では、地下水位が高かったため、水を含んだ地山が掘削時に崩壊することが予測された。したがって、掘削時および管渠設置時において、地山の崩壊から労働者を守ることが技術的課題であった。

(2) 技術的課題を解決するために**検討した項目と検討理由及び検討内容**

① ボイリングの防止

　地形的な凹部となっている3箇所の地質調査を行い、掘削時におけるボイリングの防止を検討した。その結果、地下水位が1.2mよりも高く、ボイリングが発生しやすいことが予測された。そのため、ウェルポイント工法で地下水位を低下させ、所定の深さまでの掘削を安全に行えるようにすることを検討した。

② 掘削底面の安定処理

　地下水位が高い地盤であったため、掘削底面の安定性を検討した。下水道管の布設替えは、立坑内作業となるので、水の回り込みによる掘削底面の崩壊が、大きな危険を生じさせることになる。そのため、掘削底面にはセメント安定処理を行い、掘削底面を安定させることを検討した。

(3) 上記検討の結果、**現場で実施した対応処置とその評価**

　地下水位が1.2mよりも高い3箇所を掘削するときは、長さ40mの掘削区間に、幅80cmの鋼矢板を両側に圧入した。この鋼矢板の根入れ深さは3mとした。その後、2m間隔でウェルポイントを挿入し、地下水を排出することで、ボイリングを防止した。これにより、所定の深さである3mまで掘削できた。

　また、掘削底面から深さ40cmまでの部分については、マンホールの施工や管の布設を行う前に、120kg/m^{3}のセメント固化材をバックホウで混合し、安定処理することで、管設置時の地盤を安定させ、地下水の回り込みによる掘削底面の崩壊を防止した。これにより、掘削底面を安定させ、労働災害を防止できた。

　ウェルポイント工法と安定処理工法を採用したことで、ボイリングを防止でき、掘削底面の崩壊の危険がなくなったので、労働者が安心して作業できた。

※これは、前頁の解答例を基にして、実際の試験の形式にあわせて記述した解答例です。

平成27年度 必須問題 施工経験記述 品質管理

問題1 あなたが経験した土木工事の現場において、その現場状況から特に留意した品質管理に関して、次の設問1、設問2に答えなさい。

〔注意〕あなたが経験した工事でないことが判明した場合は失格となります。

設問1 あなたが経験した土木工事に関し、次の事項について解答欄に明確に記入しなさい。

〔注意〕「経験した土木工事」は、あなたが工事請負者の技術者の場合は、あなたの所属会社が受注した工事内容について記述してください。従って、あなたの所属会社が二次下請業者の場合は、発注者名は一次下請業者名となります。
　　　なお、あなたの所属が発注機関の場合の発注者名は、所属機関名となります。

(1) 工事名
(2) 工事の内容
　　① 発注者名
　　② 工事場所
　　③ 工期
　　④ 主な工種
　　⑤ 施工量
(3) 工事現場における施工管理上のあなたの立場

設問2 上記工事の**現場状況から特に留意した品質管理**に関し、次の事項について解答欄に具体的に記述しなさい。

(1) **具体的な現場状況**と特に留意した**技術的課題**
(2) 技術的課題を解決するために**検討した項目と検討理由及び検討内容**
(3) 技術的課題に対して**現場で実施した対応処置**

記述方針の例

切土法面保護工事について記述する場合におけるストーリー構成の例

	品質管理の技術的課題	検討項目・理由・内容	対応処置・評価
ストーリー構成	切土法面の耐久性の確保	① 切土法面の排水 ② 吹付け工の安定	① 水抜きパイプの設置による排水 ② 吹付けコンクリート安定用ラスの取付け

解答例

設問1

(1) 工事名

工事名	特定地方道路国道17号線整備工事

(2) 工事の内容

①	発 注 者 名	埼玉県大宮事務所
②	工 事 場 所	埼玉県本庄市山田町
③	工 期	平成26年6月24日～平成26年11月10日
④	主 な 工 種	切土法面保護工
⑤	施 工 量	吹付けコンクリート　200m³ ラス張り面積　1080m² アンカーピンφ16　長さ400mm

(3) 工事現場における施工管理上のあなたの立場

立　場	主任技術者

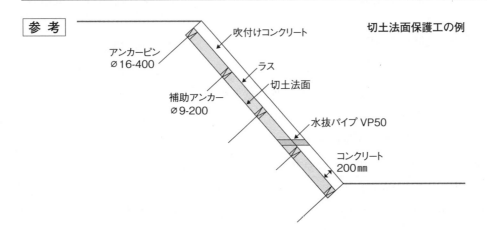

切土法面保護工の例

設問2 現場状況から特に留意した**品質管理**について

(1) 具体的な現場状況と特に留意した技術的な課題

〔現場状況〕本工事は、国道17号線の拡幅工事に伴い、切土法面保護工を施工する工事である。本工事では、面積1080m²の切土法面を整正後、ラス張りを行い、アンカーおよび補助アンカーを取り付け、コンクリート吹付工による仕上げを行うことが求められていた。

〔課題〕施工にあたり、僅かではあるが岩盤からの湧水が見られたため、耐久性のある切土法面保護工とすることが技術的課題であった。

(2) 検討した項目と検討理由及び検討内容

耐久性の高い切土法面保護工とするため、次のような検討を行った。

① 切土面の排水対策　〔検討項目〕
〔理由〕耐久性を確保するためには、切土法面保護工の背面の排水処理が重要となるので、〔内容〕水抜きパイプの配置・径・長さについて検討した。

② ラスの確実な固定　〔検討項目〕
〔理由〕吹付けコンクリートを支える重要な役割を持つラスを確実に固定するため、〔内容〕ラスを固定するアンカーピンの配置を検討した。

(3) 現場で実施した対応処置

検討の結果、次のような処置を行った。
①〔処置〕VP50の水抜きパイプを2.5m四方の間隔で配置した。湧水が見られた箇所は、VP100の水抜きパイプを配置して、湧水を排除できるようにした。
②〔処置〕φ16×400mmのアンカーピンとφ9×200mmの補助アンカーでラスを固定し、アンカーピンの施工箇所にVP50のスペーサを設けて、耐久性を確保した。

解答のポイント

(1) 品質管理の技術的課題

①具体的な現場状況
　国道拡幅工事
　切土法面保護工の施工
②技術的課題
　切土法面保護工の耐久性を確保すること

〔ヒント〕切土法面保護工の品質は、コンクリートの品質だけではなく、耐久性にも左右される。

(2) 検討の項目・理由・内容

検討項目として、2つの作業を採り上げる。
①切土面の排水対策（項目）
　排水処理が重要（理由）
　水抜きパイプを使用（内容）
②ラスの確実な固定（項目）
　吹付けコンクリートの支持（理由）
　アンカーピンの使用（内容）

(3) 対応処置

①と②の検討内容を受けて、具体的な対応処置を示す。
①水抜きパイプの直径や配置間隔などを、具体的な数値で示す。

②ラスを固定するアンカーピンの直径や長さなどを、具体的な数値で示す。

※実際の試験では、もう少し長い文章を記述する必要があります。その記述方法については、次頁を参照してください。

設問2 上記工事の現場状況から特に留意した品質管理に関し、次の事項について解答欄に具体的に記述しなさい。

(1) 具体的な現場状況と特に留意した技術的課題

　本工事は、国道17号線の拡幅工事に伴い、切土法面保護工を施工する工事である。元請業者からは、面積1080m²の切土法面を整正後、ラス張りを行い、アンカーおよび補助アンカーを取り付けることと、コンクリート吹付工による仕上げを行うことが求められていた。

　施工にあたり、亀裂が多い岩盤であったので、湧水の有無を調査したところ、僅かではあるが岩盤からの湧水が見られたため、耐久性のある切土法面保護工を施工することが技術的課題であった。

(2) 技術的課題を解決するために検討した項目と検討理由及び検討内容

①切土法面の排水対策

　軟岩から成る切土法面の亀裂からの湧水を適切に排水し、切土法面の耐久性を確保するためには、切土法面保護工の背面における排水処理が重要となる。そのため、水抜きパイプによる排水を検討すると共に、その配置・口径・長さなどについても検討した。

②吹付け工の安定（ラスの確実な固定）

　吹付けコンクリートを切土法面に安定させて施工するには、吹付けコンクリートを支えるためのラス張りを確実に固定するため、使用するアンカーピンの耐力を確保する必要があった。そのため、使用するアンカーピンの配置間隔・ボルト径・長さなどについて検討した。

(3) 上記検討の結果、現場で実施した対応処置とその評価

　湧水を排水するため、長さ35cm・口径50mmの塩化ビニル製の水抜きパイプを、切土法面に2.5m四方の間隔で配置した。特に顕著な湧水が見られた最下段には、口径100mmの水抜きパイプを配置して、湧水を確実に排除できるようにした。

　ラス張りの上下端は、ボルト径16mm・長さ400mmのアンカーピンで、切土法面に固定した。ラス張りの中央部においても、ボルト径9mm・長さ200mmの補助アンカーで、切土法面に固定した。アンカーピンの施工箇所には、VP50のスペーサーを設けて、耐久性を確保した。

　以上の施工方法により、岩盤からの湧水を適切に排水できるようになり、ラス張りの確実な固定ができたので、耐久性のある切土法面を確保できた。

※これは、前頁の解答例を基にして、実際の試験の形式にあわせて記述した解答例です。
※この解答例では、最新の出題形式に合わせて、行数を調整し、最下行に「その評価」を記載しています。

第Ⅱ編　施工管理記述

- 第1章　土工
- 第2章　コンクリート工
- 第3章　品質管理
- 第4章　安全管理
- 第5章　施工管理（施工計画・環境保全）

※各分野の出題数や問題番号は、出題年度によって異なります。本書では、各年度の問題を出題分野に応じて再配置しています。

第1章　土工

1.1　試験内容の分析と学習ポイント

1.1.1　最新10年間の土工の出題内容

年　度	土工の出題内容
令和6年度	(2) 問題8　切梁式土留め支保工の「掘削順序」「過掘りの防止」「場内排水」「漏水・出水時の処理」について、留意点または実施方法を記述する。
令和5年度	(1) 問題4　切土法面の施工時における排水対策（気象の影響・排水工の位置の決定・地下水の処理・作業中の観察）に関する用語を記入する。
令和4年度	(2) 問題8　切梁式土留め支保工の「掘削順序」「軟弱粘性土地盤の掘削」「漏水・出水時の処理」について、実施方法または留意点を記述する。
令和3年度	(1) 問題4　建設発生土の現場利用（天日乾燥・路床材料・安定処理）に関する用語を記入する。 (2) 問題8　軟弱地盤対策工法の概要と期待される効果を記述する。
令和2年度	(1) 問題2　建設発生土の有効利用（各種の建設発生土の性質・処理・用途）に関する用語を記入する。 (2) 問題7　切土法面排水の目的と、切土法面施工時における排水処理の留意点について記述する。
令和元年度	(1) 問題2　軟弱地盤上の盛土施工の留意点（準備排水・盛土の沈下・盛土の側方移動・腹付け盛土）に関する用語を記入する。 (2) 問題7　法面保護工の工法の説明と施工上の留意点を記述する。
平成30年度	(1) 問題2　盛土の施工（基礎地盤の排水処理・材料のせん断強度や膨潤性・仕上り厚さ・含水量調節）に関する用語を記入する。 (2) 問題7　盛土材料の改良に用いる石灰系・セメント系の固化材について、その特徴または施工上の留意事項を記述する。
平成29年度	(1) 問題2　橋台・カルバートなどの構造物と盛土との接続部分において、段差を生じさせないための施工上の留意点に関する用語を記入する。 (2) 問題7　軟弱地盤対策工法の概要と期待される効果を記述する。
平成28年度	(1) 問題2　建設発生土の安定処理方法に関する用語を記入する。 (2) 問題7　仮排水の目的と、仮排水処理の施工上の留意点を記述する。
平成27年度	(1) 問題2　軟弱地盤対策工法に関する用語を記入する。 (2) 問題7　橋台・カルバートに近接する盛土について、施工上留意すべき事項を記述する。

1.1.2 出題分析からの予想と学習ポイント

選択問題(1) 土工(空欄記入問題)の分析表　　　　　　　　　　　　　●出題項目

出題項目＼年度	R6	R5	R4	R3	R2	R元	H30	H29	H28	H27
盛土工・切土工		●					●	●		
軟弱地盤対策										●
建設発生土				●	●				●	
土留め支保工						●				

※選択問題(1)は、主として基準書に定められている語句・数値を空欄に記入する問題です。

選択問題(2) 土工(記述問題)の分析表　　　　　　　　　　　　　●出題項目

出題項目＼年度	R6	R5	R4	R3	R2	R元	H30	H29	H28	H27
盛土工・切土工				●		●		●	●	●
法面保護工					●					
軟弱地盤対策				●				●		
土留め支保工	●		●							

※選択問題(2)は、主として原因・理由・対策・措置などを文章で記述する問題です。

土工の総合分析表　　　　　　　　　　　　　　　　　　　　　　●出題項目

出題項目＼年度	R6	R5	R4	R3	R2	R元	H30	H29	H28	H27
盛土工							●●	●	●	●
切土工		●			●					
法面保護工					●					
軟弱地盤対策				●				●		●
建設発生土				●	●				●	
土留め支保工	●		●		●					

本年度の試験に向けた土工の学習ポイント

① 盛土工の土質に関する用語(密度・含水比・空隙・飽和度・間隙水圧・圧密沈下)を理解し、その用語を説明できるようにする。

② ヒービング・ボイリングがどのような現象なのかを理解し、その対策方法を記述できるようにする。

③ 建設発生土を有効利用するための方法を記述できるようにする。

④ 土留め支保工の各部の名称を覚える。

1.2 技術検定試験 重要項目集

1.2.1 土質調査

土質調査には、原位置試験と土質試験がある。各試験について、
① 試験名　② 試験で求めるもの　③ 試験の結果の利用
の３つの組合せで理解しておく。

❶ 原位置試験

表1・1に原位置試験を示す。特に、次の５項目は、しっかりまとめておく必要がある。
① 標準貫入試験　　② 平板載荷試験　　③ コーン貫入試験
④ 単位体積質量試験　　⑤ 現場CBR試験

表1・1　原位置試験

No	試験名	試験により求める値	試験で求めた値の利用法
1	弾性波探査	・V（弾性波速度）	・岩質を調べ、掘削法を検討
2	電気探査	・r（電気抵抗）	・地下水位の位置を知り、掘削法を検討
3	**単位体積質量試験**（現場）	・ρ_d（原位置の土の密度）	・盛土の締固め管理
4	**標準貫入試験**	**・N値（打撃回数）**	**・土層の支持層の確認** **・成層の状況**
5	スウェーデン式サウンディング試験※	・N_{sw}値	・広い範囲の地盤の支持力
6	**コーン貫入試験**	・q_c（コーン指数）	・トラフィカビリティの判定 ・浅い地盤支持力の確認
7	ベーン試験	・c（粘着力）	・深い粘性地盤の支持力の確認 ・斜面の安定性の判定
8	**地盤の平板載荷試験**	・K値（地盤反力係数）	・盛土地盤の支持力の確認
9	**現場CBR試験**	・CBR値	・切土・盛土の支持力の確認
10	現場透水試験	・k（透水係数）	・掘削法の検討

※ 2020年の日本産業規格(JIS)改正により、現在では、「スウェーデン式サウンディング試験」の名称は「スクリューウエイト貫入試験」に改められている。

❷ 土質試験

次の表1・2に土の性質を判別する試験、表1・3に土の力学的性質を求める試験を示す。

表1・2 土の性質を判別分類するための土質試験

No	試験名	試験により求める値	試験で求めた値の利用法
1	含水量試験	・w（含水比）	・土の締固め管理 ・土の分類
2	単位体積質量試験（室内）	・ρ_t（湿潤密度） ・ρ_d（乾燥密度）	・盛土の締固め管理 ・斜面の安定性の検討
3	土粒子の密度試験	・ρ（土粒子の密度） ・S_r（飽和度） ・v_a（空気間隙率）	・土の基本的な分類 ・高含水比粘性土の締固め管理
4	**コンシステンシー試験** ・液性限界試験 ・塑性限界試験	・w_L（液性限界） ・w_p（塑性限界） ・PI（塑性指数） ・I_c（コンシステンシー指数）	・細粒土の分類 ・安定処理工法の検討 ・凍上性の判定 ・土の締固め管理
5	粒度試験	・粒径加積曲線 ・U_c（均等係数）	・盛土材料の判定 ・液状化の判定 ・透水性の判定
6	相対密度試験	・D_r（相対密度）	・砂地盤の締まりぐあいの判断 ・砂層の液状化の判定

表1・3 土の力学的性質を求める土質試験

No	試験名	試験により求める値	試験で求めた値の利用法
1	**締固め試験**	・$\rho_{d\,max}$（最大乾燥密度） ・W_{opt}（最適含水比）	・盛土の締固め管理
2	せん断試験 ・直接せん断試験 ・**一軸圧縮試験** ・三軸圧縮試験	・ϕ（内部摩擦角） ・c（粘着力） ・q_u（一軸圧縮） ・S_t（鋭敏比）	・地盤の支持力の確認 ・細粒土のこね返しによる支持力の判定 ・斜面の安定性の判定
3	室内CBR試験	・設計CBR値 ・修正CBR値	・路盤材料の選定 ・地盤支持力の確認 ・トラフィカビリティの判定
4	**圧密試験**	・m_v（体積圧縮係数） ・C_v（圧縮指数） ・k（透水係数）	・圧密量の判定 ・圧密時間の判定
5	室内透水試験	・k（透水係数）	・堤体・排水工の設計

1.2.2　土　工　事

❶ 盛土材料

(1) **盛土材料の望ましい性質**は、次のとおりである。

① 施工機械の走行が可能なトラフィカビリティがあること。

② 盛土のり面の安定が可能な**せん断強さ**があり、**膨潤性及び圧縮性の小さい**こと。

③ 盛土の圧縮沈下が路面に悪影響を与えないこと。

④ 草木などの有機質の物質を有しないこと。

(2) **盛土材料として適当でない土**には、次のものがある。

① ベントナイト　② 温泉余土

③ 酸性白土　　　④ 有機土

❷ 現地盤処理

(1) 盛土に先立つ現地盤の処理には、次のものがある。

① 草木など有機質の物質を除去し、盛土完成後の沈下を防止する。

② 盛土と現地盤とのなじみをよくするため、**現地盤の凹凸を平滑化する**。

③ 現地盤に流入する水は、排水溝で排水処理できるようにする。

(2) トラフィカビリティの確保をするには、次の処理をする。

① 表層にサンドマットを敷設し、排水を良くし走行性を確保する。

② 表層に排水溝をつくり滞水を排除し、現地盤の含水比を低下させる。

③ セメントまたは石灰を投入混合し、安定処理をする。

④ 鋼板、布などを敷設して、力を分散させる。

❸ 盛土の施工

(1) 敷均しの留意点は、次のようである。

① ブルドーザまたは、敷均し精度の高いモータグレーダにより敷き均す。

② 敷均し厚さは、路床・路盤に応じたものとし、均一に敷き均す。

③ 盛土材料は、できるだけ**最適含水比**に近づけて敷き均す。

(2) 盛土の締固めの留意点は、次のようである。

① 土質、敷均し厚さに応じた締固め機械を選定する。

② 施工中、降雨による軟化を防止するため、**横断勾配 4%** をつけて施工する。

③ 走行路は一定とせず、走行場所を変えて、**こね返しを防止**する。

④ のり面の締固めは、のり勾配に応じて、ブルドーザ・ローラ・振動コンパクタなどを用いる。

⑤ 締固め後の沈下を予想して、余盛りをのり面、天端、小段などに設ける。

❹ 傾斜地盤上への盛土

図1・1のような切土・盛土の交点では、1：4より急な斜面では盛土する現地盤は段切を行い、亀裂や沈下が生じることを防止するために次のような処置をする。

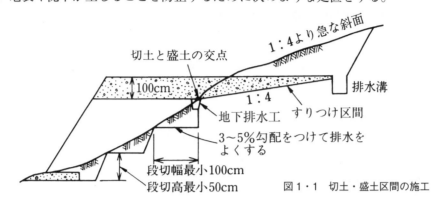

図1・1 切土・盛土区間の施工

(1) 切土・盛土の交点に**地下排水溝**（暗渠工）を設け、山側からの浸透水を排除する。
(2) 山側に排水溝を設け、路面への切土面からの雨水の流入を防止する。
(3) 切土区間に1：4の勾配をつけ、良質土を切土と**すりつけ**一体化する。
(4) 幅1m以上、高さ50cm以上の段切を設け、盛土のすべりを防止する。
(5) 段切底面は3〜5％の傾斜をつけ、浸透水を排除する。

❺ 構造物に接する盛土

図1・2のように、構造物に接する盛土は、構造物と盛土の剛性が異なるため、接合部は沈下しやすい傾向にある。これを減少するには、次のようにする。

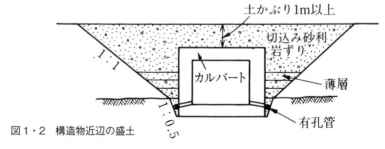

図1・2 構造物近辺の盛土

(1) 圧縮性が小さく、透水性が良く、支持力が大きく、締め固めやすい、切込み砂利、岩くず等の**良質土**を用いる。
(2) 構造物に**偏圧**を**作用させない**ように、左右対称に振動コンパクタ・ランマなど小型の建設機械を用いて締め固める。
(3) 埋戻し土の敷均しは、**薄層**として十分に締め固める。
(4) 有孔管を用いて排水溝を設け、埋戻し土の軟化を防止する。

❻ 建設発生土の利用

(1) 粒度分布の悪い発生土による構造物裏込め処理工法

（第3種、第4種、建設発生土、及び泥土を対象とする。第1種、第2種は一般土として扱える）

掘削前の適用工法	①含水比低下工法	掘削予定位置の地下水位を低下させるためウェルポイントやトレンチ掘削で地下水位を低下させ、含水比を低下させてから掘削する。
	②安定処理工法	改良材を原位置で混合しながら掘削し、掘削土の含水状態と施工性を改善して搬出することの他、石灰パイルを打設して含水比を低下させ、トラフィカビリティーを確保する。
掘削後の適用工法	①含水比低下工法	泥土で含水比の高い場合は、水切や天日乾燥により含水比を低下させることで転圧を可能にして締め固める。
	②強制脱水工法	敷地面積や工期に余裕のあるとき、機械脱水により含水比を低下させて転圧し締め固める。
	③良質土混合工法	泥土でない第3種や第4種では、含水比の低い土を混合して、含水比を低下させて締め固める。

(2) 利用時における適用工法

① 流動化処理工法は、土砂材料に加水して流動化を図り、セメントを添加して橋台などの裏込め土とし流し込み、締固めをしない方法である。

② 気泡混合土工法は、土砂材料に加水して流動化を図り、これにセメントなどの固化材と気泡を混合しポンプで圧送して、低品質の発生土の軽量化を図り土圧の軽減工法として活用できる。

③ 原位置安定処理工法は、在来の技術で、固化材を原位置で混合し締め固める。

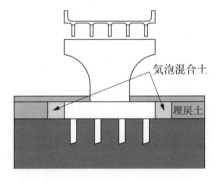

図1・3 気泡混合土工法
（土木研究センター資料）

❼ 切土法面排水工と仮排水工

(1) 切土法面の排水工

切土法面には、下記のような排水溝を設ける。

①自然斜面からの流水を受けるための法肩排水溝を、法肩に設ける。

②切土法面の雨水や湧水を受けるための小段排水溝を、小段に設ける。

③浸透水を排除するための地下排水溝を、法尻に設ける。

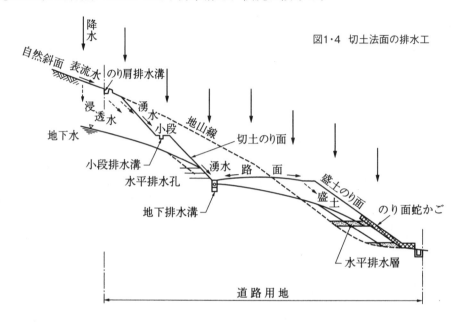

図1・4 切土法面の排水工

(2) 切土施工中の仮排水工

切土施工中は、仮排水工として、下記のような措置を講じる。

①施工中の切土面には、3%程度の横断勾配をつける。

②切土法面に沿って、素掘りの溝(トレンチ)を設ける。

③切土と盛土の境界部にも、素掘りの溝(トレンチ)を設ける。

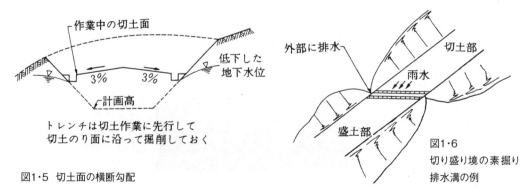

図1・5 切土面の横断勾配

図1・6 切り盛り境の素掘り排水溝の例

1.2.3 土量計算

① マスカーブ

　土量の計算では、道路をつくる場合のように、計画線より上にある地盤は切土となり、計画線より下にある地盤は盛土となる。普通、土の切土と盛土（地山土量に換算）とがちょうど同じ量（平衡）になるように計画線を決める。このとき、道路の起点から順次計画線に沿って20m間隔で横軸に追加距離をとる。

　切土量は⊕、盛土量は⊖として、縦軸に起点からの累計土量、横軸に起点Aから順次B、Cのように追加距離として描いた地山土量の曲線を土量曲線とか、マスカーブといい、この曲線を描くことによって、土量の運搬量は曲線の縦軸から、運搬距離は横軸から読み取れる。

　たとえば図1・7のように、AB間は切土⊕、BC間は盛土⊖で、切土、盛土が等しい計画線を引いたとき、ABC間のマスカーブを描いてみよう。ただし、土量計算では地山土量に合わせて行うので、締固め率 $C = 0.8$ とすると、盛土は地山土量に換算して計算する。

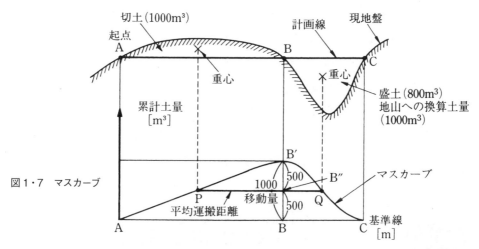

図1・7　マスカーブ

(1) AB間全体で1000m³切土であるから、⊕でマスカーブのB点上1000m³の位置B′を定める。

(2) BC間全体で1000m³は盛土量を地山土量に換算したものであるから、⊖でマスカーブのB′点＋1000m³から、C点全部で－1000m³の地山に換算され土量が盛土されるので0となる。

(3) マスカーブのABCの区間で縦軸の $\overline{BB'} = 1000$ m³ は切土区間から盛土区間へ1000m³動かした移動量を示す。

(4) $\overline{AB}$ から $\overline{BC}$ へ移動させるのに必要な平均運搬距離は、BB′の高さの中央にB″をとり、基準線に平行に引き、マスカーブと交差する点P、Qを求め、$\overline{PQ}$ の長さが、平均運搬距離となる。なお、P、Q点の現地盤に対応する点は、それぞれ切土、盛土の重心となっている。

以上のように、マスカーブから、BB′の高さは土量の移動量、PQ で平均運搬距離が求められる。

❷ 土量計算

(1) 土の変化率

　　土は、地山土量を基準にして考えることが多い。地山を掘削すると重さは変わらないが、空気がはいり、ほぐされて体積が増加する。この割合をほぐし率（L）といい、たとえばL＝1.2のように表す。

　　地山をローラで締め固めると、一般に体積が圧縮され減少する。この割合を締固め率（C）といい、たとえばC＝0.8のように表す。

　　ダンプカーが運ぶ土量は掘削後の土量なので、ほぐし土量である。一般に、土はほぐすと地山土量より増加し、岩塊などを除いて、盛土して締め固めると地山土量より減少する。

(2) 土量計算例

【例】 $1000\,m^3$ の地山土量の L＝1.2、C＝0.9 とするとき、運搬土量と盛土量を求める。

　　運搬土量：$1000 \times L = 1000 \times 1.2 = 1200\,m^3$

　　盛土量：$1000 \times C = 1000 \times 0.9 = 900\,m^3$

【例】 $1000\,m^3$ の盛土が必要な場合、$800\,m^3$ の地山土量を流用するとして、盛土量の不足土量[m^3]を求める。ただし、L＝1.2、C＝0.9 とする。

　　盛土の不足土量＝必要盛土量－流用盛土量＝$1000 - (800 \times 0.9) = 280\,m^3$

このように、L、C の使い方を練習しておく必要がある。

1.2.4　のり面保護工

　のり面保護は、日陰や崩落のおそれのある面を除いて、できる限り植生工を用い、のり面の安定の確保の困難なところは、構造物によりのり面を保護する。

❶ 植生工

(1) 種子吹付け工

　　客土（植生土）の必要のないのり面に施工するもので、ガン（圧縮空気）によって、肥料、土、水、**たね（3種以上）を混合**して散布する。さらに、原液を水で2倍に薄めたアスファルト乳剤を散布し、被膜養生を行う播種工法の一種である。

　　長大なのり面では、ホースを100m程度まで移動でき、高さ12mまで吹き上げられるので、一般ののり面に作業員が上がらずに施工できる。主に規模の大きな盛土のり面積の植生工に適している。

(2) 客土吹付工

客土吹付工は、播種工法の一種で、勾配が0.8より緩い硬質土の盛土のり面に用いる。吹付けポンプで金網をアンカーピンで止め、現地発生土を用いて高粘度のスラリ状の材料を1～3cmに吹付ける。

(3) 植生基材吹付工（厚層基材吹付工）

植生基材吹付工は、播種工法の一種で、ポンプ等で、種子と高分子樹脂、化成肥料を混合したものを厚さ3～10cmに吹付ける。**勾配は1：0.5程度の岩**などの切土面に金網等を張りあらかじアンカーピンで金網を止めておく。

(4) 植生マット工

植生マットとして、黄麻製マットに合成樹脂ネットをかけ、肥料、たねをのりと混合し、付着させるものを用いる播種工法の一種である。客土効果はないので、軟岩や粘土のような不良土には適さない。また、できるだけ**凹凸のない普通土の切土のり面に適する**。

植生マット工は、夏期、冬期を問わず施工でき、施工時から直ちにのり面保護が期待できる。植生マットは、盛土天端に約10cm埋め込んで安定させ、なわと竹串で途中を押さえて安定させる。

(5) 張芝工

張芝工は植栽工の一種で、一般ののり面では、盛土のり面をよく土羽打ちし、施肥をしたのち、全面に野芝を竹串で止めて密着させ、その上から良質土を薄くかけておく。施工時期は真夏がよく、秋から冬期への施工は根付かないことが多い。縦目地を通すと、雨水で浸食されるので**千鳥目地**とする。

(6) 筋芝工・植生筋工

筋芝工は植栽工の一種で、風化の遅い粘性土の盛土のり面に適し、砂質土ののり面に適さない。土羽打ちの際、**水平に野芝を30cm間隔に配置**し、十分に締め固める。芝には十分な施肥をして発育を促す。盛土の天端には、耳芝として野芝を一列配置して、のり肩の崩れを防ぐ。

植生筋工は播種工の一種で、野芝の入手が困難なので、野芝に代えて、肥料とたねを付着させた帯状の植生筋工を土羽打ちして施工したもので広く用いられている。

(7) 植生土のう工

土のう袋は、たね、肥料、土を混合したものを網袋につめたものである。植生土のう工は切土のり面に側溝を掘り、張り付ける工法で播種工の一種である。これは年中施工可能である。のり肩からの浸食を防止するため、天端に一列配置する。また、袋の下側には、固型肥料を入れておく。1m当たり3袋用い、U型鉄線で1袋2本でのり面に固定する。

❷ 構造物によるのり面保護工

(1) モルタル吹付け工・コンクリート吹付け工

　モルタル吹付け工・コンクリート吹付け工は、岩盤の割れ目が小さいが風化のおそれがある場所、また、湧水がなく、激しい崩落のないような急斜面の切土のり面に適している。吹付け方法には湿式と乾式があるが、はね返りの少ない湿式が多く用いられている。モルタルの場合は、質量比でセメント1に対して、細骨材4.5(コンクリートでは、セメント1、細骨材3、粗骨材1)を標準とする。水セメント比は45％程度とし、たれ下がらないよう注意する。

　施工厚さは**モルタル8〜10cm(コンクリート10〜20cm)**とし、地山は補強金網を張り、アンカーで固定する。湧水のない箇所にも2〜4m^2に1個の割合で水抜き孔を設ける。のり肩や排水溝に接する場所では、モルタルを巻き込んで施工する。

(2) ブロック張工・石張工

　ブロック張工・石張工は、**勾配が1：1(45度)より緩く、粘着力のない土砂、土丹やくずれやすい粘土**に適用する。湧水のある箇所は空張(コンクリートを用いない)とし、高さ3m未満とする。裏込め材として、栗石、切込み砂利を用い、水抜き孔はφ50mmを2〜4m^2について1個設ける。

　湧水のないのり面では練張(コンクリート張)とし、不同沈下に備えて10〜20mごとに目地を設ける。石の積み方は、一般に平積でなく強度のある谷積を標準とする。

(3) コンクリート張工

　コンクリート張工は、**節理の多い岩盤やルーズな崖すい層が崩落のおそれのあるのり面**に用いる。コンクリート枠工やコンクリートブロック張工では、不安定と思われる箇所に用いる。

　長大のり面や、勾配の急なときは、金網、鉄筋で補強する。また、施工に当たり、水抜き孔を設け、天端部分は十分に地盤に埋め込み、コンクリートの打継目は、のり面と直交するように設ける。斜面の途中にもコンクリートが滑り出さないよう、コンクリート裏面に4〜6mごとに突起をつける。

(4) コンクリートブロック枠工

　湧水のある切土のり面、長大のり面で、主に凹凸のないのり面で、かつ1：1より緩やかなのり面に用いる。コンクリートブロック枠工の代表的なものとしてプレキャスト枠工がある。プレキャストの枠の交点には、すべり止め長さ50〜100cmの杭または鉄筋アンカーをモルタル注入で保護し、のり面に固定する。多くは、枠内を植生するが、湧水の多いときは、石空張、プレキャストブロックを用い空張とし、のり面土砂の流出が生じないよう施工前に透水性のマットを敷設したり、排水溝を設けておく。

(5) 現場打ちコンクリート枠工

湧水を伴う風化岩や長大のり面、凹凸のあるのり面で、コンクリートブロック枠工では崩落のおそれのあるのり面に用いる。また、亀裂等のある岩盤で、コンクリート吹付けでは安定しない岩盤ののり面等にも適用する。ある程度、土圧にも耐えられる。

幅50cm、厚さ40cm程度の枠工を、5m間隔程度に鉄筋を入れて施工し、枠の交点は、長さ150cm、径φ32mmのアンカーボルトを、モルタルで保護してのり面に固定する。のり枠の間は、栗石をつめたり、ブロックをつめたりして安定させる。

(6) 編柵工

編柵工は、植生工の湧水によるのり面表層部のすべりを防止する目的で施工され、砂質土の盛土のり面に、土羽打ちする前に施工されることが多い。施工は、のり面に1m程度の木杭を100cm以下の間隔に打ち込み、この木杭の間を高分子材料のネットや竹を編んで、流出する土砂をとどめるものである。編柵工の施工後は、十分に土羽打ちを行う。**植生工の湧水対策工**として用いる。

(7) のり面じゃかご工

多量の湧水により、のり面が流出するおそれのあるときや、崩落のり面を復旧するときなどのほか、凍結や剥落が予想される場所に用いる。

じゃかごは、鉄線を袋状にあみ、石を入れた筒状のもので、のり面に並べた普通じゃかごや、災害復旧として集水や地すべりを押さえるふとんじゃかご(図1・8)がある。**流水処理**時に目詰まりするときは、砂利などをまわりに施工しておくとよい。湧水対策工として用いる。

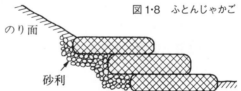

図1・8 ふとんじゃかご

1.2.5 軟弱地盤

❶ 表層部軟弱地盤の処理

建設機械の走行性を確保するためや、盛土の準備や深層軟弱地盤改良の準備として施工される。

(1) 表層排水工法

表層部を開削して排水路をつくり、透水性の大きい砂で埋戻しを行う。溝(トレンチ)の幅0.5m、深さ1m程度とすることが多い。排水によって表面の地盤の含水比を下げて、支持力を向上させ、所要のトラフィカビリティを確保する。

(2) サンドマット工法

　サンドマット工法は、**軟弱地盤上に厚さ 50cm〜1.2m 程度の透水性のよい良質土を敷砂する**もので、深層軟弱地盤の処理工の準備工としても用いられる。

　サンドマットは、軟弱層の圧密排水の排水路の役目をする。また、トラフィカビリティを確保する。さらに、サンドマット上に盛土をするときは、盛土内の浸透水を排水することができる。

(3) 敷設材工法

　敷設材として、**ジオテキスタイル**（化学シート、樹脂ネット）を軟弱地盤上に敷設し、その敷設材の上に排水性のよい川砂などを敷き、敷設材の押さえと排水路の役目をもたせ、この上に盛土を行うための準備工とする。このとき、敷設材は盛土面積より広くする。

(4) 表層混合処理工法

　軟弱な表層に**石灰・セメントなどの安定材を混入**し、転圧して、地盤の圧縮性、強さを増大し、建設機械の走行性を確保する。また、路床としての CBR 値を向上させることができる。

　セメントまたは消石灰を用いて安定させるときは、所要量を路上で混合し、ローラで締固め、所定の締固め度が得られるようにする。生石灰を用いるときは、生石灰を混合して仮締めで締め固め、生石灰の消化が終了（24時間程度）後、2度締固めを行う。養生期間は1週間程度である。

❷ 深層軟弱地盤改良工法（高含水比粘性層）

(1) 掘削置換工法

　軟弱層が表層から 3m 未満と浅く、その下層が良好な地盤のとき、軟弱層の全部または一部を掘削して除去し、良質土に置き換える工法である。

(2) 緩速載荷工法

　地盤の支持力が小さく、一度に盛土ができないとき、**地盤の支持力に見合った盛土の載荷を行う**。時間の経過を待って支持力が増大したことを確かめ、さらに盛土を載荷していく。これを順次行う工法を緩速載荷工法といい、施工工程に余裕のあるときに用いられる。荷重を大きな段階に分けて載荷するものを段階盛土載荷という。連続的に小きざみに載荷するものを漸増盛土載荷と呼ぶ。

(3) 載荷重工法（圧密促進工法）

構造物の重量に等しいか、それより大きな荷重を軟弱地盤に盛土載荷し、あらかじめ圧密沈下をさせておく工法を載荷重工法という。載荷重工法には、構造物の重量に等しい盛土を載荷する**プレローディング工法**と、構造物の重量より大きな盛土を載荷する**サーチャージ工法**とがある。緩速載荷工法との違いは、荷重を一時に盛土載荷して圧密沈下を短時間で済ませる点にある。

(4) バーチカルドレーン工法（圧密促進工法）

バーチカルドレーンは"鉛直方向の排水路"という意味で、**排水路として砂柱**をつくるものをサンドドレーン工法、厚紙や布などのカードボードを用いるものをペーパードレーン工法という。ペーパードレーン工法は、経済的で施工速度も速いが、深さ15mぐらいまでが限界であり、サンドドレーン工法は、30mまで改良できる。

サンドドレーン工法では、補助工法としてサンドマットを敷き、サンドドレーンまたはペーパードレーンを挿入後、その上に盛土載荷して圧密排水を促すことが一般的である。特に、砂柱やペーパーが途中で切断されないように管理することが大切である。

(5) 地下水位低下工法

地下水位低下工法は、ウェルポイント工法やディープウェル工法を用いて地下水位を低下させることで、地下水のある地盤が受けていた**地下水による浮力**に相当する荷重を載荷し、地盤の**圧密促進**と**強度増加**を図る工法である。

図1・9 ウェルポイント工法、ディープウェル工法の構成図

ウェルポイント工法は、真空ポンプで地下水を強制的に吸い上げて排除する強制排水工法である。

真空ポンプで地下水を吸い上げる。

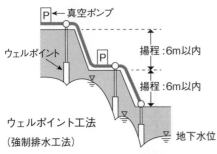

ウェルポイント工法
（強制排水工法）

必要透水量が比較的少ない場合、
対象とする帯水層が浅い場合、
帯水層が砂層からシルト層である場合には、
ウェルポイント工法が採用される。

ディープウェル工法は、重力によって自然に流れ出た地下水を集めて水中ポンプで排水する重力排水工法である。

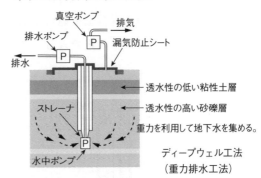

ディープウェル工法
（重力排水工法）

必要揚水量が非常に多い場合、
対象とする帯水層が深い場合、
帯水層が砂礫層である場合には、
ディープウェル工法が採用される。

(6) 押え盛土工法（すべり防止工法）

　押え盛土工法は、改良すべき軟弱地盤層が厚く、他の改良の方法が適用できない場合に利用される。押え盛土工法は、**地すべり防止工法**で、軟弱地盤の処理工法ではなく、軟弱地盤対策工法である。

　図1・10のように、押え盛土施工順序は、押え盛土と本体盛土の下部とを一体として施工し、その後、本体盛土上部を盛土する。敷地面積に制限のあるときは、サンドドレーン工法と併用することがある。

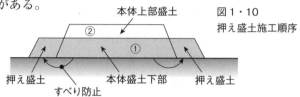

図1・10　押え盛土施工順序

(7) 石灰パイル工法（固結工法）

　生石灰を高含水比の粘性地盤に、サンドコンパクションパイル工法に使った砂杭打機を用いて打ち込み、粘土層の水分を吸水し、**生石灰を固化**し消石灰として吸水膨脹させる。このため、生石灰の打込み高1m程度は低くし、低くした部分に砂を投入し杭の膨脹に対して余裕を与えておく。

　生石灰は高熱を発生するので、取扱い上、手袋を用いて十分な安全管理が必要である。この工法は化学的に固結することから、固結法の一種である。

(8) 深層混合処理工法（固結工法）

　図1・11のように、高含水比の軟弱粘土層に深層処理装置を貫入させ、中央部からセメント・石灰等を投入し、翼を回転させて、強制的に高含水比の粘土と、セメント・石灰等の土質改良材とを混合させ、**化学的に安定固結させる工法**である。

　土質改良材の材質や混合量を適切に変えて施工する。これは、まわりの地盤への影響も少なく、ヒービングを防止できる。この工法は、広く用いられる固結法の一種である。

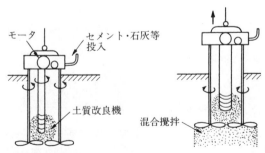

図1・11　深層混合処理工法

(9) 薬液注入工法（固結工法）

　地盤中に薬液を注入し、土の空隙に薬液を浸透させ固結して透水性の減少と地盤の強度を向上させる。

❸ 深層軟弱地盤改良工法（ゆるい砂層）

(1) サンドコンパクションパイル工法（締固め工法）

サンドコンパクションパイルは、"砂を打撃して杭とする"という意味で、ゆるい砂地盤（$N≦10$）に、バイブロコンポーザという振動式の砂杭打撃材を挿入して砂を投入し、砂に打撃・振動を与えて、下から順次、砂杭をつくる。これは砂杭自体の支持力と、まわりの地盤を締め固めるという効果が期待できる。材料として、最近、砕石を用いる場合もあり、支持力がより大きくなっている。また、この工法はこね返しに注意すれば、**高含水比粘性地盤の改良にも応用できる**。

(2) バイブロフローテーション工法（振動締固め工法）

バイブロフローテーション工法は、棒状のバイブロフロットの先端から高圧水（ジェット水）を噴出させて、地盤の深い所に挿入する。そして、バイブロフロットと地盤の隙間に砂や砂利を投入し、下から順次振動させ、**水締めして砂杭をつくる液状化防止工法**である。50cmごとに引き上げ、補給と締固めを繰返し行う。この工法では、N値で15〜20までに改良される。

1.2.6 排水工法

❶ 地盤の土の粒径による工法の選定

図1・12のように、土の粒径によりおよそ次のような排水工法を選定する。

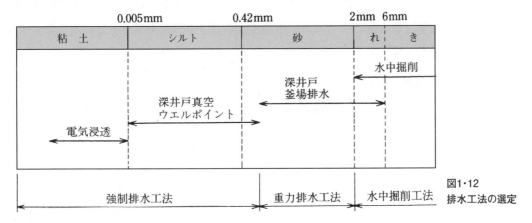

図1・12 排水工法の選定

❷ 重力排水工法

(1) 釜場排水工法

掘削時に、地盤掘削部の底部に溝を掘って、浸透水を掘削穴（釜場（かまば））に排水溝により導き、重力で自然に集められた水を**水中ポンプ**や排水ポンプにより場外へ排出する方法を釜場排水工法といい、最も一般的な重力排水工法である。砂れき層のようなときは効果的であるが、ボイリングに注意する。

(2) 深井戸工法

　深井戸は不透水層を掘抜いて掘削した井戸で広範囲に地下水位を低下させ、砂地盤を掘削する場合に用いる。一般に、地盤の透水性により深井戸の間隔を定め、重力により水を井戸に集水し、水中ポンプにより場外へ排水するものである。被圧水があるときは、不透水層を掘り抜いたとき、地下水が噴出するおそれがあり、背後に山をもつような地盤ではよく地盤調査を行う必要がある。

❸ 強制排水工法

(1) ウェルポイント工法

　ウェルポイントに圧力水を送り、地盤中に噴水しながら挿入し、ウェルポイントを所定の位置に設置する。その後、ウェルポイント周辺を透水性の高い砂で埋戻しウェルポイントの管を**真空ポンプ**に接続し、ウェルポイントの中を真空にして、強制的に地下水を集め、排水管により場外に排水するものである。1段で約6mまで揚水できるが、6m以上に水位を低下させるときは、数段重ねて施工する。主に、シルトや砂地盤に適用され粘土地盤には適用できない。

(2) 深井戸真空工法

　ウェルポイントに比べて、より多量の排水を必要とする場合に用いる。真空を利用するのは、ウェルポイント工法と同様であるが、**ストレーナのついた鋼管**を地盤に打ち込み、これで井戸をつくり、**真空ポンプ**を接続する。底に砂をつめて、その上を粘土で覆い、大気と遮断して、6m以上となるとき真空ポンプを多段として、多量の水を数十メートルの深い所から排水する。

(3) 電気浸透工法

　透水係数が10^{-5}cm/sec以下の粘性地盤に陽極⊕を差し込み、粘土中の間隙水分を電気の陰極⊖側に井戸を掘り電流を流して、水を井戸に集めて水中ポンプで排水する。圧密沈下を促進させる排水工法である。

1.2.7　土留め支保工

❶ 土留め支保工の安定

(1) ヒービング対策

　高含水比の軟弱地盤を、鋼矢板工法により土留めして掘削するとき、水圧と土圧によって掘削底面が盛り上がり、地盤が沈下することがある。この現象をヒービングという。ヒービングの対策には次のような方法がある。

① 鋼矢板の根入れ長さを長くする。(3m以上)
② 土留め背面の土砂をすき取る。
③ 掘削底面の安定処理方法として、薬液注入工法・石灰杭工法・深層混合処理工法等の補助工法を用いる。
④ 部分掘削を行い、構造物を部分的に施工する。

(2) 盤ぶくれ対策

　地盤の背後に山があると、粘性土層の下の地下水圧が非常に高い場合がある。この状態のまま地盤を掘削すると、地盤の沈下は生じないが、地下水圧の影響で掘削底面が膨れ上がる。この現象を盤ぶくれという。盤ぶくれの対策には次のような方法がある。

① ウェルポイント工法・ディープウェル工法等の排水工法を用いて地下水を汲み上げることで、掘削中の地下水圧を低下させる。
② 掘削底面の地盤に、薬液注入工法・深層混合処理工法等の固結工法を用いる。

(3) ボイリング対策

　地下水位が高く、緩い砂地盤では、鋼矢板工法により土留めして掘削するとき、掘削底面から砂と水が噴き出し、地盤が沈下することがある。この現象をボイリングという。ボイリングの対策には次のような方法がある。

① ウェルポイント工法・ディープウェル工法を用いて地下水位を低下させ、水圧を低くする。
② 鋼矢板の根入れ長さを長くする。(3m以上)
③ 薬液注入工法・生灰杭工法・深層混合処理工法等の固結工法を用いる。

(4) 土留め支保工の変形対策

　地下水位の低い安定した地盤には親杭横矢板工法を用いるが、ヒービングやボイリングの生じる地盤には鋼矢板工法を用いる。鋼矢板工法は、掘削深さが深くなると、大きな土圧と水圧及び大きな応力を受けることにより変形しやすくなる。変形を抑制するためには、大きな断面を持つ鋼矢板や大きなH形鋼等、剛性が大きいものを用いる。

掘削地盤が粘性土の場合に発生するヒービング現象

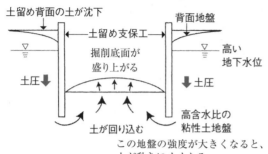

ヒービングとは、掘削工事において生じる次のような現象である。
① 発生：地下水位が高く、高含水比の軟弱な粘性土地盤で掘削を行うとき。
② 原因：荷重を受けた土留め壁の背面土が、掘削底面に回り込むこと。
③ 現象：掘削底面の隆起が生じて、土留めの崩壊のおそれが生じる。

ヒービングの対策方法
① 背面土圧を軽減するため、土留め周辺の原地盤を掘削する。
② 地山からの土の回り込みを防ぐため、根入れ深さを大きくする。
③ 地盤を安定させるため、掘削底面の地盤を安定処理する。

掘削地盤が緩い砂質土かつ地下水位が高い場合に発生するボイリング現象

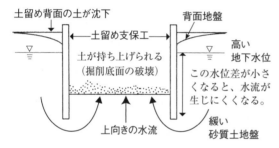

ボイリングとは、掘削工事において生じる次のような現象である。
① 発生：地下水位が高く、透水性のある砂質土地盤を掘削するとき。
② 原因：水位差による上向きの浸透流（土の有効重量を超える浸透圧）が生じること。
③ 現象：掘削底面の土がせん断抵抗を失い、その土が沸騰したように沸き上がる。

ボイリングの対策方法
① 地下水位を低下させるため、ウェルポイント工法を用いる。
② 地下水の回り込みを防ぐため、根入れ深さを大きくする。
③ 地盤を安定させるため、掘削底面の地盤を安定処理する。

掘削底面下部の被圧地下水の水圧が高い場合に発生する盤ぶくれ現象

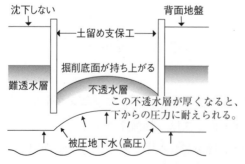

盤膨れとは、掘削工事において生じる次のような現象である。
① 発生：掘削底面やその直下に不透水層がある地盤を掘削するとき。
② 原因：不透水層下面にある被圧地下水から上向きの水圧を受けること。
③ 現象：不透水層下面が浮き上がり、掘削底面の土が沸騰したように沸き上がる。

被圧地下水による盤ぶくれの対策方法
① 地下水圧を軽減するため、ディープウェル工法を用いる。
② 地下水脈からの地下水の浸入を防ぐため、根入れ深さを地下水脈深度よりも大きくする。
③ 地盤を安定させるため、掘削底面の地盤を安定処理する。

1.3 土工 最新問題解説

土工分野の空欄記入問題

| 令和5年度 | 選択問題(1) | 土工 | 切土法面の施工時における排水対策 |

【問題 4】
切土法面の施工時における排水対策に関する次の文章の ☐ の(イ)〜(ホ)に当てはまる適切な語句を解答欄に記述しなさい。

(1) 切土法面は気象条件によって種々の影響を受けるが、最も多いのは雨水の流下による ☐(イ)☐ であり、集排水が十分であれば法面損傷防止に役立つ。

(2) 地山の崩壊は、ほとんどが不完全な排水処理によって生じているので、排水工の位置を決定する場合には十分な ☐(ロ)☐ が必要である。

(3) ☐(ハ)☐ の水位が高い切土部では、切土の各段階毎にその水位を下げるため、 ☐(ハ)☐ のある側に十分な深さの ☐(ニ)☐ を設けることが望ましい。

(4) 切土部の地質は、工事前の調査のみでは完全に把握できないので、切土作業中にも地質や ☐(ホ)☐ の状況を注意して観察し、排水工や法面保護工の必要性の有無を常に考えながら、対応策をとることが大切である。

考え方

1 切土法面の崩壊防止

切土法面（土砂を削り取った斜面）は、比較的脆弱になっているため、施工中に雨水などを浴びると、法面浸食・法面崩壊・落石などが発生するおそれがある。このような事態を防ぐため、切土法面の施工中には、次のような対策を講じておくことが望ましい。
①法面の排水のため、切土法面に排水勾配を付けておくなどの対策を講じる。
②法面の保護のため、切土法面にビニルシートを掛けておくなどの対策を講じる。
③落石の防止のため、切土法面に防護柵を設置するなどの対策を講じる。

2 切土法面と気象条件

切土法面などの斜面は、平面に比べて、気象条件(雨・日射・風など)による影響を受けやすいという特徴がある。このうち、最も多い(顕著な影響を与える)のは、下記①の「雨水の流下による浸食」である。この浸食による法面損傷を防止するためには、早期に集排水設備を施工するなどの方法で、集排水を十分に行う必要がある。

① 切土法面は、雨水が浸透する前に流下するため、**浸食**が生じやすい。
② 切土法面は、南面では日射が特に当たりやすく、北面では日射が特に当たりにくい。
③ 切土法面は、その面に向かって強風が吹くような環境下では、特に乾燥が生じやすい。

3 排水工の位置の決定

地山が崩壊する原因は、集排水設備の位置が不適切である(集排水を十分に行えない状態になっている)などの不完全な排水処理である場合が多い。そのため、切土法面に設ける排水工の位置を決定する場合には、十分な**現地踏査**を行う必要がある。

① 排水工の位置を決定するための現地踏査では、切土法面の施工位置を実際に歩いて、地形(雨水が高い所から低い所に流れるときにどのような経路を辿るか)を確認する。
② 浸食に弱い火山灰質の地山を切土するときは、この現地踏査が特に重要となる。

4 切土法面の施工中の排水対策

切土法面の施工中には、次のような方法で排水対策を講じる必要がある。特に、**地下水**の水位が高い切土部では、切土の段階ごとにその水位を下げる(法面内部をできるだけ乾燥させる)ため、下記③のトレンチ(雨水を集めて排水するための地下水路)に加えて、**地下水**のある側にも、十分な深さの**トレンチ**を設けることが望ましい。

① 表面水を速やかに流下させるため、切土法面に3%程度の横断勾配を付ける。
② 雨水が切土法面に浸透するのを防ぐため、切土法面の表面を滑らかに仕上げる。
③ 雨水が切土法面に流入するのを防ぐため、掘削断面の両側に素掘りのトレンチを設ける。

5 切土部の地質調査

切土の対象となる地山の地質は、工事前の(実際に土砂を削り取る前の)調査だけでは、完全に把握できないことが多い。そのため、切土作業中には、掘削に伴う地質の変化や、掘削に伴う**湧水**(地山の内部にある地下水の漏出)の有無などの状況を注意して観察し、排水工や法面保護工の必要性の有無を常に考えながら、対策をとる必要がある。

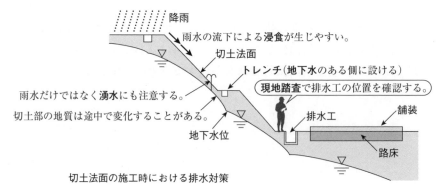

切土法面の施工時における排水対策

解 答

(1) 切土法面は気象条件によって種々の影響を受けるが、最も多いのは雨水の流下による**(イ)浸食**であり、集排水が十分であれば法面損傷防止に役立つ。

(2) 地山の崩壊は、ほとんどが不完全な排水処理によって生じているので、排水工の位置を決定する場合には十分な**(ロ)現地踏査**が必要である。

(3) **(ハ)地下水**の水位が高い切土部では、切土の各段階毎にその水位を下げるため、**(ハ)地下水**のある側に十分な深さの**(ニ)トレンチ**を設けることが望ましい。

(4) 切土部の地質は、工事前の調査のみでは完全に把握できないので、切土作業中にも地質や**(ホ)湧水**の状況を注意して観察し、排水工や法面保護工の必要性の有無を常に考えながら、対応策をとることが大切である。

出典：道路土工─切土工・斜面安定工指針（日本道路協会）

（イ）	（ロ）	（ハ）	（ニ）	（ホ）
浸食	現地踏査	地下水	トレンチ	湧水

※（イ）の解答である「浸食」の漢字は、「侵食」と記述しても国語的には間違いでないが、上記の出典では「浸食」の漢字が使われているので、「浸食」と記述することが適切である。ただし、（ロ）の解答を「現地調査」と記述してはならない。意味的には同じように思えるかもしれないが、「現地調査」は施工計画時に行うものであり、「現地踏査」は施工時に行うものである。そして、この問題で問われているのは「施工時」のことである。このような問題では、「基準書に示された単語を正確に記述すること」を常に心がける必要がある。

参 考

盛土施工と切土施工の留意点（上記の考え方に関するより専門的な内容）

(1) 土工は、凹凸のある地山の凸部を切土して掘削した土を運搬して凹部に盛土することで、地山の凹凸を平均化して、構造物を建設する地盤を構築する作業である。

(2) 盛土する土は、切土した土の持つ性質を理解するため、各種の土質試験を行う。盛土材料は、土のせん断補強や安定性を考慮して、盛土材料の性質を理解し、施工に必要な最適含水比と施工含水比を試験によって定める。中小規模工事では品質規定方式が、大規模工事ではTSやGNSSを使用した工法規定方式が採用され、極めて合理的な土工事が行われる特徴がある。

(3) 切土する側は、標準貫入試験で地盤の硬軟や地層の状態を理解し、地山の岩質や土質に応じた建設機械を選定して施工する。しかし、切土は、盛土材料とは異なり、土の性質を完全に把握できない自然そのものを掘削するため、調査では予想もされない湧水・硬岩・軟弱地盤に出会うのが常であり、現地踏査をして初めて自然に現状が理解される。切土では、基本的に設計変更を伴うことが長い歴史からも証明されている。その代表的な例が、地下水と湧水の排水処理で、現地踏査に基づいて排水工の位置や構造を確定する必要がある。

(4) 切土法面の法面保護工は、盛土法面とは異なり、降雨によって生じる表流水による浸食だけではなく、自然地山からの湧水の対策に関する必要性の有無を、常に検討しながら施工する必要がある。

(5) 切土と盛土の接続区間は、施工途中で切土側から盛土側に雨水が流れ込み、その境が泥濘化しやすい。雨水が盛土部に流れ込まないよう、切土と盛土の境界にはトレンチを設ける。

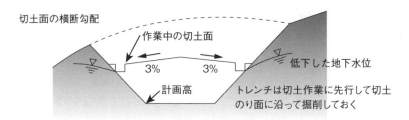

令和3年度　選択問題(1)　土工　建設発生土の安定処理

【問題 4】
建設発生土の現場利用のための安定処理に関する次の文章の □ の(イ)〜(ホ)に当てはまる適切な語句を解答欄に記述しなさい。

(1) 高含水比状態にある材料あるいは強度の不足するおそれのある材料を盛土材料として利用する場合、一般に □(イ)□ 乾燥等による脱水処理が行われる。□(イ)□ 乾燥で含水比を低下させることが困難な場合は、できるだけ場内で有効活用をするために固化材による安定処理が行われている。

(2) セメントや石灰等の固化材による安定処理工法は、主に基礎地盤や □(ロ)□、路盤の改良に利用されている。道路土工への利用範囲として主なものをあげると、強度の不足する □(ロ)□ 材料として利用するための改良や高含水比粘性土等の □(ハ)□ の確保のための改良がある。

(3) 安定処理の施工上の留意点として、石灰・石灰系固化材の場合、白色粉末の石灰は作業中に粉塵が発生すると、作業者のみならず近隣にも影響を与えるので、作業の際は、風速、風向に注意し、粉塵の発生を極力抑えるようにする。また、作業者はマスク、防塵 □(ニ)□ を使用する。
石灰・石灰系固化材と土との反応はかなり緩慢なため、十分な □(ホ)□ 期間が必要である。

> 考え方

1 建設発生土の現場利用

土木工事では、様々な品質の建設発生土(建設工事に伴って生じた土砂)が発生する。発生した建設発生土は、資源の有効な利用の観点から、可能な限り現場内で(盛土などの材料として)有効利用することが望ましい。現場発生土を不良土として現場外に排出(廃棄物として処分)し、良質な盛土材料を購入するような施工方法では、建設費の高騰や環境負荷の増大を招いてしまうからである。

しかし、低品質の建設発生土は、そのまま使用した場合、設計上必要となる盛土の所要力学特性やトラフィカビリティー(盛土上における建設機械の走行しやすさ)を確保できないことがある。このような場合には、脱水処理や安定処理を行い、建設発生土の品質向上を図らなければならない。

2 建設発生土の脱水処理

高含水比状態にある(多量の水分を含む)現場発生土や、強度が不足している現場発生土を、盛土材料として利用する場合は、**天日乾燥**(現場発生土を太陽熱や風に曝して乾燥させること)による脱水処理を行うことが一般的である。

3 建設発生土の安定処理

天日乾燥で含水比を低下させることが困難な建設発生土に対しては、固化材による安定処理を行う必要がある。セメントや石灰などの固化材による安定処理工法は、道路土工における基礎地盤・**路床**・路盤を改良するために、次のような目的で用いられることが多い。
①強度の不足する**路床**材料として利用するために、建設発生土の改良を行う。
②高含水比粘性土などの**トラフィカビリティー**を確保するために、建設発生土の改良を行う。

4 石灰・石灰系固化剤による安定処理

石灰・石灰系固化材は、改良対象土質の範囲が広いという特長がある。特に、粘性土のトラフィカビリティーを改良するときは、改良効果が早期に期待できる生石灰による安定処理が望ましいとされている。しかし、白色粉末である石灰は、作業中に粉塵が発生し、作業者や近隣環境に悪影響を与えることがある。そのため、石灰・石灰系固化材による安定処理の際には、次のようなことに留意しなければならない。
①作業実施中の風速・風向に注意する。
②粉塵の発生を極力抑えるための措置を講じる。
③作業者にマスク・防塵**眼鏡**などを使用させる。
④作業者に手袋を使用させる。(水と反応して高温になる生石灰との接触の防止)

また、石灰・石灰系固化材は、土との反応がかなり緩慢である(石灰が土に吸収されて安定処理の効果が出るまでに時間がかかる)ため、十分な(一般的には 10 日間程度の)**養生**期間を確保する必要がある。特に、粘性土に対する石灰・石灰系固化材による安定処理では、土との反応を少しでも速くするため、十分な混合を行う必要がある。

5 セメント・セメント系固化材による安定処理

　セメント・セメント系固化材は、養生期間が比較的短い（一般的には7日間程度）という特長があり、砂質土の改良に適している。粘性土に対しては適用できないので、粘性土の塊が多く含まれている場合には、その塊を粉砕してから混合する必要がある。また、セメント・セメント系固化材による安定処理の際には、次のようなことに留意しなければならない。

① 降雨に対して表面を平滑にしたり、シートで被覆したりすると共に、排水を行う。
② 施工中に表面が乾燥しすぎないよう、晴天が続く場合は、シートで被覆する。
③ 冬期または寒冷地における施工では、早強セメントの使用や塩化カルシウムの添加などの温度対策を行う。（セメントの水和反応速度が低下することの防止）

　また、セメント・セメント系固化材を用いて土質改良を行う場合は、六価クロム溶出試験を実施し、六価クロム溶出量が土壌環境基準以下（0.05mg/ℓ以下）であることを確認する必要がある。

解　答

(1) 高含水比状態にある材料あるいは強度の不足するおそれのある材料を盛土材料として利用する場合、一般に**(イ)天日**乾燥などによる脱水処理が行われる。**(イ)天日**乾燥で含水比を低下させることが困難な場合は、できるだけ場内で有効活用をするために固化材による安定処理が行われている。

(2) セメントや石灰等の固化材による安定処理工法は、主に基礎地盤や**(ロ)路床**、路盤の改良に利用されている。道路土工への利用範囲として主なものをあげると、強度の不足する**(ロ)路床**材料として利用するための改良や高含水比粘性土等の**(ハ)トラフィカビリティー**の確保のための改良がある。

(3) 安定処理の施工上の留意点として、石灰・石灰系固化材の場合、白色粉末の石灰は作業中に粉塵が発生すると、作業者のみならず近隣にも影響を与えるので、作業の際は、風速、風向に注意し、粉塵の発生を極力抑えるようにする。また、作業者はマスク、防塵**(ニ)眼鏡**を使用する。石灰・石灰系固化材と土との反応はかなり緩慢なため、十分な**(ホ)養生**期間が必要である。

出典：道路土工－盛土工指針（日本道路協会）

(イ)	(ロ)	(ハ)	(ニ)	(ホ)
天日	路床	トラフィカビリティー	眼鏡	養生

※このような「適切な語句を解答欄に記述」する問題では、出典となる書籍（この問題では道路土工－盛土工指針）に記載されている用語を正確に記述する必要がある。一例として、（イ）の解答を「曝気」としたり、（ハ）の解答を「建設機械の走行性」としたりした場合、単語の意味合いとしては「天日」や「トラフィカビリティー」と同じであっても、減点となったり不正解と判定されたりする場合がある。

| 令和2年度 | 選択問題(1) | 土工 | 建設発生土の有効利用 |

問題2 建設発生土の有効利用に関する次の文章の ☐ の(イ)～(ホ)に当てはまる**適切な語句**を解答欄に記述しなさい。

(1) 高含水比の材料は、なるべく薄く敷き均した後、十分な放置期間をとり、ばっ気乾燥を行い使用するか、処理材を (イ) 調整し使用する。

(2) 安定が懸念される材料は、盛土法面 (ロ) の変更、ジオテキスタイル補強盛土やサンドイッチ工法の適用や排水処理などの対策を講じるか、あるいはセメントや石灰による安定処理を行う。

(3) 有用な現場発生土は、可能な限り (ハ) を行い、土羽土として有効利用する。

(4) (ニ) のよい砂質土や礫質土は、排水材料への使用をはかる。

(5) やむを得ずスレーキングしやすい材料を盛土の路体に用いる場合には、施工後の圧縮 (ホ) を軽減するために、空気間隙率が所定の基準内となるように締め固めることが望ましい。

考え方

1 建設発生土の有効利用

盛土の設計にあたっては、資源の有効な利用の観点から、建設発生土(建設工事に伴って生じた土砂)の有効利用および適正処理に努めることが望ましい。盛土材料として望ましい性質には、敷均しや締固めが容易であること・締固め後のせん断強度が大きいこと・圧縮性が小さいことなどが挙げられる。しかし、建設発生土では、往々にしてこの性質に関する条件が満たされていないので、その材料の区分に応じた処理方法や用途についての検討を行う必要がある。

建設発生土の材料の区分に応じた処理方法や用途は、「道路土工－盛土工指針」において、次のように定められている。(読みやすさを重視するために一部を改変)

材料	処理方法・用途
安定や処理等が問題となる材料	障害が生じにくい法面表層部や緑地等に利用する。
高含水比の材料	なるべく薄く敷き均した後、十分な放置期間をとり、次のいずれかの処理を行う。 ①曝気乾燥を行って使用する。 ②処理材を**混合**調整して使用する。
安定が懸念される材料	次のいずれかの処理を行う。 ①盛土法面**勾配**を変更する。 ②ジオテキスタイル補強盛土を適用する。 ③サンドイッチ工法を適用する。 ④排水処理などの対策を講じる。 ⑤セメントや石灰による安定処理を行う。
支持力や施工性が確保できない材料	次のいずれかの処理を行う。 ①現場内で発生する他の材料と混合する。 ②セメントや石灰による安定処理を行う。
有用な表土(現場発生土)	可能な限り**仮置き**を行い、土羽土として有効利用する。
透水性の良い砂質土や礫質土	排水材料への使用を図る。
岩塊や礫質土	排水処理と安定性向上のため、法尻への使用を図る。

2 細粒化しやすい建設発生土

一般に、スレーキングしやすい材料(水分量の変化によって細粒化しやすい泥岩など)は、締固め後のせん断強度が小さく、圧縮性が大きくなりやすいので、盛土の路体には適していない。やむを得ず、高速道路などにおいて、このような材料から成る建設発生土を盛土の路体に用いる場合には、施工後の圧縮**沈下**を軽減するために、空気間隙率が所定の基準内(一般には15％以下)となるように締め固めることが望ましい。

解 答

(1) 高含水比の材料は、なるべく薄く敷き均した後、十分な放置期間をとり、ばっ気乾燥を行い使用するか、処理材を(イ)混合調整し使用する。

(2) 安定が懸念される材料は、盛土法面(ロ)勾配の変更、ジオテキスタイル補強盛土やサンドイッチ工法の適用や排水処理などの対策を講じるか、あるいはセメントや石灰による安定処理を行う。

(3) 有用な現場発生土は、可能な限り(ハ)仮置きを行い、土羽土として有効利用する。

(4) (ニ)透水性のよい砂質土や礫質土は、排水材料への使用をはかる。

(5) やむを得ずスレーキングしやすい材料を盛土の路体に用いる場合には、施工後の圧縮(ホ)沈下を軽減するために、空気間隙率が所定の基準内となるように締め固めることが望ましい。

出典：道路土工― 盛土工指針(日本道路協会)

(イ)	(ロ)	(ハ)	(ニ)	(ホ)
混合	勾配	仮置き	透水性	沈下

※(ハ)の解答は「仮置」としても正解である。

| 令和元年度 | 選択問題(1) | 土工 | 軟弱地盤上の盛土の施工 |

問題2 軟弱地盤上の盛土施工の留意点に関する次の文章の ☐ の(イ)～(ホ)に当てはまる**適切な語句**を解答欄に記述しなさい。

(1) 準備排水は、施工機械のトラフィカビリティーが確保できるように、軟弱地盤の表面に (イ) 排水溝を設けて、表面排水の処理に役立てる。

(2) 軟弱地盤上の盛土では、盛土 (ロ) 付近の沈下量が法肩部付近に比較して大きいので、盛土施工中はできるだけ施工面に4%～5%程度の横断勾配をつけて、表面を平滑に仕上げ、雨水の (ハ) を防止する。

(3) 軟弱地盤においては、 (ニ) 移動や沈下によって丁張りが移動や傾斜したりすることがあるので、盛土施工の途中で盛土形状や寸法のチェックを忘れてはならない。

(4) 盛土荷重による沈下量の大きい区間では、法面勾配を計画勾配で仕上げると、沈下によって盛土天端の幅員が不足し、 (ホ) 盛土が必要となることが多い。このため、供用後の沈下をあらかじめ見込んだ勾配で仕上げ、余裕幅を設けて施工することが望ましい。

考え方

1 準備排水

① 軟弱地盤上に盛土を行うときは、事前に、軟弱地盤の表面に**素掘り排水溝**を設けるとよい。下図のような素掘り排水溝を設けると、盛土の表面からの排水が行いやすくなるため、盛土の含水比が低下し、施工機械のトラフィカビリティー(走行性)を確保できるようになる。

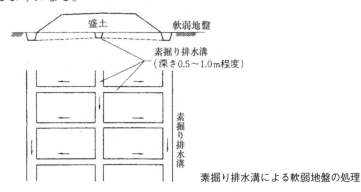

素掘り排水溝による軟弱地盤の処理

② 基礎地盤の地下水が、毛管水となって盛土内に浸入するおそれがある場合には、厚さ0.5m～1.2mのサンドマットを設けるとよい。素掘り排水溝の施工と併用することにより、施工機械のトラフィカビリティーの確保が、より確実になる。

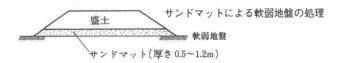

サンドマットによる軟弱地盤の処理

2 施工中の盛土の勾配

①軟弱地盤上の盛土では、盛土の荷重が集中する**中央部**付近が、盛土の法肩部よりも沈下しやすいため、盛土施工中は、その施工面に4%～5%の横断勾配を付ける必要がある。また、雨水の浸透を抑制するため、その表面をローラなどで平滑に仕上げておく(締め固めておく)ことが望ましい。

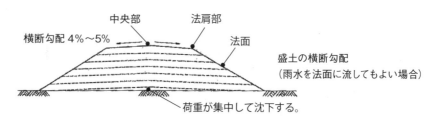

②上図の場合において、盛土材料が洗堀されやすい砂質土である場合は、法面に雨水を流すことができない。このような場合には、下図のように、法肩部に素掘りの側溝を設けるとよい。

③盛土に横断勾配を付ける目的としては、上記のような不同沈下への対策だけではなく、盛土内に雨水が**浸透**することによる盛土の軟化を防止することも挙げられる。

3 盛土の側方移動と沈下

①盛土の荷重が、軟弱地盤の支持力で支えられないほどに大きくなると、沈下した軟弱地盤の一部が側方に押し出されることがある。このような**側方**移動や沈下が発生すると、丁張り(盛土の高さ・位置・勾配などの基準となる仮設構造物)が移動したり傾斜したりすることがある。軟弱地盤上での盛土施工中は、盛土の形状や寸法などを随時確認し、丁張りの移動や傾斜を早期に発見できるようにすることが望ましい。

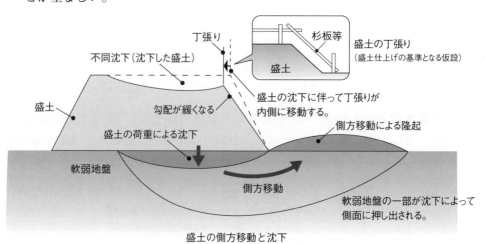

盛土の側方移動と沈下

4 腹付け盛土の施工

①軟弱地盤の側方移動や沈下が発生すると、盛土の中央部が沈下し、法肩部が内側にずれ込むために、盛土の幅員が不足し、仕上り高さが低くなることが多い。特に、盛土荷重による沈下量の大きい区間では、法面勾配を計画勾配で仕上げると、盛土天端の幅員が不足するため、盛土法面の両側から、**腹付け**盛土を行わなければならなくなる。

②腹付け盛土の段切りは、高さ0.5m以上かつ幅1m以上として施工することが一般的であるため、小型ブルドーザを使用して行うことが多い。

腹付け盛土の施工

③腹付け盛土が必要になるような軟弱地盤では、供用後の沈下をあらかじめ見込んで、やや急勾配で仕上げると共に、その天端の幅をやや広くすることが望ましい。

解 答

(1) 準備排水は、施工機械のトラフィカビリティーが確保できるように、軟弱地盤の表面に **(イ)素掘り** 排水溝を設けて、表面排水の処理に役立てる。

(2) 軟弱地盤上の盛土では、盛土 **(ロ)中央部** 付近の沈下量が法肩部付近に比較して大きいので、盛土施工中はできるだけ施工面に4%〜5%程度の横断勾配をつけて、表面を平滑に仕上げ、雨水の **(ハ)浸透** を防止する。

(3) 軟弱地盤においては、**(ニ)側方** 移動や沈下によって丁張りが移動や傾斜したりすることがあるので、盛土施工の途中で盛土形状や寸法のチェックを忘れてはならない。

(4) 盛土荷重による沈下量の大きい区間では、法面勾配を計画勾配で仕上げると、沈下によって盛土天端の幅員が不足し、**(ホ)腹付け** 盛土が必要となることが多い。このため、供用後の沈下をあらかじめ見込んだ勾配で仕上げ、余裕幅を設けて施工することが望ましい。

出典：道路土工―盛土工指針（日本道路協会）
出典：道路土工―軟弱地盤対策工指針（日本道路協会）

(イ)	(ロ)	(ハ)	(ニ)	(ホ)
素掘り	中央部	浸透	側方	腹付け

※(ロ)の解答は「中央」としても正解になると思われる。

平成30年度 選択問題(1) 土工 盛土の施工

問題2 盛土の施工に関する次の文章の　　　の(イ)〜(ホ)に当てはまる**適切な語句又は数値**を解答欄に記述しなさい。

(1) 盛土の基礎地盤は、盛土の施工に先立って適切な処理を行わなければならない。特に、沢部や湧水の多い箇所での盛土の施工においては、適切な (イ) を行うものとする。

(2) 盛土に用いる材料は、敷均し・締固めが容易で締固め後の (ロ) が高く、圧縮性が小さく、雨水などの侵食に強いとともに、吸水による (ハ) が低いことが望ましい。粒度配合のよい礫質土や砂質土がこれにあたる。

(3) 敷均し厚さは、盛土材料の粒度や土質、締固め機械、施工方法などの条件に左右されるが、一般的に路体では1層の締固め後の仕上り厚さを (ニ) cm以下とする。

(4) 原則として締固め時に規定される施工含水比が得られるように、敷均し時には (ホ) を行うものとする。 (ホ) には、ばっ気と散水がある。

考え方

1 基礎地盤の処理

① 盛土の基礎地盤は、盛土の施工に先立って、適切な処理を行わなければならない。この処理は、盛土の安定性を確保し、盛土の有害な沈下を抑制できるように行う。

② 特に、沢部や湧水の多い箇所での盛土の施工においては、適切な**排水処理**を行わなければならない。

2 盛土材料として望ましい性質

① 盛土材料には、施工が容易で、盛土の安定性を保つことができ、有害な変形が生じないものを用いなければならない。

② 盛土材料として望ましい性質には、次のようなものがある。
- 敷均し・締固めが容易である。
- 締固め後の**せん断強度**が高い。
- 圧縮性が小さい。
- 雨水などによる浸食に強い。
- 吸水による**膨潤性**が低い。(水を吸収しても体積が増えにくい)

③ 粒度配合の良い(様々な粒度の土が適切な割合で含まれている)礫質土や砂質土は、上記のような性質を有しているので、盛土材料に適している。

3 盛土の敷均し厚さ

① 均質な盛土とするためには、定められた厚さで、盛土を均等に敷き均さなければならない。この敷均しは、盛土を締め固めた際の一層において、平均仕上り厚さと締固め程度が、管理基準値を満足するように行わなければならない。

②盛土の敷均し厚さは、次のような条件に左右される。
- 盛土材料の粒度
- 土質
- 締固め機械
- 施工法
- 要求される締固め度

③盛土の敷均し厚さは、試験施工によって定めることが望ましいが、下記④や⑤のような一般的な値としてもよい。

④路体では、1層の締固め後の仕上り厚さを **30cm** 以下とすることが一般的である。この場合の敷均し厚さは、35cm〜45cm以下とする。

⑤路床では、1層の締固め後の仕上り厚さを 20cm 以下とすることが一般的である。この場合の敷均し厚さは、25cm〜30cm以下とする。

4 盛土の含水量調節

①盛土の敷均しを行うときは、原則として、締固め時に規定される施工含水比が得られるように、**含水量調節**を行わなければならない。

②含水量調節を行うことが困難である場合は、薄層にして念入りに転圧するなど、適切な対応を行わなければならない。

③含水量の調節方法には、曝気(ばっき)乾燥により含水比の低下を図るものと、散水により含水比の上昇を図るものがある。場合によっては、トレンチ(溝)掘削によって含水比の低下を図ることもある。

解 答

(1) 盛土の基礎地盤は、盛土の施工に先立って適切な処理を行わなければならない。特に、沢部や湧水の多い箇所での盛土の施工においては、適切な **(イ)排水処理** を行うものとする。

(2) 盛土に用いる材料は、敷均し・締固めが容易で締固め後の **(ロ)せん断強度** が高く、圧縮性が小さく、雨水などの侵食に強いとともに、吸水による **(ハ)膨潤性** が低いことが望ましい。粒度配合のよい礫質土や砂質土がこれにあたる。

(3) 敷均し厚さは、盛土材料の粒度や土質、締固め機械、施工方法などの条件に左右されるが、一般的に路体では1層の締固め後の仕上り厚さを **(ニ)30** cm 以下とする。

(4) 原則として締固め時に規定される施工含水比が得られるように、敷均し時には **(ホ)含水量調節** を行うものとする。**(ホ)含水量調節** には、ばっ気と散水がある。

出典：道路土工－盛土工指針（日本道路協会）

(イ)	(ロ)	(ハ)	(ニ)	(ホ)
排水処理	せん断強度	膨潤性	30	含水量調節

平成29年度 選択問題(1) 土工 構造物と盛土との接続部分の施工

問題2 橋台、カルバートなどの構造物と盛土との接続部分では、不同沈下による段差が生じやすく、平坦性が損なわれることがある。その段差を生じさせないようにするための施工上の留意点に関する次の文章の □ の（イ）～（ホ）に当てはまる**適切な語句**を解答欄に記述しなさい。

(1) 橋台やカルバートなどの裏込め材料としては、非圧縮性で （イ） 性があり、水の浸入による強度の低下が少ない安定した材料を用いる。

(2) 盛土を先行して施工する場合の裏込め部の施工は、底部が （ロ） になり面積が狭く、締固め作業が困難となり締固めが不十分となりやすいので、盛土材料を厚く敷き均しせず、小型の機械で入念に施工を行う。

(3) 構造物裏込め付近は、施工中や施工後において水が集まりやすいため、施工中の排水 （ハ） を確保し、また構造物壁面に沿って裏込め排水工を設け、構造物の水抜き孔に接続するなどの十分な排水対策を講じる。

(4) 構造物が十分な強度を発揮した後でも裏込めやその付近の盛土は、構造物に偏土圧を加えないよう両側から （ニ） に薄層で施工する。

(5) （ホ） は、盛土と橋台などの構造物との取付け部に設置し、その境界に生じる段差の影響を緩和するものである。

考え方

橋台やカルバートなどの盛土を横断する構造物が、盛土と接続する裏込め部分や埋戻し部分では、時間と共に、その境界において不同沈下や段差が生じやすくなる。このような構造物と盛土との接続部分（取付け部）の施工では、適切な材料の使用・入念な締固め・排水溝の施工などにより、不同沈下や段差を防ぐ必要がある。その具体的な方法は、次の通りである。

1 取付け部の施工上の留意点

①施工ヤード（スペース）を広くとり、可能な限り、一般部の施工に使用する大型の締固め機械を用いて入念に締め固める。ただし、構造物に隣接する盛土は、偏圧をかけないよう、小型の締固め機械を用いて締め固める。

②構造物の裏込め付近では、水が集まりやすいので、施工中は適切な排水**勾配**を確保し、地下排水溝を設置するなど、十分な排水対策を講じる。

③不同沈下を防止するため、盛土と構造物との取付け部には、鉄筋コンクリート製の**踏掛版**を設ける。この踏掛版は、段差による影響を緩和し、耐震性を向上させる役割を有している。踏掛版の長さは、5m〜8m程度とするのが一般的であるが、長いものほど補修回数を少なくできるので、軟弱地盤上の踏掛版は8mとすることが多い。

2 裏込め材料の選定

①段差を生じさせないよう、非圧縮性の材料か、圧縮性の小さい材料を使用する。
②雨水の浸透による土圧の増加を生じさせないよう、**透水**性材料を使用する。
③締固めが容易で、水の浸入による強度の低下が少ない粗粒土を使用する。

④耐震性を確保するため、支持力が高く、粒度分布の良い粗粒土を使用する。

3 裏込め材料の締固め

①基礎掘削は、必要最小限とし、掘削土と裏込め材料が混ざらないように管理する。
②良質の裏込め材料を、小型または中型の締固め機械を用いて入念に締め固める。
③盛土が先行し、切土と接する箇所では、その底部が**くさび形**になり、締固め面積が狭くなるので、仕上り厚さを20cm〜30cmとして、小型の締固め機械を用いて入念に締め固める。
④カルバートなどの裏込めや、その付近の盛土は、偏土圧がかからないよう、構造物の両側から**均等**に、薄層で締め固める。この作業は、小型の締固め機械を用いて行う。

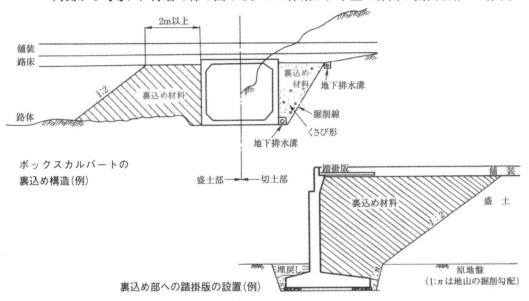

ボックスカルバートの裏込め構造(例)

裏込め部への踏掛版の設置(例)

解 答

(1) 橋台やカルバートなどの裏込め材料としては、非圧縮性で**(イ)透水**性があり、水の浸入による強度の低下が少ない安定した材料を用いる。

(2) 盛土を先行して施工する場合の裏込め部の施工は、底部が**(ロ)くさび形**になり面積が狭く、締固め作業が困難となり締固めが不十分となりやすいので、盛土材料を厚く敷き均しせず、小型の機械で入念に施工を行う。

(3) 構造物裏込め付近は、施工中や施工後において水が集まりやすいため、施工中の排水**(ハ)勾配**を確保し、また構造物壁面に沿って裏込め排水工を設け、構造物の水抜き孔に接続するなどの十分な排水対策を講じる。

(4) 構造物が十分な強度を発揮した後でも裏込めやその付近の盛土は、構造物に偏土圧を加えないよう両側から**(ニ)均等**に薄層で施工する。

(5) **(ホ)踏掛版**は、盛土と橋台などの構造物との取付け部に設置し、その境界に生じる段差の影響を緩和するものである。

(イ)	(ロ)	(ハ)	(ニ)	(ホ)
透水	くさび形	勾配	均等	踏掛版

| 平成28年度 | 選択問題(1) | 土工 | 建設発生土の現場利用 |

問題2 建設発生土の現場利用に関する次の文章の□の(イ)〜(ホ)に当てはまる**適切な語句**を解答欄に記述しなさい。

(1) 高含水比状態にある材料あるいは強度の不足するおそれのある材料を盛土材料として利用する場合、一般に天日乾燥などによる (イ) 処理が行われる。天日乾燥などによる (イ) 処理が困難な場合、できるだけ場内で有効活用をするために、固化材による安定処理が行われている。

(2) 一般に安定処理に用いられる固化材は、 (ロ) 固化材や石灰・石灰系固化材であり、石灰・石灰系固化材は改良対象土質の範囲が広く、粘性土で特にトラフィカビリティーの改良目的とするときには、改良効果が早期に期待できる (ハ) による安定処理が望ましい。

(3) 安定処理の施工上の留意点として、石灰・石灰系固化材の場合、白色粉末の石灰は作業中に粉じんが発生すると、作業者のみならず近隣にも影響を与えるので、作業の際は風速、 (ニ) に注意し、粉じんの発生を極力抑えるようにして、作業者はマスク、防じんメガネを使用する。
石灰・石灰系固化材と土との反応はかなり緩慢なため、十分な (ホ) 期間が必要である。

考え方

1 高含水比状態の建設発生土は、強度が不足しているため、現場において盛土材料として利用するためには、次のような方法により土質を改良しなければならない。

①天日乾燥により含水比を低下させ、**脱水**処理を行う。

②高含水比の砂質土に、**セメント・セメント系**固化材を混合し、安定処理を行う。この安定処理は、粘性土に適用することはできない。

③高含水比の粘性土に、石灰・石灰系固化材を混合し、安定処理を行う。改良対象土質の範囲は広いが、反応が緩慢であるため、十分な**養生**期間が必要となる。作業時に粉塵が発生するので、風速・**風向**に注意し、労働者にはマスク・防塵眼鏡などを着用させる。

④高含水比の粘性土に、**生石灰**を混合し、安定処理を行う。石灰・石灰系固化材による安定処理よりも反応は高速であるが、作業時に発熱を伴うので、労働者には手袋・保護眼鏡などを着用させる。生石灰による安定処理では、仮転圧の後、生石灰の反転を待ってから、整形してローラで本転圧を行う。

2 適用する土質改良工法は、建設発生土の区分に応じて選定する。

建設発生土の区分	掘削された建設発生土の改良工法	適用する土質改良工法
第1種または第2種	不要(そのまま利用できる)	不要(そのまま利用できる)
第3種または第4種	水切り、天日乾燥、良質土混合、安定処理	流動化処理工法、気泡混合土工法、原位置安定処理工法
泥土	強制脱水、天日乾燥、良質土混合、安定処理	流動化処理工法、気泡混合土工法

解答

(1) 高含水比状態にある材料あるいは強度の不足するおそれのある材料を盛土材料として利用する場合、一般に天日乾燥などによる**(イ)脱水**処理が行われる。

天日乾燥などによる**(イ)脱水**処理が困難な場合、できるだけ場内で有効活用をするために、固化材による安定処理が行われている。

(2) 一般に安定処理に用いられる固化材は、**(ロ)セメント・セメント系**固化材や石灰・石灰系固化材であり、石灰・石灰系固化材は改良対象土質の範囲が広く、粘性土で特にトラフィカビリティーの改良目的とするときには、改良効果が早期に期待できる**(ハ)生石灰**による安定処理が望ましい。

(3) 安定処理の施工上の留意点として、石灰・石灰系固化材の場合、白色粉末の石灰は作業中に粉じんが発生すると、作業者のみならず近隣にも影響を与えるので、作業の際は風速、**(ニ)風向**に注意し、粉じんの発生を極力抑えるようにして、作業者はマスク、防じんメガネを使用する。

石灰・石灰系固化材と土との反応はかなり緩慢なため、十分な**(ホ)養生**期間が必要である。

(イ)	(ロ)	(ハ)	(ニ)	(ホ)
脱水	セメント・セメント系	生石灰	風向	養生

平成27年度	選択問題(1)	土工	軟弱地盤対策工法

問題2 軟弱地盤対策工法に関する次の文章の ☐ の(イ)～(ホ)に当てはまる**適切な語句**を解答欄に記入しなさい。

(1) 盛土載荷重工法は、構造物の建設前に軟弱地盤に荷重をあらかじめ載荷させておくことにより、粘土層の圧密を進行させ、☐(イ)☐の低減や地盤の強度増加をはかる工法である。

(2) 地下水位低下工法は、地下水位を低下させることにより、地盤がそれまで受けていた (ロ) に相当する荷重を下層の軟弱層に載荷して (ハ) を促進し強度増加をはかる工法である。

(3) 表層混合処理工法は、軟弱地盤の表層部分の土とセメント系や石灰系などの添加材をかくはん混合することにより、地盤の (ニ) を増加し、安定性増大、変形抑制及び施工機械の (ホ) の確保をはかる工法である。

考え方

1 盛土載荷重工法は、構造物を安定させるため、粘性土地盤に荷重を載荷することで、**残留沈下量**を低減し、地盤の**圧密促進**と**強度増加**を図る工法である。

①プレローディング工法：建設する構造物と同じくらいの重さの荷重を建設予定地盤に載荷する盛土載荷重工法である。構造物の建設後に残留沈下が生じにくくなる。

②サーチャージ工法：建設する構造物よりも大きな荷重を余盛として載荷する盛土載荷重工法である。必要な沈下量を早期に得ることができるため、工期の短縮に寄与できる。

2 地下水位低下工法は、ウェルポイント工法やディープウェル工法を用いて地下水位を低下させることで、地下水のある地盤が受けていた**地下水による浮力**に相当する荷重を載荷し、地盤の**圧密促進**と**強度増加**を図る工法である。

3 表層混合処理工法は、表層の軟弱層にセメントや石灰などの添加剤を攪拌混合させることで、地盤の**強度増加**と**安定性増大**を図る工法である。これにより、地盤のせん断変形を抑制し、施工機械の**トラフィカビリティー**（施工しやすさ）を確保することができる。

解答

(1) 盛土載荷重工法は、構造物の建設前に軟弱地盤に荷重をあらかじめ載荷させておくことにより、粘土層の圧密を進行させ、**(イ)残留沈下量**の低減や地盤の強度増加をはかる工法である。

(2) 地下水位低下工法は、地下水位を低下させることにより、地盤がそれまで受けていた**(ロ)浮力**に相当する荷重を下層の軟弱層に載荷して**(ハ)圧密**を促進し強度増加をはかる工法である。

(3) 表層混合処理工法は、軟弱地盤の表層部分の土とセメント系や石灰系などの添加材をかくはん混合することにより、地盤の**(ニ)せん断強度**を増加し、安定性増大、変形抑制及び施工機械の**(ホ)トラフィカビリティー**の確保をはかる工法である。

(イ)	(ロ)	(ハ)	(ニ)	(ホ)
残留沈下量	浮力	圧密	せん断強度	トラフィカビリティー

土工分野の記述問題

| 令和6年度 | 選択問題(2) | 土工 | 切梁式土留め支保工内の掘削 |

【問題 8】
下図の切梁式土留め支保工内の掘削にあたって,下記の項目①〜④から2つ選び,番号,その留意点又は実施方法を,それぞれ解答欄に記述しなさい。
ただし,解答欄の(例)と同一内容は不可とする。

① 掘削順序
② 過掘りの防止
③ 場内排水
④ 漏水,出水時の処理

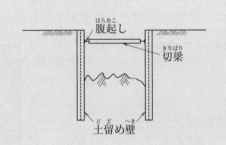

考え方

1 切梁式土留め支保工の構造と特徴

切梁式土留め支保工は、切梁・腹起しなどの支保工によって土留め壁を支持する工法である。切梁式土留め支保工の特徴には、次のようなものがある。
①現場の状況に応じて、支保工の数・配置などの変更が可能である。
②掘削面内に支保工があるので、掘削はやや困難であるが、信頼性が高い。

2 切梁式土留め支保工の掘削順序

切梁式土留め支保工内の掘削は、次のような順序で進めてゆく必要がある。
①最初に、切梁の中央部付近(土留め壁から離れた部分)を掘削する。
②次に、その左右の掘削量が均等になるように、土留め壁に向かって徐々に掘削する。
　※これは、土留め壁の安定を保ちながら(土留め壁に偏土圧が作用しないように)、効率よく安全に掘削するための措置である。
③最後に、腹起しの付近(切梁の周辺部に存在する土留め壁の付近)を掘削する。
　※これは、土留め壁が応力的に不安定になる(土留め壁の前面に土が存在しなくなる)時間をできる限り短くするための措置である。

切梁式土留め支保工の理想的な掘削順序(①→⑩)

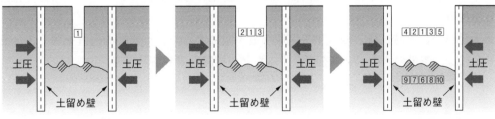

3 掘削底面の過掘りを防止する方法

　切梁式土留め支保工内の掘削にあたっては、掘削底面の過掘りをしないように留意しなければならない。掘削底面を深く掘り過ぎると、掘削底面が乱れてしまったり、地下水が噴出したりするおそれ(支障)が生じるからである。

①余掘りの量は、設計上の(上記のような支障が生じない)余掘り量を超えないようにする。また、余掘りの量は、支保工(切梁)の設置に支障がない範囲で、できるだけ小さくする。

②設計上の余掘り量では、ブラケット(切梁を支持する金具)の取付けが困難なときは、ブラケットの部分のみに、最小限の(設計上の余掘り量を超えた)部分掘削をする。

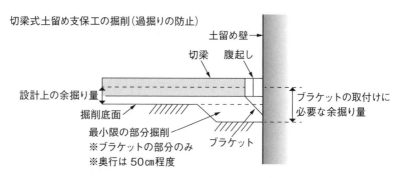

4 切梁式土留め支保工の場内排水

　土留め支保工の内部(場内)に、湧水などが存在するときは、水に濡れた掘削底面が軟弱化するのを防止するため、次のような方法で排水しなければならない。

①基本的には、掘削底面に勾配を付けて、湧水を釜場(湧水を集めるための穴)に誘導し、水中ポンプで排水すればよい。

②湧水量が多く、釜場と水中ポンプだけでは排水できないときは、土留め壁の背面に、ウェルポイント工法などの地下水位低下工法を併用し、湧水量そのものの低減を図る。

③このような湧水を、河川や下水道などに排出するときは、その水質を検査する。必要があれば、水質を改善するための濾過施設(沈殿槽)などを併設する。また、排水先となる河川管理者や下水道管理者に届け出て、必要な許可を受けるようにする。

5 漏水時・出水時の処理のための対策方法

　切梁式土留め支保工内の掘削中には、周囲の下水道管からの漏水や、大雨などによる河川からの出水が生じることがある。このような漏水や出水が、掘削面内に流れ込むと、水に濡れた掘削面が崩壊することがあるので、次のような対策を講じる必要がある。

①下水道管からの漏水による掘削面の洗掘を防止するため、コンクリートなどで掘削面を被覆する。

②大規模な出水時には、浸水する区域を最小限にするため、臨機の措置を講じる。具体的には、釜場の水中ポンプを増設するなどの措置を講じる。

解答例

番号	項目	留意点または実施方法
①	掘削順序	切梁の中央部付近を最初に掘削し、その左右の掘削量が均等になるように、土留め壁に向かって徐々に掘削を進めてゆく。
②	過掘りの防止	設計上の余掘り量では、ブラケットの取付けが困難なときは、ブラケットの部分のみに、必要最小限の部分掘削をする。
③	場内排水	土粒子を含む水を河川に排出するときは、河川管理者に届け出て許可を受けるか、各都道府県の条例に基づき、濾過施設を経て排水する。
④	漏水・出水時の処理	豪雨などによる大規模な出水があったときは、浸水区域を最小限にするため、釜場の水中ポンプを増設するなどの臨機の措置を講じる。

出典：道路土工－仮設構造物工指針（日本道路協会）

※以上から2つを選んで解答する。なお、問題文中には、「ただし、解答欄の（例）と同一内容は不可とする」と書かれているが、解答欄の（例）は非公開事項になったので、本書では省略している。

令和4年度　選択問題(2)　土工　切梁式土留め支保工内の掘削

【問題 8】

下図のような切梁式土留め支保工内の掘削に当たって、下記の項目①～③から2つ選び、その番号，実施方法又は留意点を解答欄に記述しなさい。

ただし，解答欄の（例）と同一内容は不可とする。

① 掘削順序
② 軟弱粘性土地盤の掘削
③ 漏水，出水時の処理

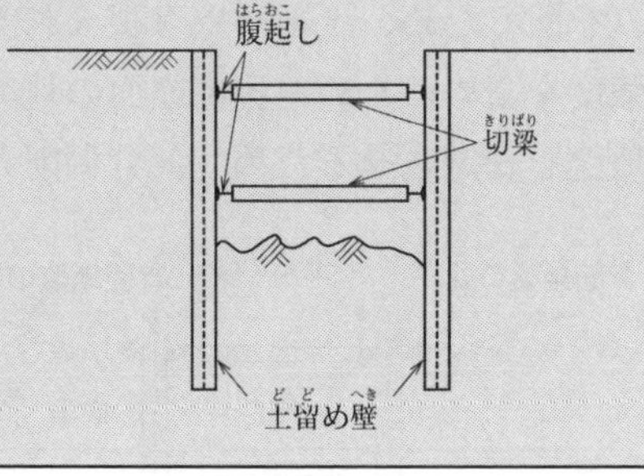

考え方

1 切梁式土留め支保工の構造と特徴

切梁式土留め支保工は、切梁・腹起しなどの支保工によって土留め壁を支持する工法である。切梁式土留め支保工の特徴には、次のようなものがある。
①現場の状況に応じて、支保工の数・配置などの変更が可能である。
②掘削面内に支保工があるので、掘削はやや困難であるが、信頼性が高い。

2 切梁式土留め支保工の掘削順序

切梁式土留め支保工内の掘削は、土留め壁の安定を保ちながら(土留め壁に偏圧が作用しないように)、効率よく安全に掘削するため、次のような順序で進めてゆく。

①最初に、1段目の支保工を組み立てるため、切梁の中央部付近(土留め壁から離れた部分)を掘削する。(下図①の部分の掘削)

②次に、その左右の掘削量が均等になるように、土留め壁に向かって徐々に掘削する。(下図②の部分の掘削)

③最後に、ブラケットと腹起しの付近(切梁の周辺部に存在する土留め壁の付近)を掘削(余掘り)する。(下図③の部分の掘削)

④2段目の掘削は、1段目の掘削と同様の手順で(上記①〜③の手順で)実施する。

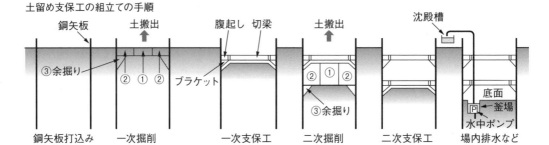
土留め支保工の組立ての手順

3 軟弱粘性土地盤を掘削するときの留意点

軟弱粘性土地盤の掘削にあたっては、掘削中に発生しやすいヒービング現象を防止することが重要である。ヒービング現象を防止するためには、次のような点に留意する必要がある。

①背面土圧を軽減するため、掘削土は土留め壁から離れた場所に仮置きする。

②背面土圧を軽減するため、山留め周辺の原地盤を掘削する。

③土留め壁は、止水性のある鋼矢板とし、鋼矢板相互の噛み合わせを確実にする。

④土の回り込みを防ぐため、土留め壁は根入れ深さが大きくなるように打ち込む。

⑤掘削底面の強度を高めるため、掘削底面の地盤を安定処理する。

⑥掘削底面の地盤を安定させるため、部分掘削方式を採用する。

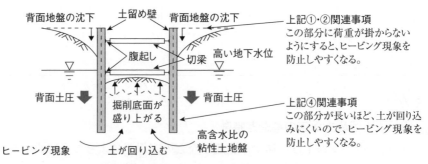

ヒービングとは、次のような現象である。
発生：地下水位が高く、高含水比の軟弱な粘性土地盤を掘削するとき。
原因：土圧を受けた土留め壁の背面土が、掘削底面に回り込むこと。
現象：掘削底面の土が盛り上がる。(背面地盤は低下する)

4 漏水・出水の防止方法

地下水位が高い地盤において、切梁式土留め支保工内の掘削を行うと、土留め壁からの漏水・出水が生じることがある。この漏水・出水を防止するためには、次のような対策を講じる必要がある。

① 土留め壁は、止水性のある鋼矢板とする。
② 鋼矢板は、相互の噛み合わせを確実にして、不透水層まで根入れする。
③ 土留め壁の継手には、止水性のあるシール材を設けて、水を止められるようにする。

※問題文中には、「漏水・出水時の処理」とあるので、上記の①〜③を解答にしてはならない。

5 漏水時・出水時の処理方法

上記4のような対策を講じたとしても、漏水・出水を完全に防ぐことができない場合がある。漏水・出水が生じたときは、掘削底面に釜場(集水桝)を設けて集水し、水中ポンプで揚水するなどの排水処理を行う必要がある。

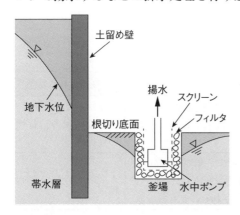

釜場と水中ポンプによる排水処理
重要 釜場は、建築物の基礎から十分に離して(建築物の基礎の強度に影響を与えない位置に)設置する。

解答例

番号	項目	実施方法または留意点
①	掘削順序	切梁の中央部付近を最初に掘削し、左右のバランスを保ちながら、徐々に土留め壁に向かって掘削を進める。
②	軟弱粘性土地盤の掘削	掘削土は土留め壁から離れた場所に仮置きし、土留め壁は根入れ深さが大きくなるように打ち込む。
③	漏水・出水時の処理	掘削底面のうち、建築物の基礎から離れた位置に、釜場を設けて集水し、水中ポンプで揚水する。

出典：道路土工ー仮設構造物工指針（日本道路協会）

※以上から2つを選んで解答する。なお、問題文中には、「ただし、解答欄の(例)と同一内容は不可とする」と書かれているが、解答欄の(例)は非公開事項になったので、本書では省略している。

| 令和3年度 | 選択問題(2) | 土工 | 軟弱地盤対策工法 |

【問題 8】
軟弱地盤対策として，下記の5つの工法の中から2つ選び，工法名，工法の概要及び期待される効果をそれぞれ解答欄に記述しなさい。

・サンドマット工法
・サンドドレーン工法
・深層混合処理工法（機械攪拌工法）
・薬液注入工法
・掘削置換工法

考え方

1 軟弱地盤対策工法

各種の軟弱地盤対策工法の概要と期待される効果は、下表の通りである。

原理	工法名	工法の概要	期待される効果
圧密排水	表層排水工法	建設機械の走行路の両脇にトレンチを掘削し、表土に滞留する水を排除して含水比を低下させることで、表層地盤の安定を図る工法。	トラフィカビリティー（建設機械の走行性）の確保
	サンドマット工法	軟弱地盤上に、厚さ50cm～120cmで、透水性の高い敷砂を設ける工法。この敷砂（サンドマット）は、サンドドレーン工法の排水路として利用されることもある。	トラフィカビリティーの確保
	緩速載荷工法	基礎地盤がすべり破壊や側方流動を起こさない程度の厚さで、徐々に盛土を行う工法。高含水比の粘性土地盤の改良に適用される。軟弱地盤の圧密進行に合わせるための放置期間をとる段階盛土載荷と、所要の盛土速度で行う漸増盛土載荷に分類される。	圧密による強度の増加、残留沈下量の減少
	盛土載荷重工法	構造物の建設前に、軟弱地盤に荷重をあらかじめ載荷させておくことにより、粘土層の圧密を進行させる工法。建設する構造物と同じくらいの重さの荷重を載荷するプレローディング工法と、建設する構造物よりも大きな荷重を余盛として載荷するサーチャージ工法に分類される。	圧密による強度の増加、残留沈下量の減少（サーチャージ工法では工期短縮の効果もある）
	サンドドレーン工法	軟弱粘性土地盤中に砂柱を造り、この砂柱を排水路として機能させ、粘性土中の間隙水を排水する工法。バーチカルドレーン工法の一種である。水平排水層として地上にサンドマットを施工することが多い。また、サンドマット上に盛土荷重を載荷して圧密促進を図ることもある。	圧密による強度の増加、残留沈下量の減少
	プレファブリケイティッドバーチカルドレーン工法	サンドドレーン工法と同様の圧密促進工法であるが、砂柱の代わりにプラスチックフィルムやペーパーカードボードから成る柱を造り、この柱を排水路として機能させる工法。昔はペーパードレーン工法と呼ばれていた。	圧密による強度の増加、残留沈下量の減少

原理	工法名	工法の概要	期待される効果
圧密・排水	真空圧密工法	軟弱地盤中に砂柱（サンドドレーン）を挿入し、軟弱地盤面を気密シートで覆った後、真空ポンプで気密シート内を減圧し、水平排水ホースで排水して圧密を促進する工法。	圧密による強度の増加、残留沈下量の減少
圧密・排水	地下水位低下工法	地下水位の高い軟弱地盤中の地下水を吸い上げて排水することで、地下水による土の浮力を軽減し、重力を利用して土の圧密を促進する工法。代表的な地下水位低下工法には、ウェルポイント工法やディープウェル工法がある。	圧密による強度の増加、残留沈下量の減少
締固め	サンドコンパクションパイル工法（SCP工法）	緩い砂地盤または粘性土地盤に挿入したマンドレル（鋼管）に砂を投入して突き固め、地盤中に振動を与え、締め固めながら砂杭を造り、砂杭の打込みにより周辺地盤を締め固める工法。	密度増大、支持力増大、すべり抵抗の増加、全沈下量の低減
締固め	振動棒工法	緩い砂地盤中に、ロッド（振動棒）を介して起振機の振動を伝えることで、地盤の密度を高める工法。施工中は、ロッドの周囲から粗砂を補給する。	密度増大、全沈下量の低減、液状化の防止
締固め	バイブロフローテーション工法	緩い砂地盤中に、バイブロフロット（水噴射機能を持つ振動棒）で振動を与えながら水を噴射することで、水締めにより地盤の密度を高める工法。施工後は、充填砂利を補給しながらバイブロフロットをゆっくりと引き上げる。	密度増大、全沈下量の低減、液状化の防止
締固め	バイブロタンパー工法	クローラクレーンに吊るした起振機付きタンパーで、地盤を締め固める工法。サンドコンパクションパイル工法やバイブロフローテーション工法では、地表面から3m〜5mの深さにある部分の締固めが不十分になるため、この工法が併用される。	密度増大、全沈下量の低減、液状化の防止
締固め	重錘落下締固め工法	クローラクレーンに吊るした重錘を、何度も自由落下させることで、緩い砂地盤や礫質地盤を打ち固める工法。	密度増大、全沈下量の低減、液状化の防止
締固め	静的締固め砂杭工法	緩い砂地盤または粘性土地盤に、ケーシングパイプを回転させながら昇降させることで、機械の振動力や衝撃力を利用せず、機械の重量のみを利用して砂杭を構築する工法。	密度増大、支持力増大、すべり抵抗の増加、全沈下量の低減
締固め	静的圧入締固め工法	緩い砂地盤中に、ソイルモルタルなどの注入材を強制的に圧入する工法。	密度増大、液状化の防止
固結	表層混合処理工法	軟弱地盤の表層部にあるシルト・粘土に固化材（セメント・石灰など）を攪拌混合し、タイヤローラなどで転圧することで、表層部のコーン指数を増加させる工法。	トラフィカビリティーの確保、地盤の固結、すべり抵抗の増加
固結	深層混合処理工法（機械攪拌工法）	攪拌翼を正回転させながら軟弱地盤中にセメント系固化材を挿入し、所定の深さで原位置にある土と混合した後、攪拌翼を逆回転させて引き上げながら改良体を造ることで、地盤を固化する工法。	全沈下量の低減、地盤の固結、すべり抵抗の増加、液状化の防止
固結	石灰パイル工法	高含水比の軟弱地盤中に、生石灰を主成分とする改良材を圧入して杭状（パイル状）に造成し、水硬性の改良体を造り、生石灰の吸水による含水比の減少と、生石灰の膨張による圧密強化を、同時に図る工法である。	全沈下量の低減、地盤の固結、すべり抵抗の増加、液状化の防止

原理	工法名	工法の概要	期待される効果
固結	薬液注入工法	軟弱地盤の空隙部に薬液を注入することで、地盤の止水性を向上させる工法。深い位置にある軟弱層を改良できる。	全沈下量の減少、地盤の固結、すべり抵抗の増加、液状化の防止
固結	凍結工法	地盤中にある間隙水を凍結させ、凍土壁を構築して遮水する工法。仮設用の工法であるため、施工後は凍土壁を融解させて自然の状態に戻す。	すべり抵抗の増加
置換	掘削置換工法	軟弱層そのものを地上から掘削して除去し、砂礫などの良質土で置き換える工法。軟弱層が地表の近くだけにある場合に適用される。	全沈下量の低減、すべり抵抗の増加
荷重軽減	発泡スチロールブロック工法	盛土の中央部に発泡スチロール製のブロックを積み上げ、その上に盛土する工法。発泡スチロールは土よりも軽いので、土圧を軽減できる。	全沈下量の低減、すべり滑動力の軽減
荷重軽減	気泡混合軽量土工法	土・水・固化材(セメントなど)を混合して硬化させた自立性のある気泡混合軽量土(気泡モルタル)を、軟弱地盤中の流動化処理土として盛土する工法。グラウトポンプで打設した後、脱型する。	全沈下量の低減、すべり滑動力の軽減
荷重軽減	発泡ビーズ混合軽量土工法	自然含水状態の土に、発泡ビーズと固化材を混合した盛土材料を使用する工法。発泡ビーズ混合軽量土は、気泡混合軽量土とは異なり、自立性・自硬性を有していない。通常のものは湿地ブルドーザで撒き出して転圧できるが、スラリー状(泥状)のものは型枠に流し込む必要がある。	全沈下量の低減、すべり滑動力の軽減
荷重軽減	カルバート工法	盛土材料の代わりに、カルバート(トンネル状の暗渠)を埋め込むことで、所定の盛土高を確保する工法。橋台背面など、構造物の荷重を軽減する必要がある場所に適している。	全沈下量の低減、すべり滑動力の軽減
盛土補強	盛土補強工法	盛土の滑動面にジオテキスタイルなど(金網や帯鋼)を挿入し、盛土の側方移動に伴う盛土底面の滑りを防止する工法。ジオテキスタイルと盛土材料との摩擦力により、盛土を安定させる。軟弱地盤が薄い場所や、沈下がある程度許容される場所に適している。	液状化による被害の軽減、すべり抵抗の増加
構造物敷設	押え盛土工法	盛土本体の両側にも盛土をすることで、盛土本体の側方への滑り出しを抑制する工法。	すべり抵抗の増加
構造物敷設	地中連続壁工法	軟弱地盤中に安定液を注入し、孔壁の崩壊を防ぎながら掘削した後、挿入した鉄筋篭にコンクリートを打設し、地中に遮水性のある連続鉄筋コンクリート壁を構築する工法。	地震時における地盤のせん断変形の抑制
構造物敷設	矢板工法	盛土の側方に遮水性のある鋼矢板を連続打設することで、盛土のすべり破壊や側方流動を防止する工法。	液状化による被害の軽減、すべり抵抗の増加
構造物敷設	杭工法	軟弱地盤中に杭(親杭横矢板)を打ち込むことで、盛土を安定させる工法。遮水性がないので、地下水がない地盤にのみ用いることができる。	液状化による被害の軽減、すべり抵抗の増加

土工

解答例

工法名	工法の概要	期待される効果
サンドマット工法	軟弱地盤の表面に一定の厚さの砂を敷設することで、軟弱層の圧密のための上部排水の促進を図る工法である。	トラフィカビリティーの確保が期待できる。
サンドドレーン工法	軟弱地盤中に透水性の高い砂柱を鉛直に造成することで、土中間隙水の水平方向の排水距離を短くする工法である。	圧密の促進と、地盤の強度増加が期待できる。
深層混合処理工法（機械攪拌工法）	軟弱土と固化材を、原位置の土と攪拌・混合することで、地中に強固な柱体状などの改良体を形成する工法である。	すべり抵抗の増加と、沈下の抑制が期待できる。
薬液注入工法	軟弱土の間隙に水ガラスやセメントペーストなどの薬液を注入し、軟弱土を固結させる工法である。	透水性の減少と、地盤の強度増加が期待できる。
掘削置換工法	比較的浅い位置にある軟弱層の一部または全部を除去し、良質材で置き換える工法である。	沈下の抑制と、地盤の強度増加が期待できる。

以上から2つを選んで解答する。　　　　　　　　出典：道路土工―軟弱地盤対策工指針（日本道路協会）

参考

代表的な軟弱地盤対策工法の総まとめ

工法名	工法の概要	期待される効果
盛土載荷重工法	盛土荷重をあらかじめ載荷	圧密の促進
緩速載荷工法	何度かに分けて盛土を行う	側方流動の防止
荷重軽減工法	土よりも軽い材料で盛土	沈下量の低減
サンドマット工法	地盤の表面に砂を敷設	トラフィカビリティーの確保
サンドドレーン工法	透水性の高い砂による砂柱	圧密の促進
サンドコンパクションパイル工法	鋼管内に締め固めた砂杭	液状化の防止
バイブロフローテーション工法	水締めと振動による地盤の締固め	支持力の増加
表層混合処理工法	表層の軟弱土に固化材を混合	トラフィカビリティーの確保
深層混合処理工法	原位置の軟弱土に固化材を混合	すべり抵抗の増加
薬液注入工法	軟弱層の間隙に薬液を入れて固結	透水性の減少
掘削置換工法	軟弱層を除去して良質材を投入	せん断抵抗の増加
地下水位低下工法	地下水による浮力を荷重に変換	圧密の促進

※この表に記載されている項目は、出題頻度の高い軟弱地盤対策工法の概要と期待される効果を解答するうえでのキーワードとなるので、確実に覚えておこう。

令和2年度　選択問題(2)　土工　切土法面排水

問題7　切土法面排水に関する次の(1)、(2)の項目について、それぞれ1つずつ解答欄に記述しなさい。

(1) 切土法面排水の目的
(2) 切土法面施工時における排水処理の留意点

> 考え方

1 切土法面排水の目的

切土法面排水の目的は、表流水・湧水・地下水による法面の浸食と崩壊を防止することである。施工中の切土法面は、その表面に水が流れると、土が水と一緒に流れ出してしまう。

2 切土法面排水の施設

切土法面排水の施設としては、切土法面の天端に法肩排水溝を、切土法面の中間に小段排水溝を、法面下端に法尻排水溝を設けて、これらの排水溝を縦排水溝で結ぶことが望ましい。また、これらの排水溝と縦排水溝との交差部には、桝を設けることが望ましい。この桝の容量は、水が桝から溢れ出すことを防止するため、大きめのものとする。

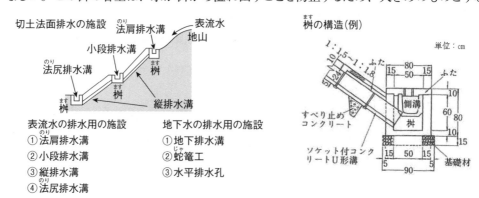

3 切土法面施工時における排水処理の留意点

切土法面施工時における排水処理の留意点としては、「道路土工－切土工・斜面安定工指針」において、次のようなことが定められている。（読みやすさを重視するために一部を改変）

① 地質条件に関係なく、湧水が多い地点や地下水位の高い地点を切土する場合は、法面勾配の検討以上に、地下排水溝の検討を優先させる必要がある。

② 法肩に接する地山に、法肩に沿って排水溝を設け、地山から流水が法面に流れ込まないように処置する。

③ 法面に集排水構造物を設置する前に、できるだけ速やかに、張芝・種子吹付などにより、法面の洗掘防止工を行う。法面に湧水がある場合は、法面の洗掘を防止して安定を図るため、法面保護工に加えて、法面排水溝を併用する必要がある。

> 解答例

(1)	切土法面排水の目的	表流水・湧水・地下水による切土法面の浸食と崩壊を防止すること。
(2)	切土法面施工時における排水処理の留意点	湧水が多い地点や地下水位の高い地点を切土する場合は、法面勾配の検討以上に、地下排水溝の検討を優先させる。

出典：道路土工―切土工・斜面安定工指針（日本道路協会）

| 令和元年度 | 選択問題(2) | 土工 | 法面保護工 |

問題7 切土・盛土の法面保護工として実施する次の4つの工法の中から**2つ選び、その工法の説明(概要)と施工上の留意点**について、解答欄の(例)を参考にして、それぞれの解答欄に記述しなさい。
ただし、工法の説明(概要)及び施工上の留意点の同一解答は不可とする。
- 種子散布工
- 張芝工
- プレキャスト枠工
- ブロック積擁壁工

考え方

1 法面保護工の種類

①切土・盛土の法面保護工は、植生工(法面に植物を生育させることで法面を被覆する工法)と、構造物工(コンクリート製の擁壁などの構造物を施工することで法面の崩壊を防止する工法)に大別される。より詳しい分類は、下記の通りである。

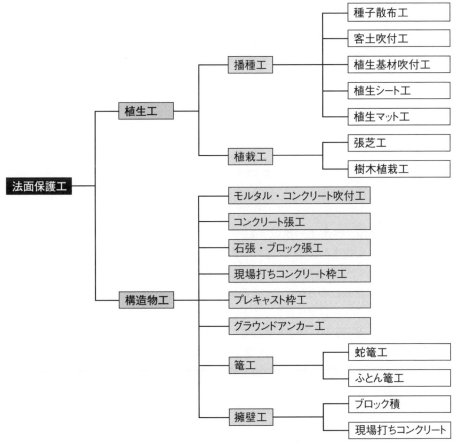

※「草類の自然繁茂を待つこと」は植生工に含まれない。

②法面保護工は、植生工とすることが望ましい。植生工は、維持管理が比較的容易であり、景観の面からも環境保全の面からも優れているからである。構造物工は、主として植物の生育が困難な法面において用いられる。

③盛土法面は、施工時に盛土材料の性質が判明しているため、計画的に設計・施工できる。一方、切土法面は、事前調査を行ったとしても、土質の変化や湧水の発生が避けられなくなり、施工中に設計変更が行われることがある。切土法面では、浸水対策・凍上剥落対策・斜面安定対策などが必要になるため、コンクリートや蛇篭を用いた構造物工を、植生工と併せて採用することが多い。

2 各種の法面保護工の詳細

法面保護工について、その施工方法(工法の説明と概要)・目的・施工上の留意点・適用できる法面をまとめると、次のようになる。

- **種子散布工**(分類：植生工—播種工)
    - 施工方法：草の種・ファイバー・肥料・粘着材などを混合したスラリー状の材料を、ハイドロシーダーなどの吹付け機械で散布する。吹付けの厚さは、1cm未満とする。
    - 目的　　：植生による早期の被覆を図ることで、法面の侵食を防止し、凍上崩落を抑制すること。
    - 留意点　：材料の混合は、水→木質材料→浸食防止材→肥料→種子の順序で行う。均一な散布を確認できるよう、材料に色の付いた粉を混入させる。
    - 適用法面：1：1.0よりも緩勾配の盛土法面に用いられる。
    　　　　　礫質土・岩塊から成る硬質の地盤に適している。

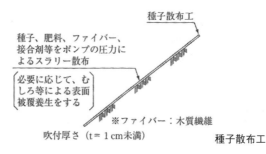

種子散布工

- **張芝工**(分類：植生工—植栽工)
    - 施工方法：切芝またはロール芝を、平滑にした法面に目串で固定し、法面の全面を覆うように張り付ける。
    - 目的　　：全面に張られた芝による早期の被覆を図ることで、法面の侵食を防止し、凍上崩落を抑制すること。また、法面の緑化を図ること。
    - 留意点　：芝を法面に密着させた後、目土・播土を行って定着させる。
    - 適用法面：1：1.0よりも緩勾配の盛土法面に用いられる。
    　　　　　砂質土・粘性土から成る軟質の地盤に適している。

張芝工

● **プレキャスト枠工**(分類：構造物工―プレキャスト枠工)
　施工方法：コンクリートブロック製のプレキャスト枠(工場製作の型枠)を格子状に組み、長さが50cm～100cmのアンカーバー(滑止め)を枠の交差部に設ける。
　目的　　：雨水による法面の浸食を防止すると共に、枠内に施工した植生土嚢工などの中詰材を保持する(緑化基礎工となる)こと。
　留意点　：法面を平坦に仕上げてから、プレキャスト枠を法面に密着させる。
　　　　　　部材にかかる荷重を軽減するため、施工は法尻から法肩に向かって行う。
　適用法面：1：1.0よりも緩勾配の切土法面・盛土法面に用いられる。そのままでは植生ができない法面や、植生工だけでは崩壊を防げない法面に適している。

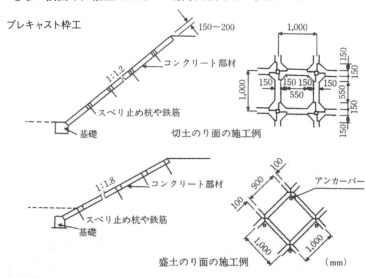

● **ブロック積擁壁工**(分類：構造物工―擁壁工)
　施工方法：日本産業規格に定められたコンクリート積みブロックを、谷積み(水平方向の目地が直線とならない積み方)として施工する。
　目的　　：法面に作用する土圧に対抗し、法面の崩壊を防止すること。
　留意点　：砕石などの透水性が良い材料で、裏込めコンクリートを構築する。
　　　　　　景観に配慮する必要がある場合は、植生を施した緑化ブロックを用いる。
　適用法面：1：1.0よりも急勾配の切土法面・盛土法面に用いられる。用地に制限があり、安定した勾配を確保できない場合に適している。

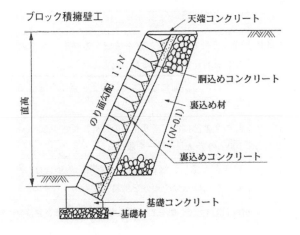
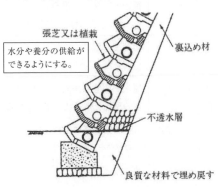

3 その他の法面保護工の施工図

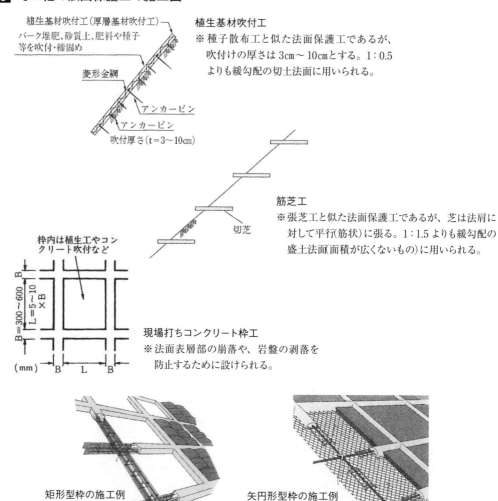

解答例

工法	工法の説明（概要）	施工上の留意点
種子散布工	種子・基材等を混合したスラリー状の材料を、1cm未満の厚さで散布する。	均一に散布できたことを確認する必要があるので、材料に色の付いた粉を混入させる。
張芝工	切芝またはロール芝を、平滑にした法面の全面を覆うように張り付ける。	芝を目串で法面に密着させ、目土・播土を施して定着させる。
プレキャスト枠工	植生が困難な法面に、コンクリートブロック製の型枠を格子状に組み立てる。	枠の交差部には、滑り止めのため、長さが50cm〜100cmのアンカーバーを設ける。
ブロック積擁壁工	日本産業規格に定められたコンクリート積みブロックを、谷積みとして施工する。	景観を考慮して緑化ブロックを用いる場合は、ブロック内に水分や養分を供給できるようにする。

以上のうち、2つを選んで解答する。　　　　出典：道路土工―切土工・斜面安定工指針（日本道路協会）

| | 平成30年度 | 選択問題(2) | 土工 | 各種の固化材 |

問題7 盛土材料の改良に用いる固化材に関する次の2項目について、それぞれ1つずつ**特徴又は施工上の留意事項**を解答欄に記述しなさい。
ただし、(1)と(2)の解答はそれぞれ異なるものとする。
(1)石灰・石灰系固化材
(2)セメント・セメント系固化材

考え方

1 軟弱土を改良するため、セメント・石灰などの固化材を加えて、軟弱土の含水比を低下させ、軟弱土を固結させることで、せん断強度を高めることを、安定処理という。盛土材料の改良(安定処理)に用いる固化材について、その特徴および施工上の留意事項をまとめると、下表のようになる。

	石灰・石灰系固化材	セメント・セメント系固化材
特徴	①粘性土系の盛土材料の改良に適する。 ②養生期間が長い。 ③せん断強度が小さい。 ④六価クロムが溶出するおそれはない。	①砂質土系の盛土材料の改良に適する。 ②養生期間が短い。 ③せん断強度が大きい。 ④六価クロムが溶出するおそれがある。
施工上の留意事項	①生石灰は、水と反応して高温になるため、労働者の安全を確保するための対策を講じる。 ②生石灰の混合後に仮転圧し、消化後に本転圧を行う必要がある。 ③最適含水比から見て、やや湿潤状態にして締め固める。	①セメントから有毒の六価クロムが溶出していないことを確認する。 ②セメント散布時には、セメントの飛散を防止する対策を講じ、労働者にマスクや防塵眼鏡を着用させる。

2 盛土材料は、トラフィカビリティー(建設機械の走行しやすさを表す指標)を確保するため、その工事に使用する建設機械の走行に必要なコーン指数を有していなければならない。盛土材料には、現地で発生した軟弱な建設発生土が使われる場合もある。コーン指数が低い建設発生土を盛土材料として使用するときは、次のような方法で土質改良しなければならない。
①水切りや天日乾燥による脱水処理を行い、盛土材料の含水比を低下させる。
②粗粒土の付加や、細粒土のふるい分けなどにより、粒度調整を行う。
③水や軽量骨材などを混合させ、発生土を流動化させる。
④軽量材料などを混合させ、機能付加や補強を行う。
⑤セメント・石灰などにより、化学的安定処理を行い、強度の増加を図る。
⑥高分子系の無機材料(ペーパースラッジ)などの添加により、土中への水分固定を行う。
※上記⑤の方法で改良した土は改良土として、上記⑥の方法で改良した土は処理土として用いられる。

解答例

石灰・石灰系固化材	生石灰を用いる作業では、作業時に発熱を伴うので、作業者には手袋を着用させる。
セメント・セメント系固化材	安定処理後に、六価クロムの溶出量が土壌環境基準に適合していることを確認する。

出典：道路土工－盛土工指針（日本道路協会）

平成29年度　選択問題(2)　土工　軟弱地盤対策工法

問題7　軟弱地盤上に盛土を行う場合に用いられる**軟弱地盤対策**として、下記の5つの工法の**中から2つ選び**、その工法の概要と期待される効果をそれぞれ解答欄に記述しなさい。

- 載荷盛土工法
- 荷重軽減工法
- サンドコンパクションパイル工法
- 押え盛土工法
- 薬液注入工法

考え方

1 各種の軟弱地盤対策工法における改良原理と改良効果は、次のような表としてまとめられている。

各対策工法の対策原理と効果

原理	代表的な対策工法	圧密沈下の促進による供用後の沈下量の低減	全沈下量の低減	圧密による強度増加	すべり抵抗力の増加	すべり滑動力の軽減	応力の遮断	応力の軽減	密度増大	固結	粒度の改良	飽和度の低下	有効応力の増大	過剰間隙水圧の消散	せん断変形の抑制	液状化の発生は許すが施設の被害を軽減する対策	トラフィカビリティ確保
圧密・排水	表層排水工法																○
	サンドマット工法	○															○
	緩速載荷工法			○													
	盛土載荷重工法	○		○													
	バーチカルドレーン工法　サンドドレーン工法	○		○													
	プレファブリケイティッドバーチカルドレーン工法	○		○													
	真空圧密工法	○		○													
	地下水位低下工法	○		○									○	○			
締固め	振動締固め工法　サンドコンパクションパイル工法	○	○	○	○			○	○								
	振動棒工法		○*						○								
	バイブロフローテーション工法		○*						○								
	バイブロタンパー工法		○*						○								
	重錘落下締固め工法		○*						○								
	静的締固め工法　静的締固め砂杭工法	○	○	○	○		○	○									
	静的圧入締固め工法							○									
固結	表層混合処理工法			○		○	○		○								○
	深層混合処理工法　深層混合処理工法（機械撹拌工法）		○		○	○	○		○					○	○		
	高圧噴射撹拌工法		○		○	○	○		○					○	○		
	石灰パイル工法		○		○			○	○								
	薬液注入工法				○		○		○								
	凍結工法				○												

原理	代表的な対策工法	沈下		安定		変形		液状化							液状化の発生は許すが施設の被害を軽減する対策	トラフィカビリティ確保
		後の沈下量の促進による供用	全沈下量の低減	圧密による強度増加	すべり抵抗の増加	応力の遮断	応力の軽減	液状化の発生を防止する対策								
								砂地盤の性質改良				有効応力の増大	過剰間隙水圧の消散	せん断変形の抑制		
								密度増大	固結	粒度の改良	飽和度の低下					
掘削置換	掘削置換工法	○		○		○		○								
間隙水圧消散	間隙水圧消散工法												○			
荷重軽減	軽量盛土工法	発泡スチロールブロック工法	○		○	○										
		気泡混合軽量土工法	○		○	○										
		発泡ビーズ混合軽量土工法	○		○	○										
	カルバート工法	○		○	○											
盛土の補強	盛土補強工法			○										○		
構造物による対策	押え盛土工法			○										○		
	地中連続壁工法													○		
	矢板工法			○									○**		○	
	杭工法	○		○		○								○		
補強材の敷設	補強材の敷設工法			○												○

*) 砂地盤について有効
**) 排水機能付きの場合

出典：道路土工・軟弱地盤対策指針

2 各種の軟弱地盤対策工法の概要と期待される効果の詳細については、本書の140ページ～142ページを参照してください。

解答例

以下の5つの工法の中から2つを選び、解答する。

工法	工法の概要	期待される効果
載荷盛土工法※	構造物の建設前に、軟弱地盤に盛土荷重をあらかじめ載荷させておくことにより、粘土層の圧密を進行させる工法である。	圧密による地盤強度の増加と、残留沈下量の減少が期待される。
サンドコンパクションパイル工法	緩い砂地盤に挿入した鋼管に砂を投入して突き固め、地盤中に砂杭を造り、砂杭の支持力により周辺地盤を締め固める工法である。	地盤の密度や支持力を増大させることで、液状化の発生防止が期待される。
薬液注入工法	軟弱地盤の空隙部に薬液を注入することで、深い位置にある軟弱層を改良し、地盤の止水性を向上させる工法である。	全沈下量の低減と、地盤の固結による液状化の発生防止が期待される。
荷重軽減工法	発泡スチロールや発泡ビーズなどの土よりも軽量な材料を用いて、盛土を構築する工法の総称である。	全沈下量の低減と、すべり滑動力の軽減による盛土の安定が期待される。
押え盛土工法	盛土本体の地すべり側に盛土をすることで、盛土本体の側方への滑り出しを抑制する工法である。	すべり抵抗の増加による盛土の安定が期待される。

※「載荷盛土工法」の正式名称は「盛土載荷重工法」である。

| 平成28年度 | 選択問題(2) | 土工 | 盛土施工時の仮排水の目的 |

問題7 盛土施工中に行う仮排水に関する、下記の(1)、(2)の項目について、それぞれ1つずつ解答欄に記述しなさい。
(1) 仮排水の目的
(2) 仮排水処理の施工上の留意点

考え方

1 盛土施工中の仮排水は、次のようなことを目的として行われる。
①施工面からの雨水浸入により生じる盛土体の軟弱化を防止する。
②盛土体への雨水浸入により生じる間隙水圧の上昇を抑制する。
③盛土体への浸透水により生じるせん断強さの低下を防止する。
④法面を流下する表面水により生じる盛土表面の侵食・洗掘を防止する。
⑤濁水や土砂の流出により生じる盛土周辺部への被害を防止する。

2 仮排水処理は、「盛土面に降った雨水を法肩排水溝に導く」→「仮縦排水溝により雨水を流下させる」→「流下した雨水を法尻の仮設排水溝から盛土外に排水する」といった手順で行われる。仮排水処理の施工を行うときには、次のような点に留意する。
①法肩部に沿って下図のようなソイルセメント製の仮排水溝を設ける。
②適切な間隔で、仮縦排水溝を施工する。
③盛土面には、4%〜5%の横断勾配を付ける。
④盛土表面は、ローラなどで平滑に転圧しておく。
⑤盛土材料が粘性土である場合、含水比が高くなると施工が困難になるため、ビニルシートなどで盛土表面を覆い、十分に表面を締め固めて平滑にする。

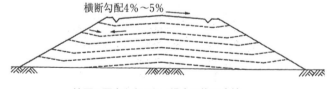

法面に雨水を出せない場合の施工方法

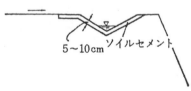

ソイルセメント製の仮排水工を設ける場合の施工方法

解答例

(1)	仮排水の目的	雨水の浸透による盛土の軟化を防止することにより、盛土法面を保護し、盛土法面の崩壊を防止すること。
(2)	仮排水処理の施工上の留意点	盛土の天端に4%〜5%の横断勾配を付け、盛土表面を平滑に仕上げる。

| 平成 27 年度 | 選択問題(2) | 土工 | 構造物に近接する盛土の変形抑制 |

問題 7 橋台やカルバートなどの構造物と盛土との接続部分では、不同沈下による段差などが生じやすくなる。接続部の段差などの変状を抑制するための施工上留意すべき事項を 2 つ解答欄に記述しなさい。

考え方

橋台やカルバートなどの構造物と盛土との接続部分では、剛性の異なる材料が接続されているため、剛性の小さい盛土に応力が集中する。このような場所で普通に盛土を行うと、衝撃力や圧縮力を受けたときに盛土が圧縮されて不同沈下が生じるので、下記のような対策を施す必要がある。

① 不同沈下を抑制するため、接続部分の盛土を良質土として薄層締固めを行い、盛土の強度を高める。

② 不同沈下した盛土の変形を緩和するため、踏掛版となる鉄筋コンクリート版を施工する。

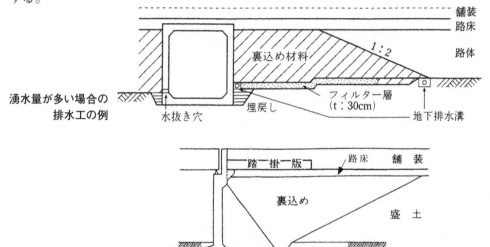

解答例

施工上留意すべき事項
① 接続部分の不同沈下を抑制するため、良質土を薄層に撒き出す。良質土の締固めは、偏土圧により構造物に損傷を与えないよう、小型建設機械を用いて行う。
② 既に不同沈下による段差が生じた接続部分には、それ以上の変状を抑制するため、鉄筋コンクリート製の踏掛版を施工する。

第2章 コンクリート工

2.1 試験内容の分析と学習ポイント

2.1.1 最新10年間のコンクリート工の出題内容

年　度		コンクリート工の出題内容
令和6年度	(1) 問題4	暑中コンクリートの打込み(充填性の確保・打込み時間・打継面の乾燥・高温化の防止・打込み温度)に関する用語を記入する。
	(2) 問題9	コンクリートを打ち重ねる場合のコールドジョイントの発生防止について、打込みまたは締固めにおける対策を2つ記述する。
令和5年度	(2) 問題8	コンクリートの養生に関する施工上の留意点を5つ記述する。
令和4年度	(1) 問題4	コンクリートの打継目(施工位置・水平打継面処理・鉛直打継面処理・水密性確保)に関する用語を記入する。
	(2) 問題9	コンクリートのひび割れ(沈み・コールドジョイント・水和熱による温度・アルカリシリカ反応)防止対策を記述する。
令和3年度	(●) 問題2	コンクリートの養生(水和反応・湿潤養生・養生期間・乾燥抑制)に関する用語を記入する。
	(2) 問題9	コンクリートの施工(再振動・ひび割れ修復・打継部・スペーサ)に関する文章について、適切でない語句を修正する。
令和2年度	(1) 問題3	コンクリートの混和材料(フライアッシュ・膨張材・高炉スラグ微粉末・流動化剤・高性能AE減水剤)に関する用語を記入する。
	(2) 問題8	初期段階に生じる沈みひび割れと、マスコンクリートの温度ひび割れについて、発生原因と施工現場での防止対策を記述する。
令和元年度	(1) 問題3	コンクリート構造物の施工(打継目・スペーサ・防錆処理・型枠の側圧・湿潤養生)に関する用語を記入する。
	(2) 問題8	コンクリートの打込み時・締固め時において、上層と下層を一体化するための施工上の留意点を記述する。
平成30年度	(1) 問題3	コンクリートの養生(水和反応・湿潤養生・養生期間・膜養生剤)に関する用語を記入する。
	(2) 問題8	コンクリートの打継目の位置と、水平打継目の表面処理に関する施工上の留意事項を記述する。
平成29年度	(1) 問題3	コンクリートの現場内運搬に関する用語を記入する。
	(2) 問題8	暑中コンクリートの打込み・養生の配慮事項を記述する。

※●は選択問題ではなく必須問題として出題された項目です。

年度	コンクリート工の出題内容
平成28年度	(1) 問題3 コンクリートの打込み・締固めに関する用語を記入する。 (2) 問題8 寒中コンクリートの初期凍害防止と給熱養生の留意点を記述する。
平成27年度	(1) 問題3 コンクリートの打継目の施工に関する用語を記入する。 (2) 問題8 暑中コンクリート打込みの際に留意すべき事項を記述する。

2.1.2 出題分析からの予想と学習ポイント

選択問題(1)　コンクリート工（空欄記入問題）の分析表　　　　　　　　　　●出題項目

出題項目＼年度	R6	R5	R4	R3	R2	R元	H30	H29	H28	H27
コンクリートの運搬・打込み・締固め								○	○	
コンクリートの養生・タンピング				●			○			
コンクリートの打継目等			○							○
混和材料・配合設計					○					
暑中・寒中・マスコンクリートの施工	○									
コンクリート構造物の施工						○				

※選択問題(1)は、主として基準書に定められている語句・数値を空欄に記入する問題です。
※●は選択問題ではなく必須問題として出題された項目です。

選択問題(2)　コンクリート工（記述問題）の分析表　　　　　　　　　　●出題項目

出題項目＼年度	R6	R5	R4	R3	R2	R元	H30	H29	H28	H27
コールドジョイント・打継目等	○			○		○	○			
コンクリートの養生・タンピング		○								
コンクリートの劣化・ひび割れ			○		○					
混和材料・配合設計										
暑中・寒中・マスコンクリートの施工								○	○	○

※選択問題(2)は、主として原因・理由・対策・措置などを文章で記述する問題です。
※年度の欄がすべて空白の出題項目は、平成26年度以前にのみ出題があった項目です。

コンクリート工の総合分析表　　　　　　　　　　●出題項目

出題項目＼年度	R6	R5	R4	R3	R2	R元	H30	H29	H28	H27
コンクリートの打継目等・コールドジョイント	○		○	○		○	○			○
コンクリートの施工（運搬・打込み・養生）		○		●			○	○	○	
各種コンクリートの施工（暑中・寒中・マス）	○					○		○	○	○
混和材料（AE減水剤・流動化剤）の配合					○					
コンクリートの劣化・ひび割れ			○		○					

本年度の試験に向けたコンクリート工の学習ポイント
①コンクリートの運搬・打込み・締固め・仕上げ・打継目・養生に関する用語を覚える。
②配合設計に使用する各種混和材の効果や、細骨材率について理解する。
③コンクリートの劣化現象と、その対策方法を記述できるようにする。

2.2 技術検定試験 重要項目集

2.2.1 コンクリート材料

　セメントと水を混合してセメントペースト、セメントペーストに細骨材を混合してモルタル、モルタルに粗骨材を混合してコンクリートがつくられる。
　コンクリートの性質は、セメントのもつ性質に大きく影響を受ける。それは硬化するまでの養生期間や、セメントのもつ強いアルカリ性が原因である。

❶ セメント

(1) ポルトランドセメント

① 普通ポルトランドセメント
　常時使用する最も基本的なもので、アルカリ性が強く、養生期間は5日を標準とする。

② 早強ポルトランドセメント
　普通ポルトランドセメントの硬化を早期にしたもので、養生期間は3日が標準で発熱量が多い。夏期に用いない。

③ 中庸熱ポルトランドセメント
　発熱量が少ないセメントなのでマスコンクリートに用いる。

④ 耐硫酸塩ポルトランドセメント
　化学的に抵抗性が大きく、環境の厳しい地域に用いる。

(2) 混合セメント

① 高炉セメント
　普通ポルトランドセメントに、高炉スラグの微粉末である混和材を混合し、セメント中のアルカリを吸収硬化する。養生期間は7日が標準で、硬化が遅いので冬期には用いない。混合割合の多いB種、C種は、アルカリ骨材反応を抑制できる。

② フライアッシュセメント

普通ポルトランドセメントにフライアッシュ（火力発電所からの副産物石炭灰）を混合したセメントで、ボールベアリング状をしたフライアッシュは単位水量を減少できるので、マスコンクリートに用いられる。養生期間は7日で、一般構造へは冬期に用いない。

❷ 混和材料

① **混和材**：セメント量の5％以上を用いて、コンクリートの配合設計のセメント量として取り扱う。フライアッシュ・高炉スラグなどがある。

② **混和剤**：セメント量の1％未満を用いて、配合設計においては、量として無視する。

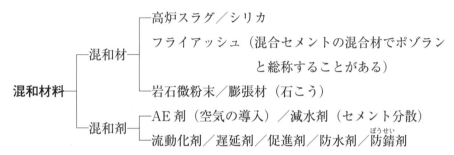

❸ 混和剤の効果

(1) AE剤の効果

① 空気を連行して、コンクリートに流動性を与え、ワーカビリティを向上させる。
② 空気の気泡の働きで、ブリーディングが抑制できる。
③ 耐凍害性、耐久性が向上する。
④ 水密性の向上により、化学抵抗性が増大する。
⑤ 空気の混入量に応じて、コンクリートの強度は低下する。

(2) AE減水剤の効果

① ワーカビリティが向上し、強度の低下が小さい。
② 耐久性、耐凍害性、耐化学性が向上する。
③ 単位水量・単位セメント量の減少によってひび割れが減少する。
④ 厳しい環境下においても所要の水和作用が期待できる。

(3) 高性能AE減水剤の効果

高性能AE減水剤は、AE減水剤の効果に合わせて、次にあげるような効果が期待できる。

① 単位水量を大幅に減少できる。

② ワーカビリティを著しく向上することができる。

③ 強度を向上することができる。

④ 温度、使用材料に影響されやすいので、予め使用量、使用方法を検討しておく必要がある。

(4) 遅延剤の効果

① 暑中コンクリート、マスコンクリート、レディーミクストコンクリートの長距離運搬など、コールドジョイントを遅延させることができる。

② サイロ、水槽のように連続打設の必要なコンクリートのコールドジョイントを防止することができる。

③ 硬化は遅延するが長期強度は期待できる。

(5) 促進剤の効果

① 早期強度は増大するが、長期強度や耐久性は低下する。

② 早期発熱が多く、初期における凍害の防止に役立つ。

③ 打込み、養生の工程を短縮できる。

(6) 流動化剤の効果

① 流動化前のAEコンクリートの品質、強度を損なわず流動化できる。

② コンクリートポンプが利用でき、圧送性が改善される。

③ 流動化前(標準形、遅延形)は、AEコンクリートをベースとして用いる。

④ スランプの増大量は10cm以下として、流動化コンクリートのスランプは18cm以下とする。

❹ アルカリ骨材反応抑制・防止対策

アルカリ骨材反応抑制対策および防止対策は、次のようである。

(1) 混合セメントB種、C種を使用する。

(2) コンクリート中のアルカリ総量をNa_2Oに換算して$3.0 kg/m^3$以下とする。

(3) アルカリ骨材反応防止対策として、アルカリシリカ反応試験で無害と判定した骨材を使用する。

❺ コンクリート構造物の耐久性照査

コンクリート構造物が、所要の性能を設計耐用期間にわたり保持することを確認する必要がある。これには、次の項目について照査する。

(1) 中性化に関する照査

セメントは強いアルカリ性を示し、鉄筋を酸化から保護している。しかし、コンクリートは空気中の二酸化炭素と反応し中性化し pH が低下する。一般に、普通ポルトランドセメントを用い、水セメント比 50％以下とし、30mm 以上のかぶりのある構造物は、中性化の照査は必要がない。

(2) 凍結融解作用に関する照査

凍結融解作用は、気温差により繰返し生じるもので、凍結融解状態と最低気温により決まることが多い。凍結融解による微細なひび割れで、スケーリング（はがれ）、ポップアウト（欠損）などによる構造物が凍害劣化する。

一般に、促進凍結融解試験により、コンクリートの相対動弾性係数や、質量の減少率で照査する。凍結融解作用抑制対策として AE 剤によりに空気量 4～7％を確保する。

(3) アルカリ骨材反応に関する照査

アルカリ骨材反応は、主にセメントのアルカリが骨材中のシリカと反応して、骨材が水分を吸収して膨張して、コンクリートに亀甲状にひび割れが生じ劣化する現象である。一般に、「コンクリートのアルカリシリカ反応性判定試験」によって照査する。施工後にアルカリ骨材反応を抑制するには、乾燥させた状態にし、塗装などにより水分の供給を絶つことが必要である。

(4) 塩化物イオンの侵入に伴う鋼材腐食に関する照査

鋼材に腐食を生じても、腐食に起因するひび割れが発生するまで、構造物の性質は確保されている。鋼材腐食の照査は、鋼材位置の塩化物イオン濃度が鋼材腐食限界濃度以下であることを確認して行う。このときのイオン濃度とは、コンクリート $1m^3$ 中に含まれる全塩化物量で表し、$1.2kg/m^3$ を限界値とする。レディーミクストコンクリート受入時の塩化物含有量 $0.3kg/m^3$ 以下とすれば抑制できる。

以上のほか、水密性の照査、耐火性の照査などがある。

❻ コンクリート構造物耐久性照査とコンクリートの性能照査

コンクリートの性能は、施工時コンクリートの受入検査で確認すれば施工管理上十分である。しかし、選定した材料と配合によるコンクリートが、要求される性能（強度、耐久性、耐アルカリ骨材反応性、透水係数または水密性）を満足することを確認しなければならない。コンクリート構造物とコンクリートの照査すべき項目は、次のようである。

表2・1 コンクリート構造物耐久性照査・コンクリート照査
(設計期間内耐久性)(材料と配合性能)

	コンクリート構造物の耐久性照査	コンクリートの性能照査
(1)	中性化に関する照査 ① 中性化深さの測定(フェノールフタレイン) ② 普通ポルトランドセメント、水セメント比50％以下、3cm以上のかぶりで照査省略	中性化速度係数の照査 ① 中性化深さと曝露時間の平方根の比例係数を中性化速度係数といい、その値は一定値以下 ② 同 左
(2)	塩化物イオンの侵入に伴う鋼材腐食に関する照査 ① 鋼材位置のコンクリートの塩化物イオン濃度を測定 ② コンクリートの表面被覆、鉄筋防錆処置、防水工、排水工を行う	塩化物イオンに対する拡散係数照査 ① コンクリート表面の塩化物イオン濃度とコンクリート中の塩化物イオン濃度分布により求めた見掛けの拡散係数が一定値以下 ② 同 左
(3)	アルカリ骨材反応に関する照査 ① モルタルバー法・化学法により反応骨材の反応性を照査 ② 対アルカリ骨材の使用、コンクリート表面被覆処理(水分の遮断)、アルカリ総量3.0kg/m³以下、混合セメントB種・C種使用	アルカリ骨材反応に関する照査 ① モルタルバー法・化学法により骨材の反応性の照査 ② 同 左
(4)	凍結融解作用に関する照査 ① 促進凍結融解試験からコンクリートの相対動弾性係数や質量の減少率を求めて照査 ② 水セメント比55～65％、空気量4～7％以上を確認すれば、照査省略	相対動弾性係数の照査 ① 同 左 ② 同 左
(5)	化学的侵食に関する照査 ① 同 右 ② 同 右	耐化学的侵食性の照査 ① 硫酸ナトリウム溶液への浸漬試験で質量の減少、外観変化で照査。温泉環境では曝露試験を行う ② 水セメント比45～50％で照査省略
(6)	水密性の照査 ① 透水量を照査の標準 ② 防水処置として防水シート、ひび割れ誘発目地の設置、水セメント比55％以下	透水係数の照査 ① アウトプット法(透過水量測定)、または、インプット法(コンクリート中への浸透量) ② 同 左
(7)	耐火性の照査 ① かぶりの照査 ② かぶりの確保	耐火性の照査 ① 耐火試験 ② 同 左
(8)	──	コンクリート強度の照査 ① 圧縮試験 ② 設計基準強度の確保
(9)	──	乾燥収縮特性の照査 ① モルタル・コンクリートの長さ変化試験 ② 適正な養生の確保
(10)	──	断熱温度上昇特性の照査 ① 温度解析による断熱温度特性の設計値 ② 施工段階におけるひび割れ防止として、打込み温度、セメント量、セメントの種類を確認する

表2・2　コンクリート劣化機構と劣化防止対策

劣化機構	劣化要因	劣化指標	劣化現象	劣化防止対策
中性化	二酸化炭素	・中性化深さ ・鋼材腐食量	二酸化炭素がアルカリ水酸化物と反応し、pHを低下させ、鋼材が腐食膨張しコンクリートがはく離する。	・普通ポルトランドセメントを用い、水セメント比50%以下 ・かぶり30mm以上
塩害	塩化物イオン	・塩化物イオン濃度 ・鋼材腐食量	塩化物イオンにより鋼材が腐食膨張し、コンクリートのひび割れはく離が生じ、鋼材断面が減少する。	・鋼材防食処理 ・コンクリート塩化物イオン濃度 $0.3kg/m^3$ 以下
凍害	凍結融解作用	・凍結深さ ・鋼材腐食量	凍結融解作用を受けたコンクリートにスケーリング（はがれ）やポップアップ（欠損）がみられる。	・相対動弾性係数（60%～85%）の最低値以上を確保 ・空気量4～7%
化学的侵食	酸性物質 硫酸イオン	・中性化深さ ・鋼材腐食量	酸性物質や硫酸イオンと接触するとコンクリート面が分解・膨張し、はがれ、ひび割れが生じる。	・表面被覆 ・腐食防止措置をした補強材の使用
アルカリシリカ反応	反応性骨材	・膨張量	骨材中の反応性シリカとセメント中のアルカリ性水溶液が反応し骨材が膨張し、ひび割れが生じる。	・混合セメントB種、C種の使用 ・水分の供給を遮断する表面処理
床版の疲労	大型交通量	・ひび割れ密度 ・たわみ	床版が繰返し作用する輪荷重によってひび割れや陥没が生じる。	・床版補強
はり部材の疲労	繰返し荷重	・累積損傷度	繰返す荷重の作用によって引張鋼材に亀裂が生じ、たわみが大きくなる。	・はり部材補強

コンクリート工

2.2.2 配合設計

(1) 配合設計の考え方

設計基準強度・耐久性・水密性を確保し、施工後のコンクリートのもつべき品質をつくり出す。

① ワーカビリティを確保する。

② ワーカビリティを確保できる範囲で、単位水量・単位セメント量・細骨材率をできるだけ少なくして、粗骨材の最大寸法を大きくする。

(2) ブリーディングとレイタンス

ブリーディングは、コンクリート打ち込み後に、粗骨材の沈降によって水や遊離石灰が浮上する型枠内のコンクリートの材料分離のことで、ブリーディングにより浮上して固まった物質をレイタンスという。レイタンスは強度は小さく、打継目を施工する前にワイヤブラシ等で除去しておく。

単位水量が多いと、それに比例してブリーディングも多くなり、水が浮上するとき、粗骨材の下面に沿って上昇するので、粗骨材の下面の接着面積が減少し、コンクリートの一体性が低下して、コンクリートの強度が低下する。また、ブリーディングの多いコンクリート表面に水の通り道ができて、水密性や耐久性が損なわれる。したがって、コンクリートはブリーディングを減少させるためのAE減水剤等を投入する。

(3) 計画配合と現場配合

コンクリートを配合設計するとき、粗骨材の粒径は5mm以上、細骨材の粒径は5mm未満と粒度で区分し、骨材の中は水で満たされていても表面は乾燥している**表面乾燥飽水状態**と仮想的に考えて、セメント、水、骨材の割合が求められる。こうした仮想的な骨材を用いて、配合設計した配合を計画配合という。

これに対し、粗骨材に含まれる細骨材の割合や、細骨材に含まれる粗骨材の割合をふるい分けて試験で求め、計画配合を現場の骨材の粒度に応じて修正する**粒度修正**と、骨材の表面の付着水量を求め、使用**水量を修正**することで、現場材料を用いて**計画配合と同等の効果をもつ現場配合に修正**する。コンクリートは現場配合で管理する。

骨材	○	●	◉
状態	絶乾	表面乾燥飽水	湿潤

2.2.3 コンクリートの運搬・打込み・締固め

❶ コンクリートの打設計画の留意点

(1) コンクリートの打設において、練り始めから打ち終わるまでの時間は、外気温が **25℃を超えるときは1.5時間以内、25℃以下のときでも2.0時間以内**を標準とする。
(2) コンクリートの1日当たりに打設する量に合わせた、運搬、打込み設備、人員確保をする。
(3) コンクリートの許容打重ね時間は、気温25℃以下2.5時間、25℃超で2.0時間以内とする。
(4) 1日の打設量から、打込み区画割、打継目位置、打継目の処置方法を定める。
(5) コンクリートの打設順序は型枠支保工の変形を考慮して定める。
(6) 打込みは、供給位置より遠いところから打ち始め、近い所で終了する。

❷ コンクリートの運搬

(1) 運搬車

運搬車(アジテータトラックまたはミキサー車)は、コンクリートを練り始めてから1.5時間以内に荷卸しが終わるように運搬しなければならない。ダンプトラックで運搬する(スランプ値5cm未満)ときは、1時間で荷卸ししなければならない。

(2) シュートによる運搬

コンクリートを打設位置に運ぶのは、図2・1のように、原則として縦シュートを用い、材料分離の生じやすい斜めシュートは用いない。やむを得ず斜めシュートを用いるときは、次の対策をたてる。

①鋼製または強化プラスチック製のシュートとし、**鉛直1に対し水平2の割合**の傾斜とする。
②コンクリートの打設高を**1.5m以下**とし、できる限り低くする。
③斜めシュートの吐出口に漏斗管またはバッフルプレートを設け、材料分離を軽減させる。
④粘性のあるコンクリートとなるよう配合を考慮する。

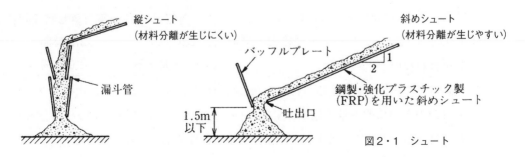

図2・1　シュート

(3) コンクリートポンプによる運搬

コンクリートポンプにより運搬するときの留意点は次のようである。

①コンクリートポンプを用いるコンクリートは、圧送性を有し、打込み時、硬化時のコンクリートの品質が確保できるものとする。

②圧送するコンクリートのスランプ値は、最低で5cm以上必要である。単位水量を増して流動性を得るのではなく、流動化剤または高性能AE減水剤を用いて流動化し、スランプ値18cm以下で圧送する。

③輸送管の配管の経路は、できるだけ短距離で曲がりの少ないものとし、管径は粗骨材の最大寸法、圧送圧、圧送作業を考慮して定める。

④コンクリートポンプの機種を表す水平管1mの損失圧力は、コンクリートの種類、吐出量、輸送管の管径により定められ、スランプ値の小さいほど、また管径の小さいほど、そして吐出量が多いほど大きくなる。このため、単位時間当たりの打込み量、コンクリートの閉塞に対する安全性を有するものを選定する。

⑤**富配合(セメント量が多い)**、**貧配合(セメント量が少ない)**、軽量コンクリートなど特殊なコンクリートの圧送は、事前に施工条件を想定して試験圧送をする。

❸ コンクリートの打込み・締固め

(1) コンクリート打込み前の点検

①鉄筋・型枠・支保工が設計どおりに配置されているか確かめる。

②運搬設備・打込み設備が施工計画書どおりになっているか確かめる。

③型枠内の清掃、型枠内の吸水のおそれのある箇所は、あらかじめ湿らせる。

④基礎の根掘部分に流水がないように、排水設備を準備してあるか確かめる。

(2) コンクリート打込み

①コンクリートの**打込み終了時間は、気温が25℃以下で2.0時間、暑中コンクリートで25℃を超えるときは1.5時間以内**とする。

②コンクリートの**許容打重ね時間間隔の標準(コールドジョイント防止)**は表2・3のようである。

表2・3 許容打重ね時間間隔の標準

外気温	許容打重ね時間間隔
25℃以下	2.5時間
25℃を超える	2.0時間

③鉄筋・型枠の配置を乱さないよう打ち込む。

④打ち込んだコンクリートを型枠内で横流しを行わない。

⑤打込み中、材料分離が認められたら直ちに中止し、原因を調査し、次のコンクリート打設のために改善策を施す。すでに打ち込まれたコンクリートの材料分離した粗骨材は拾い上げて、モルタルの十分ある所に埋め込んで締め固める。

⑥打込みは、コンクリートの供給源の遠い所から近い所に向かって施工し、1区画内は連続打設する。

⑦コンクリートは、1区画内は水平となるよう打ち込む。1層の厚さ **40～50cm以下** とする。

⑧2層以上にして打ち込むときは、下層のコンクリートが固まり始まる前に行い、上層と下層が一体となるよう **10cm程度** 下層に挿入する。

⑨型枠が高い場合は、型枠の途中に投入口を設け、縦シュートまたはコンクリートポンプのフレキシブルホースを差し込み、**打込み高は1.5m以下** とする。

⑩打込み中に浮き出した水は、スポンジ等で排除したのち、打ち継ぐ。

⑪柱・壁のような高所の大きなコンクリートは、ブリーディングによる悪影響が起こりやすく、水平鉄筋の付着がわるいので、**打込み速度は30分間で1～1.5m** とする。

(3) コンクリートの締固め

①コンクリートの締固めは、内部振動機を用いることを原則とするが、薄い壁など内部振動機が用いにくい場所は、型枠振動機を用いる。

②モルタルが型枠のすみずみまでゆきわたるよう、打込み後速やかに十分に締め固める。内部振動機の締固め時間は **5～15秒間** とする。

③せき板に接するコンクリートは、できるだけ平坦な表面が得られるようにし、美観、耐久性を確保する。

④コンクリートの上層を締め固めるときは、下層コンクリートに10cm程度振動機を挿入し、上層と下層とのコンクリートを一体化させる。

⑤コンクリートの打継目において **コールドジョイント** が生じないよう、コンクリートの許容打重ね時間間隔を順守して連続打設し、上層と下層のコンクリートを一体化させる。

⑥内部振動機の差し込みは鉛直方向とし、その **間隔は50cm以下** として、引き抜きはあとに穴が残らないゆっくりとした速さとする。

⑦固まり始まる直前に再振動をし、有害なひび割れを防止する。

(4) 沈下ひび割れに対する処置

①張出し部のあるコンクリート、柱や壁と連続する床組のはりやスラブをもつ部材では、断面の異なる位置で境界面にひび割れが発生しやすい。このため、断面の変わる柱の頭部等の位置で打ち止め、**1～2時間程度経過後、沈下を待って** ハンチとはりなどの床組コンクリートを連続して打ち込む。

②沈下ひび割れが発生したときは、凝結するまでのできるだけ遅い時期に再振動して締め固め、表面を **タンピング**（金ゴテで表面を打ち付ける）してひび割れを消す。

2.2.4 コンクリートの打継目・養生・型枠取りはずし

❶ コンクリートの打継目

既設のコンクリート構造物に、接合するためのコンクリートを打設するとき、旧コンクリートと新コンクリートの間に設けるのが、コンクリートの打継目である。これには、主に、水平打継目・鉛直打継目・伸縮打継目などがある。

(1) 打継目の原則

① 設計図書に定めた継目の位置・構造を守る。

② 設計で定められていない継目を設けるときは、美観、耐久性・水密性、強度などを考慮して、その位置・方向を施工計画書に予め定めておく。

③ 打継目を設ける位置は、**はりの中央付近で、せん断力の小さな位置**とし、その方向は**圧縮力に対して直角**とする。

④ せん断力の大きい位置に設けるときは、ほぞ、または溝をつけ鉄筋で補強する。

⑤ 打継目の計画に当たり、温度変化、乾燥収縮等によるひび割れの発生の位置を考えて設置する。

(2) 水平打継目の施工

① 打継面が水平となるように、型枠の位置を定める。

② コンクリートの凝結を待ってコンクリートのレイタンスをワイヤブラシ等で除去し、浮き石なども除き、粗骨材粒を露出させて粗面とし十分に吸水させる。

③ 型枠は確実に締め固め、モルタルが流れ出ないように、新コンクリートが旧コンクリートと密着するように締め固める。

④ 旧コンクリートの下に新コンクリートを打ち継ぐ逆打ちコンクリートは、ブリーディングや沈下を考慮して、新コンクリートを旧コンクリートの下に打ち込み、レイタンスを除去したのち、モルタルを敷き均すことがある。

(3) 鉛直打継目の施工

① 鉛直打継目の打継面の型枠を強固に支持し、モルタルがもれない構造とする。

② 旧打継面は、ワイヤブラシで表面を削ったりチッピング（表面はつり）等で粗面にし、十分に水を吸水させ、セメントペーストまたは、モルタル樹脂等を塗布して、新コンクリートを打ち継ぐ。水密を要する水槽の施工では止水板を用いる。

③ 新旧コンクリートが密着するよう締め固める。

④ 打継面の新コンクリートが固まり始める前で、できるだけ遅く、**再振動**して締固め表面を**タンピング**して、ひび割れを閉じる。

(4) 伸縮目地 （図2・2参照）

①伸縮目地は、両側の構造物や部材が絶縁されていなければならない。

②伸縮目地は、必要に応じて目地材、止水板等を配置する。

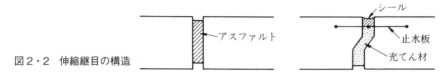

図2・2 伸縮継目の構造

(5) その他の継目

①床組と一体となった柱と壁は、柱や壁の上端で一時打ち止め、1〜2時間の沈下を待って、ハンチと梁、またはスラブを同時に打ち継ぐ（図2・3）。

②ひび割れ誘発目地は、ひび割れを制御するために設けるが、構造の強度や機能を害さないように、その構造と位置を定める（図2・4）。

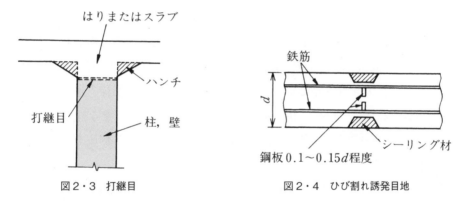

図2・3 打継目　　　　図2・4 ひび割れ誘発目地

❷ 養　生

(1) 養生の目的

養生の最終目的はひび割れを防止し、所定の強度、水密性・耐久性のあるコンクリートをつくることであるが、このための作業の目的を養生の目的というようにとらえると、次のようになる。

①湿潤状態を保つ。

②温度を制御する。

③有害な外力に対し保護する。

(2) 湿潤養生の方法

湿潤養生は、水和に必要な水分の供給をし、表面のひび割れ（プラスチック収縮ひび割れ）を防止する。その養生方法は次のようである。

①打込み終了後は直ちに覆いをして、風、直射日光による水分蒸発から守る。

②湿潤養生は、表面を常に湿潤状態にするため、覆いをして散水をする。必要日数は普通ポルトランドセメントで5日、早強ポルトランドセメントで3日、高炉セメント、フライアッシュセメントで各7日間とする。

③せき板(型枠の側面の板)が乾燥すると、せき板に接するコンクリートが乾燥するので、せき板にも常時散水しておく。

④膜養生は散水養生が困難な場合や、長期にわたり湿潤養生したい場合などに用い、コンクリートの水光が消えた直後にむらなく散布し、所要の性質をもつものとする。

❸ 型枠・支保工

(1) 型枠・支保工の設計荷重

①鉛直荷重として、型枠、支保工、コンクリート、鉄筋、作業員、機器、仮設の各重量と衝撃を考える。コンクリートの単位容積質量は2400kg/m^3、鉄筋コンクリートでは2550kg/m^{3}とする。

②水平荷重として、型枠の傾斜、振動、風、地震等を考える。鋼管枠を支柱とする型枠支保工の設計では、その上端に設計荷重(鉛直荷重)の2.5%に相当する水平荷重がかかっても安全な構造とする。鋼管枠以外を支柱とする型枠支保工の設計では、その上端に設計荷重の5%に相当する水平荷重がかかっても安全な構造とする。

③コンクリートのスランプ値、打込み速さ、打設温度による側圧を考える。

(2) 型枠の施工

①型枠を締め付けるには、ボルトまたは棒鋼を用いることを標準とする。これらの締付け材は、型枠を取りはずしたあと、コンクリートの表面に残さない。

②せき板内面には、はく離剤を塗布する。

③型枠は、コンクリート打設前も打設中も、型枠の寸法のくるいの有無を管理する。

④コンクリート表面に残った**2.5cm以内**のボルト・棒鋼等の締付け材は、穴をあけてこれを取り去り、穴には高品質のモルタルをつめる。

(3) 支保工の施工

①支保工を安定させるため、埋戻し土は十分に転圧して不同沈下の生じないようにし、また、支保工の組立は安定性と強度を保つようにする。

②コンクリートの打込み前または打込み中に、支保工の移動、傾き、沈下、その他異常の有無などを管理し、必要に応じて危険を防止する。

(4) 型枠および支保工の取りはずし

①型枠および支保工は、コンクリートがその自重および施工中に加わる荷重を受ける場合、現場養生して必要な強度に達するまでは取りはずしてはならない。

1) 厚い鉛直部材(フーチングの側面等)**3.5N/mm^{2}以上**

2）構造部材側面(柱、壁、はりの側面等)5N/mm² 以上

3）橋・スラブの下面(スラブ、梁、アーチ)14N/mm² 以上

②型枠および支保工の取りはずしの順序は、型枠の受ける力の小さいものからとする。このため、フーチング側面、柱・壁などの側面、梁の側面、梁やスラブの下面というような順とする。**鉛直部から水平部の順に取り外す。**

2.2.5　各種コンクリートの施工

❶ 寒中コンクリートの施工の留意点

(1) 寒中コンクリートの計画・配合・混合上の留意点

①**日平均気温 4℃以下が予想**されるとき、寒中コンクリートとして施工する。

②セメントは普通ポルトランドセメントを用い、早強ポルトランドセメントも効果的であるが、マスコンクリート以外混合セメント(高炉セメント、フライアッシュセメント)を用いない。

③氷雪の混入する骨材や、凍結している骨材は用いない。

④コンクリート材料は加熱して混合してよいが、セメントは直接加熱してはならない。

⑤寒中コンクリートは、AE促進形コンクリートを原則とする。

⑥単位水量はできるだけ少なくする。

⑦加熱材料にセメントを混合するときには、ミキサ内を40℃以下とする。

⑧運搬中(1時間)に失われる温度は、コンクリートの温度と周囲の温度差との約15%が失われるので、現場到着温度にこの損失温度を加えたものを出荷時の温度とする。

(2) 寒中コンクリートの運搬・打込み・養生・型枠・支保工の留意点

①コンクリートの運搬・打込みは、できるだけ速やかに手順よく行う。

②コンクリートの打込み温度は、薄い部材では最低10℃、厚い部材では5℃以上とする必要のあること、また初期凍害の防止と周囲との温度差をつくらないという点から、**打込み温度を5℃～20℃の範囲とする。**

③コンクリート打込み前に、型枠、鉄筋に付着している氷雪を除去する。

④凍結した打継目は十分に溶かしてのちに、新コンクリートを打ち込む。

⑤打込み後、直ちに風よけのためシート類で覆い、水分の蒸発・凍結を防止する。

⑥コンクリートは、圧縮強度(5N/mm²)が得られるまで、コンクリートを5℃以上に保ち、さらに2日間は0℃以上とする。

⑦保温養生または給熱養生の終了後、コンクリートの温度を急激に低下させてはならない。

❷ 暑中コンクリートの施工の留意点

(1) 暑中コンクリートの計画・配合・混合の留意点

① コンクリートの周囲が30℃をこえると暑中の性状が著しいため、**日平均25℃をこえるとき**は、暑中コンクリートの施工をする。

② 暑中コンクリートはAE減水剤の遅延形か、高性能減水剤を用いる。

③ 流動化剤を用いるときは、遅延形とする。

④ ワーカビリティが得られる範囲で、単位水量、単位セメント量を最小とする。

⑤ 暑中コンクリートは練り始めて、**1.5時間以内**に打ち終わる。

(2) 暑中コンクリートの打込み・養生

① コンクリートの打込み前に、地盤、型枠、鉄筋などの直射日光により高温になっている部分に散水し、湿潤状態を保つ。

② コンクリートの**打込み温度は35℃以下**とする。打込み後5日間は湿潤養生する。

③ コンクリートの許容打重ね時間間隔は、2.0時間以内とする。

④ コールドジョイントの生じないよう連続打設し、**コールドジョイント**の生じたときは、打継目の施工をしなければならない。

⑤ コンクリート打設後、直ちに養生を開始し、直射日光、風を防ぎ、乾燥ひび割れを防止する。

⑥ コンクリートの硬化の前にひび割れが認められたら、再振動、締め固めしてタンピングを行い、ひび割れを除去する。

❸ マスコンクリートの施工の留意点

(1) マスコンクリートの計画・配合の留意点

① 広がりのあるスラブ等では厚さ80～100cm以上をマスコンクリートといい、橋梁の床版のように下端が拘束されている場合50cm以上の厚さのあるような部材は、マスコンクリートとして取り扱う。

② マスコンクリートの施工にあたっては、温度やひび割れに対する安全性を確保するよう施工計画書を作成する。

③ 施工においては、JISに定めるポルトランドセメントおよび混合セメントを用いるが、JIS以外の低熱セメント等は品質を確かめて用いる。

④ マスコンクリートでは、水和熱の低い中庸熱セメント、フライアッシュセメントB種、高炉セメントB種がJISに定められている。

⑤ AE剤、AE減水剤、高性能AE減水剤を適切に用いれば、単位水量、単位セメント量を最小となるよう減じることができる。

⑥ コンクリート硬化後の温度ひび割れを防止するため、打込み温度を低くして施工し、骨材は石灰石を用いることが望ましい。

(2) マスコンクリートの打込み・養生・型枠・ひび割れ誘発目地の留意点

① マスコンクリートの打込みに際し、打込み以前に、その区画の大きさ、リフト高、継目位置の確認を行う。

② コンクリートのブロック割は、新コンクリートが旧コンクリートに拘束されるので、温度差を少なくするため、打込み間隔があまり開き過ぎないようにする。

③ 打込み温度は、計画された打込み温度をこえてはならない。

④ コールドジョイントを防止するため、1区画内は連続打設する。

⑤ 外気との温度差を少なくするため、保温養生として断熱材（スチロール、シート）で覆いを設ける。

⑥ 温度ひび割れ制御を計画どおりに行うため、**コンクリートの温度との差が20℃以下の水による**パイプクーリング**を行うことがある。**

⑦ 型枠を取りはずしたのちも、急冷を防止するためシートで覆って保温する。

⑧ 温度ひび割れを制御するためのひび割れ誘発目地を設ける場合、目地間隔は4〜5mをめやすとするが、構造上の機能が損なわれない位置とする。

2.2.6　鉄　筋　工

1　鉄筋の加工

(1) 鉄筋は、原則として冷間加工とし、加熱による熱間加工をしてはならない。

(2) フックは、半円形（180°）フック、鋭角（135°）フック、直角（90°）フックとする。（図2・5）

(3) 普通丸鋼は、必ず半円形フックを用いる。

(4) スターラップは異形鉄筋を用いる場合でも、直角または鋭角フックとする。

(5) 折曲げ鉄筋の曲げ内半径は、図2・6のように、鉄筋直径の5倍以上とする。

(6) ラーメン構造の隅角部の外側に沿う鉄筋の曲げ内半径は、図2・7のように、鉄筋直径の10倍以上とする。

(7) 鉄筋を加工するときは**鉄筋の溶接箇所から鉄筋直径の10倍以上離れた位置**とする。

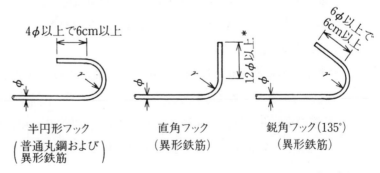

図2・5　鉄筋端部のフックの形状　　ϕ：鉄筋直径　　r：鉄筋の曲げ内半径　　＊スターラップの場合は6ϕ以上で6cm以上

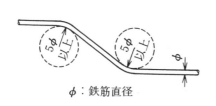 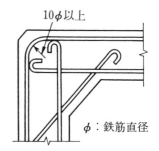

図2・6 折曲げ鉄筋の曲げ内半径　　図2・7 折ラーメン隅角部外側鉄筋の曲げ内半径

❷ 鉄筋の組立

(1) 鉄筋の交点の要所は、直径 **0.8mm以上の焼きなまし鉄線** または適切なクリップで緊結する。

(2) 鉄筋の組立誤差は、かぶり、有効高は±5mm、折曲げ、定着、継手位置は±20mm程度とする。

(3) 鉄筋相互のあきは、次のようである。
　① 梁における軸方向鉄筋：水平あき2cm以上、粗骨材の最大寸法の4/3以上、鉄筋の直径以上。
　② 柱における軸方向鉄筋：軸方向鉄筋のあき4cm以上、粗骨材の最大寸法の4/3以上、鉄筋直径の1.5倍以上。

(4) **型枠に接するスペーサは、モルタル製あるいはコンクリート製**として、強度は構造物以上とする。鋼製は腐食環境の厳しい所で用いない。また、プラスチック製は、強度の必要な所に用いない。

❸ 鉄筋の継手

(1) 鉄筋の継手位置は、設計図どおりに行う。

(2) 鉄筋の継手位置が設計図に定められていないときは、次のように行う。
　① 継手位置は、できるだけ応力の小さな位置とする。
　② 継手位置を同一断面にそろえて配置してはならない。相互に、**継手の長さに、鉄筋径の25倍以上ずらせる**。
　③ 継手部の鉄筋相互の間隔は、粗骨材の最大寸法d以上と定められているが、できるだけあきをとるようにする。

(3) 鉄筋の重ね継手は、鉄筋径φとして所要の長さ **20φ以上を重ね合わせ**、0.8mm以上の焼なまし鉄線を用いて**必要最小限の長さ**で緊結する。

❹ 圧接継手

圧接継手の施工の留意点は、次のとおりである。

(1) 圧接工（手動ガス圧接工技量資格検定試験合格者）は、有資格者であること。
(2) 鉄筋径が相互に **5mm以上**異なるときは、圧接してはならない。
(3) 圧接面はグラインダで仕上げ、面取りする。
(4) 軸心のくい違いは、細い鉄筋径の **1/5以下**とする。
(5) 鉄筋の縮み代は、鉄筋径dの **1d〜1.5d**の長さを見込む。
(6) 鉄筋の圧接部のふくらみの径は、鉄筋径dの **1.4倍以上**とする。**膨らみ部の長さは1.1d以上**とする。
(7) 検査は、圧接部を超音波探傷検査または引張試験で管理する。

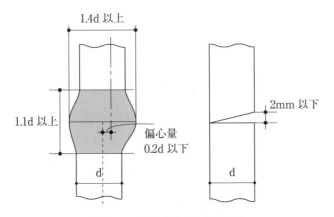

図2・8 圧接部検査の合格基準

❺ 鉄筋の防錆・保護

コンクリート中の鉄筋の防錆・保護の方法には次のものがある。

(1) 鉄筋の表面にエポキシなどの塗料を塗布する。
(2) コンクリートの水セメント比を小さくする。
(3) 中性化防止のため、かぶり **3cm以上**確保する。
(4) アルカリ骨材反応の抑制対策を行う。
(5) 塩害を防止するため、コンクリート表面を被覆する塗料で塗布する。
(6) ひび割れを抑制するため混和剤を用いる。

2.3 コンクリート工 最新問題解説

コンクリート工分野の空欄記入問題

令和6年度　選択問題(1)　コンクリート工　暑中コンクリートの打込み

【問題 4】
暑中コンクリートの打込み時の留意点に関する次の文章中の□□のイ)～(ホ)に当てはまる**適切な語句又は数値**を解答欄に記述しなさい。

(1) 暑中コンクリートでは，充填性を確保するため打込み時の最小 (イ) が満足できるよう，あらかじめコンクリートの経時変化を確認しておく。

(2) 暑中コンクリートの練混ぜ開始から打込み終了までの時間は (ロ) 時間以内であることを原則とする。

(3) 暑中コンクリートでは，打継面や打ち込まれたコンクリート表面等は乾燥しやすく，打継ぎ部や打重ね部における (ハ) の低下を招く可能性があるので，散水や覆い等により湿潤状態を保つ必要がある。

(4) 直射日光を受けて鋼製型枠，鉄筋等が非常に高温の状態になっている場合には，打ち込まれたコンクリートが急激に (ニ) することがあるため，散水や覆い等によって高温になることを防止する。

(5) 暑中コンクリートの打込み時のコンクリート温度の上限は，(ホ) ℃以下を標準とする。

> 考え方

1 暑中コンクリートの定義

暑中コンクリートとは、日平均気温が25℃を超えることが想定される時期(日平均気温の平年値が25℃を超える期間)に施工されるコンクリートである。

2 暑中コンクリートの充填性の確保

暑中コンクリートは、コンクリートの凝結速度が速く、コンクリートから水分が蒸発しやすいので、時間経過に伴うスランプ(コンクリートの軟らかさ)の低下が速いという問題点がある。スランプが低下したコンクリートは、硬くなっているので、型枠内に充填することが困難になる。

したがって、暑中コンクリートの施工では、型枠へのコンクリートの充填性を確保するため、下図のようにコンクリートの「スランプの経時変化」をあらかじめ確認しておくことで、打込み時の最小**スランプ**が満足できるようにしなければならない。

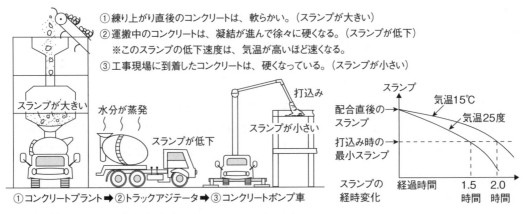

3 暑中コンクリートの打込み時間

コンクリートは、練り混ぜてから打ち終わるまでの時間が長くなりすぎると、スランプの低下により、打ち終わる前にコンクリートが硬化してしまう。このようなコンクリートの硬化は、外気温が高いほど速く進みやすい。

コンクリートの打込み時間(練混ぜ開始から打込み終了までの時間)は、暑中コンクリートであるかどうか(日平均気温の高低)に応じて、次のように定められている。

①暑中コンクリートである(気温が25℃を超える)場合は、**1.5時間以内**を原則とする。
②暑中コンクリートでない(気温が25℃以下の)場合は、2.0時間以内を原則とする。
※打込み時間が上記の範囲内であれば、打込み時の最小スランプを十分に確保できる。

4 暑中コンクリートの湿潤養生

暑中コンクリートは、施工中に高温になりやすいために、水分が蒸発しやすいので、コンクリートの急激な乾燥による品質の低下（ひび割れなどの発生）を招くことがある。このような品質の低下を防止するためには、散水または覆い（シート養生）などによる適切な処置（湿潤養生）を行う必要がある。

① 打継面や打ち込まれたコンクリート表面は、暑い外気に直接触れることになるので、特に乾燥しやすい。このような打継ぎ部や打重ね部は、**品質**の低下（ひび割れなどの発生）を招く可能性が特に高いので、散水や覆いなどにより、湿潤状態を保つ必要がある。

② コンクリートを打ち込んだ鋼製型枠や、その周囲の鉄筋が、直射日光を受けるなどの影響により、非常に高温の状態になっている場合は、打ち込まれたコンクリートも高温になる。高温になったコンクリートは、急激に**乾燥**するので、散水や覆いなどにより、高温になることを防ぐ必要がある。

5 暑中コンクリートの打込み温度

コンクリートは、打込み時の温度が高くなると、コンクリートの急激な乾燥による品質の低下（ひび割れなどの発生）を招くことがある。暑中コンクリートでは、このような品質の低下を防ぐため、打込み時のコンクリート温度の上限は、**35℃以下**を標準とすることが定められている。

ただし、近年では暑さが厳しくなっているので、流動性を長時間保持することができる（凝結を適切に遅延させることができる混和材を用いた）コンクリートを使用する場合は、打込み時のコンクリート温度の上限を38℃とすることができる場合もあるとされている。

解 答

(1) 暑中コンクリートでは、充填性を確保するため打込み時の最小**(イ)スランプ**が満足できるよう、あらかじめコンクリートの経時変化を確認しておく。

(2) 暑中コンクリートの練混ぜ開始から打込み終了までの時間は**(ロ)1.5**時間以内であることを原則とする。

(3) 暑中コンクリートでは、打継面や打ち込まれたコンクリート表面等は乾燥しやすく、打継ぎ部や打重ね部における**(ハ)品質**の低下を招く可能性があるので、散水や覆い等により湿潤状態を保つ必要がある。

(4) 直射日光を受けて鋼製型枠、鉄筋等が非常に高温の状態になっている場合には、打ち込まれたコンクリートが急激に**(ニ)乾燥**することがあるため、散水や覆い等によって高温になることを防止する。

(5) 暑中コンクリートの打込み時のコンクリート温度の上限は、**(ホ)35**℃以下を標準とする。

出典：コンクリート標準示方書（土木学会）

(イ)	(ロ)	(ハ)	(ニ)	(ホ)
スランプ	1.5	品質	乾燥	35

| 令和4年度 | 選択問題(1) | コンクリート工 | コンクリートの打継目の施工 |

【問題 4】
コンクリートの打継目の施工に関する次の文章の □ の(イ)～(ホ)に当てはまる適切な語句を解答欄に記述しなさい。

(1) 打継目は，できるだけせん断力の （イ） 位置に設け，打継面を部材の圧縮力の作用方向と直交させるのを原則とする。海洋及び港湾コンクリート構造物等では，外部塩分が打継目を浸透し， （ロ） の腐食を促進する可能性があるのでできるだけ設けないのがよい。

(2) コンクリートを水平に打ち継ぐ場合には，既に打ち込まれたコンクリートの表面のレイタンス，品質の悪いコンクリート，緩んだ骨材粒等を完全に取り除き，コンクリート表面を （ハ） にした後，十分に吸水させなければならない。

(3) 既に打ち込まれ硬化したコンクリートの鉛直打継面は，ワイヤブラシで表面を削るか， （ニ） 等により （ハ） にして十分吸水させた後，新しいコンクリートを打ち継がなければならない。

(4) 水密性を要するコンクリート構造物の鉛直打継目には， （ホ） を用いることを原則とする。

考え方

1 コンクリートの打継目の位置

　コンクリートの打継目(旧コンクリートと新コンクリートとの境界線)は、構造上の弱点になりやすく、漏水やひび割れの原因になりやすい。また、水の通り道になるため、構造強度の低下や、コンクリート内部にある鉄筋の錆の原因にもなる。
　コンクリートの打継目の施工の際には、次のような点に注意しなければならない。
①コンクリートの打継目は、できる限り一体化(密着)させておく。
②コンクリートの打継目は、できるだけせん断力の小さい位置に設ける。
③コンクリートの打継面は、原則として、部材の圧縮力の作用方向と直交させる。

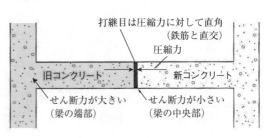

鉄筋コンクリート梁の打継目(打継目の位置と方向)
※せん断力が大きい位置(梁の端部など)に打継目を設けると、その打継目からコンクリートが破壊されるおそれが生じる。

2 打継目を設けるべきではないコンクリート

海洋コンクリート構造物・港湾コンクリート構造物などでは、外部から侵入した海水中の塩分が打継目から浸透し、コンクリートの内部にある**鉄筋(鋼材)**の腐食を促進するおそれがあるので、原則として、打継目を設けるのは避けなければならない。

このようなコンクリート構造物に、やむを得ず打継目を設けるときは、その打継目が鉄筋コンクリート構造物としての耐久性を低下させないよう、満潮位・干潮位から60cm以内の位置に、打継目を設けるのは避けなければならない。

3 コンクリートの打継目の処理

コンクリートの打継目には、水平打継目と鉛直打継目がある。いずれの場合にも、コンクリートを打ち継ぐ場合には、次のような処理をしなければならない。

① 既に打ち込まれたコンクリートの表面(打継面)のレイタンス(遊離石灰などの軟弱層)・品質の悪いコンクリート・緩んだ骨材粒などを完全に取り除く。このような低強度のものが残っていると、打継目の強度が著しく低下するため、注意が必要である。

② コンクリートの表面(打継面)を**粗**にして十分に吸水させる。この打継面が粗になっていない(平滑になっている)と、その打継面において、旧コンクリートと新コンクリートとの一体性が損なわれてしまうため、注意が必要である。

4 コンクリートの鉛直打継目の処理

既に打ち込まれて硬化したコンクリートの鉛直打継面がある場合は、ワイヤブラシなどで表面を削るか、**チッピング**(既設コンクリート面を斫り取って凹凸のある面に仕上げること)などの方法で、打継面を**粗**にして十分に吸水させた後、必要に応じてモルタルや湿潤面用エポキシ樹脂を塗り、新しいコンクリートを打ち継がなければならない。

5 水密性を要するコンクリートの鉛直打継目の処理

水密性を要する(水の通過を完全に阻止する必要がある)コンクリートの鉛直打継目では、打継目からの水の浸入を防ぐため、打継目の周囲に、下図のようなプラスチック製の**止水板**を設置しておくことが定められている。

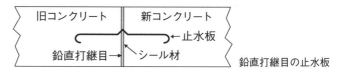

鉛直打継目の止水板

解　答

(1) 打継目は、できるだけせん断力の**(イ)小さい**位置に設け、打継面を部材の圧縮力の作用方向と直交させるのを原則とする。海洋及び港湾コンクリート構造物等では、外部塩分が打継目を浸透し、**(ロ)鉄筋**の腐食を促進する可能性があるのでできるだけ設けないのがよい。

(2) コンクリートを水平に打ち継ぐ場合には、既に打ち込まれたコンクリートの表面のレイタンス、品質の悪いコンクリート、緩んだ骨材粒等を完全に取り除き、コンクリート表面を**(ハ)粗**にした後、十分に吸水させなければならない。

(3) 既に打ち込まれ硬化したコンクリートの鉛直打継面は、ワイヤブラシで表面を削るか、(ニ)チッピング等により(ハ)粗にして十分吸水させた後、新しいコンクリートを打ち継がなければならない。

(4) 水密性を要するコンクリート構造物の鉛直打継目には、(ホ)止水板を用いることを原則とする。

出典：コンクリート標準示方書(土木学会)

(イ)	(ロ)	(ハ)	(ニ)	(ホ)
小さい	鉄筋	粗	チッピング	止水板

※このような「適切な語句を解答欄に記述」する問題では、出典となる書籍(この問題ではコンクリート標準示方書)に記載されている用語を正確に記述する必要がある。一例として、(ハ)を「粗い面」などと解答した場合は、不正解と判定されるおそれがある。ただし、(ロ)のように、出典となる書籍に明確な記述がない語句については、この限りでない。一例として、(ロ)は「鋼材」と解答しても正解となる。

参考 コンクリートの打継目(コンクリート標準示方書に定められている内容)

　土木施工管理技術検定試験では、コンクリート標準示方書に書かれている重要な単語を覚えておく必要がある。下記の文章は、試験問題と同様に、コンクリート標準示方書から引用したものである。

①継目は、設計図書に示された構造とし、所定の位置に設けなければならない。

②設計図書に示されていない継目を設ける場合には、構造物の性能を損なわないように、その位置、方向および施工方法を施工計画書で定めなければならない。

③打継目は、構造物の構造形式、環境条件および施工条件等を考慮して計画しなければならない。

④打継目は、できるだけせん断力の小さい位置に設け、打継面を部材の圧縮力の作用方向と直交させるのを原則とする。

⑤継目の位置は、温度応力、乾燥収縮等によって発生するおそれのあるひび割れを考慮して定めなければならない。

⑥外部塩分による被害を受けるおそれのある海洋および港湾コンクリート構造物等においては、打継目を設けないことを原則とする。やむを得ず打継目を設ける場合には、打継目が耐久性に影響を及ぼさないように十分に配慮しなければならない。

⑦コンクリートを打ち継ぐ場合には、既に打ち込まれたコンクリートの表面のレイタンス、品質の悪いコンクリート、緩んだ骨材粒等を完全に取り除き、コンクリート表面を粗にした後、十分に吸水させなければならない。

⑧逆打ちコンクリートは、コンクリートのブリーディングや沈下を考慮して、打継目が一体となるように施工しなければならない。

⑨鉛直打継目の施工にあたっては、打継面の型枠を強固に支持しなければならない。

⑩既に打ち込まれ硬化したコンクリートの打継面は、ワイヤブラシで表面を削るか、チッピング等により粗にして十分吸水させた後、新しいコンクリートを打ち継がなければならない。

⑪打ち込んだコンクリートが打継面に行きわたり、打継面と密着するように打込みおよび締固めを行わなければならない。

⑫水密性を要するコンクリート構造物の鉛直打継目には、止水板を用いるのを原則とする。

令和3年度　必須問題　コンクリート工　コンクリートの養生

【問題 2】
コンクリートの養生に関する次の文章の □ の(イ)～(ホ)に当てはまる**適切な語句**を解答欄に記述しなさい。

(1) 打込み後のコンクリートは、セメントの　(イ)　反応が阻害されないように表面からの乾燥を防止する必要がある。

(2) 打込み後のコンクリートは、その部位に応じた適切な養生方法により、一定期間は十分な　(ロ)　状態に保たなければならない。

(3) 養生期間は、セメントの種類や環境温度等に応じて適切に定めなければならない。日平均気温15℃以上の場合、　(ハ)　を使用した際には、養生期間は7日を標準とする。

(4) 暑中コンクリートでは、特に気温が高く、また、湿度が低い場合には、表面が急激に乾燥し　(ニ)　が生じやすいので、　(ホ)　又は覆い等による適切な処置を行い、表面の乾燥を抑えることが大切である。

考え方

1　コンクリートの養生

コンクリートは、セメント・水・細骨材・粗骨材などが混合された材料であり、所要の品質(強度・劣化に対する抵抗性・ひび割れ抵抗性・水密性・美観性など)を確保できるように配合設計されている。

型枠に打ち込まれたコンクリートは、その内部にあるセメントが水と反応し、接着材のように作用することで、粗骨材や細骨材と一体化して硬化する。この反応は、セメントの水和反応と呼ばれている。

セメントの水和反応を進行させるためには、十分な水分が必要である。そのため、打込み後のコンクリートは、セメントの**水和**反応が阻害されないように、コンクリート表面からの乾燥(水分の散逸)を防止しなければならない。

打込み後のコンクリートは、その部位に応じた適切な養生方法により、一定期間(コンクリートが十分に硬化するまでの間)は十分な**湿潤**状態と適切な温度に保たなければならない。また、コンクリートが有害な作用(振動・衝撃・荷重・海水など)の影響を受けないようにしなければならない。この養生方法が不適切であると、硬化前のコンクリートが乾燥し、コンクリートにひび割れが生じることがある。

2 コンクリートの養生期間

コンクリートの硬化速度は、セメントの種類によって異なる。また、コンクリートの硬化速度は、周囲の温度が高いほど速くなる。コンクリートの標準的な養生期間は、使用するセメントの種類と環境温度（養生期間中の日平均気温）に応じて、下表のように定められている。

コンクリートの標準的な養生期間

日平均気温 \ セメントの種類	普通ポルトランドセメント	早強ポルトランドセメント	混合セメントB種
15℃以上	5日	3日	7日
10℃以上	7日	4日	9日
5℃以上	9日	5日	12日

したがって、日平均気温が15℃以上の場合に、**混合セメントB種**を使用した際には、コンクリートの養生期間は7日を標準とする。

セメントの種類に関する詳細

① 普通ポルトランドセメントは、一般的な方法で製造されたセメントである。強いアルカリ性を有するため、このセメントを用いたコンクリート中の鉄筋は酸化せず、錆びることがない。そのため、普通ポルトランドセメントは、土木構造物の鉄筋コンクリート材料として広く用いられている。

② 早強ポルトランドセメントは、普通ポルトランドセメントの粒子径を小さくする（水和反応ができる面積を増やす）ことで、コンクリートの硬化を促進するセメントである。また、その材料中には、硬化を促進する三酸化硫黄（SO_3）の成分が多く含まれている。このセメントを用いたコンクリートは、硬化速度が速くなるものの、水和反応による発熱が大きくなるため、マスコンクリート（一辺が80cm以上となる橋脚やダムなどの大型のコンクリート）に用いてはならない。早強ポルトランドセメントは、災害復旧などの特に硬化速度が求められる工事や、工期を短縮する必要がある工事に用いられる。

③ 混合セメントは、高炉スラグ微粉末やフライアッシュなどの混合材を、普通ポルトランドセメントに所定の割合で混合したセメントである。混合セメントは、混合材の混合率が少ないA種・混合材の混合率が中程度のB種・混合材の混合率が多いC種に分類されている。一般的な土木工事では、混合セメントB種が用いられる。混合セメントは、アルカリ性は普通ポルトランドセメントよりも弱いが、水和反応が遅く、水和反応による発熱が少ないため、マスコンクリートに用いられることが多い。

3 暑中コンクリートの養生

　暑中コンクリートとは、日平均気温が25℃を超える時期に施工するコンクリートである。コンクリートの施工時に、特に気温が高く、湿度が低い場合には、コンクリートから非常に速く水分が失われるため、コンクリート表面が急激に乾燥し、**ひび割れ**が生じやすくなる。また、コンクリートの打継部では、コールドジョイント（上下層が一体化していない不連続な不良打継目）が生じやすくなる。

　暑中コンクリートの施工において、コンクリート表面の急激な乾燥によるひび割れを防止するためには、**散水**または覆い（シート養生）などによる適切な処置（養生方法）を行うことが大切である。

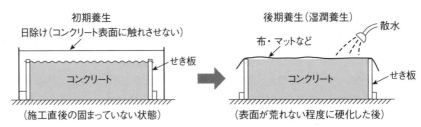

暑中コンクリートの養生

※コンクリートの露出面に対する散水やシート養生は、コンクリート表面を荒らさずに作業ができる程度に硬化した後に開始する。コンクリートの硬化前に、散水やシート養生を行うと、コンクリートの表面が荒れてしまうことがある。

解　答

(1) 打込み後のコンクリートは、セメントの **(イ)水和** 反応が阻害されないように表面からの乾燥を防止する必要がある。

(2) 打込み後のコンクリートは、その部位に応じた適切な養生方法により、一定期間は十分な **(ロ)湿潤** 状態に保たなければならない。

(3) 養生期間は、セメントの種類や環境温度等に応じて適切に定めなければならない。日平均気温15℃以上の場合、**(ハ)混合セメントB種** を使用した際には、養生期間は7日を標準とする。

(4) 暑中コンクリートでは、特に気温が高く、また、湿度が低い場合には、表面が急激に乾燥し **(ニ)ひび割れ** が生じやすいので、**(ホ)散水** 又は覆い等による適切な処置を行い、表面の乾燥を抑えることが大切である。

出典：コンクリート標準示方書（土木学会）

（イ）	（ロ）	（ハ）	（ニ）	（ホ）
水和	湿潤	混合セメントB種	ひび割れ	散水

※このような「適切な語句を解答欄に記述」する問題では、出典となる書籍（この問題ではコンクリート標準示方書）に記載されている用語を正確に記述する必要がある。一例として、（ハ）の解答を「混合セメント」「フライアッシュセメント」「高炉セメントB種」などとした場合は、不正解と判定されるおそれがある。

令和3年度 選択問題(2) コンクリート工 コンクリートの施工

【問題 9】
コンクリートの施工に関する次の①〜④の記述のすべてについて，適切でない語句が文中に含まれている。①〜④のうちから2つ選び，番号，適切でない語句及び適切な語句をそれぞれ解答欄に記述しなさい。

① コンクリート中にできた空隙や余剰水を少なくするための再振動を行う適切な時期は，締固めによって再び流動性が戻る状態の範囲でできるだけ早い時期がよい。

② 仕上げ作業後，コンクリートが固まり始めるまでの間に発生したひび割れは，棒状バイブレータと再仕上げによって修復しなければならない。

③ コンクリートを打ち継ぐ場合には，既に打ち込まれたコンクリートの表面のレイタンス等を完全に取り除き，コンクリート表面を粗にした後，十分に乾燥させなければならない。

④ 型枠底面に設置するスペーサは，鉄筋の荷重を直接支える必要があるので，鉄製を使用する。

考え方

1 コンクリートの再振動の時期

　コンクリートの再振動とは、コンクリートを一旦締め固めた後、適切な時期に、コンクリートに再び振動を与えることをいう。再振動を適切な時期に行うことにより、コンクリートは再び流動性を帯びるので、コンクリート中に生じた空隙や余剰水が少なくなり、コンクリート強度の増加・鉄筋との付着強度の増加・沈みひび割れの防止などの効果が期待できる。

　コンクリートの再振動の時期は、コンクリートの締固めが可能な時間(締固めによって再び流動性が戻る状態の範囲)のうち、できるだけ**遅い**時期とすることが望ましい。そのため、再振動を行う場合には、締固めが可能な時間をあらかじめ確認しておき、再振動の時期を適切に定めなければならない。

　コンクリートの再振動の時期が早すぎる(締固めが可能な時間のうち早い時期に再振動を行う)と、空隙や余剰水を少なくするための再振動の後に、再びコンクリート中に空隙や余剰水が生じてしまうことがある。

　コンクリートの再振動の時期が遅すぎる(締固めが可能な時間を過ぎてから再振動を行う)と、既にコンクリートの硬化が始まっているため、コンクリートが損傷したり、鉄筋との付着強度が低下したりすることがある。

2 コンクリートのひび割れの修復

打ち込んだコンクリートの仕上げ作業後、コンクリートが固まり始めるまでの間に、ひび割れが発生した場合には、**タンピング**と再仕上げによって修復しなければならない。棒状バイブレータは、コンクリートの締固めに使用する道具であり、仕上げが完了したコンクリートのひび割れを修復することはできない。

タンピングとは、コンクリートの硬化前に、コンクリート表面を繰り返し叩いて締め固めることで、ひび割れを閉じる作業である。

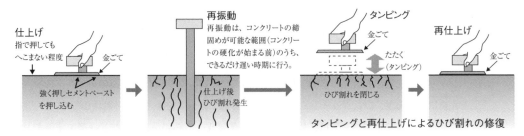

コンクリートの表面からブリーディング水が消失する頃には、表面の急激の乾燥による収縮やその他の外力等によって、コンクリートにひび割れが発生しやすい。コンクリートの打込み時や仕上げ時には、日射や通風による乾燥を抑制するため、適切な養生を行う必要がある。

3 コンクリートの打継面

既に打ち込んだコンクリートに、新たなコンクリートを打ち継ぐ場合には、既に打ち込まれたコンクリートの表面（打継面）のレイタンス（セメントの灰汁から成る脆弱層）・緩んだ骨材粒・品質の悪いコンクリートなどを完全に取り除き、コンクリートの表面を粗にして十分に**吸水**させなければならない。コンクリートの打継面が乾燥していると、その打継面に対して新たに打ち込んだコンクリートから水分が急速に奪われてしまい、打継面がコールドジョイント（上下層が一体化していない不連続な不良打継目）となり、コンクリートの強度が低下してしまう。

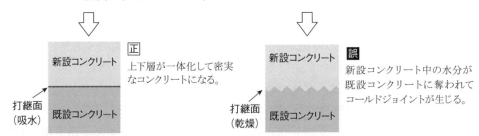

4 スペーサの材質

型枠底面に設置するスペーサは、鉄筋の荷重を直接支える必要がある（鉄筋に直接接触する）ため、モルタル製またはコンクリート製のものを使用しなければならない。鉄製または鋼製のスペーサは、防錆処理が施されていたとしても、鉄筋と接触することによる腐食のおそれがあるため、原則として、型枠底面に設置してはならない。

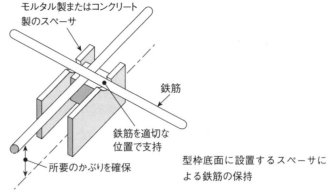

型枠底面に設置するスペーサに
よる鉄筋の保持

　スペーサは、鉄筋を適切な位置に保持し、所要のかぶりを確保するためのものである。スペーサの材質は、モルタル製・コンクリート製・鋼製・プラスチック製・セラミック製など様々であるが、使用箇所・使用環境に応じた適切な材質のものを、適切に配置する必要がある。一例として、型枠底面に設置するスペーサは、鉄筋の荷重を直接支える必要があるので、型枠と接する面積が大きくなり、上床版の下面などではコンクリート表面にスペーサが露出する。そのため、型枠底面に設置するスペーサは、強度・耐久性・外観などを考慮し、原則として、本体コンクリートと同等以上の品質を有する**モルタル製もしくはコンクリート製**としなければならない。また、型枠底面に設置するスペーサの寸法は、最小かぶりを確保し、鉄筋位置を許容誤差内に収められるものとしなければならない。

解　答

①コンクリート中にできた空隙や余剰水を少なくするための再振動を行う適切な時期は、締固めによって再び流動性が戻る状態の範囲でできるだけ遅い時期がよい。

②仕上げ作業後、コンクリートが固まり始めるまでの間に発生したひび割れは、タンピングと再仕上げによって修復しなければならない。

③コンクリートを打ち継ぐ場合には、既に打ち込まれたコンクリートの表面のレイタンス等を完全に取り除き、コンクリート表面を粗にした後、十分に吸水させなければならない。

④型枠底面に設置するスペーサは、鉄筋の荷重を直接支える必要があるので、モルタル製もしくはコンクリート製を使用する。

番号	適切でない語句	適切な語句
①	早い	遅い
②	棒状バイブレータ	タンピング
③	乾燥	吸水
④	鉄製	モルタル製もしくはコンクリート製

以上から2つを選んで解答する。　　出典：コンクリート標準示方書（土木学会）

※④の解答は、コンクリート標準示方書（出典元）では「モルタル製もしくはコンクリート製」となっているが、「モルタル製またはコンクリート製」「モルタル製」「コンクリート製」などとしても正解になると思われる。

令和2年度 選択問題(1) コンクリート工 コンクリートの混和材料

問題3 コンクリートの混和材料に関する次の文章の　　　の(イ)〜(ホ)に当てはまる**適切な語句**を解答欄に記述しなさい。

(1) （イ）は、水和熱による温度上昇の低減、長期材齢における強度増進など、優れた効果が期待でき、一般にはⅡ種が用いられることが多い混和材である。

(2) 膨張材は、乾燥収縮や硬化収縮に起因する（ロ）の発生を低減できることなど優れた効果が得られる。

(3) （ハ）微粉末は、硫酸、硫酸塩や海水に対する化学抵抗性の改善、アルカリシリカ反応の抑制、高強度を得ることができる混和材である。

(4) 流動化剤は、主として運搬時間が長い場合に、流動化後の（ニ）ロスを低減させる混和剤である。

(5) 高性能（ホ）は、ワーカビリティーや圧送性の改善、単位水量の低減、耐凍害性の向上、水密性の改善など、多くの効果が期待でき、標準形と遅延形の2種類に分けられる混和剤である。

考え方

1 混和材料の定義

コンクリート標準示方書では、混和材料という用語が、次のように定義されている。

① **混和材料**：セメント・水・骨材以外の材料で、コンクリート等に特別の性質を与えるために、打込みを行う前までに、必要に応じて加える材料。（混和材と混和剤に分類される）

② **混和材**：混和材料の中で、使用量が比較的多く、それ自体の容積がコンクリートの練上がり容積に算入されるもの。（使用量がセメント量の5％以上であれば混和材として扱われる）

③ **混和剤**：混和材料の中で、使用量が少なく、それ自体の容積がコンクリートの練上がり容積に算入されないもの。（使用量がセメント量の1％未満であれば混和剤として扱われる）

2 フライアッシュ

フライアッシュは、火力発電所で発生した石炭灰を、集塵器で捕集した混和材である。フライアッシュを混和材料として用いたコンクリートは、ポゾラン活性（セメントの水和反応によって生じる水酸化カルシウムを吸収して硬化する反応）を利用できるようになる。

フライアッシュを適切に使用してコンクリートを造ると、次のような効果が得られる。

①コンクリートのワーカビリティー(施工しやすさ)の改善
②コンクリートの単位水量の減少
③水和熱による温度上昇の低減
④長期材齢における強度増進
⑤乾燥収縮の減少
⑥水密性や化学的侵食に対する抵抗性の改善
⑦アルカリシリカ反応の抑制

※フライアッシュの規格は、その粉末度(比表面積)やフロー値比などにより、Ⅰ種・Ⅱ種・Ⅲ種・Ⅳ種に分類されている。このうち、最も一般的に用いられている規格はⅡ種である。

規格	Ⅰ種	Ⅱ種	Ⅲ種	Ⅳ種
粉末度	5000cm²/g 以上	2500cm²/g 以上	2500cm²/g 以上	1500cm²/g 以上
フロー値比	105% 以上	95% 以上	85% 以上	75% 以上

出典：JIS A 6201 コンクリート用フライアッシュ

3 膨張材

膨張材は、コンクリートを膨張させることで、コンクリートの乾燥収縮・硬化収縮によるひび割れを抑制する混和材である。1m³につき20kg～30kg程度の膨張材を用いたコンクリートは、ひび割れが生じにくくなる。膨張材を適切に使用してコンクリートを造ると、次のような効果が得られる。

①コンクリートの乾燥収縮や硬化収縮に起因する**ひび割れ**の発生の低減
②ケミカルプレストレスの導入によるひび割れ耐力の向上

※ケミカルプレストレスとは、PC構造物(プレストレストコンクリート構造物)の施工時に石灰系の膨張材を用いたとき、硬化中に膨張したコンクリートが鋼材で抑制され、その抑制による有効な応力がPC構造物に残留することで、PC構造物の耐力が向上することをいう。

4 高炉スラグ微粉末

高炉スラグ微粉末は、溶鉱炉で鉄を製造したときに副産物として生成されるガラス質を急冷・粉砕して造られる混和材である。高炉スラグ微粉末を混和材料として用いたコンクリートは、潜在水硬性(石灰から刺激を受けて硬化する性質)を利用できるようになる。30%～60%の高炉スラグ微粉末を加えた高炉セメントB種は、この潜在水硬性を利用できるので、水理構造物・地下構造物などの材料として広く使われている。**高炉スラグ微粉末**を適切に使用してコンクリートを造ると、次のような効果が得られる。

①水和熱の発生速度を遅くすること
②コンクリートの長期強度の増進
③水密性の向上による塩化物イオン等のコンクリート中への浸透の抑制
④硫酸・硫酸塩・海水に対する化学抵抗性の改善
⑤アルカリシリカ反応の抑制
⑥高強度の獲得
⑦ワーカビリティーの改善

5 流動化剤

流動化剤は、コンクリートの流動性を高めるために使用される混和剤（界面活性剤）である。標準形の流動化剤は、一般的なコンクリート工事に用いられるもので、使用実績が比較的多い。遅延形の流動化剤は、流動化効果と凝結遅延効果を併せ持つもので、主として暑中コンクリート工事や運搬時間が長い場合に、流動化後の**スランプロス**（スランプ値の低下によってコンクリートの流動性が低下する現象）を低減させるために用いられる。

※流動化剤を使用するためには、ベースコンクリートを流動性の高い AE（Air Entrained）コンクリート（気泡を導入したコンクリート）とする必要がある。流動化剤によるスランプ値の増大量は、10cm以下とする必要があるので、AE剤が使用されていないコンクリートに流動化剤を添加することは不適切である。

6 高性能 AE 減水剤

高性能 AE 減水剤は、空気連行作用（コンクリート中に気泡を導入する作用）・優れた減水性能（コンクリートの単位水量を減少させる作用）・優れたスランプ保持性能を併せ持つ混和剤である。標準形の高性能 AE 減水剤は、通常の環境下の（暑中ではない）コンクリート工事に用いられる。遅延形の高性能 AE 減水剤は、コンクリートの凝結を遅らせる作用があるので、暑中コンクリート工事に用いられる。**高性能 AE 減水剤**を適切に使用してコンクリートを造ると、次のような効果が得られる。

①コンクリートのワーカビリティー（施工しやすさ）の改善
②コンクリートポンプ使用時の圧送性の改善
③コンクリートの単位水量の低減
④耐凍害性の向上
⑤水密性の改善
⑥材料分離の抑制

※高性能 AE 減水剤を用いたコンクリートは、通常のコンクリートに比べて、コンクリート温度・使用材料の種類・使用材料の配合割合などが変化したときに、ワーカビリティーなどが変化しやすいので、その製造条件を安定させておく必要がある。

解 答

(1) **(イ)フライアッシュ**は、水和熱による温度上昇の低減、長期材齢における強度増進など、優れた効果が期待でき、一般にはⅡ種が用いられることが多い混和材である。

(2) 膨張材は、乾燥収縮や硬化収縮に起因する**(ロ)ひび割れ**の発生を低減できることなど優れた効果が得られる。

(3) **(ハ)高炉スラグ**微粉末は、硫酸、硫酸塩や海水に対する化学抵抗性の改善、アルカリシリカ反応の抑制、高強度を得ることができる混和材である。

(4) 流動化剤は、主として運搬時間が長い場合に、流動化後の**(ニ)スランプ**ロスを低減させる混和剤である。

(5) 高性能(ホ)AE減水剤は、ワーカビリティーや圧送性の改善、単位水量の低減、耐凍害性の向上、水密性の改善など、多くの効果が期待でき、標準形と遅延形の2種類に分けられる混和剤である。

出典：コンクリート標準示方書（土木学会）

（イ）	（ロ）	（ハ）	（ニ）	（ホ）
フライアッシュ	ひび割れ	高炉スラグ	スランプ	AE減水剤

参考

コンクリートに加える混和材料の効果と特性の総まとめ

混和材料	期待できる効果と特性（カッコ内は副作用）
フライアッシュ	長期強度の増進（初期強度は低下）、単位水量の低減、乾燥収縮の低減、水和熱の低減、温度ひび割れの抑制、アルカリシリカ反応の抑制、[特性]ポゾラン活性で硬化
シリカフューム	水密性の向上（単位水量は増大）、化学抵抗性の向上（乾燥収縮は増大）、[特性]ポゾラン活性で硬化
膨張材	コンクリートの膨張、乾燥収縮や硬化収縮によるひび割れの低減
石灰石微粉末	材料分離の低減、流動性の向上、ブリーディングの抑制、[特性]潜在水硬性で硬化
高炉スラグ微粉末	長期強度の増進（湿潤養生期間は延長）、水密性と化学抵抗性の向上、水和熱の発生遅延、温度ひび割れの抑制、アルカリシリカ反応の抑制、[特性]潜在水硬性で硬化
流動化剤	流動性の向上、スランプロスの低減
高性能AE減水剤	単位水量の低減、ワーカビリティーと圧送性の改善、水密性と凍害抵抗性の向上

コンクリートの混和剤に関する用語の定義（出典：JIS A 6204 コンクリート用化学混和剤）

AE剤：コンクリートなどの中に、多数の微細な独立した空気泡を一様に分布させ、ワーカビリティー及び耐凍害性を向上させる化学混和剤。
減水剤：所要のスランプを得るのに必要な単位水量を減少させる化学混和剤。
高性能減水剤：所要のスランプを得るのに必要な単位水量を大幅に減少させるか、又は単位水量を変えることなくスランプを大幅に増加させる化学混和剤。
AE減水剤：空気連行性能をもち、所要のスランプを得るのに必要な単位水量を減少させる化学混和剤。
高性能AE減水剤：空気連行性能をもち、AE減水剤よりも高い減水性能及び良好なスランプ保持性能をもつ化学混和剤。
硬化促進剤：セメントの水和を早め、初期材齢の強度を大きくする化学混和剤
流動化剤：あらかじめ練り混ぜられたコンクリートに添加し、これを攪拌することによって、その流動性を増大させることを主たる目的とする化学混和剤

| 令和元年度 | 選択問題(1) | コンクリート工 | コンクリート構造物の施工 |

問題3 コンクリート構造物の施工に関する次の文章の　　　の(イ)〜(ホ)に当てはまる適切な語句を解答欄に記述しなさい。

(1) 継目は設計図書に示されている所定の位置に設けなければならないが、施工条件から打継目を設ける場合は、打継目はできるだけせん断力の (イ) 位置に設けることを原則とする。

(2) (ロ) は鉄筋を適切な位置に保持し、所要のかぶりを確保するために、使用箇所に適した材質のものを、適切に配置することが重要である。

(3) 組み立てた鉄筋の一部が長時間大気にさらされる場合には、鉄筋の (ハ) 処理を行うか、シートなどによる保護を行う。

(4) コンクリート打込み時に型枠に作用するコンクリートの側圧は、一般に打上がり速度が速いほど、また、コンクリート温度が低いほど (ニ) なる。

(5) コンクリートの打込み後の一定期間は、十分な (ホ) 状態と適当な温度に保ち、かつ有害な作用の影響を受けないように養生をしなければならない。

考え方

1 コンクリートの打継目

①コンクリート構造物の継目(施工目地)は、原則として、設計図書において定められた位置に設けなければならない。

②設計図書の通りに打継目を設けられない場合は、せん断力の**小さい**位置に設けることを原則とする。打継目は、コンクリート構造物の弱点となるため、大きなせん断力が働く箇所に設けると、打継目からコンクリートが破壊されるおそれがある。

③一例として、梁の途中に打継目を設ける場合は、下図のように、梁の中央付近に設ける。やむを得ず、せん断力が大きい位置(梁の端部など)に打継目を設けるときは、溝・ほぞ・鉄筋などを用いて補強する。

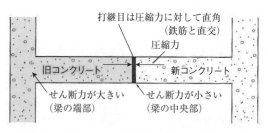

鉄筋コンクリート梁の打継目(打継目の位置と方向)

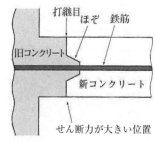

鉄筋コンクリート梁の打継目
(端部に打継目を設ける場合)

2 スペーサの配置

① **スペーサ**は、鉄筋を支持し、所要のかぶり（コンクリート表面から鉄筋表面までの最小距離）を確保するための材料である。コンクリートの中性化等による鉄筋の錆を防止するため、鉄筋のかぶりは、鉄筋の直径に施工誤差を加えた値以上とすることが一般的である。

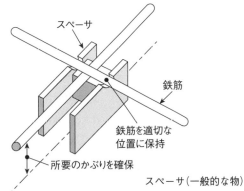

スペーサ（一般的な物）

② スペーサは、部材の設計基準強度と同等以上の強度を有する材料で製作する。
③ 型枠に接するスペーサは、モルタル製またはコンクリート製とする。このような場所に鋼製のスペーサを使用すると、錆が発生するおそれがある。
④ 床版のスペーサは、$1m^2$ あたり4個を配置する。梁・柱・壁のスペーサは、$1m^2$ あたり2個～4個を配置する。

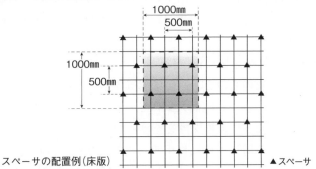

スペーサの配置例（床版）　▲スペーサ

3 長時間放置する鉄筋の防錆処理

① 鉄筋をコンクリートで覆わずに、長時間大気に曝しておくと、錆が発生する。鉄筋を長時間放置しておくときは、その表面にセメントペーストを塗布するなどの**防錆**処理を行うか、エポキシ樹脂などの高分子材料またはシートで被覆し、鉄筋表面を大気に触れさせないための対策を講じる必要がある。

4 コンクリートの側圧

① コンクリート打込み時に、型枠に作用するコンクリートの側圧は、コンクリート温度が低いほど**大きく**なる。寒中コンクリートの施工では、コンクリートの硬化が遅くなり、流動性が高い状態が長時間続くため、型枠に大きな側圧が作用するので、十分な注意が必要となる。

②型枠に作用するコンクリートの側圧は、下図のような条件を満たすと、大きくなる。

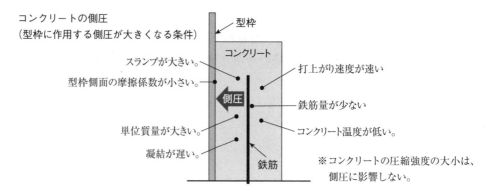

5 コンクリートの養生

①コンクリートの打込み後は、コンクリートの水和反応を促進させるため、コンクリート面を湿潤状態に保たなければならない。これを、コンクリートの湿潤養生という。

②コンクリートの湿潤養生中は、適切な養生温度を保たなければならない。

③コンクリートの湿潤養生中は、外力や振動などの有害な作用を受けないよう、コンクリートを静置しなければならない。

解 答

(1) 継目は設計図書に示されている所定の位置に設けなければならないが、施工条件から打継目を設ける場合は、打継目はできるだけせん断力の**(イ)小さい**位置に設けることを原則とする。

(2) **(ロ)スペーサ**は鉄筋を適切な位置に保持し、所要のかぶりを確保するために、使用箇所に適した材質のものを、適切に配置することが重要である。

(3) 組み立てた鉄筋の一部が長時間大気にさらされる場合には、鉄筋の**(ハ)防錆**処理を行うか、シートなどによる保護を行う。

(4) コンクリート打込み時に型枠に作用するコンクリートの側圧は、一般に打上がり速度が速いほど、また、コンクリート温度が低いほど**(ニ)大きく**なる。

(5) コンクリートの打込み後の一定期間は、十分な**(ホ)湿潤**状態と適当な温度に保ち、かつ有害な作用の影響を受けないように養生をしなければならない。

出典：コンクリート標準示方書（土木学会）

(イ)	(ロ)	(ハ)	(ニ)	(ホ)
小さい	スペーサ	防錆	大きく	湿潤

平成30年度 選択問題(1) コンクリート工 コンクリートの養生

問題3 コンクリートの養生に関する次の文章の [ ] の(イ)～(ホ)に当てはまる**適切な語句**を解答欄に記述しなさい。

(1) コンクリートが、所要の強度、劣化に対する抵抗性などを確保するためには、セメントの (イ) 反応を十分に進行させる必要がある。したがって、打込み後の一定期間は、コンクリートを適当な温度のもとで、十分な (ロ) 状態に保つ必要がある。

(2) 打込み後のコンクリートの打上がり面は、日射や風の影響などによって水分の逸散を生じやすいので、湛水、散水、あるいは十分に水を含む (ハ) により給水による養生を行う。

(3) フライアッシュセメントや高炉セメントなどの混合セメントを使用する場合、普通ポルトランドセメントに比べて養生期間を (ニ) することが必要である。

(4) (ホ) 剤の散布あるいは塗布によって、コンクリートの露出面の養生を行う場合には、所要の性能が確保できる使用量や施工方法などを事前に確認する。

考え方

1 コンクリートの養生

① コンクリートが、所要の品質(強度・劣化に対する抵抗性・ひび割れ抵抗性・水密性・美観など)を確保するためには、セメントの**水和**反応を十分に進行させる必要がある。したがって、打込み後の一定期間は、コンクリートを十分な**湿潤**状態と適当な温度に保ち、有害な作用(振動・衝撃・荷重・海水など)の影響を受けないようにしなければならない。そのための作業を、コンクリートの養生という。

② コンクリートの打上がり面は、日射や風の影響などによる水分の逸散を抑制するため、湛水・散水・十分に水を含む**湿布・養生マット**などを用いて、給水による養生を行う必要がある。このような作業は、湿潤養生と呼ばれている。

③ コンクリートの露出面が固まらないうちに、散水やシート被覆を行うと、コンクリート表面の品質が低下し、仕上りが悪くなるおそれが生じる。上記のような湿潤養生は、コンクリート表面を荒らさずに作業ができる程度まで、コンクリートの硬化が進んでから開始する。

2 コンクリートの養生期間

① コンクリートの湿潤養生に必要な期間は、使用するセメントの種類や、養生期間中の日平均気温に応じて、下表のように定められている。

標準的な湿潤養生期間

日平均気温 \ セメントの種類	早強ポルトランドセメント	普通ポルトランドセメント	混合セメントB種
15℃以上	3日	5日	7日
10℃以上	4日	7日	9日
5℃以上	5日	9日	12日

② フライアッシュセメントや高炉セメントは、混合セメントB種に該当するので、普通ポルトランドセメントに比べて、養生期間を**長く**する必要がある。混合セメントの硬化が遅い理由は、普通ポルトランドセメントの水和反応で生成された水酸化カルシウムを、混合セメント中に含まれている混和材が吸収した後に、硬化を開始するからである。

③ 気温が低いと、セメントの水和反応が進むのに時間がかかるので、セメントの種類が同じであっても、湿潤養生期間を長くとる必要がある。一般的な環境下では、気温15℃以上の条件であることが多いので、フライアッシュセメントや高炉セメントの湿潤養生期間は7日、普通ポルトランドセメントの湿潤養生期間は5日とすることが多い。

3 膜養生剤の使用

① コンクリート舗装などのように、広い面積に施工したコンクリートに対しては、ブリーディングの終了を待ってから、コンクリートの露出面に**膜養生**剤を散布・塗布すると、コンクリート露出面の乾燥を抑制することができる。

② 膜養生剤の散布・塗布による乾燥の抑制効果は、膜養生剤の種類・使用量・施工環境・施工方法などによって異なる。そのため、目的・要求性能に応じた膜養生剤を選定し、所要の性能が確保できる使用量・施工方法などを、信頼できる資料・試験によって事前に確認しておく必要がある。

解 答

(1) コンクリートが、所要の強度、劣化に対する抵抗性などを確保するためには、セメントの**(イ)水和**反応を十分に進行させる必要がある。したがって、打込み後の一定期間は、コンクリートを適当な温度のもとで、十分な**(ロ)湿潤**状態に保つ必要がある。

(2) 打込み後のコンクリートの打上がり面は、日射や風の影響などによって水分の逸散を生じやすいので、湛水、散水、あるいは十分に水を含む**(ハ)湿布や養生マット等**により給水による養生を行う。

(3) フライアッシュセメントや高炉セメントなどの混合セメントを使用する場合、普通ポルトランドセメントに比べて養生期間を**(ニ)長く**することが必要である。

(4) **(ホ)膜養生**剤の散布あるいは塗布によって、コンクリートの露出面の養生を行う場合には、所要の性能が確保できる使用量や施工方法などを事前に確認する。

出典：コンクリート標準示方書（土木学会）

（イ）	（ロ）	（ハ）	（ニ）	（ホ）
水和	湿潤	湿布や養生マット等	長く	膜養生

※（ハ）は「湿布」または「養生マット」だけでも正解になると思われる。

平成29年度　選択問題(1)　コンクリート工　コンクリートの現場内運搬

問題3 コンクリートの現場内運搬に関する次の文章の □ の（イ）～（ホ）に当てはまる**適切な語句**を解答欄に記述しなさい。

(1) コンクリートポンプによる圧送に先立ち、使用するコンクリートの （イ） 以下の先送りモルタルを圧送しなければならない。

(2) コンクリートポンプによる圧送の場合、輸送管の管径が （ロ） ほど圧送負荷は小さくなるので、管径の （ロ） 輸送管の使用が望ましい。

(3) コンクリートポンプの機種及び台数は、圧送負荷、 （ハ） 、単位時間当たりの打込み量、1日の総打込み量及び施工場所の環境条件などを考慮して定める。

(4) 斜めシュートによってコンクリートを運搬する場合、コンクリートは （ニ） が起こりやすくなるため、縦シュートの使用が標準とされている。

(5) バケットによるコンクリートの運搬では、バケットの （ホ） とコンクリートの品質変化を考慮し、計画を立て、品質管理を行う必要がある。

考え方

1 コンクリートの現場内運搬では、次のような点に留意しなければならない。

(1) コンクリートの圧送を開始する前に、先送りモルタルを圧送しなければならない。先送りモルタルとは、構造物に使用するコンクリートをポンプで圧送する前に、ホース内をモルタルで被覆するために流される富調合のモルタルである。先送りモルタルは、コンクリートポンプの輸送管内面の湿潤性を確保し、輸送管の閉塞を防止する役割を有している。この先送りモルタルの水セメント比は、構造物に使用するコンクリートの**水セメント比**以下としなければならない。また、先送りモルタルは、構造物に使用するコンクリートとは性質が異なるので、構造物の局所的な均一性が損なわれないよう、型枠内には打ち込まず、圧送後に廃棄しなければならない。

(2) コンクリートポンプの輸送管の管径は、粗骨材の最大寸法などによって定められるが、その管径が**大きい**ほど圧送負荷が小さくなるので、管径の**大きい**輸送管を使用することが望ましい。しかし、大きすぎる輸送管は、現場内で移動させにくくなるので、管径を過大にするのは避けるべきである。

(3) 現場内で使用するコンクリートポンプの機種および台数を定めるときは、次のようなことを考慮する。
　①コンクリートポンプにかかる最大圧送負荷（最大理論吐出圧力の80％以下とする）
　②試験施工の結果（最大圧送負荷（P_{max}）は試験施工から求めることもできる）
　③コンクリートポンプの**吐出量**（輸送管内の流速や輸送距離によっても変動する）
　④コンクリートの打込み量（単位時間あたりの打込み量と、1日あたりの打込み量）
　⑤施工場所の環境（温度・湿度など）

(4) コンクリートの打込みに用いるシュートは、縦シュートと斜めシュートに分類されるが、原則として、材料分離が起こりにくい縦シュートを用いなければならない。やむを得ず、**材料分離**が起こりやすい斜めシュートを用いるときは、シュートの傾きは水平2に対して鉛直1程度を標準とし、吐出口にバッフルプレートを設けるなどの方法で、材料分離を抑制する必要がある。斜めシュートで打ち込んだコンクリートに材料分離が認められた場合は、シュートの吐出口に荷台を取り付けて、コンクリートを練り直してから打ち直さなければならない。

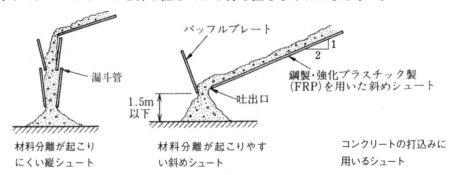

(5) ミキサーから排出されたコンクリートをバケットで受け、クレーンなどで運搬する方法は、コンクリートの材料分離を少なくする対策のひとつである。しかし、バケットによる運搬は、コンクリートポンプによる運搬よりも時間がかかることが多い。また、バケットには撹拌（かくはん）機能がないので、長時間バケットに入れたままのコンクリートには、材料分離や施工性悪化などが生じるおそれがある。そのため、バケットでコンクリートを運搬するときは、バケットの**打込み速度**とコンクリートの品質変化を考慮した品質管理を行わなければならない。

解　答

(1) コンクリートポンプによる圧送に先立ち、使用するコンクリートの**(イ)水セメント比**以下の先送りモルタルを圧送しなければならない。

(2) コンクリートポンプによる圧送の場合、輸送管の管径が**(ロ)大きい**ほど圧送負荷は小さくなるので、管径の**(ロ)大きい**輸送管の使用が望ましい。

(3) コンクリートポンプの機種及び台数は、圧送負荷、**(ハ)吐出量**、単位時間当たりの打込み量、1日の総打込み量及び施工場所の環境条件などを考慮して定める。

(4) 斜めシュートによってコンクリートを運搬する場合、コンクリートは**(ニ)材料分離**が起こりやすくなるため、縦シュートの使用が標準とされている。

(5) バケットによるコンクリートの運搬では、バケットの**(ホ)打込み速度**とコンクリートの品質変化を考慮し、計画を立て、品質管理を行う必要がある。

(イ)	(ロ)	(ハ)	(ニ)	(ホ)
水セメント比	大きい	吐出量	材料分離	打込み速度

平成28年度　選択問題(1)　コンクリート工　コンクリートの打込み・締固め

問題3　コンクリートの打込み・締固めに関する次の文章の[　　]の(イ)～(ホ)に当てはまる**適切な語句**を解答欄に記述しなさい。

(1) コンクリートを打ち込む前に、鉄筋は正しい位置に配置されているか、鉄筋のかぶりを正しく保つために使用箇所に適した材質の (イ) が必要な間隔に配置されているか、組み立てた鉄筋は打ち込む時に動かないように固定されているか、それぞれについて確認する。

(2) コンクリートの打込みは、目的の位置から遠いところに打ち込むと、目的の位置まで移動させる必要がある。コンクリートは移動させると (ロ) を生じる可能性が高くなるため、目的の位置にコンクリートをおろして打ち込むことが大切である。
　　また、コンクリートの打込み中、表面に集まった (ハ) 水は、適当な方法で取り除いてからコンクリートを打ち込まなければならない。

(3) コンクリートをいったん締め固めた後に、 (ニ) を適切な時期に行うと、コンクリートは再び流動性を帯びて、コンクリート中にできた空げきや余剰水が少なくなり、コンクリート強度及び鉄筋との (ホ) 強度の増加や沈みひび割れの防止などに効果がある。

> 考え方

1 コンクリートの打込みは、次のような点に留意して行う。

① 鉄筋や型枠が所定の位置から動かないよう、**スペーサ**を適切な方法で固定する。

② 打ち込んだコンクリートは、**材料分離**を防ぐため、型枠内で横移動させてはならない。

③ 打込み中、著しい材料分離が認められた場合は、材料分離を抑制するための対策を講じる。

④ 打込み中、表面に**ブリーディング水**が集まってきた場合は、適切な方法で取り除いてからコンクリートを打ち込む。

⑤ 計画した打継目以外では、コンクリートの打込みが完了するまで連続して打ち込む。

⑥ コンクリートは、打上り面がほぼ水平となるように打ち込む。

⑦ コンクリートの打上り速度は、30分につき1.0 m～1.5 m程度を標準とする。

⑧ コンクリートの1層の打込み高さは、40cm～50cm以下とする。打込み高さを定めるときは、使用する内部振動機の性能などについても考慮する。

2 下記のような箇所にコンクリートを打ち込むときは、次のような点に留意する。

① 型枠の高さが大きい場合は、型枠に投入口を設けるか、縦シュートまたはポンプ配管の吐出口を打込み面付近まで下げてからコンクリートを打ち込む。シュート・ポンプ配管・バケット・ホッパなどの吐出口から打込み面までの高さは、1.5 m以下を標準とする。また、コンクリートの**材料分離**を防止するため、打込み間隔・荷卸し間隔を短くする。

② スラブまたは梁のコンクリートが壁または柱のコンクリートと連続している場合は、沈下ひび割れを防止するため、壁または柱のコンクリートの沈下がほぼ終了した後に、スラブまたは梁のコンクリートを打ち込む。この沈下にかかる時間は、1時間～2時間程度である。また、コンクリート打込み中に、**ブリーディング水**がコンクリート表面に浮上した場合、スポンジなどで吸水してからコンクリートを打ち継ぐ。

③ コンクリートを直接地面に打ち込む場合は、あらかじめ、ならしコンクリートを敷いておくことが望ましい。

3 コンクリートを2層以上に分けて打ち込むときは、次のような点に留意する。

① 上層と下層が一体となるように施工する。

② コールドジョイントが発生しないよう、施工区画の面積・コンクリートの供給能力・許容打重ね時間間隔などを定める。

③ 許容打重ね時間間隔は、外気温が25℃以下なら2.5時間以内、外気温が25℃を超えるなら2.0時間以内とする。

4 コンクリートの締固めは、次のような点に留意して行う。
　①内部振動機を、下層のコンクリート中に10cm程度挿入する。
　②内部振動機の挿入間隔および一箇所あたりの振動時間は、コンクリートを十分に締め固められるように定める。
　③コンクリートからの内部振動機の引抜きは、穴が残らないよう、ゆっくりとした速度で行う。
　④せき板に接するコンクリートは、できるだけ平坦な表面が得られるように打ち込み、締め固める。
　⑤**再振動**は、コンクリートの締固めが可能な範囲内で、できるだけ遅い時期に行う。再振動を行うと、鉄筋とコンクリートとの**付着**効果を増加させることができる。

5 コンクリートの仕上げは、次のような点に留意して行う。
　①締固めが終了し、ほぼ所定の高さおよび形にならしたコンクリートの上面は、しみ出た水がなくなるか、上面の水を取り除くまでは、仕上げてはならない。
　②仕上げ作業後、コンクリートが固まり始めるまでの間に発生したひび割れは、タンピングまたは再仕上げを行って修復する。
　③滑らかで密実な表面を必要とする場合は、作業が可能な範囲内で、できるだけ遅い時期に、金ゴテで強い力を加えてコンクリート上面を仕上げる。

解　答

(1) コンクリートを打ち込む前に、鉄筋は正しい位置に配置されているか、鉄筋のかぶりを正しく保つために使用箇所に適した材質の**(イ)スペーサ**が必要な間隔に配置されているか、組み立てた鉄筋は打ち込む時に動かないように固定されているか、それぞれについて確認する。

(2) コンクリートの打込みは、目的の位置から遠いところに打ち込むと、目的の位置まで移動させる必要がある。コンクリートは移動させると**(ロ)材料分離**を生じる可能性が高くなるため、目的の位置にコンクリートをおろして打ち込むことが大切である。
　また、コンクリートの打込み中、表面に集まった**(ハ)ブリーディング**水は、適当な方法で取り除いてからコンクリートを打ち込まなければならない。

(3) コンクリートをいったん締め固めた後に、**(ニ)再振動**を適切な時期に行うと、コンクリートは再び流動性を帯びて、コンクリート中にできた空げきや余剰水が少なくなり、コンクリート強度及び鉄筋との**(ホ)付着**強度の増加や沈みひび割れの防止などに効果がある。

(イ)	(ロ)	(ハ)	(ニ)	(ホ)
スペーサ	材料分離	ブリーディング	再振動	付着

平成27年度　選択問題(1)　コンクリート工　コンクリートの打継ぎ

問題3　コンクリートの打継ぎに関する次の文章の [　] の（イ）～（ホ）に当てはまる**適切な語句**を解答欄に記入しなさい。

(1) 水平打継目でコンクリートを打ち継ぐ場合には、既に打ち込まれたコンクリートの表面の [(イ)]、品質の悪いコンクリート、緩んだ骨材粒などを完全に取り除き、コンクリート表面を粗にした後に、十分に [(ロ)] させなければならない。

(2) 鉛直打継目でコンクリートを打ち継ぐ場合には、既に打ち込まれ硬化したコンクリートの打継面は、ワイヤブラシで表面を削るか、チッピングなどにより粗にして十分 [(ロ)] させた後に、新しくコンクリートを打ち継がなければならない。

(3) 既設コンクリートに新たなコンクリートを打ち継ぐ場合には、既設コンクリート内部鋼材の腐食膨張や凍害、アルカリシリカ反応によるひび割れにより欠損部や中性化、[(ハ)] などの劣化因子を含む既設コンクリートの撤去した場合のコンクリートの修復をする。

(4) 断面修復の施工フローは、発錆している鋼材の裏側までコンクリートをはつり取り、鋼材の [(ニ)] 処理を行い、既設コンクリートと新たなコンクリートの打継ぎの面にプライマーの塗布を行った後に、[(ホ)] セメントモルタルなどのセメント系材料を充てんする。

考え方

(1) コンクリートの打継面は、水平打継目・鉛直打継目・伸縮打継目に分類される。コンクリートを打ち継ぐときは、打継目の分類に関係なく、打継面の**レイタンス**（コンクリートの表面に浮き出た軟弱層）や緩んだ骨材を取り除く必要がある。その後、コンクリートの表面に十分**吸水**させるか、モルタルにより打継目を仕上げる必要がある。

(2) 水平打継目でコンクリートを打ち継ぐときは、ワイヤブラシなどを用いて表面のレイタンスや緩んだ骨材粒を完全に取り除く。その後、表面を粗にして十分**吸水**させてから、新しいコンクリートを打ち継いで一体化させる。

(3) 鉛直打継目でコンクリートを打ち継ぐときは、チッピング（コンクリートの表面を斫ること）により鉛直打継面を粗にして水洗いする。その後、鉛直打継面にモルタルまたはエポキシ樹脂を塗布してから、新しいコンクリートを打ち継ぐ。また、打ち継いだコンクリートが硬化する直前には、再振動締固めを行い、表面に生じたひび割れをタンピングにより閉じる必要がある。鉛直打継目は、水平打継目とは異なり、容易に一体化しないことに注意が必要である。

(4) 伸縮打継目でコンクリートを打ち継ぐときは、その両側にある構造物が相互に絶縁されていなければならない。その絶縁方法は、アスファルトなどでコンクリートの付着を絶縁する方法と、ダウエルバー（鉄筋）を用いる方法に分類される。また、名前の通り、打継目が伸縮できなければならないので、打継目には伸縮可能なシール材を充填する。伸縮打継目には、漏水を防止するため、銅・ステンレス・プラスチック・ゴムなどから成る止水板を設ける必要がある。

(5) 水和熱や乾燥収縮などによるひび割れの位置を計画的に制御するため、コンクリート構造物には、設計図に定められた位置にひび割れ誘発目地を設ける必要がある。ひび割れ誘発目地は、断面を欠損させて人為的にひび割れを集中させる目地であり、それ以外の部材がひび割れることを防止する。ひび割れ誘発目地には、漏水を防止するため、止水板を設ける必要がある。

(6) 既設コンクリートに新たなコンクリートを打ち継ぐときは、事前に、膨張・凍害などが生じた部分や、アルカリシリカ反応・中性化・**化学的侵食**などにより劣化したコンクリートを撤去する。

(7) 断面修復の施工手順は、「①発錆した鋼材の裏側までコンクリートを斫り取る→②鋼材の**防錆**処理を行う→③コンクリートの打継面にプライマーを塗布する→④打継目に**ポリマー**セメントモルタルなどの樹脂系材料を充填して修復する」である。

解答例

(1) 水平打継目でコンクリートを打ち継ぐ場合には、既に打ち込まれたコンクリートの表面の (イ)レイタンス、品質の悪いコンクリート、緩んだ骨材粒などを完全に取り除き、コンクリート表面を粗にした後に、十分に (ロ)吸水 させなければならない。

(2) 鉛直打継目でコンクリートを打ち継ぐ場合には、既に打ち込まれ硬化したコンクリートの打継面は、ワイヤブラシで表面を削るか、チッピングなどにより粗にして十分 (ロ)吸水 させた後に、新しくコンクリートを打ち継がなければならない。

(3) 既設コンクリートに新たなコンクリートを打ち継ぐ場合には、既設コンクリート内部鋼材の腐食膨張や凍害、アルカリシリカ反応によるひび割れにより欠損部や中性化、(ハ)化学的侵食 などの劣化因子を含む既設コンクリートの撤去した場合のコンクリートの修復をする。

(4) 断面修復の施工フローは、発錆している鋼材の裏側までコンクリートをはつり取り、鋼材の (ニ)防錆 処理を行い、既設コンクリートと新たなコンクリートの打継ぎの面にプライマーの塗布を行った後に、(ホ)ポリマー セメントモルタルなどのセメント系材料を充てんする。

解 答

(イ)	(ロ)	(ハ)	(ニ)	(ホ)
レイタンス	吸水	化学的侵食	防錆	ポリマー

コンクリート工分野の記述問題

| 令和6年度 | 選択問題(2) | コンクリート工 | コールドジョイントの発生の防止 |

【問題 9】
コンクリートを打ち重ねる場合に，コールドジョイントの発生を防止するための**打込み又は締固め**における対策を2つ解答欄に記述しなさい。

考え方

1 コールドジョイントによって生じる問題

コンクリートを2層以上に分けて打ち込む場合に、下層コンクリートを打ち込んでから上層コンクリートを打ち込むまでの時間が長くなりすぎる（下層コンクリートが硬化してから上層コンクリートを打ち込む）と、上層と下層との境界線に、右図のようなコールドジョイント（上層と下層が一体化していない不良打継目）が発生する。

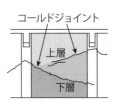

コンクリートにコールドジョイントが発生していると、次のような問題が発生する。
①コールドジョイントがひび割れとして作用し、コンクリートの強度が低下する。
②コールドジョイントから雨水が浸入し、コンクリートの内部にある鉄筋が錆びる。
③コールドジョイントのひび割れが地震時に拡大し、建築物の倒壊などの原因となる。

2 コンクリートの打込みにおけるコールドジョイントの防止対策（打重ね時間間隔）

コンクリートの打込み（打重ね）において、コールドジョイントの発生を防止するために最も重要なことは、コンクリートの施工区画面積や供給能力を適切なものとすることで、コンクリートの許容打重ね時間間隔（下層コンクリートの打込み終了から上層コンクリートの打込み開始までの時間）を順守できるようにすることである。

コンクリートの許容打重ね時間間隔は、外気温に応じて、次のように定められている。
①外気温が25℃以下のときは、許容打重ね時間間隔を2.5時間以内とする。
②外気温が25℃を超えるときは、許容打重ね時間間隔を2.0時間以内とする。
※打重ね時間間隔が上記の範囲内であれば、下層のコンクリートが固まり始める前に、上層のコンクリートを打ち継ぐことができるので、コールドジョイントが発生しない。
※打重ね時間間隔が上記の範囲よりも長くなるときは、下層コンクリートの材料に遅延剤などの混和剤を用いることで、コンクリートの硬化を遅らせる必要がある。

3 コンクリートの打込みにおけるコールドジョイントの防止対策（打継面の処理）

コンクリートの打込み（打重ね）にあたっては、下層コンクリートの表面（打継面）のレイタンス（セメントの灰汁から成る脆弱層）・緩んだ骨材粒・品質の悪いコンクリートなどを完全に取り除き、コンクリートの表面を粗にして十分に吸水させなければならない。

下層コンクリートの打継面に不純物が存在したり、下層コンクリートの打継面が乾燥していたりすると、その打継面に対して新たに打ち込んだ上層コンクリートから水分が急激に奪われてしまい、打継面がコールドジョイントになりやすくなる。

4 コンクリートの締固めにおけるコールドジョイントの防止対策

　2層に分けて打ち込んだコンクリートの締固めにおいて、コールドジョイントの発生を防止するために最も重要なことは、棒状バイブレータによるコンクリートの締固めの際に、下層コンクリートの上部付近に、十分な振動が伝わるようにすることである。

　コンクリートの締固めに際しては、上層コンクリートと下層コンクリートが一体となるよう、棒状バイブレータを下層コンクリート中に10cm程度挿入する必要がある。また、棒状バイブレータの挿入間隔・加振時間・挿入方法・引抜方法などは、コールドジョイントやコンクリートの材料分離を抑制するため、下図のようにすることが望ましい。

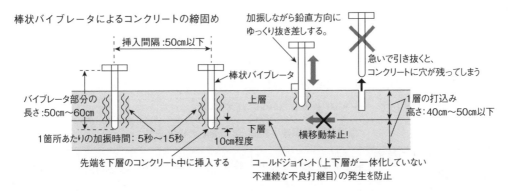

解答例

コールドジョイントの発生を防止するための打込みまたは締固めにおける対策
許容打重ね時間間隔(下層の打込み終了から上層の打込み開始までの時間)は、外気温が25℃以下であれば2.5時間以内、外気温が25℃を超えていれば2.0時間以内とする。
コンクリートの締固めに際しては、上層コンクリートと下層コンクリートが一体となるよう、棒状バイブレータを下層コンクリート中に10cm程度挿入して締固めを行う。

出典：コンクリート標準示方書(土木学会)

| 令和5年度 | 選択問題(2) | コンクリート工 | コンクリートの養生における留意点 |

【問題 8】
コンクリートの養生に関する施工上の留意点を5つ，解答欄に記述しなさい。

考え方

1 コンクリートの養生

　コンクリートが所要の品質(強度・劣化に対する抵抗性・ひび割れ抵抗性・水密性・美観など)を確保するためには、セメントの水和反応を十分に進行させる必要がある。したがって、打込み後の一定期間は、コンクリートを十分な湿潤状態と適当な温度に保ち、有害な外力(振動・衝撃・荷重・海水など)の影響を受けないようにしなければならない。そのための作業を、コンクリートの養生という。

　コンクリートの湿潤養生に必要な期間は、使用するセメントの種類や、養生期間中の日平均気温に応じて、下表のように定められている。

標準的な湿潤養生期間(湿潤養生の標準日数)

日平均気温＼セメントの種類	早強ポルトランドセメント	普通ポルトランドセメント	混合セメントB種
15℃以上	3日	5日	7日
10℃以上	4日	7日	9日
5℃以上	5日	9日	12日

2 初期養生と後期養生

　コンクリートの養生は、その時期により、初期養生と後期養生(湿潤養生)に大別される。ここで最も重要なことは、コンクリートの後期養生(露出面に対する散水やシート養生)は、初期養生が完了した後(コンクリート表面を荒らさずに作業ができる程度に硬化した後)のできるだけ早い時期に開始することである。コンクリートの硬化前に、散水やシート養生を行うと、コンクリートの表面が荒れてしまうからである。

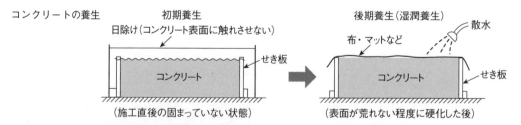

3 暑中コンクリートの養生における施工上の留意点

　日平均気温が25℃を超えることが予想されるとき(暑中コンクリートであるとき)は、打込み終了後の直射日光や熱風により、急激に乾燥してひび割れを生じることがあるので、露出面が乾燥しないように、速やかに養生を開始する必要がある。暑中コンクリートの養生では、下記のような事項にも留意しなければならない。

①膜養生剤の散布または塗布によって、コンクリートの露出面の養生を行う場合には、所要の性能が確保できる使用量や施工方法などを事前に確認する。
②特に気温が高く、湿度が低い場合には、散水または覆いなどによる適切な処置を行い、コンクリート表面の乾燥を抑制する。

4 寒中コンクリートの養生における施工上の留意点

日平均気温が4℃以下になることが予想されるとき(寒中コンクリートであるとき)は、初期凍害を防止できる強度が得られるまで、コンクリート温度を5℃以上に保つ必要がある。その後も2日間は、コンクリート温度を0℃以上に保つ必要がある。寒中コンクリートの養生では、下記のような事項にも留意しなければならない。

①型枠の取外し直後に、コンクリート表面が水で飽和される頻度が高い場合は、その水が凍結するおそれが高くなるので、養生期間を長くとるようにする。
②コンクリートの給熱養生をするときは、散水などによりコンクリートからの水の蒸発を抑制し、コンクリート表面を乾燥させないようにする。

5 マスコンクリートの養生における施工上の留意点

マスコンクリート(一辺が80cm以上のコンクリート)の養生では、コンクリートの温度ひび割れを防止するため、次のような対策を講じなければならない。

①コンクリートの内部と表面との温度差が、大きくなりすぎないようにする。
②コンクリートの温度が、緩やかに外気温に近づくようにする。(急冷してはならない)
③上記①・②を実現できるよう、型枠となる材料に保温材を取り付けたり、コンクリート表面を断熱性の高い材料で被覆したりする。

解答例

コンクリートの養生に関する施工上の留意点
コンクリートの湿潤養生の日数は、水和反応の進行が遅い混合セメントを使用する場合や、日平均気温が低い場合には、そうでない場合よりも長くする。
コンクリートの露出面に対する散水やシート養生は、コンクリート表面を荒らさずに作業ができる程度に硬化した後に(初期養生が完了した後のできるだけ早い時期に)開始する。
暑中コンクリートの露出面の養生を、膜養生剤の散布によって行うときは、所要の性能が確保できる使用量や施工方法などを事前に確認する。
寒中コンクリートの給熱養生をするときは、散水などによりコンクリートからの水分の蒸発を抑制し、コンクリート表面を乾燥させないようにする。
マスコンクリートの養生をするときは、内外の温度差が大きくならないように(内部温度が緩やかに外気温に近づくように)、コンクリート表面を断熱性の高い材料で保温する。

出典:コンクリート標準示方書(土木学会)

| 令和4年度 | 選択問題(2) | コンクリート工 | コンクリートのひび割れ防止対策 |

【問題 9】
コンクリートに発生したひび割れ等の下記の状況図①〜④から2つ選び、その番号、防止対策を解答欄に記述しなさい。

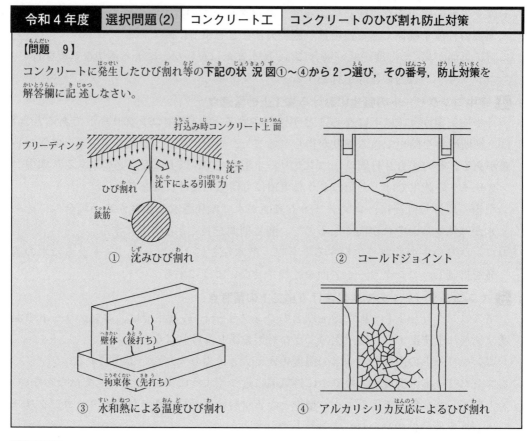

考え方

1 沈みひび割れの防止対策

沈みひび割れは、コンクリートの沈下と凝固が同時進行する過程で、その沈下による変位を、水平鉄筋が拘束することによって生じるひび割れである。この沈みひび割れを防止するためには、次のような対策を講じる必要がある。

①ブリーディングによる骨材の沈降を抑制するため、減水剤などを使用する。
②コンクリートが硬化する前に、コンクリートの表面を、タンパーなどで叩き締める。
③ブリーディングが終了した段階で、仕上げを終えるように施工管理する。
④ひび割れが広がる前に、再振動を行ってコンクリートを締め固め、タンピング(コンクリートの表面を金ゴテなどで打ち付ける作業)してひび割れを消す。

2 コールドジョイントの防止対策

　コールドジョイントは、コンクリートを2層に分けて打ち込んだときに、強度が高くなりすぎた旧コンクリートと強度が発現していない新コンクリートとの間に生じる不連続面である。このコールドジョイントを防止するためには、次のような対策を講じる必要がある。
①旧コンクリートの硬化前に新コンクリートを打ち込めるよう、遅延剤などを使用する。
②旧コンクリート表面の脆弱層などを取り除いてから、新コンクリートを打ち込む。
③旧コンクリート表面を粗にして十分に吸水させてから、新コンクリートを打ち込む。
④新旧のコンクリートを締め固めるときは、上下層のコンクリートを一体化させるため、棒状バイブレータ(内部振動機)を下層(旧コンクリート中)に10cm程度挿入する。

コンクリートの打込み方法

コールドジョイント(上下層が一体化していない不連続な不良打継目)の発生を防止
棒状バイブレータ
上層
下層
1層の打込み高さ：40cm〜50cm以下
1層の打込み高さ：40cm〜50cm以下
10cm程度
先端を下層のコンクリート中に挿入する

3 水和熱による温度ひび割れの防止対策

　水和熱による温度ひび割れは、後打ちした壁体コンクリートの温度低下(水和反応による発熱の減少)に伴う収縮を、先打ちした拘束体コンクリートが妨げることにより、後打ちコンクリートの拘束部の近くに生じるひび割れである。この温度ひび割れを防止するためには、次のような対策を講じる必要がある。
①壁体コンクリートの材料を、水和反応による発熱が少ない低熱セメントとする。
②打込み区画のサイズと、打込み1回あたりのリフト高さを適切に設定する。
③ひび割れ誘発目地(ひび割れの発生位置を人為的に制御する目地)を設けておく。
④壁体コンクリートを保温材で覆い、時間経過に伴う温度低下速度を遅くする。

水和熱による温度ひび割れの発生要因

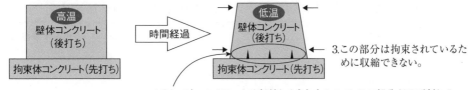

1.打設直後のコンクリートは、水和熱(水和反応による発熱)があるので、温度が高い。
2.温度低下に伴い、コンクリートは収縮する。
3.この部分は拘束されているために収縮できない。
4.それでもコンクリートは収縮しようとするので、この部分がひび割れる。

※水和熱による温度ひび割れは、上図のような外部拘束によるものと、本書210ページ(マスコンクリートの温度ひび割れ)で紹介されているような内部拘束によるものを、区別して考える必要がある。

4 アルカリシリカ反応によるひび割れの防止対策

アルカリシリカ反応によるひび割れは、反応性シリカ鉱物などを含む粗骨材や細骨材が、コンクリート中のアルカリ性水溶液と反応し、骨材が異常膨張して生じるひび割れである。このアルカリシリカ反応によるひび割れを防止するためには、次のような対策を講じる必要がある。

① 骨材のアルカリシリカ反応性試験で、区分A「無害」と判定された骨材を用いる。
② コンクリート中（粗骨材および細骨材）のアルカリ総量を3.0kg/m³以下とする。
③ アルカリシリカ反応が生じにくい混合セメント（高炉セメントB種・C種やフライアッシュセメントB種・C種など）を使用する。
④ 海洋環境や凍結防止剤の影響を受ける地域で、無害でないと判定された骨材を用いる場合は、外部からのアルカリ金属イオンや水分の侵入を抑制する対策を行う。

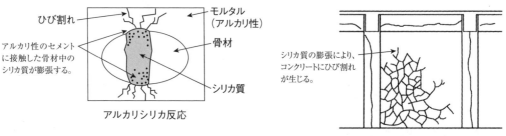

解答例

番号	ひび割れの状況図	防止対策
①	沈みひび割れ	減水剤などでブリーディングを抑制し、ブリーディングが終了した段階で、仕上げを終えるように施工管理する。
②	コールドジョイント	上下層のコンクリートを一体化させるため、内部振動機を下層に10cm程度挿入して締め固める。
③	水和熱による温度ひび割れ	水和反応による発熱が少ない低熱セメントを使用すると共に、打設後は型枠を保温材で覆い、温度低下を緩やかにする。
④	アルカリシリカ反応によるひび割れ	骨材のアルカリシリカ反応性試験で、区分A「無害」と判定された骨材を用いるか、アルカリ総量を3.0kg/m³以下とする。

※以上から2つを選んで解答する。

出典：コンクリート標準示方書（土木学会）

| 令和2年度 | 選択問題(2) | コンクリート工 | ひび割れの発生原因と防止対策 |

問題8 コンクリート打込み後に発生する、次のひび割れの発生原因と施工現場における防止対策をそれぞれ1つずつ解答欄に記述しなさい。
ただし、材料に関するものは除く。
(1)初期段階に発生する沈みひび割れ
(2)マスコンクリートの温度ひび割れ

考え方

1 初期段階に発生する沈みひび割れ

　沈みひび割れ(コンクリートの施工時に発生する初期ひび割れの一種)は、コンクリートのブリーディング(重い骨材が沈降して軽い水が浮上する現象)による沈みと凝固が同時進行する過程で、その沈み変位を水平鉄筋などが拘束することなどにより発生する。下図のように、コンクリートの沈下を水平鉄筋が拘束すると、その部分に沈みひび割れが発生する。

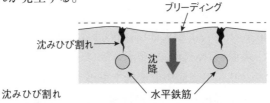

　コンクリートスラブの沈みひび割れを防止するためには、こてなどを用いてコンクリートの表面を叩き締める必要がある。また、下図のように、コンクリート柱にコンクリートスラブを打ち継ぐときは、壁や柱の型枠の高さ(頂部)までコンクリートを打ち込んだ後、1時間～2時間待ち、頂部のコンクリートが十分に沈下した後に、柱の頂部にコンクリートスラブを打ち継ぐようにする。この沈下を待たずに、コンクリート柱の打込み後、連続的にコンクリートスラブを打ち込むと、硬化後に沈みひび割れが生じる。

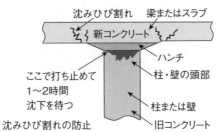

2 マスコンクリートの温度ひび割れ

マスコンクリートとは、1辺が80cm以上のコンクリートであり、橋台・橋脚などの大型構造物に用いられている。このような部材断面が大きいコンクリートでは、コンクリートの水和作用で生じる反応熱が、コンクリート内に閉じ込められるため、コンクリートの中央部ほど温度が上昇し、外気で冷やされやすいコンクリート表面との温度差により、下図のような温度ひび割れが発生する。

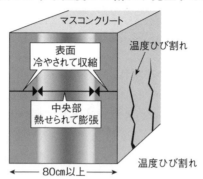

マスコンクリートの温度ひび割れを防止するためには、次のいずれかの方法により、その表面(低温の部分)と中央部(高温の部分)との温度差を小さくする必要がある。

① コンクリート表面(型枠外面)を発泡スチロールなどの断熱材で被覆し、保温することで、コンクリート表面の温度低下を小さくする。マスコンクリートの養生では、コンクリート温度をできるだけ緩やかに外気温に近づけるようにするため、必要以上の散水は避ける。

② コンクリート内に冷水が通るパイプを設けて、コンクリート中央部の温度上昇を小さくする。(下図のようなパイプクーリングを実施する)

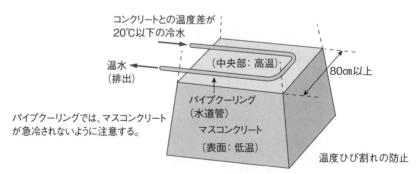

解答例

(1) 初期段階に発生する沈みひび割れ	ひび割れの発生原因	コンクリートの沈みと凝固が同時進行する過程で、その沈み変位を水平鉄筋などが拘束すること。
	施工現場における防止対策	タンパーを用いてコンクリートの表面を叩き締める。
(2) マスコンクリートの温度ひび割れ	ひび割れの発生原因	コンクリートの水和作用で生じる反応熱により、その中央部と表面との間で温度差が生じること。
	施工現場における防止対策	コンクリートの表面を断熱材で被覆し、保温することで、その中央部と表面との間で温度差を小さくする。

出典:コンクリート標準示方書(土木学会)

令和元年度　選択問題(2)　コンクリート工　打重ねにおける留意点

問題8　コンクリート構造物の次の施工時に関して、コンクリートを打ち重ねる場合に、上層と下層を一体とするための**施工上の留意点について**、それぞれ1つずつ解答欄に記述しなさい。
(1) 打込み時
(2) 締固め時

考え方

1 コンクリートの打重ねで生じる問題

① コンクリート構造物の施工において、以前に打設したコンクリート(下層コンクリート)に、後からコンクリート(上層コンクリート)を打ち重ねると、その打継目が一体化せず、構造上の弱点となることがある。

② 特に、暑中コンクリートやマスコンクリートのように、コンクリートの温度が上昇しやすい場合では、早期の水分蒸発によるスランプ・空気量の減少が激しいため、上層コンクリートと下層コンクリートとの間に、コールドジョイント(上下層が一体化していない不連続な打継目)が生じることがある。

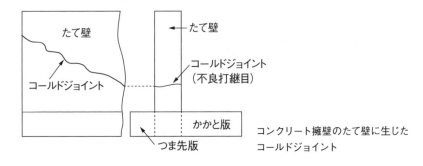

コンクリート擁壁のたて壁に生じたコールドジョイント

2 コンクリートの打込みにおける留意点

①下層コンクリートの打込み終了から上層コンクリートの打込み開始までの時間（許容打重ね時間間隔）は、外気温が25℃を超える（暑中コンクリートである）場合は2.0時間以内、外気温が25℃以下の場合は2.5時間以内とする。打重ねに時間をかけない（下層コンクリートが硬化しないうちに上層コンクリートを打ち込む）ことは、上層と下層を一体とするために最も重要な事項である。

②コンクリートの打ち上がり面は、できる限り水平となるようにする。

③コンクリートの打継目以外の部分は、連続打設とする。

④締固めを適切に行えるよう、1層の打込み高さは40cm〜50cmとする。

⑤暑中コンクリートの施工では、遅延形の減水剤・AE減水剤・流動化剤を用いる。

3 コンクリートの締固めにおける留意点

①内部振動機によるコンクリートの締固めを行うときは、その先端を下層コンクリートに10cm程度挿入する。十分な挿入深さを確保することは、上層と下層を一体とするために最も重要な事項である。

②内部振動機による加振時間は、5秒〜15秒とする。

③内部振動機の挿入間隔は、50cm以下とする。

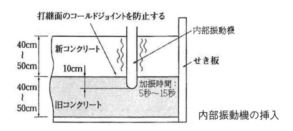

コンクリートの締固め

※上図では、上層と下層を一体とするための留意点だけではなく、コンクリートの材料分離を抑制するための留意点についても併せて記している。この問題では、「コンクリートを打ち重ねる場合に、上層と下層を一体とするための施工上の留意点」を問われているので、解答としては上記 2 ①・3 ① の「上層と下層を一体とするために最も重要な事項」を記述することが望ましい。

解答例

打込み時	打重ね時間間隔は、外気温が25℃を超えるなら2.0時間以内、外気温が25℃以下でも2.5時間以内とする。
締固め時	内部振動機によるコンクリートの締固めでは、その先端を下層コンクリートに10cm程度挿入する。

出典：コンクリート標準示方書（土木学会）

平成30年度	選択問題(2)	コンクリート工	打継目の施工

問題8 コンクリート打込みにおける打継目に関する次の2項目について、それぞれ1つずつ**施工上の留意事項**を解答欄に記述しなさい。
(1) 打継目を設ける位置
(2) 水平打継目の表面処理

考え方

1 コンクリートの打込みにおける打継目は、構造上の弱点となるため、設計図書に示された所定の位置に設けなければならない。

コンクリートの打継目には、コンクリートの施工上の理由から設けられる打継目と、コンクリートのひび割れを抑制するために設計上の理由から設けられる打継目（ひび割れ誘発目地）がある。「コンクリート打込みにおける打継目」といった場合は、連続打設ができない場合に設ける打継目のことを指す。

2 打継目を設ける位置に関する施工上の留意事項には、次のようなものがある。
①打継目の位置は、構造物の構造形式・環境条件・施工条件などを考慮して定める。
②打継目は、できるだけせん断力の小さい位置に設ける。やむを得ずせん断力が大きい位置に打継目を設けるときは、溝・ほぞ・鉄筋などを用いて補強する。
③打継目の打継面は、原則として、部材の圧縮力の作用方向と直交させる。
④打継目の位置は、温度応力や乾燥収縮などによるひび割れの予想を考慮して定める。
⑤海洋・港湾コンクリート構造物では、外部塩分による被害を受けるおそれがあるため、原則として、打継目を設けてはならない。やむを得ず打継目を設ける場合は、構造物の耐久性に影響を及ぼさない位置に設ける。

3 水平打継目の表面処理に関する施工上の留意事項には、次のようなものがある。

①コンクリートを打ち継ぐときは、既に打ち込まれたコンクリートの表面のレイタンス・品質の悪いコンクリート・緩んだ骨材粒などを完全に取り除き、コンクリート表面を粗にした後、十分に吸水させる。

②逆打ちコンクリート(先に打たれている上層の旧コンクリートに、下層から新コンクリートを打ち継ぐ施工方法)では、新たに打ち継ぐコンクリートのブリーディングや沈下を考慮し、打継目が一体となるよう、下図のような方法で施工する。

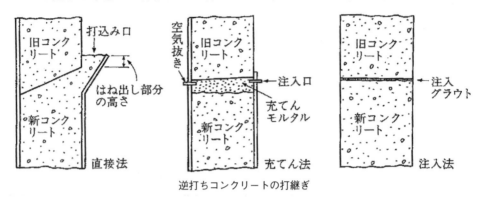

逆打ちコンクリートの打継ぎ

4 水平打継目を施工するときの留意点(表面処理以外の留意点)には、次のようなものがある。

①型枠に接している水平面では、打継目の跡が水平な直線となるようにする。

②水平打継目の施工において、硬化前処理方法を採用するときは、コンクリート打継目にグルコン酸ナトリウムを主成分とする遅延剤を散布する。その後、高圧の空気または水を用いて、遅延剤によるコンクリート表面の薄層を除去する。

③逆打ちコンクリートの打継ぎは、直接法・充てん法・注入グラウト法により行う。

5 鉛直打継目を施工するときの留意点には、次のようなものがある。

①鉛直打継目の打継面となるコンクリートは、ワイヤブラシでの掘削またはチッピング(斫り)をした後、十分に吸水させる。その後、打継面にモルタルまたは湿潤面用エポキシ樹脂を塗布する。

②コンクリートが凝結する直前(凝結を始める前のうち、できるだけ遅い時期)に、再振動・タンピングを行い、ひび割れを閉じる。

③水密を要する打継目は、止水板を用いて入念に施工する。

解答例

打継目を設ける位置	せん断力の小さい位置とする。また、乾燥収縮等によりひび割れが発生しやすい位置を避ける。
水平打継目の表面処理	既に打ち込まれているコンクリートの表面のレイタンスを完全に取り除き、散水して十分に吸水させる。

出典:コンクリート標準示方書(土木学会)

平成29年度 選択問題(2) コンクリート工 暑中コンクリートの施工

問題8 暑中コンクリートの施工に関する下記の (1)、(2) の項目について配慮すべき事項をそれぞれ解答欄に記述しなさい。
(1) 暑中コンクリートの打込みについて配慮すべき事項
(2) 暑中コンクリートの養生について配慮すべき事項

考え方

1 暑中コンクリートの定義
①暑中コンクリートとは、日平均気温が25℃を超える時期に施工するコンクリートである。
②暑中コンクリートを施工するときは、高温による水分蒸発などの影響で、コンクリートのスランプが低下するなど、コンクリートの性状が変化するおそれがあるので、コンクリートの材料・配合・練混ぜ・運搬・打込み・養生などについて、特別の配慮をする必要がある。
③コンクリートの打込み時における気温が30℃を超えると、コンクリートの性状の変化が著しくなるといわれている。

2 暑中コンクリートの材料について配慮すべき事項
①混合前の骨材の温度を低下させるため、冷水を散布する。
②練混ぜ水の温度を低下させるため、水貯蔵タンクや配管は、直射日光が当たらない位置に設けるか、日除けを取り付けて直射日光を避けられるようにする。
③使用する減水剤・AE減水剤は、遅延型のものとし、遅延形AEコンクリートを製造する。

3 暑中コンクリートの配合について配慮すべき事項
①所要の強度を確保するため、単位水量と単位セメント量が大きくなりすぎないようにする。
②打込み終了時まで連続打設し、所定の最小スランプが得られることを確認しておく。
③単位水量を大きくしなければならないときは、高性能AE減水剤を使用する。

4 暑中コンクリートの練混ぜについて配慮すべき事項
①コンクリートの練上り温度は、打込み時において所定のコンクリート温度が得られるように設定する。
②練混ぜ終了時から打込み終了時までに、コンクリートの温度がどの程度上昇するかは、次の式を用いて事前に計算しておく。

- 打込み終了時のコンクリート温度(T_2)[℃] = 練混ぜ終了時のコンクリート温度(T_1)[℃] + 0.15 ×(周囲の気温(T_0)[℃] − 練混ぜ終了時のコンクリート温度(T_1)[℃])×練混ぜ終了から打込み終了までにかかる時間(t)[時間]
- 一例として、練混ぜ終了時のコンクリート温度(T_1)が25℃のコンクリートを、気温(T_0)が38℃のときに、1.5時間(t)かけて打ち込むと、打込み終了時のコンクリート温度(T_2)は、「$T_2 = T_1 + 0.15 × (T_0 − T_1) × t = 25 + 0.15 × (38 − 25) × 1.5 = 28$」なので、28℃になる。すなわち、練混ぜ終了時から打込み終了時までに、このコンクリートの温度は3℃上昇する。

5 暑中コンクリートの運搬について配慮すべき事項

①コンクリートの運搬は、コンクリートの温度上昇や乾燥が生じない方法で行わなければならない。

②練り始めてから打ち終わるまでの時間は1.5時間以内としなければならないので、運搬に使用するアジテータトラックの配車管理を確実に行い、待機時間を短くする。

③コンクリートポンプの輸送管は、直射日光などによる温度上昇を避けるため、湿布で覆う。

6 暑中コンクリートの打込みについて配慮すべき事項

①直射日光を受けて高温になる箇所に、コンクリートを打ち込む予定の型枠・鉄筋などを配置するときは、散水・覆いなどの処置を行う。

②暑中コンクリートを練り始めてから打ち終わるまでの時間は、原則として、1.5時間以内としなければならない。

③暑中コンクリートの打込み温度は、打込み前に測定し、35℃以下であることを確認しなければならない。打込み温度が35℃を超えているときは、施工計画を立て直す必要がある。

④暑中コンクリートの許容打重ね時間間隔(下層のコンクリートの打込みと締固めが完了した後、静置時間を挟んで上層コンクリートが打ち込まれるまでの時間)は、2.0時間以内としなければならない。コールドジョイントの発生を避けるため、この打重ね時間間隔は、できる限り短く設定することが望ましい。

7 暑中コンクリートの養生について配慮すべき事項

①コンクリートの表面は、直射日光や風に曝されると、急激に乾燥してひび割れが生じる。これを避けるため、コンクリートの露出面には速やかに散水し、湿潤養生を行う。

②施工面積が広いコンクリートスラブなどの施工では、散水や覆いが困難なので、膜養生(膜養生剤を散布して水分の蒸発を防ぐ養生)を行う。膜養生剤を散布する時期は、コンクリートが乾燥して硬化を始める前(ブリーディングが終了した直後)とする。

③木製型枠などのように、型枠が乾燥するおそれのある部位にコンクリートを打ち込んだときは、型枠についても散水養生を行う。

④コンクリートの打込み後、硬化が進んでいない状態で、乾燥によるひび割れが認められたときは、直ちに金ゴテ等で強く押し付け、タンピング(コンクリートの仕上げ面を叩いてひび割れを閉じる作業)によりひび割れを除去しなければならない。

解答例

(1)	暑中コンクリートの打込みについて配慮すべき事項	打込み前にコンクリートの温度を測定し、35℃以下であることを確認してから打込みを開始する。
(2)	暑中コンクリートの養生について配慮すべき事項	コンクリート表面を乾燥させないよう、覆いをかけて直射日光を遮断した上で、散水による湿潤養生を行う。

平成28年度　選択問題(2)　コンクリート工　寒中コンクリートの施工

問題8　日平均気温が4℃以下になることが予想されるときの寒中コンクリートの施工に関する、**下記の(1)、(2)の項目**について、それぞれ1つずつ解答欄に記述しなさい。
(1) 初期凍害を防止するための施工上の留意点
(2) 給熱養生の留意点

考え方

1 寒中コンクリートの初期凍害を防止するための施工上の留意点
①コンクリートの練混ぜ開始から打込み終了までの時間を、できるだけ短くする。
②コンクリートは、運搬中・打込み中に、温度が低下しないようにする。
③打込み時のコンクリート温度は、5℃〜20℃の範囲を保つようにする。この温度を定めるときは、構造物の断面寸法・気象条件などを考慮する。
④コンクリートの打込み時に、鉄筋・型枠などに氷雪が付着していないことを確認する。
⑤打継目のコンクリートが凍結している場合は、適切な方法で溶かしてから打ち継ぐ。
⑥打ち込まれたコンクリートの露出面を、外気に長時間さらしてはならない。

2 寒中コンクリートの養生における留意点
①養生方法・養生時間は、外気温・配合や、構造物の種類・大きさなどを考慮して定める。
②コンクリートが打込み後の初期に凍結しないよう、風などから十分に保護する。
③養生中にコンクリート温度や外気温を測定し、必要があれば、施工計画を変更する。
④厳しい気象作用を受けるコンクリートは、所要の圧縮強度が得られるまではコンクリート温度を5℃以上に保つ。その後も、2日間はコンクリート温度を0℃以上に保つ。
⑤コンクリートに給熱する場合、コンクリートが**急激に乾燥**したり、局部的に熱せられたりすることがないようにする。
⑥コンクリートは、施工中に予想される荷重に対して十分な強度が得られるまで養生する。
⑦保温養生・給熱養生を終了するときに、コンクリート温度が急激に低下しないようにする。

解答例

(1)	初期凍害を防止するための施工上の留意点	寒中コンクリートの打込み温度は、構造物断面寸法・気象条件を考慮して、5℃～20℃の範囲で設定する。
(2)	給熱養生の留意点	コンクリートに熱を供給する際、コンクリートが急激に乾燥したり、局部的に熱せられたりすることがないようにする。

平成27年度 | **選択問題(2)** | **コンクリート工** | **暑中コンクリートの打込み**

問題8 　日平均気温が25℃を超えることが予想されるときには、暑中コンクリートとしての施工を行うことが標準となっている。**暑中コンクリートを打込みする際の留意すべき事項を2つ解答欄に記述しなさい。**
　ただし、通常コンクリートの打込みに関する事項は除くとともに、また暑中コンクリートの配合及び養生に関する事項も除く。

考え方

　暑中コンクリートを施工するときの留意点は、次の通りである。今回の出題は、「打込みする際」なので、下記の(2)に書かれた事項の中から2つを解答する。

(1) 材料についての留意点
①AE剤・減水剤・流動化剤・高性能AE減水剤などを使用し、単位水量と単位セメント量を小さくする。各種減水剤は、遅延型のものを用いることが望ましい。

(2) 打込みについての留意点
①地盤・型枠など、コンクリートから吸水するおそれのある部分は、湿潤状態を保つ。
②打込み時のコンクリートの温度は、35℃以下とする。
③コンクリートを練り始めてから打ち終わるまでの時間は、1.5時間以内とする。
④硬化前に生じたひび割れは、タンピングして閉じる。

(3) 養生についての留意点
①打込み終了後は、コンクリート表面の乾燥を防止するため、直ちに養生を開始する。
②気温は高いが湿度は低い時期に養生するときは、水分の蒸発を防止するため、コンクリートに直射日光や風が当たらないようにする。
③型枠を取り外した後も、養生期間中は、コンクリートの湿潤状態を保持する。

解答例

暑中コンクリートを打込みする際の留意すべき事項	
①	コンクリートを練り始めてから打ち終わるまでの時間は、1.5時間以内とする。
②	コンクリートを打設する前に、その温度が35℃以下であることを確認する。

第3章 品質管理

3.1 試験内容の分析と学習ポイント

3.1.1 最新10年間の品質管理の出題内容

年度	品質管理(土工関係)の出題内容
令和6年度	(1) 問題5 土の締固めにおける試験と品質管理(最適含水比・締固め曲線の形状・要求性能確保・試験実施時期)に関する用語を記入する。 (1) 問題7 情報化施工による盛土の締固め管理(適用の可否・衛星数・オフセット量・測位精度・出力する図)に関する用語を記入する。
令和5年度	(2) 問題9 トータルステーション・全球測位衛星システムを用いた盛土の締固め管理について、日常管理帳票の作成時の留意点を記述する。
令和4年度	(●) 問題3 盛土の試験(砂置換法・RI法・現場CBR・ポータブルコーン貫入・プルーフローリング)内容および結果の利用方法を記述する。 (1) 問題5 土の締固めにおける試験と品質管理(最適含水比・締固め曲線の形状・要求性能確保)に関する用語を記入する。 (1) 問題7 情報化施工による盛土の締固め管理(確認結果提出・過転圧防止・含水比確認・まき出し厚確認)に関する用語を記入する。
令和3年度	(この分野からの出題はありませんでした)
令和2年度	(2) 問題9 盛土の締固め管理方式(工法規定方式・品質規定方式)について、その締固め管理の方法を記述する。
令和元年度	(1) 問題4 盛土の締固め管理(品質規定方式・工法規定方式)について、その方法に関する用語を記入する。
平成30年度	(2) 問題9 盛土の締固め管理(工法規定方式・品質規定方式)について、その締固め管理の方法を記述する。
平成29年度	(1) 問題4 盛土の締固め管理に関する用語を記入する。
平成28年度	(2) 問題9 盛土の締固め規定(工法規定方式と品質規定方式)を記述する。
平成27年度	(1) 問題4 盛土の締固め管理に関する用語を記入する。

※●は選択問題ではなく必須問題として出題された項目です。

年　度	品質管理(コンクリート工関係)の出題内容
令和6年度	(この分野からの出題はありませんでした)
令和5年度	(●) 問題2 コンクリート構造物の**調査・検査**(叩きによる方法・反発度法・電磁的方法・自然電位法)に関する**用語**を記入する。 (1) 問題5 コンクリートの**運搬・打込み・締固め**(打込み時間・打重ね・連続打設・横移動の禁止・空隙の除去)に関する**用語**を記入する。
令和4年度	(この分野からの出題はありませんでした)
令和3年度	(1) 問題5 レディーミクストコンクリートの**工場選定・品質指定・品質管理項目**に関する**用語**を記入する。
令和2年度	(1) 問題4 コンクリートの**打込み・配合の見直し・打継ぎ・締固め・養生**について、その**品質管理**に関する**用語**を記入する。
令和元年度	(2) 問題9 コンクリート構造物の**劣化原因**(塩害・凍害・アルカリシリカ反応)について、施工時における**劣化防止対策**を記述する。
平成30年度	(1) 問題4 **型枠・支保工の取外し**(自重・重要度・圧縮強度・作用荷重などから定まる取外しの時期)に関する**用語**を記入する。
平成29年度	(2) 問題9 **鉄筋の加工・組立・継手の検査**に関する**品質管理項目**とその**判定基準**を記述する。
平成28年度	(1) 問題4 コンクリート構造物の**非破壊検査**に関する**用語**を記入する。
平成27年度	(2) 問題9 コンクリートの**劣化現象**に対する**抑制対策**を記述する。

※●は選択問題ではなく必須問題として出題された項目です。

3.1.2 出題分析からの予想と学習ポイント

※選択問題(1)は、主として基準書に定められている語句・数値を空欄に記入する問題です。
※選択問題(2)は、主として原因・理由・対策・措置などを文章で記述する問題です。

土工の品質管理

選択問題(1)・(2)　品質管理(土工関係)の分析表　　　　　　　　　〇出題項目

出題項目 \ 年度	R6	R5	R4	R3	R2	R元	H30	H29	H28	H27
土工の品質管理試験	〇		●							
工法規定方式・品質規定方式					〇	〇	〇	〇	〇	
盛土の情報化施工	〇	〇	〇							
盛土材料の含水比・敷均し・締固めの管理			〇							〇
施工含水比・土の締固め試験										
土構造物の不同沈下・亀裂										

※●は選択問題ではなく必須問題として出題された項目です。
※年度の欄がすべて空白の出題項目は、平成26年度以前にのみ出題があった項目です。

コンクリート工の品質管理

選択問題(1)・(2)　品質管理(コンクリート工関係)の分析表　　　　　〇出題項目

出題項目 \ 年度	R6	R5	R4	R3	R2	R元	H30	H29	H28	H27
レディーミクストコンクリートの受入れ検査				〇						
コンクリートの耐久性と施工時のひび割れ対策		〇			〇					〇
コンクリートの劣化現象と対策						〇				
コンクリートの非破壊試験		●							〇	
鉄筋工の加工と組立の精度・コンクリート工の出来形								〇		
コンクリートの型枠・支保工							〇			

本年度の試験に向けた土工の品質管理の学習ポイント
① 盛土の締固め規定方式と、品質特性や土質試験との関係を理解する。
　※特に、工法規定方式と品質規定方式の違いや、盛土の情報化施工については、重点的に学習する。
② 盛土材料の施工含水比を算出する方法を理解する。
③ 盛土不良の原因と対策を記述できるようにする。

本年度の試験に向けたコンクリート工の品質管理の学習ポイント
① コンクリートの耐久性の確保とひび割れの防止に関することを理解する。
② レディーミクストコンクリートの受入検査について、荷卸し時の品質基準などを理解する。

3.2 技術検定試験 重要項目集

3.2.1 盛土・切土の施工

1 盛土材料が持つべき性質

(1) 盛土材料は、下記のような性質であることが望ましい。

①トラフィカビリティー(建設機械の走行性)が良く、施工性が高い。

②せん断強さがあり、圧縮性が小さく、浸食に対して強い。

③木の根・草などの有機物を含まない材料である。

④膨張性が大きいベントナイト・有機土・温泉余土・凍土・酸性白土などを用いていない。

(2) 地盤が軟弱なため、トラフィカビリティーを確保できないときは、下記のような措置を講じ、トラフィカビリティーを改善する。

①湿地ブルドーザを用いて締め固める。

②表層排水溝により地下水位を低下させる。

③石灰・セメントを混合し、安定処理を行う。

④サンドマットや鋼板などを敷設し、走行路をつくる。

(3) 道路の盛土材料に適する一般的な順位は、**支持力**の大きさという点から、下図のようになる。

支持力が大きい ←──────────────→ 支持力が小さい
| 1位 礫 | 2位 礫質土 | 3位 砂 | 4位 砂質土 | 5位 シルト | 6位 粘性土 |

図3・1 盛土材料の支持力

(4) 堤防の盛土材料に適する順位は、**透水性と支持力**という点から、下図のようになる。堤防の川表(流水側)には透水性が小さい粘性土を用い、川裏(居住地側)には透水性が大きい砂質系の土を用いる。しかし、火山灰質粘性土(ローム)は、降雨により崩れやすいので、施工上の排水対策が必要となる。

透水性や支持力が大きい ←──────────────→ 透水性や支持力が小さい
| 1位 礫質土 | 2位 砂質土 | 3位 シルト | 4位 粘性土 | 5位 火山灰質粘性土(ローム) |

図3・2 盛土材料の透水性と支持力

(5) 堤防は、不透水層を基礎地盤とする。堤防には、透水性が低く、支持力がある盛土材料を用いる。新堤防を築造したときは、上流側から下流側に向かって施工し、旧堤防と3年間並存させた後、旧堤防を下流側から上流側に向かって撤去する。

2 盛土の敷均し・締固め

　敷均しに当たって、直径30cm程度以上の岩塊は路体の底部に入れ、均一な敷均しが得られるようにする。土を締め固める目的は、盛土上の構造物が沈下するのを防ぐことである。

(1) 盛土の締固めの留意点は、下記の通りである。
　①粘性土は、軽い転圧機械(振動コンパクタ・ランマ・タンパなど)を用いて締め固め、こね返しが生じないようにする。
　②含水比の高い粘性土は、湿地ブルドーザで締め固める。
　③こね返しを避けるため、走行路を1箇所に固定しない。
　④施工中は、横断面に4～5%の勾配を付けて十分に排水する。
　⑤敷均し厚さは35cm～45cmとし、締固め厚さは30cm以下とする。
　⑥勾配が1:1.8より緩やかな法面は、ローラでのり線と直角に締め固める。勾配が1:1.8より急な法面は、ブルドーザでのり線と直角に締め固める。**土木構造物の勾配は縦と横の比で表し、常に縦を1とする。**
　⑦余盛(よもり)は天端(てんば)だけでなく、小段(こだん)・法面(のりめん)にも行う。

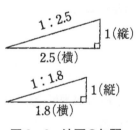

図3・3　法面の勾配

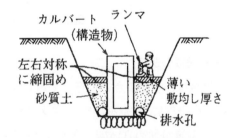

図3・4　構造物周辺の締固め

(2) 構造物と隣接する盛土の施工では、図3・4に示す点に留意する。その詳細は、下記の通りである。
　①裏込め材料は、透水性がよく、圧縮性が小さい良質土とする。
　②締め固めには、小型のタンパ・振動コンパクタ・ランマなどを用いる。
　③まき出し厚さ(敷均し厚さ)は薄くし、構造物に偏土圧(片側にだけ圧力をかけること)を与えないよう、左右対称に締め固める。
　④施工の前に、排水孔を設けておく。

3 傾斜地盤上への盛土の施工

傾斜地盤上に盛土するときは、下記の点に留意する。

① 切土と盛土との境界に地下排水溝(暗渠)を設け、山側からの浸透水を排除する。

② 勾配が1:4より急なときは、段切を設ける。段切は、幅100cm・高さ50cm以上とする。段切面には、排水のため3%～5%の勾配をつけておく。段切は、掘削後長期間放置すると地盤が緩むので、全掘削を避け、部分掘削とする。

③ 切土と盛土との境界でなじみをよくするため、切土面上に良質土で勾配1:4のすりつけを行う。

④ 地下排水溝は、切土法面に近い山側の位置に設け、切土法面からの流水を排水する。

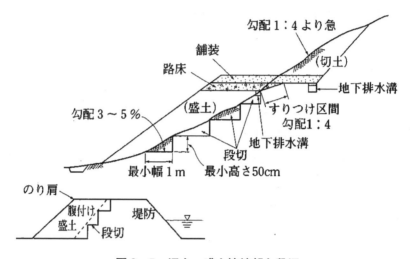

図3・5 切土・盛土接続部と段切

4 締固め機械の選定

締固め機械は、下記の点に留意して選定する。

① ロードローラは、鉄輪を持つローラである。主に路床の締固め・盛土の仕上げに用いられる。粒度分布の良い砂・礫混り砂などに適している。

② タイヤローラは、空気タイヤを持つローラである。砕石・山砂利・まさ土(花崗岩が風化した砂)・粒土分布の良い砂・礫混り砂・細粒土を適度に含んだ締固めが容易な土など、粒度分布が広い範囲に及ぶ土の締固めに適している。

③ 振動ローラは、起振動機付のロードローラである。土を振動により締め固めるため、鋭敏な粘性土には適さない。盛土路体の岩塊・風化した岩・山砂利・まさ土・路床の粒度分布の良い砂・礫混り砂などの締固めに用いられる。

④ タンピングローラは、鉄輪に突起がついたローラである。盛土路体の締固めに用いられる。風化した岩・土丹・山砂利・まさ土・鋭敏性の低い土・低含水比の粘性土に適している。

⑤湿地ブルドーザは、含水比調整が困難な土・高含水比で鋭敏性の高い粘性土であるなどの理由で、トラフィカビリティー（走行性）が確保できない場合に、やむを得ず用いる機械である。

⑥振動コンパクタ・タンパは、盛土路体・路床・法面のそれぞれにおいて、他の機械が使えない狭い場所の締固めに用いる機械である。高含水比の鋭敏な粘性土には適さない。砂質土法面の締固めには、タンパが特に有効である。

⑦土質区分と締固め機械との関係をまとめたものを、下表に示す。

表3・1　盛土の構成部分と土質に応じた締固め機械の選定（道路土工指針）

土質区分	締固め機械	ロードローラ	タイヤローラ	振動ローラ	タンピングローラ	ブルドーザ 普通型	ブルドーザ 湿地型	振動コンパクタ	タンパ	備考	土の粒度
盛土路体	岩塊など、掘削・締固めによっても容易に細粒化しない土			◎	○			大△	大△	硬岩塊	大 ↑
	風化した岩や土丹など、掘削・締固めにより部分的に細粒化する岩		大○	◎	◎			大△	大△	硬岩塊	
	単粒度の砂・細粒分が欠けた切込砂利・砂丘の砂など			○	○			△	△	砂 礫混り砂	
	細粒分を適度に含んだ粒度分布の良い締固め容易な土・まさ土・山砂利など		大◎	◎	◎			△	△	砂質土 礫混り砂質土	
	細粒分は多いが鋭敏比が低い土・低含水比の粘性土・軟質の土丹など		大○		◎				△	粘性土 礫混り粘性土	
	含水比調整が困難なためにトラフィカビリティーが容易に得られない土・シルト質土など						▲			水分を過剰に含んだ砂質土 シルト質土	
	高含水比で鋭敏比が高い粘性土・関東ロームなど					▲	▲			鋭敏な粘性土	↓ 小
路床	粒度分布の良いもの	○	大◎	◎				△	△	粒度調整材料	
	単粒度の砂・粒度分布の悪い礫混り砂や切込砂利など	○	大○	◎				△	△	砂 礫混り砂	

◎：有効な機械
○：使用できる機械
▲：トラフィカビリティーの関係上、他の機種が使用できないのでやむを得ず使用する機械
△：施工現場の規模が小さいため、他の機種が使用できない場所でのみ使用する機械
大：大型機種を使用する必要がある場合

5 盛土の締固め規定

　土木工事は切土と盛土をすることが多いので、盛土の締固めの状態を判断する方法は必須の知識である。発注者の指定する工法規定方式と施工者に委託される品質規定方式とがある。工法規定方式には工法規定の1種のみであるが、品質規定方式は、土の種類ごとに、規定する名称が異なる。特に重要なものは、乾燥密度規定である。表3・2に、これらの規定を示す。

表3・2　土の締固め規定と適用土質の分類

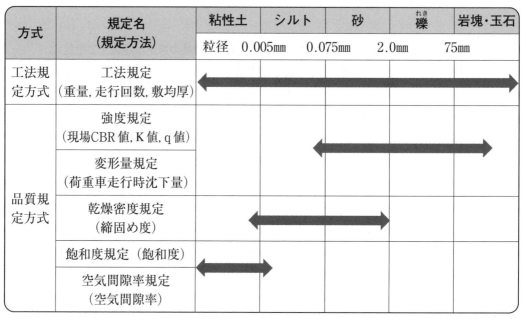

※ 工法規定は、粘性土・シルト・砂には適用しにくいと言われていた時代もあったが、現在では、技術の進歩により、粘性土・シルト・砂にも適用できるようになっている。

表3・3　試験方法と適用土質

	試験・測定方法	原理・特徴	適用土質 礫	砂	粘
品質規定 密度	ブロックサンプリング	掘り出した土塊の体積を直接（パラフィンを湿布し、液体に浸すなどして）測定する。		←→	
	砂置換法	－乾燥砂　掘り出し跡の穴を別の材料（乾燥砂、水等）で置換することにより、掘り出した土の体積を知る。		←→	
	水置換法	－水	←→		
	RI法	土中での放射線（ガンマ線）透過減衰を利用した間接測定。線源棒挿入による非破壊的な測定法。		←→	
	衝撃加速度試験	重錐落下時の衝撃加速度から間接測定。		←→	
含水量	炉乾燥法	一定温度（110℃）における乾燥。			
	急速乾燥法	フライパン、アルコール、赤外線、電子レンジ等を利用した燃焼・乾燥による簡便・迅速な測定方法。			
	RI法	放射線（中性子）と土中の水素元素との錯乱・吸収を利用した間接測定、非破壊測定法。		←→	

		試験・測定方法	原理・特徴	適用土質		
				礫	砂	粘
品質規定	強度・変形	平板載荷試験	静的載荷による変形支持特性の測定。	←→		
		現場CBR試験		←→		
		ポータブルコーン貫入	コーンの静的貫入抵抗の測定。			←→
		プルーフローリング	タイヤローラ後の転圧車輪の沈下・変形量（目視）より締固め不良箇所を知る。		←→	
		衝撃加速度 　重錐落下試験 　衝撃加速度試験	重錐落下時の衝撃加速度，機械インピーダンス，振動載荷時の応答加速度等からの間接測定。	←→		
工法規定		タスクメータ	転圧機械の稼働時間の記録をもとに管理する方法。	←――→		
		TS・GNSSを用いた管理	転圧機械の走行記録をもとに管理する方法。	←――→		

※工法規定では、品質試験を省略することが一般的なので、試験方法の代わりに管理方法を示している。

「情報化施工による盛土の締固め管理」の動画講習と学習資料について

　近年の施工管理技術検定試験では、情報化施工による盛土の締固め管理に関する出題が多くなっています。この情報化施工は、トータルステーション（TS/Total Station）や全球測位衛星システム（GNSS/Global Navigation Satellite System）を用いた盛土の締固め管理システムです。GET研究所ホームページでは、国土交通省ウェブサイトで公開されている「TS・GNSSを用いた盛土の締固め管理要領」を基に、土木工事の現場における情報通信技術（ICT/Information and Communication Technology）を用いた情報化施工の概要を公開しています。下記のような方法で学習資料を取得したうえで動画講習を視聴することにより、「情報化施工による盛土の締固め管理」に関する基礎知識を得ることができます。

←スマホ版無料動画コーナー
URL　https://get-supertext.com/

（注意）スマートフォンでの長時間聴講は、Wi-Fi環境が整ったエリアで行いましょう。

「情報化施工による盛土の締固め管理」の動画講習を、GET研究所ホームページから視聴できます。
https://get-ken.jp/
[GET研究所] [検索] ➡ 無料動画公開中 ➡ 動画を選択

「情報化施工による盛土の締固め管理」に関する学習資料は、GET研究所ホームページから取得してください。
https://get-ken.jp/
[GET研究所] [検索] ➡ [資料ダウンロード] ➡ [スーパーテキスト付属資料] ➡ 土木施工管理
　●情報化施工による盛土の締固め管理

3.2.2 品質特性と品質試験

1 土質試験・コンクリート試験・アスファルト試験

表3・4 土質試験・コンクリート試験・アスファルト試験

工　種	管理対象	品質特性	品質試験
土　工	堤　防	粒　度 **自然含水比**	粒度試験 **含水比試験**
	道路盛土	液性限界 塑性限界 **最大乾燥密度** 最適含水比 **締固め度** 現場CBR値 地盤反力係数(K値)	液性限界試験 塑性限界試験 **締固め試験** 締固め試験 **締固め試験** 現場CBR試験 平板載荷試験
	路盤材料	粒度 自然含水比	粒度試験 含水比試験
	路盤支持力	地盤反力係数(K値) 現場CBR値 コーン指数(q_c) 平坦(へいたん)性	平板載荷試験 現場CBR試験 コーン貫入試験 平坦性試験
コンクリート工	骨　材	骨材粒度 すり減り減量 細骨材表面水量	ふるい分け試験 ロサンゼルス試験 表面水率試験
	コンクリート	**スランプ値** **空気量** 圧縮強度 単位容積質量 混合割合(水セメント比)	**スランプ試験** **空気量試験** 圧縮強度試験 単位容積質量試験 洗い分析試験
アスファルト工	アスファルト材料	**針入度** 軟化点	**針入度試験** 軟化点試験
	アスファルト混合物	各種材料温度 粒　度 アスファルト混合率	材料温度試験 ふるい分け試験 合材抽出試験
	アスファルト舗装	**安定度・フロー値** 現場到着温度 厚　さ 混合割合 平坦性	**マーシャル安定度試験** 現場到着温度試験 コア採取厚さ試験 コア混合割合試験 平坦性試験
鋼　材	鋼　材	引張強度 降状点	引張試験 引張試験

2 原位置試験と結果の利用

表3・5 原位置試験と結果の利用

試験の名称	試験結果から得られるもの	試験結果の利用
弾性波探査	地盤の弾性波速度 V〔m/s〕	地層の種類・性質，岩の掘削法 成層状況の推定
電気探査	地盤の比抵抗値 r〔Ω〕	地下水の状態の推定
単位体積質量試験 （砂置換法）（RI 法）	湿潤密度 ρ_t〔g/cm³〕 乾燥密度 ρ_d〔g/cm³〕	締固めの施工管理
標準貫入試験	N 値(打撃回数)，試料採取	土の硬軟，締まり具合の判定
スウェーデン式 サウンディング試験※	N_{sw} 値（半回転数）	土の硬軟，締まり具合の判定
コーン貫入試験	コーン指数 q_c〔kN/m²〕	トラフィカビリティの判定
ベーン試験	粘着力 c〔N/mm²〕	細粒土の斜面や基礎地盤の安定計算
地盤の平板載荷試験	支持力係数 K〔kN/m³〕	締固めの施工管理
現場透水試験	透水係数 k〔cm/s〕	透水関係の設計計算 地盤改良工法の設計
現場 CBR 試験	CBR 値〔%〕	地盤支持力の判定

※ 2020 年の日本産業規格（JIS）改正により、現在では、「スウェーデン式サウンディング試験」の名称は「スクリューウエイト貫入試験」に改められている。

3.2.3 最大乾燥密度と施工含水比

盛土工事において、盛土を規準どおりの締固めをするために、施工含水比を管理する。この施工含水比は、次の手順で求める。突固めによる締固め試験によって、土の含水比 w〔%〕とその土の湿潤密度 ρ_t〔g/cm³〕を測定し、これから乾燥密度 ρ_d を

$$\rho_d = \rho_t / (1 + w/100)$$

の関係式から求める。

こうして、含水比 w を横軸に、乾燥密度 ρ_d を縦軸に、点（w、ρ_d）をグラフに打点して、これらの点を滑らかな曲線で結び、その頂点を求める。この頂点の座標は、(w_{opt}、$\rho_{d\,max}$) と表され、w_{opt} は最適含水比を、$\rho_{d\,max}$ は最大乾燥密度を表す。

一般に管理基準は、最大乾燥密度 $\rho_{d\,max}$ に対して、現場の盛土の乾燥密度 ρ_d の割合を締固め度 C_d といい、次の式で表される。

$$C_d = \frac{\rho_d}{\rho_{d\,max}} \times 100\%$$

路床は、一般に $C_d \geq 90\%$ で、$\rho_d \geq 0.9 \times \rho_{d\,max}$ となるように管理し、
路盤は、一般に $C_d \geq 93\%$ で、$\rho_d \geq 0.93 \times \rho_{d\,max}$ となるように管理する。
例として、過去の問題から考えてみよう。

(1) ある現場の盛土材料を用いて、突固めによる土の締固め試験をしたところ、表3・6(1)のような結果が与えられた。

表3・6(1) 含水比―湿潤密度

測定番号	1	2	3	4	5
含水比 w [％]	10	12	15	18	20
湿潤密度 ρ_t [g/cm³]	1.650	2.016	2.300	2.124	1.800

(2) 表3・6(1)の結果より、各測定番号の土の乾燥密度 ρ_d を計算すると、表3・6(2)のようになる。たとえば、測定番号1では $\rho_d = \rho_t/(1+w/100) = 1.650/(1+10/100) = 1.65 \div 1.1 = 1.5$ となる。

表3・6(2) 乾燥密度

測定番号	1	2	3	4	5
乾燥密度 ρ_d [g/cm³]	1.65÷1.1 =1.5	2.016÷1.12 =1.8	2.30÷1.15 =2.0	2.124÷1.18 =1.8	1.80÷1.2 =1.5

(3) 横軸に含水比 w [％]、縦軸に乾燥密度 ρ_d [g/cm³] としてグラフをつくる。このグラフに、点 (w、ρ_d) として、各測定番号順に (10、1.5) (12、1.8) (15、2.0) (18、1.8) (20、1.5) の5点を打点して、各点を円滑な曲線で結ぶ。

(4) 曲線の頂点を求め、この頂点の座標を (w_{opt}、$\rho_{d\,max}$) とし、これを求める。この結果、図3・6より w_{opt} = 15％、$\rho_{d\,max}$ = 2.0 g/cm³ となる。

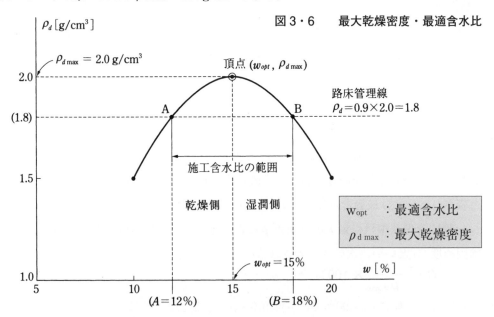

図3・6 最大乾燥密度・最適含水比

(5) 今、路床の盛土の管理をするものと考えると、締固め度 C_d = 90％なので、現場の盛土の乾燥密度 $\rho_{d\,max}$ = 0.9×2.0 = 1.8 g/cm³ 以上とする。

図3・6において、1.8g/cm³の乾燥密度を得るためには、**施工含水比**は$\rho_d=1.8$g/cm³のグラフにかき込み、締固め曲線との交点A(12%)およびB(18%)を求める。そのAB間の含水比として求められる。

こうして、現場の盛土は、この施工含水比を管理することで、所要の締固め度の規準が守れる。一般に、施工含水比の湿潤側で施工すると、空隙が小さく耐久性が高い。乾燥側で施工したときは、締固め直後の状態では、圧縮性が最小で支持力が大きいが、降雨後空隙に雨水が浸透し支持力が低下しやすい。

3.2.4　レディーミクストコンクリート

1 レディーミクストコンクリートの購入

表3・7に示すJIS A 5308に定められたコンクリートの配合表から、コンクリートの種類・粗骨材の最大寸法・スランプ値・呼び強度(JISに定められた強度)を指定してレディーミクストコンクリートを購入する。(○：購入可能)

コンクリートには、普通コンクリート・軽量コンクリート・舗装コンクリート・高強度コンクリートの4種類がある。

呼び強度は、普通コンクリート・軽量コンクリートの場合には圧縮強度で、舗装コンクリートの場合には曲げ強度で表す。

表3・7　レディーミクストコンクリートの種類及び区分（コンクリート配合表）

コンクリートの種類	粗骨材の最大寸法 [mm]	スランプまたはスランプフロー[a) [cm]	18	21	24	27	30	33	36	40	42	45	50	55	60	曲げ4.5
普通コンクリート	20, 25	8, 10, 12, 15, 18	○	○	○	○	○	○	○	○	─	─	─	─	─	─
		21	─	○	○	○	○	○	○	○	─	─	─	─	─	─
		45	─	─	─	○	○	○	○	○	○	○	─	─	─	─
		50	─	─	─	─	○	○	○	○	○	○	─	─	─	─
		55	─	─	─	─	─	○	○	○	○	○	─	─	─	─
		60	─	─	─	─	─	─	○	○	○	○	─	─	─	─
	40	5, 8, 10, 12, 15	○	○	○	○	○	─	─	─	─	─	─	─	─	─
軽量コンクリート	15	8, 12, 15, 18, 21	○	○	○	○	○	○	○	○	─	─	─	─	─	─
舗装コンクリート	20, 25, 40	2.5, 6.5	─	─	─	─	─	─	─	─	─	─	─	─	─	○
高強度コンクリート	20, 25	12, 15, 18, 21	─	─	─	─	─	─	─	─	─	─	○	─	─	─
		45, 50, 55, 60	─	─	─	─	─	─	─	─	─	─	○	○	○	─

注[a)]　荷卸し地点での値であり、45cm、50cm、55cm及び60cmはスランプフローの値である。

出典：JIS A 5308 レディーミクストコンクリート

※レディーミクストコンクリートの種類は、次のような記号と数値で表される。

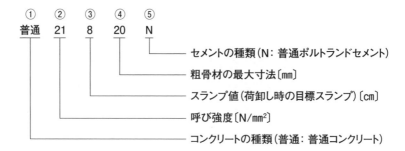

① コンクリートの種類は、普通・軽量・舗装・高強度のいずれかから選定する。
② 呼び強度は、圧縮強度については $16\,\mathrm{N/mm^2}$〜$40\,\mathrm{N/mm^2}$ の範囲で、曲げ強度については $4.5\,\mathrm{N/mm^2}$ を表の中から選定する。
③ スランプ値は、一般に $5\,\mathrm{cm}$〜$21\,\mathrm{cm}$ の範囲で表の中から選定する。
④ 粗骨材の最大寸法は、$15\,\mathrm{mm}$〜$40\,\mathrm{mm}$ の範囲で表の中から選定する。
⑤ セメントの種類は、N: 普通ポルトランドセメント、H: 早強ポルトランドセメント、B: 高炉セメントA種(BA)・B種(BB)・C種(BC)、F: フライアッシュセメントA種(FA)・B種(FB)・C種(FC)、M: 中庸熱ポルトランドセメントなどのように表示する。

2 レディーミクストコンクリートの協議事項

(1) 協議事項

　購入者は、生産者と協議して、コンクリートの温度・呼び強度を保証する材齢・単位水量の上限などの14項目を指定できる。協議事項は、下記の通りである。また、コンクリートの配達に先立ち、生産者は購入者に対し、配合設計の報告書を提出しなければならない。

① セメントの種類
② 骨材の種類
③ 粗骨材の最大寸法
④ 骨材のアルカリシリカ反応性による区分において、モルタルバー試験または化学法で無害と判定されない骨材を用いるときの抑制方法
⑤ 混和材料の種類
⑥ 塩化物含有量の上限値が規定($0.3\,\mathrm{kg/m^3}$ 以下)と異なる場合の上限値
⑦ 呼び強度を保証する材齢
⑧ 空気量が指定と異なる場合の空気量
⑨ 軽量コンクリートの単位容積質量
⑩ コンクリートの最高または最低の温度
⑪ 水セメント比の上限値
⑫ 単位水量の上限値

⑬ 単位セメント量の上限値または下限値

⑭ 流動化コンクリートの場合、流動化前のレディーミクストコンクリートからのスランプの増大量

補足：①〜⑥の各項目については、JISに定められた規定の範囲内とする。⑦〜⑭は購入者と生産者の協議事項とする。⑧の空気量は、指定された空気量にかかわらず、その許容差が±1.5％と一定である点に注意する。

(2) アルカリシリカ反応の抑制方法

レディーミクストコンクリートのアルカリシリカ反応の抑制方法は、下記の3つである。

① 無害と判定された骨材を用いる。

② 高炉セメントB種・C種またはフライアッシュセメントB種・C種を用いる。

③ コンクリートに含まれるアルカリ総量を、3.0kg/m^{3}以下に規制する。

3 レディーミクストコンクリートの受入検査

レディーミクストコンクリートの受入検査には下記の4項目があり、購入時には下記の2項目についても確認する。

(1) コンクリートの強度検査（受入検査）

① 試験は3回行い、3回のうちどの1回の試験結果も、指定呼び強度の85％以上を確保していなければならない。

② 3回の試験結果の平均値が、指定呼び強度以上でなければならない。ただし、1回の試験結果は、任意の1台の運搬車からつくった3個の供試体の試験値の平均で表す。

(2) スランプ値検査（受入検査）

スランプ値ごとの受入許容差は、表3・8の通りである。表から分かるように、スランプ値が大きいからといって、受入れの許容差が大きいとは限らない。

表3・8　スランプ値・スランプフロー値の許容差〔cm〕

スランプ値	許容差
2.5	±1
5および6.5	±1.5
8以上18以下	±2.5
21	±1.5 ※

スランプフロー値	許容差
50	±7.5
60	±10

※ 呼び強度が27以上かつ高性能AE減水剤を使用しているなら±2cm

(3) 空気量検査（受入検査）

コンクリートの種類ごとの空気量は、表3・9に示す通りとされているが、購入者が別に指定することもある。受入れの許容差は、どんなコンクリートであっても±1.5%で一定である。

表3・9　空気量の許容差

コンクリートの種類	空気量〔%〕	許容差〔%〕
普通コンクリート	4.5	±1.5
軽量コンクリート	5.0	±1.5
舗装コンクリート	4.5	±1.5
高強度コンクリート	4.5	±1.5

(4) 塩化物含有量検査（受入検査又は出荷時工場検査）

塩化物含有量は、塩化物イオン（Cl⁻）量を基準とし、塩化物含有量試験で定める。許容の上限は、下記の通りである。

① 鉄筋コンクリートの場合、$0.3kg/m^3$ 以下
② 無筋コンクリートで購入者の承認を受けた場合、$0.6kg/m^3$ 以下

(5) 運搬時間の確認（購入時確認）

レディーミクストコンクリートの運搬時間は、次のように決められている。

① 普通コンクリート・軽量コンクリート（アジテータで運搬）は、練り始めてから荷卸しまでの時間を1.5時間以内とする。
② 舗装コンクリート（ダンプで運搬）は、練り始めてから荷卸しまでの時間を1.0時間以内とする。

(6) 検査場所の確認（購入時の検査）

① 強度・スランプ値・空気量は、必ず現場荷卸地点で確認する。
② 塩化物含有量は、原則として現場荷卸地点で検査するが、やむを得ないときは出荷時に工場で検査してもよい。

(7) 受入検査における合格基準の総まとめ

レディーミクストコンクリートの受入検査(品質検査)における合格基準をまとめると、下記のようになる。

品質特性(検査場所)	合格基準
強度 (荷卸点)	①3回の試験のうち、どの1回も指定呼び強度の85%以上である。 ②3回の試験の平均値が指定呼び強度以上である。 ※強度試験では、上記の①と②の条件を同時に満たさなければならない。
スランプ (荷卸点)	①指定値が2.5cmであれば、許容差は±1cmとする。 ②指定値が5cmまたは6.5cmであれば、許容差は±1.5cmとする。 ③指定値が8cm以上18cm以下であれば、許容差は±2.5cmとする。 ④指定値が21cmであれば、許容差は±1.5cmとする。
スランプフロー (荷卸点)	①指定値が50cmであれば、許容差は±7.5cmとする。 ②指定値が60cmであれば、許容差は±10cmとする。
空気量 (荷卸点)	①普通コンクリートの場合、指定値は4.5%とし、許容差は±1.5%とする。 ②軽量コンクリートの場合、指定値は5.0%とし、許容差は±1.5%とする。 ③舗装コンクリートの場合、指定値は4.5%とし、許容差は±1.5%とする。 ④高強度コンクリートの場合、指定値は4.5%とし、許容差は±1.5%とする。
塩化物含有量 (荷卸点か工場)	①通常は、塩化物イオン量に換算して0.3kg/m^{3}以下とする。 ②購入者の承認がある無筋コンクリートは、塩化物イオン量に換算して0.6kg/m^{3}以下とする。

※スランプ試験・空気量試験では、最初の試験で不合格と判定された場合に、もう一度だけ同じ試験を行い、合格と判定された場合には、最終結果を合格とすることができる。
※アルカリシリカ反応(アルカリ骨材反応)については、コンクリートの配合計画書を見て、次の条件のいずれかを満たしていることが判明すれば、対策がとられていると判定してよい。
①アルカリ総量が3.0kg/m^{3}以下である。
②「無害」と判定された骨材を使用している。
③反応を抑制できる混合セメント(高炉セメントB種など)を使用している。

(8) レディーミクストコンクリートの圧縮強度試験の例

指定した呼び強度の強度値が24N/mm^{2}である場合、1回の試験結果がいずれも24×0.85＝20.4N/mm^{2}以上であることと、3回の試験結果の平均値が24N/mm^{2}以上であることを確認する。一例として、下記のような試験結果が得られた場合は、ロットNo.4だけが合格と判定される。(表中の○が付いた試験結果が不合格となる理由である)

ロットNo.	圧縮強度(指定された呼び強度：24N/mm^2)			
	1回目の圧縮強度 (N/mm^2)	2回目の圧縮強度 (N/mm^2)	3回目の圧縮強度 (N/mm^2)	圧縮強度の平均値 (N/mm^2)
1	ⓞ20	25	27	24.0
2	22	26	22	ⓞ23.3
3	24	ⓞ20	23	ⓞ22.3
4	22	24	28	24.7

3.2.5 コンクリート工における品質管理

1 コンクリート供試体試料の採取

(1) 供試体の試料の採取

コンクリートの圧縮試験を行うために、1日に1回以上、また、少なくとも20m³～150m³（高強度コンクリートは100m³）の施工につき1回、供試体となる試料を採取する。その際、最初にアジテータから排出される50ℓ～100ℓのコンクリートを除き、同一バッチ（同一のバッチミキサにより同一時刻に練られたコンクリート試料）から、1回につき3本の試料を採取するものとする。

(2) 供試体モールドの寸法

圧縮強度試験に用いる供試体は、直径の2倍の高さをもつ円柱形とする。供試体の直径は、粗骨材の最大寸法の3倍以上かつ10cm以上とする。なお、モールドとは、供試体の成形円筒形型枠のことである。

(3) ロットの単位

コンクリートの圧縮強度試験は、150m³の施工につき1回とする。3回で450m³となり、この450m³を1ロットという。ただし、高強度コンクリートの圧縮強度試験は、100m³の施工につき1回とし、300m³を1ロットとする。

(4) コンクリートの品質

コンクリートの品質の良否は、1ロット450m³単位で検査される。すなわち、1回で3本・3回で9本の供試体に対する試験を行うこととなる。その試験で得られた平均圧縮強度と配合強度を比較し、コンクリートの品質を判定する。判定の結果、不合格となったときは、1ロット450m³のすべてを廃棄し、施工をやり直す。

(5) 試験の頻度

試験の頻度は、施工開始時や材料が変わったときは多くする。製品の品質が安定して製造されてきたら、受注者の判断で試験の回数を元の回数に戻すのが一般的である。このことは、コンクリート圧縮試験に限らず、種々の品質管理でも同様である。

2 コンクリートの管理

(1) 管理材齢

コンクリートの品質管理は、材齢28日の時点に行うのではなく、3日目または7日目の早期強度から材齢28日時点の強度を推定し、管理することが一般的である。

(2) 管理の方法

水セメント比により管理するときは、「洗い分析法」で水セメント比を求め、その値を配合設計表の水セメント比と比較する。

(3) 骨材試験

コンクリートの品質管理について、強度に関するもの以外に留意すべきことは、骨材試験である。骨材試験の留意点は、下記の通りである。

①骨材の粒度試験は、工事の初期は1日2回とし、安定してきたなら試験回数を減らす。
②スランプ値に変動があるときは、骨材の粒度分布などを点検し、改善する。
③空気量に変動があるときは、骨材の粒度を点検し、改善する。

3 コンクリートのひび割れ対策

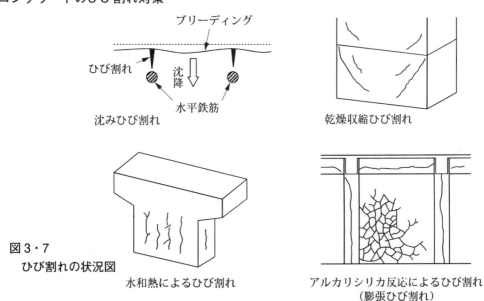

図3・7 ひび割れの状況図

コンクリートに生じる主なひび割れは、図3・7に示す、沈みひび割れ・乾燥収縮ひび割れ・水和熱によるひび割れ・アルカリシリカ反応によるひび割れである。これらのひび割れの防止対策は、下記の通りである。

(1) 沈みひび割れ防止対策

沈みひび割れは、柱、壁などの高い部材にコンクリートを打ち込むと、コンクリートが重力の作用でブリーディングが生じ、コンクリートが沈降する。このとき、鉄筋などにより沈降が妨げられると、コンクリート打接面に引張力が生じ、ひび割れが生じる。この初期ひび割れを沈みひび割れという。沈みひび割れは、コンクリートの沈降により鉄筋や凝結したコンクリートの拘束により生じる、こうしたひび割れは、再振動及びタンピングで閉じておく。

(2) 乾燥収縮ひび割れ防止対策

乾燥収縮ひび割れは、主に、仕上時に、表面近くにセメントペーストが集まったり、打込み後、直射日光や風の影響で水分が急激に蒸発することで発生することが多い。このため、乾燥収縮ひび割れを抑制するには、ブリーディングの終了を待って表面仕上げをすることと、散水養生及びコンクリートに直射日光や風が直接あたらないよう日覆、防風の養生などの対策が必要である。

(3) 水和熱によるひび割れ防止対策

橋台、橋脚などのマスコンクリートは、部材寸法が大きく、セメントの水和熱がコンクリート内部に蓄積し、コンクリート表面と内部に温度差が生じる。この温度差により生じるひび割れを温度ひび割れといい、これを防止するには、水和熱の少ないフライアッシュセメントや中庸熱セメントなどの低熱型セメントを用い、単位水量を減少するため、AE減水剤を併用するとよい。また、養生方法としてはパイプクリーニングを行ない、コンクリート中の内部を冷却熱で冷却するか、または、マスコンクリート表面を断熱材(発泡スチロール)等で保温養生し、内部と表面の温度差を少なくすることが有効である。

(4) アルカリシリカ反応によるひび割れ防止対策

骨材中のシリカ質とセメント中のアルカリ成分とが水分のある状態で化学反応が生じ、骨材中のシリカ質が膨張し、骨材の膨張に伴い、コンクリートにひび割れが発生する。このひび割れは、アルカリシリカ反応又はアルカリシリカ骨材反応により生じるものである。アルカリシリカ反応を抑制するには、アルカリ性分の少ない混合セメントB種又はC種を用いたり、コンクリート中のアルカリ総量を $3.0kg/m^3$ 以下にする対策が有効である。この他、施工後においては、コンクリート中に水分の浸入を抑制する塗膜を行うなどの方法も有効である。

(5) ひび割れ発生の原因

コンクリートに生じるひび割れの原因を、材料と施工のどちらに不備があるか、どの部材に生じるか、製造や施工のどの段階で生じるかなどに分類し、まとめたものを表3・10に示す。

表3・10 ひび割れ発生の原因

大分類	中分類	小分類	原因
材料	使用材料	セメント	セメントの異常凝結 セメントの水和熱
		骨材	骨材に含まれている泥分 反応性骨材
	コンクリート	コンクリート	コンクリート中の塩化物 コンクリートの沈下・ブリーディング コンクリートの収縮
施工	コンクリート	練混ぜ	混和材料の不均一な分散 長時間の練混ぜ
		運搬	ポンプ圧送時の配合の変更
		打込み	不適切な打込み順序 急速な打込み
		締固め	不十分な締固め
		養生	硬化前の振動や載荷 コンクリートの沈下・ブリーディング 初期凍害
		打重ね	不適切な打重ね処理
	鉄筋	配筋	配筋の乱れ かぶりの不足
	型枠	型枠	型枠のはらみ 型枠からの漏水 路盤への漏水 型枠の早期除去
		支保工	支保工の沈下

4 コンクリートの非破壊検査

コンクリートを破壊せずに品質を検査する基本的な方法には、下記のようなものがある。

(1) コンクリートの**強度**を推定するため、**反発度法**として**テストハンマー**などを用いる。
(2) **赤外線法**（サーモグラフィ法）は、コンクリートの**浮きやはく離**、**空隙**などの箇所を非接触法で調べる非破壊試験である。
(3) **X線法**は、コンクリート中を透過した**X線**の強度の分布状態から、コンクリート中の鉄筋位置、鉄筋径、かぶり、空隙などを精度良く検出できる。検出できる厚さに制約がある。
(4) **電磁誘導法**における鉄筋径やかぶりの測定では、**配筋間隔**が密になると測定が困難になる場合がある。その他、コンクリートの含水率の測定では、表層部は精度よく測定できるが内部の精度はよくない欠点がある。
(5) **自然電位法**は、電気化学的な方法で、鉄筋や鋼材の**腐食**傾向や、腐食速度の測定に用いられる。

コンクリートの品質管理で用いる代表的な非破壊検査は次のようである。

表3・11　コンクリートの非破壊検査

非破壊検査法	測定対象	測定項目
テストハンマー強度試験	強度	反発度
電磁誘導法	鉄筋の位置、鉄筋直径、かぶり、コンクリートの含水率	鉄筋の磁性
打音法 超音波法 衝撃弾性波法 AE（アコースティック・エミッション）	浮き、空隙 ひび割れ深さ 部材厚さ、空隙 ひび割れの発生状況	打撃音受振波特性 超音波伝播特性 打撃の弾性波特性 AE波特性
X線法 電磁波レーダ法 赤外線法（サーモグラフィック）	鉄筋位置、径、かぶり、空隙 鉄筋位置、かぶり厚 浮き、はく離、空隙、ひび割れ	透過率 比誘電率 熱伝導率
自然電位法 分極抵抗法 四電極法	鋼の腐食傾向 鋼の腐食速度 コンクリートの電気抵抗	電位差 分極抵抗差 比抵抗率

3.2.6 コンクリートの劣化

コンクリートの劣化に関する調査・機構・要因・補修などについて、それぞれの事項を下表に示す。

表3・12　コンクリートの劣化の程度を調査する方法

調査方法			判明する情報
非破壊検査機器を用いる方法	反発度に基づく方法	反発度法	①コンクリートの強度
	電磁誘導を利用する方法	鋼材の導電性および磁性を利用する方法 コンクリートの誘電性を利用する方法	①コンクリート中の鋼材の位置・径・かぶり ②コンクリートの含水状態
	弾性波を利用する方法	打音法 超音波法 衝撃弾性波法 アコースティック・エミッション(き裂音)法	①コンクリートの圧縮強度・弾性係数などの品質 ②コンクリートのひび割れ深さ ③コンクリート中の浮き・はく離・空隙 ④コンクリート厚さなどの部材寸法 ⑤シース内のグラウトの充てん状況（PC構造物）
	電磁波を利用する方法	X線法 電磁波レーダ法 赤外線法（サーモグラフィ法）	①コンクリート中の鋼材の位置・径・かぶり ②コンクリート中の浮き・はく離・空隙 ③コンクリートのひび割れの分布状況 ④シース内のグラウトの充てん状況（PC構造物）
	電気化学的方法	自然電位法 分極抵抗法 四電極法	①コンクリート中の鉄筋の腐食傾向 ②コンクリート中の鉄筋の腐食速度 ③コンクリートの電気抵抗
	光ファイバスコープを用いる方法		①コンクリート内部の状況 ②シース内のグラウトの充てん状況（PC構造物）
局部的な破壊を伴う方法	コア採取による方法 はつりによる方法 ドリル削孔粉を用いる方法 鋼材を採取する方法		①ひび割れ深さ ②コンクリートの圧縮強度・引張強度・弾性係数（載荷試験） ③コンクリートの中性化深さ ④コンクリートの分析（化学分析・蛍光X線分析・X線回折・熱分析・光学顕微鏡・偏光顕微鏡・走査型電子顕微鏡・EPMA） ⑤塩化物イオンの状況（塩化物イオン濃度および濃度分布） ⑥配合分析 ⑦コンクリートの解放膨張量および残存膨張量 ⑧コンクリートの透気性・透水性 ⑨細孔径分布 ⑩コンクリートの気泡分布 ⑪鉄筋の腐食状況（はつりによる方法） ⑫鉄筋の引張強度（鉄筋の採取による方法）

表3・13 劣化機構に対応する調査方法

調査の方法	具体的な内容など		中性化※2	塩害	凍害	化学的侵食	アルカリシリカ反応	疲労	すり減り
書類などによる方法	設計・施工に関する情報 既往の維持管理・対策に関する情報		●	●	●	●	●	●	●
目視による方法※1 たたきによる方法	肉眼・双眼鏡・カメラ		●	●	●	●	●	●	●
	浮き・はく離・空洞		●	●	●	●	●	●	●
	鋼材腐食状況（鋼材露出時）		●	●	●	●	●	●	−
反発度に基づく方法	テストハンマー強度		△	△	▲	▲	△	△	▲
電磁誘導を利用する方法	鋼材位置・径		△	△	△	△	△	△	△
弾性波を利用する方法	打音法・超音波法・衝撃弾性波法・AE法		△	△	△	△	△	△	△
電磁波を利用する方法	電磁波レーダ法	鋼材配置	△	△	△	△	△	△	△
		空隙	−	−	−	△	−	△	△
		かぶり	△	△	△	△	△	−	△
	赤外線法（サーモグラフィ法）	表面はく離	△	△	△	△	△	△	−
	X線法	鋼材配置・径・空隙・ひび割れ	△	△	△	△	△	△	△
電気化学的方法	自然電位法・分極抵抗法		△	△	△	△	△	−	−
	四電極法		△	△	△	△	△	−	−

凡例 ●：標準調査として実施する項目の例
▲：標準調査として必要に応じて実施する項目の例
△：詳細調査として必要に応じて実施する項目の例
−：当該劣化機構の調査には無関係または不明
※1：変形・変色・スケーリング・ひび割れなども調査できる。
※2：コンクリートの中性化による鋼材腐食のことである。

表3・14　劣化機構ごとの要因・現象・指標

劣化機構	劣化要因	劣化現象	劣化指標
中性化	二酸化炭素	二酸化炭素がセメント水和物と炭酸化反応を起こし、細孔溶液中のpHを低下させることで、鋼材の腐食が促進され、コンクリートのひび割れやはく離、鋼材の断面減少を引き起こす。	中性化深さ 鋼材腐食量 腐食ひび割れ
塩害	塩化物イオン	コンクリート中の鋼材の腐食が塩化物イオンにより促進され、コンクリートのひび割れやはく離、鋼材の断面減少を引き起こす。	塩化物イオン濃度 鋼材腐食量 腐食ひび割れ
凍害	凍結融解作用	コンクリート中の水分が凍結と融解を繰返すことによって、コンクリート表面からスケーリング・微細ひび割れ・ポップアウトなどが生じる。	凍害深さ 鋼材腐食量
化学的侵食	酸性物質 硫酸イオン	酸性物質や硫酸イオンとの接触によってコンクリート硬化体が分解したり、化合物生成時の膨張圧によってコンクリートが劣化したりする。	劣化因子の浸透深さ 中性化深さ 鋼材腐食量
アルカリシリカ反応	反応性骨材	骨材中に含まれる反応性シリカ鉱物や炭酸塩岩を有する骨材がコンクリート中のアルカリ性水溶液と反応し、コンクリートに異常膨張やひび割れが発生する。	膨張量（ひび割れ）
床版の疲労	大型車 通行量	道路橋の鉄筋コンクリート床版が、輪荷重の繰返し作用によって、ひび割れや陥没を生じる。	ひび割れ密度 たわみ
はり部材の疲労	繰返し荷重	鉄道橋梁などにおいて、荷重の繰返しによって、引張鋼材に亀裂が生じて破断する。	累積損傷度 鋼材の亀裂長
すり減り	摩耗	流水や車輪などの磨耗作用によって、コンクリートの断面が時間とともに徐々に失われていく。	すり減り量 すり減り速度

表3・15　環境条件・使用条件などから推定される劣化機構

外的要因		推定される劣化機構
地域区分	海岸地域	塩害
	寒冷地域	凍害・塩害
	温泉地域	化学的侵食
環境条件 および 使用条件	乾湿繰返し	アルカリシリカ反応・塩害・凍害
	凍結防止剤使用	塩害・アルカリシリカ反応
	繰返し荷重	疲労・すり減り
	二酸化炭素	中性化
	酸性水	化学的侵食
	流水・車両など	すり減り

表3・16 安全性・使用性に係る力学的性能の回復・向上を目的とした、劣化の補修工法と適用部材

対象物	工法の概要	劣化の補修工法[※1]	適用部材 全般	はり	柱	スラブ	壁[※2]	支承
コンクリート部材	接着	接着工法	◎	○	◎	○		
	巻立て	巻立て工法			◎		○	
	プレストレスの導入	外ケーブル工法	◎	○		○		
	断面の増厚	増厚工法		○		◎		
	部材の交換	打換え工法		○		○	◎	
構造体	はり(桁)の増設	増設工法		◎		◎		
	壁の増設	増設工法					◎	
	支持点の増設	増設工法		○		○		
	免震化	免震工法	◎					◎

凡例 ◎：当該工法を適用した実績が比較的多いもの
　　 ○：当該工法の適用が可能と考えられるもの

※1：各補修工法に含まれる工法は、下記の通りである。
　　接着工法：鋼板接着工法・FRP接着工法（連続繊維シート接着工法・連続繊維板接着工法）
　　巻立て工法：鋼板巻立て工法・FRP巻立て工法（連続繊維シート巻立て工法・連続繊維板巻立て工法）・RC巻立て工法・モルタル吹付け工法・プレキャストパネル巻立て工法
　　プレストレス導入：外ケーブル工法・内ケーブル工法
　　増厚工法：上面増厚工法・下面増厚工法・下面吹付け工法
　　増設工法：はり(桁)増設工法・耐震壁増設工法・支持点増設工法

※2：壁式橋脚を含む

参考 コンクリートの性状を表す用語

①ワーカビリティー：コンクリートの施工性（施工しやすさ）を表す用語である。下記のフィニッシャビリティー・プラスティシティー・コンシステンシーの総合的な評価として表される。ワーカビリティーの良いコンクリートは、仕上げが容易で、粘性があり、適度の軟らかさがある。

②フィニッシャビリティー：コンクリートの粗骨材の最大寸法によるコンクリート表面の「仕上げ性能」を表す用語である。粗骨材の最大寸法を適切に設定すると、この仕上げ性能は向上する。

③プラスティシティー：コンクリートの材料分離に対する抵抗性と、コンクリートの「粘性」を表す用語である。スランプ試験終了後のコンクリートの山の側面を突き棒で軽く叩き、その崩れ方から粘性の程度を目視で判断する。プラスティシティーが大きいコンクリートは、この山が崩れにくい。山が崩れにくいコンクリートは、粘着力があり、材料分離が生じにくいので、施工しやすい。

④コンシステンシー：コンクリートの変形に対する抵抗性（軟らかさ）と、コンクリートの「耐流動性」を表す用語である。コンクリートのワーカビリティーに関して、スランプ試験で数値として評価できる唯一の指標である。

3.3 品質管理 最新問題解説

品質管理（土工関係）分野の問題

令和6年度　選択問題(1)　品質管理　土の締固めにおける試験および品質管理

【問題 5】
土の締固めにおける試験及び品質管理に関する次の文章中の □ の(イ)〜(ホ)に当てはまる適切な語句を、解答欄に記述しなさい。

(1) 土の締固めで最も重要な特性として、下図に示す締固めの含水比と密度の関係が挙げられる。これは締固め曲線と呼ばれ、ある一定のエネルギーにおいて最も効率よく土を密にすることができる含水比を (イ) といい、その時の乾燥密度を最大乾燥密度という。

(2) 締固め曲線は土質により異なり、一般に (ロ) や砂では、最大乾燥密度が高く曲線が鋭くなり、 (ハ) や粘性土では最大乾燥密度は低く曲線は平坦になりやすい。

(3) 締固め品質の規定は、締め固めた土の性質の恒久性を確保すると共に、盛土に要求する (ニ) を確保するように設計で設定した盛土の所要力学特性を確保するためのものであり、盛土材料や施工部位によって最も合理的な品質管理方法を用いる必要がある。

(4) 品質管理の基準となる試験項目及び方法には、自然含水比試験、土粒子の密度試験、土の締固め試験等があり、路体及び路床における試験の実施時期は (ホ) 及び、材料が明らかに変化した場合に実施する。

考え方

1 土の締固め曲線（締固めの含水比と密度との関係）

　土の締固めにおいて、最も重要とされる特性としては、「締固めの含水比と密度との関係」が挙げられる。土は、同じ方法で締め固めた（締固め条件が同じであった）としても、その含水比が異なっていると、締固め後の密度（締固めの強さ）に差異が出てしまう。この「締固めの含水比と密度との関係」を示した図は、締固め曲線と呼ばれている。

　ある一定のエネルギーにおいて、最も効率よく土を締め固める（密にする）ことができる含水比は、**最適含水比**と呼ばれている。最適含水比のときの乾燥密度は、最大乾燥密度と呼ばれている。盛土材料の含水比が最もよく調整され、最適含水比かつ最大乾燥密度で締め固められた土は、その締固め条件のもとでは土の間隙が最小となる（土の密度が大きくなる）ので、盛土のせん断強度が大きくなり、盛土が浸水に対して強くなる。

土の締固め曲線（締固めの含水比と密度との関係を示した図）

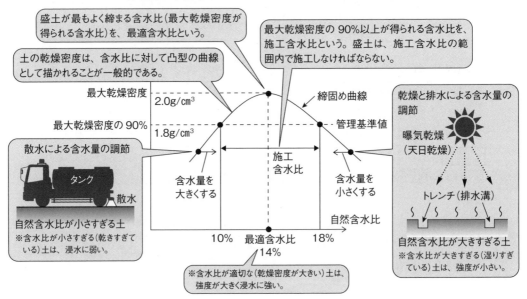

2 土の締固め曲線（土質による違い）

　土の締固め曲線は、概ね前頁の図のような山型の（上に凸の）形状になる。しかし、土質（礫質土・砂質土・粘性土などの違い）によっては、その形状が多少異なる場合がある。

① 「礫」や「砂」から成る土（水が抜けやすく圧密が容易な土）では、最大乾燥密度が高くなるので、締固め曲線が鋭く（山が急傾斜に）なりやすい。また、最大乾燥密度が高い土では、最適含水比が低くなりやすいので、締固め曲線が左上に寄りやすい。

② 「シルト」や「粘性土」から成る土（水が抜けにくく圧密が困難な土）では、最大乾燥密度が低くなるので、締固め曲線が平坦に（山が緩傾斜に）なりやすい。また、最大乾燥密度が低い土では、最適含水比が高くなりやすいので、締固め曲線が右下に寄りやすい。

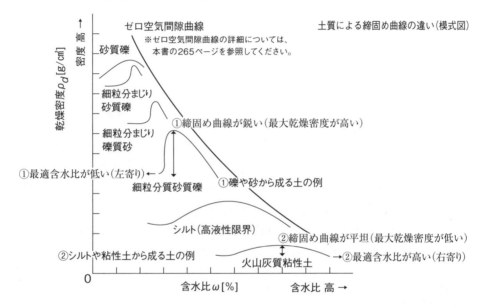

3 土の締固め品質の規定（盛土の締固めの目的）

　土の締固め品質が規定されているのは、締め固めた土の性質について、恒久性を確保する（時間が経過しても性質が変化しないことを保証する）と共に、盛土に要求される**性能**を確保できるように、設計段階で設定した盛土の所要力学特性を確保するためである。この目的を達成するためには、盛土材料や施工部位に応じて、最も合理的な品質管理方法を用いる必要がある。

4 土の締固め品質管理の基準となる試験

土の締固め品質管理の基準となる材料試験としては、次のようなものが定められている。
① 自然含水比試験：恒温乾燥炉を用いて「含水比＝水の質量÷土粒子の質量」を求める。
② 土粒子の密度試験：土粒子の単位体積（一般的には1cm³）あたりの質量[g]を求める。
③ 土の締固め試験：土を突き固めることで、土の含水比ごとの湿潤密度を求める。
④ 土の粒度試験：土の粒径加積曲線（粒径の分布／建設材料としての適否）を求める。
⑤ コンシステンシー試験：土の液性限界・塑性限界（盛土材料としての適否）を求める。

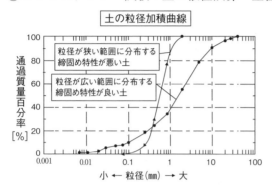
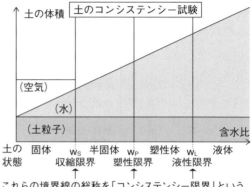

これらの境界線の総称を「コンシステンシー限界」という。
※コンシステンシー限界：収縮限界・塑性限界・液性限界の含水比

路体および路床における上記の①～⑤の試験は、**施工当初**に1回実施し、材料が明らかに変化した場合に1回（材料が変わるごとに1回）実施することが定められている。また、必要に応じて、路体に対してはコーン指数試験（地盤の強さを調べる試験）を、路床に対してはCBR試験（締め固められた土の強さを調べる試験）を実施することもある。

解 答

(1) 土の締固めで最も重要な特性として、締固めの含水比と密度の関係が挙げられる。これは締固め曲線と呼ばれ、ある一定のエネルギーにおいて最も効率よく土を密にすることができる含水比を**(イ)最適含水比**といい、その時の乾燥密度を最大乾燥密度という。

(2) 締固め曲線は土質により異なり、一般に**(ロ)礫**や砂では、最大乾燥密度が高く曲線が鋭くなり、**(ハ)シルト**や粘性土では最大乾燥密度は低く曲線は平坦になりやすい。

(3) 締固め品質の規定は、締め固めた土の性質の恒久性を確保すると共に、盛土に要求する**(ニ)性能**を確保するように設計で設定した盛土の所要力学特性を確保するためのものであり、盛土材料や施工部位によって最も合理的な品質管理方法を用いる必要がある。

(4) 品質管理の基準となる試験項目及び方法には、自然含水比試験、土粒子の密度試験、土の締固め試験等があり、路体及び路床における試験の実施時期は**(ホ)施工当初**及び、材料が明らかに変化した場合に実施する。

出典：道路土工－盛土工指針（日本道路協会）

（イ）	（ロ）	（ハ）	（ニ）	（ホ）
最適含水比	礫	シルト	性能	施工当初

| 令和6年度 | 選択問題(1) | 品質管理 | 情報化施工による盛土の締固め管理 |

【問題 7】
情報化施工におけるTS（トータルステーション）・GNSS（全球測位衛星システム）を用いた盛土の締固め管理に関して，次の文章中の　　　　の(イ)～(ホ)に当てはまる適切な語句又は数値を解答欄に記述しなさい。

(1) TS・GNSSを用いた盛土の締固め管理システムの適用にあたっては，地形条件や　(イ)　障害の有無等を事前に調査して，システムの適用可否を確認する。

(2) GNSSでは，施工現場等の任意の地点又は座標既知点のいずれかで，使用衛星数が　(ロ)　衛星以上，データ取得間隔1秒で，10秒間の座標観測を再初期化の上，2回行う。

(3) 締固めの作業の実施前には，実際に使用する締固め機械の追尾用全周プリズム又はGNSSアンテナの設置位置と，締め固める位置との　(ハ)　量を実測し，システムへ入力する必要がある。

(4) GNSSの場合は，捕捉される衛星の個数が多くても，衛星の配置が悪いと一時的に測位精度が悪いFLOAT解になることがある。この場合，FIX解に回復するまで作業を　(ニ)　する。

(5) 毎回の締固め終了後に，車載パソコンに記録された計測データ（ログファイル）を電子媒体に保存し，管理局において締固め回数分布図と　(ホ)　図を作成する。

考え方

1 情報化施工による盛土の締固め管理

土工の品質管理において、トータルステーション(TS/Total Station)や全球測位衛星システム(GNSS/Global Navigation Satellite System)を用いた盛土の締固め管理は、「盛土の情報化施工」と呼ばれている。その目的は、締固め機械の走行位置をリアルタイムで計測し、モニタに表示することにより、盛土のまき出し厚や締固め回数などの測定データを、容易に（高い精度で）管理できるようにすることである。

2 盛土の締固め管理システムに必要とされる機能

盛土の締固め管理システムは、次のような機能を有するものとしなければならない。これらの機能は、システムを選定する段階で、カタログなどによって確認すべきである。
①締固め判定・表示機能：ブロックを通過するごとに「締固め1回」などと表示する機能
②施工範囲の分割機能　：施工範囲を、所定の大きさごとのブロックに分割する機能
③締固め幅の設定機能　：使用する機械に応じて、締固め幅を任意に設定する機能
④オフセット機能　　　：アンテナから締固めの中心までの離隔距離を入力する機能

3 システム運用障害に関する事前調査

　トータルステーション(TS)や全球測位衛星システム(GNSS)を用いた盛土の締固め管理システムの適用にあたっては、地形条件や**電波**障害の有無などを事前に調査し、システムの適用可否を確認しなければならない。

①トータルステーション(TS)を用いた盛土の締固め管理は、視通が取れないと適用できないので、地形条件を事前に調査する必要がある。一例として、トータルステーション(TS)の設置点と施工機械との間に、既設構造物があって視通が取れない場合は、トータルステーション(TS)を用いた盛土の締固め管理システムは適用できない。

②全球測位衛星システム(GNSS)を用いた盛土の締固め管理は、電波が届かないと適用できないので、電波障害の有無を事前に調査する必要がある。一例として、低所に架設された高圧線が施工機械の近くにある場合は、無線通信障害が生じて電波が届かないので、全球測位衛星システム(GNSS)を用いた盛土の締固め管理システムは適用できない。

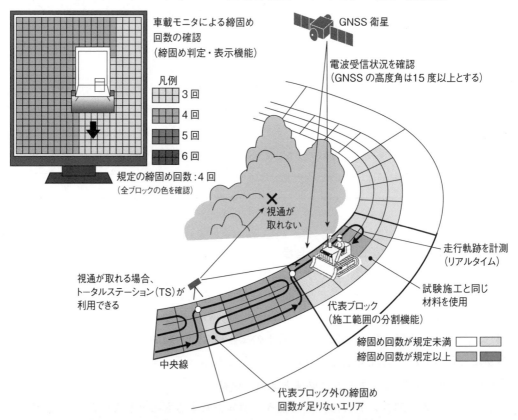

TS(トータルステーション)・GNSS(全球測位衛星システム)を用いた盛土の情報化施工

情報化施工による盛土の締固め管理の手順(施工の合否を自動的に判定できる！)
①試験施工を行い、所定の品質を確保できるまき出し厚と締固め回数を確定させる。
②車載モニタにより、まき出し厚と締固め回数が試験施工の通りであることを確認する。
③締固め後の現場密度試験を行うことなく、適切な締固めが行われたことが判明する。

4 全球測位衛星システム(GNSS)を用いた盛土の締固め管理(精度の確認)

全球測位衛星システム(GNSS)を用いた盛土の締固め管理では、施工現場内の任意の地点または座標既知点のいずれかにおいて、全球測位衛星システム(GNSS)の受信機が正しい座標を計測できることを、次のような方法で(実測により)確認しなければならない。

① 受信機(衛星からの電波を受信する機器)が、5つ以上の衛星からの電波を受信できる(使用衛星数が**5衛星以上**である)ことを確認する。

② 受信機のデータ取得間隔を1秒とし、10秒間の座標観測を実施する。ここで得られた10個のデータ(受信機の緯度・経度・高度)の平均値を記録し、計測結果とする。

③ 受信機を再初期化した後、再度、上記②の座標観測(2回目の座標観測)を実施する。

④ 上記②と上記③の計測結果の差が、緯度(X座標)・経度(Y座標)に関して20mm以内、かつ、高度(Z座標)に関して30mm以内であれば、「受信機が正しい座標を計測できる」と判断される。

5 全球測位衛星システム(GNSS)を用いた盛土の締固め管理(FLOAT解の除去)

全球測位衛星システム(GNSS)を用いた盛土の締固め管理では、5つ以上の衛星からの電波を受信できる(捕捉される衛星の個数が多い)場合においても、衛星の配置が悪い(受信機から見て衛星が同方向または低高度に固まっているなどの)場合は、FLOAT解(測位精度が悪く上記④の条件を満たせない計測結果)になることがある。

このFLOAT解が測定された場合には、締固め機械の位置が正確に測定されていないおそれがある(測位精度が許容範囲外になっている)ので、締固め機械の受信機から警報(ブザー音など)が出ることが多い。このような場合には、その位置における計測結果がFIX解(衛星の配置が良くなり測位精度が改善されて上記④の条件を満たせる計測結果)になるまで、締固め作業を**中断**しなければならない。

6 締固め機械の位置を正確に測定するための留意事項

盛土の情報化施工では、締固め機械の位置(締固めを行う位置の中央)を正確に測定しなければならない。そのため、下記のような補正を行う必要がある。

① トータルステーション(TS)で測定される締固め機械の位置は、締固めを行う位置の中央ではなく、締固め機械に取り付けられた追尾用全周プリズムの位置である。

② 全球測位衛星システム(GNSS)で測定される締固め機械の位置は、締固めを行う位置の中央ではなく、締固め機械に取り付けられたGNSSアンテナの位置である。

③ 締固めを行う位置の中央と、追尾用全周プリズムまたはGNSSアンテナの設置位置とのずれの量は、オフセット量と呼ばれている。締固めを行う位置の中央を正確に測定するためには、トータルステーション(TS)や全球測位衛星システム(GNSS)で測定された締固め機械の位置を、オフセット量の分だけ補正する必要がある。

④ したがって、締固め作業の実施前には、実際に使用する締固め機械の追尾用全周プリズムまたはGNSSアンテナの設置位置と、締固めを行う位置の中央(締め固める位置)とのオフセット量を実測し、システムへ入力する必要がある。

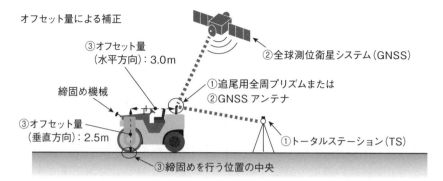

7 盛土施工結果の資料作成

　毎回の締固め作業の終了後には、締固め機械の車載パソコンに記録された計測データ（ログファイル）を電子媒体に保存し、管理局（現場事務所など）において、締固め回数分布図と**走行軌跡**図を出力する。これらの図は、盛土施工結果の資料として扱われる。

①ログファイルは、締固め機械で作業している時刻と、その時刻における締固め機械の位置座標を記録したものである。

②締固め回数分布図は、施工範囲を分割した各ブロックの締固め回数を、締固め機械が自動的に測定し、締固め回数ごとに色分けして表示した帳票である。

③走行軌跡図は、締固め機械がどのような順路で走行したかを、自動的に測定し、一本の線として表示した帳票である。

解　答

(1) TS・GNSSを用いた盛土の締固め管理システムの適用にあたっては、地形条件や**(イ)電波**障害の有無等を事前に調査して、システムの適用可否を確認する。

(2) GNSSでは、施工現場等の任意の地点又は座標既知点のいずれかで、使用衛星数が**(ロ)5**衛星以上、データ取得間隔1秒で、10秒間の座標観測を再初期化の上、2回行う。

(3) 締固め作業の実施前には、実際に使用する締固め機械の追尾用全周プリズム又はGNSSアンテナの設置位置と、締め固める位置との**(ハ)オフセット**量を実測し、システムへ入力する必要がある。

(4) GNSSの場合は、捕捉される衛星の個数が多くても、衛星の配置が悪いと一時的に測位精度が悪いFLOAT解になることがある。この場合、FIX解に回復するまで作業を**(ニ)中断**する。

(5) 毎回の締固め終了後に、車載パソコンに記録された計測データ（ログファイル）を電子媒体に保存し、管理局において締固め回数分布図と**(ホ)走行軌跡**図を出力する。

出典：TS・GNSSを用いた盛土の締固め管理要領（国土交通省）

(イ)	(ロ)	(ハ)	(ニ)	(ホ)
電波	5	オフセット	中断	走行軌跡

| 令和5年度 | 選択問題(2) | 品質管理 | 盛土の情報化施工(資料作成時の留意事項) |

【問題 9】
TS(トータルステーション)・GNSS(全球測位衛星システム)を用いた盛土の締固め管理において、本施工の日常管理帳票として、作成する資料について下記①～④から2つ選び、その番号、作成時の留意事項を解答欄に記述しなさい。

① 盛土材料の品質の記録
② まき出し厚の記録
③ 締固め回数分布図と走行軌跡図
④ 締固め層厚分布図

考え方

1 情報化施工における日常管理帳票

盛土の情報化施工では、指定された通りの手順で(あらかじめ定められた順路で施工機械を走行させるなどの)作業を行えば、適切な品質が確保できることが、ある程度保証されている。ただし、その品質保証のためには、「試験施工の結果」などの品質管理の前提となる記録や、「施工機械がどのような順路で走行したか」などの品質管理のための日常的な記録を、受注者(施工者)が帳票として作成し、保管しておく必要がある。
「日常管理帳票」という言葉の定義は、下記のように定められている。

| 日常管理帳票 | 受注者が品質管理のために作成・保管する帳票で、盛土材料の品質記録(搬出した土取場、含水比等)、まき出し厚の記録、締固め層厚分布図(まき出し厚の記録を省略する場合)、締固め回数の記録(締固め回数分布図、走行軌跡図)等の施工時の帳票のことをいう。 |

出典:「TS・GNSSを用いた盛土の締固め管理要領」(国土交通省)
(https://www.mlit.go.jp/tec/constplan/content/001612921.pdf)

2 盛土材料の品質の記録(作成時の留意事項)

盛土材料の品質の記録は、施工対象の盛土が、試験施工と同じ材料(土質試験による品質確認がされている材料)を使用した盛土であることを証明するための帳票である。
盛土材料の品質の記録を作成するときは、次のような点に留意する必要がある。
①盛土に使用する材料が搬出された土取場について、その名称を記録する。
②複数の土取場または複数の材料を使用するときは、その土質名を記録する。
③盛土に使用する材料の施工含水比について、土取場または現場で測定して記録する。

3 まき出し厚の記録(作成時の留意事項)

まき出し厚の記録は、盛土施工範囲の全面にわたって、試験施工で決定したまき出し厚以下となっていることを確認するための帳票である。このまき出し厚が厚すぎると、一層あたりの仕上り厚が大きくなりすぎて、所定の締固め度が得られなくなる。

まき出し厚の記録を作成するときは、次のような点に留意する必要がある。
① 土をまき出した部分の写真撮影を行う。この写真撮影は、200mに1回の頻度で行う。施工範囲全体の締固め層厚分布図を作成する場合は、この写真撮影を省略できる。
② まき出しに使用した機械が走行した順路について、標高データを電子的に記録する。この標高データが高すぎたり低すぎたりした部分は、まき出し厚が予定通りでない。

4 締固め回数分布図（作成時の留意事項）

締固め回数分布図は、施工範囲を分割した各ブロックの締固め回数を、締固め機械が自動的に測定し、締固め回数ごとに色分けして表示した帳票である。

締固め回数分布図を作成するときは、次のような点に留意する必要がある。
① 締固め回数を全面で確認できるよう、施工範囲の全数・全層について作成する。
② その日の締固めが複数回または複数層になる場合は、各回・各層について作成する。
③ 作業日・天候・走行時間・走行距離などの施工状況についても、併せて記録する。
④ 管理ブロックのサイズや、所定の締固め回数などについても、併せて記録する。

5 走行軌跡図（作成時の留意事項）

走行軌跡図は、締固め機械がどのような順路で走行したかを、自動的に測定し、一本の線として表示した帳票である。その作成目的は、締固め回数分布図について、信頼性を確保すると共に、データ改ざんの有無を確認できるようにすることである。

走行軌跡図は、締固め回数分布図と併せて自動作成されるものである。したがって、走行軌跡図の作成にあたっての留意点は、上記の「締固め回数分布図」と同じである。

締固め回数分布図と走行軌跡図の対比

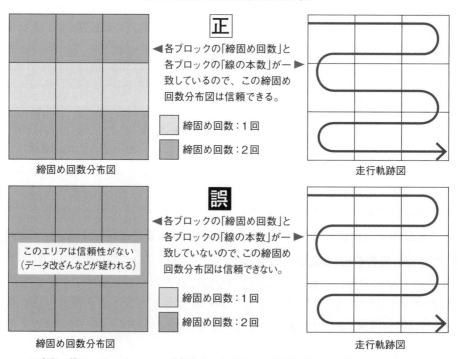

※実際の施工では、ブロックの分割がもっと細かく、必要な締固め回数がもっと多いが、線やマスが混み合わないよう、この図では大幅に簡略化している。

6 締固め層厚分布図（作成時の留意事項）

　締固め層厚分布図は、施工範囲を分割した各ブロックの締固め層厚を、視覚的に把握するための帳票である。この締固め層厚は、各ブロックにおいて、まき出しに使用した機械の標高データと、締固めに使用した機械の標高データを比較すれば判明する。
　締固め層厚分布図を作成するときは、次のような点に留意する必要がある。
①締固め層厚を全面で確認できるよう、施工範囲の全数・全層について作成する。
②その日の締固めが複数回または複数層になる場合は、各回・各層について作成する。
③その日に締め固めた層の数や、全体の平均層厚などについても、併せて記録する。

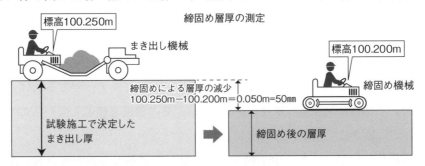

7 締固め層厚分布図（写真撮影の省略に関する留意事項）

　締固め層厚分布図を作成するときは、まき出し厚の確認について、上記6に記載したような写真撮影を省略し、締固め層厚分布図を用いて把握することができる。その際には、「TS・GNSSを用いた盛土の締固め管理要領」に定められている「どのような条件のときにどのような写真撮影を省略してよいか」に注意する必要がある。

| まき出し厚の確認方法 | 締固め回数管理時に取得した機械位置データを用い、全数・全層について各層の平均層圧を記載して締固め層厚分布図を作成し提出する場合は、200mに1回必須とされているまき出し厚管理時の写真撮影を省略することができる。なお、締固め層厚分布図を作成し提出する場合においても、1層目の締固め層厚については、従来どおり、丁張り、標尺等の近傍にて写真管理を行うこととする。 |

出典：「TS・GNSSを用いた盛土の締固め管理要領」（国土交通省）
（https://www.mlit.go.jp/tec/constplan/content/001612921.pdf）

解答例

番号	作成する資料	作成時の留意事項
①	盛土材料の品質の記録	盛土材料が搬出された土取場の名称を記録する。その土取場に複数の土質の材料があるときは、土質名についても記録する。
②	まき出し厚の記録	施工範囲全体の締固め層厚分布図を作成しない場合は、まき出し機械が200m走行するごとに、1回の写真撮影を行う。
③	締固め回数分布図と走行軌跡図	施工範囲の全数および全層について作成する。その日の締固めが複数回に分けられる場合は、各回について個別に作成する。
④	締固め層厚分布図	まき出し厚管理時の写真撮影は省略してよいが、1層目の締固め層厚は、従来通り、丁張り・標尺等の近傍で写真管理を行う。

※以上から2つを選んで解答する。　　　出典：「TS・GNSSを用いた盛土の締固め管理要領」（国土交通省）

> **参考**
> **TS・GNSS を用いた盛土の締固め管理（上記の 考え方 に関するより専門的な内容）**

(1) TS・GNSS を用いた盛土の締固め管理は、その施工方法を発注者が指定し、受注者は発注者が作成した設計図書に基づき、施工の実務だけを請け負うものであり、工法規定方式と呼ばれている。仕様書に定められた締固め度を確保する従来の品質規定方式とは、その形態が異なっている。

(2) 一例として、品質規定方式において RI 法で管理するときは、土質の最大粒径は 100 mm が限度であるが、TS・GNSS を用いた工法規定方式では試験施工により確認するので、土質の粒径に対する制限がない。また、その締め固めの信頼性においても、RI 法による品質規定方式では 1000 m^2 ごとに 1 箇所を確認するだけであるが、TS・GNSS を用いた工法規定方式では各ブロック単位（ブルドーザであれば 0.25 m×0.25 m・タイヤローラであれば 0.5 m×0.5 m）でその精度を確認しているので、精度の均一性が保証されている。

(3) 工事規模の問題として、中小規模工事では、一般的な品質規定方式によって締固め度を確認する方が経済的である。現在では、TS・GNSS による情報化施工は大規模工事にのみ適用されているが、今後はこうした情報化施工が、改良を重ねられて中小規模工事にも適用されることが予想される。

(4) TS または GNSS で測定する盛土の施工は、作業がシステム化されているので、建設機械の運転手の仕事は指定されたコースを正確に走行するだけである。建設機械の上部に取り付けた GNSS からの電波を受けるアンテナや、建設機械に取り付けたプリズムを自動追尾する TS などから、建設機械の走行軌跡・締固め回数を調べ、ブロックごとの標高を求める。こうしたアンテナやプリズムを取り付けた建設機械を、移動局という。したがって、移動局の移動によって電子データが記録される。このファイルをログファイルといい、発注者の監督職員に提出する総合的な測定記録となる。

(5) 盛土材料の品質の記録については、盛土工事に使用する材料を、事前に土質試験で確認し、試験施工で施工仕様を決定した材料と同じ土質材料であることを確認できるよう、搬出した土取場を記録することで、日常管理帳票とする。

(6) まき出し厚の記録については、まき出し作業において、試験施工で決定したまき出し厚以下のまき出し厚となっていることを確認できる記録として、200 m に 1 回の頻度でまき出し厚の写真撮影を行い、走行標高データをログファイルに記録することで、日常管理帳票とする。

(7) 締固め回数分布図と走行軌跡図については、毎回の締固め終了後に、車載パソコン（基準局）に記録されたログファイルを電子媒体（PCカードなど）に保存し、現場事務所（管理局）において締固め回数分布図と走行軌跡図の2つを出力することで、日常管理帳票とする。

(8) 締固め層厚分布図については、まき出し作業におけるまき出し厚の記録として、200mに1回の頻度でまき出し厚の写真撮影を行う作業を効率化するため、まき出し厚の確認をデジタル化して提出できるのが締固め層厚分布図である。締固め回数ごとの層厚を現場事務所（管理局）でログファイルとして作成し、締固め層厚分布図を出力し、これをまき出し厚の記録として日常管理帳票とする。

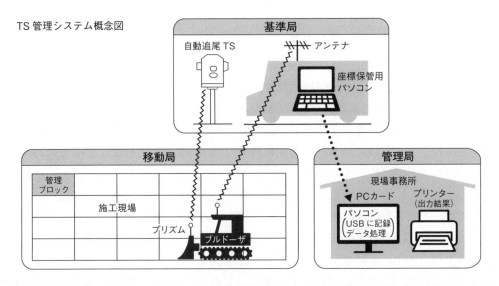

TS管理システム概念図

管理作業	作成時の留意事項（解答例）
①盛土材料の品質の記録	盛土材料は、土取場の土試料を採取し、土質試験し、土質名とその土取場の土であることを確認できる記録が、日常管理帳票となる。
②まき出し厚の記録	まき出し作業で、試験施工で決定したまき出し厚以下となっているこの記録を確認できるよう、200mに1回の頻度で写真撮影を行うと共に、ログファイルにも記録して日常管理帳票となる。
③締固め回数分布図と走行軌跡図	毎回の締固め終了後に、車載パソコン（基準局）に記録されたログファイルを電子媒体に保存し、現場事務所（管理局）において締固め回数分布図と走行軌跡図を全層についてプリンターに出力することで、日常管理帳票となる。
④締固め層厚分布図	まき出し厚の記録に代えて、毎回の締固め終了後に、層厚をプログラム上で計算し、車載パソコンのログファイルを電子媒体に保存し、管理局において締固め分布図を出力することで、日常管理帳票となる。

| 令和4年度 | 必須問題 | 品質管理 | 盛土の品質管理のための試験 |

【問題　3】
盛土の品質管理における，下記の試験・測定方法名①～⑤から2つ選び，その番号，試験・測定方法の内容及び結果の利用方法をそれぞれ解答欄へ記述しなさい。
ただし，解答欄の（例）と同一内容は不可とする。

① 砂置換法
② RI法
③ 現場CBR試験
④ ポータブルコーン貫入試験
⑤ プルーフローリング試験

考え方

1 砂置換法による盛土の品質管理（概要）

砂置換法（単位体積質量試験）は、盛土施工完了後の地盤を掘り出した跡の穴を、密度が分かっている乾燥砂で置き換えて、掘り出した土の体積を知ることで、施工後の盛土の密度を測定する試験である。日本産業規格（JIS A 1214 砂置換法による土の密度試験方法）では、「砂置換法」という用語の定義について、「掘り取った試験孔に密度が既知の砂材料を充填し、その充填した質量から試験孔の体積を求める方法」と定義されている。

砂置換法では、現場で直接測定しにくい「土の体積」と、掘り取った土を秤に載せれば分かる「土の質量」から、「土の密度」（土の単位体積あたりの質量）を測定することができる。施工後の盛土の締固めが十分であるかどうかは、この「土の密度」が最大乾燥密度の90％以上の範囲内にあるかどうかで決まる。したがって、砂置換法の結果（測定された土の密度）は、施工後の盛土の締固め管理に利用されている。

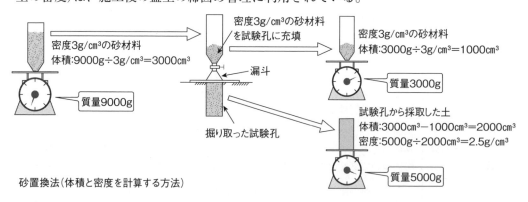

砂置換法（体積と密度を計算する方法）

2 RI 法による盛土の品質管理（概要）

RI 法（RI 計器による土の密度試験）は、放射性同位元素（Radio Isotope）を利用してガンマ線の土中透過減衰量を測定することで、土の含水比・乾燥密度・湿潤密度などを、現場で直接測定する試験である。

RI 法には、他の原位置試験に比べて、即応性が高く、高い測定精度が期待できるという特長がある。したがって、RI 法の結果（測定されたガンマ線の土中透過減衰量）は、施工後の盛土の締固め管理を行うために利用されている。

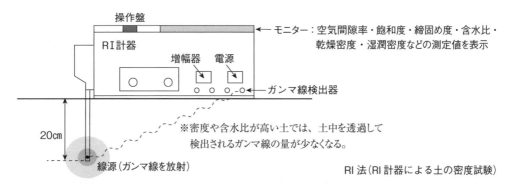

RI 法（RI 計器による土の密度試験）

3 現場 CBR 試験による盛土の品質管理（概要）

現場 CBR（California Bearing Ratio）試験は、有孔底板に上から荷重をかけて、施工後の盛土中に、有孔底板を 2.5mm 沈み込ませるために必要な荷重の大きさを調べる試験である。ここで測定された「荷重の大きさ（CBR 値）」が大きいほど、その盛土の支持力が大きい（荷重に対する抵抗が強い）ことを示している。したがって、現場 CBR 試験の結果（測定された CBR 値）は、施工後の盛土の支持力を評価するために利用されている。

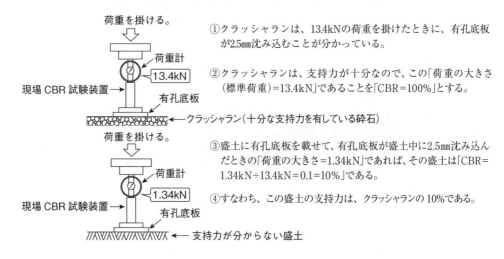

4 ポータブルコーン貫入試験による盛土の品質管理（概要）

ポータブルコーン貫入試験は、比較的軟弱な地盤において、円錐形のコーンを人力で圧入したときの地盤の貫入抵抗を測定し、地盤（施工後の盛土）のコーン指数を求める試験である。このコーン指数が小さい（地盤の貫入抵抗が小さい）ほど、その地盤は軟弱である（施工後の盛土の支持力が小さい）。したがって、ポータブルコーン貫入試験の結果（測定されたコーン指数）は、施工後の盛土の支持力を評価するために利用されている。

※下記の事項は、盛土の品質管理とは無関係である（下記の事項を解答としてはならない）が、コーン指数の意味を理解するうえでは重要になるので、一通り目を通しておくことが望ましい。

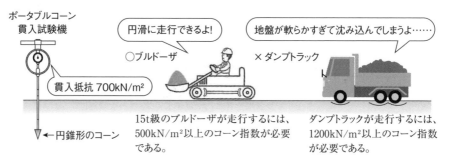

ブルドーザ・ダンプトラックなどの土工機械が走行する地盤は、ある程度の硬さ（一定以上のコーン指数）がなければならない。このように、ポータブルコーン貫入試験の結果（測定されたコーン指数）は、土工機械のトラフィカビリティーを評価する（土工機械が地盤上を円滑に走行できるかを判断する）ために利用される場合もある。

5 プルーフローリング試験による盛土の品質管理（概要）

プルーフローリング試験は、荷重車を走行させながら、その車輪による盛土の変形量（沈下量）を目視することで、盛土の締固め度を調べる試験である。

荷重車の走行により、異常な沈下が発生した（変形量が大きかった）地点は、締固めが不足している（盛土としての強度が小さい）ことを示す。したがって、プルーフローリング試験の結果（測定された変形量）は、盛土の締固めが不十分な箇所を特定するために利用されている。

① 25 t のタイヤローラを 3 回走行させる。
② 輪荷重 5 t のたわみ測定車を走行させる。
③ たわみ測定車の後方 2 m～3 m から沈下状況を目視観察する。
④ 締固めが不十分な箇所を発見したら追加転圧する（変形量の大きい箇所に補修材料を投入してタイヤローラなどで十分に締め固める）か、良質土に置き換えて転圧する。

解答例

番号	試験・測定方法	試験・測定方法の内容	結果の利用方法
①	砂置換法	盛土の掘出し後の穴に、密度が既知の砂材料を充填し、その質量から試験孔の体積を求める。	盛土材料の密度から、盛土の締固め管理を行うために利用される。
②	RI法	ガンマ線の土中透過減衰量を測定することで、土の含水比・乾燥密度・湿潤密度を測定する。	盛土材料の密度と含水比から、盛土の締固め管理を行うために利用される。
③	現場CBR試験	盛土中に、有効底板を2.5mm沈み込ませたときの荷重の大きさを測定する。	荷重に対する盛土の抵抗の強さから、盛土の支持力を評価するために利用される。
④	ポータブルコーン貫入試験	円錐形のコーンを人力で圧入したときの地盤の貫入抵抗から、地盤のコーン指数を求める。	盛土の支持力が十分であるかを判断するために利用される。
⑤	プルーフローリング試験	荷重車を走行させながら、その車輪による盛土の変形量(沈下量)を目視する。	盛土の締固めが不十分な箇所(補修が必要な箇所)を特定するために利用される。

※以上から2つを選んで解答する。　　　　　　　　　　出典：地盤調査－基本と手引き(地盤工学会)

> **参考** 各種の試験・測定方法の詳細

この「参考」では、盛土および舗装(土木工事の一環として行われるもの)の品質管理における各種の試験・測定方法について、上記の「考え方」よりも専門的な事項を記載している。この問題の解答欄を埋めるだけであれば、上記の「考え方」を理解すれば十分であるが、より専門的な事項(正式な用語や計算式など)まで理解したい方は、この「参考」を学習する必要がある。

1 砂置換法による盛土の品質管理(詳細)

砂置換法は、盛土・路床・路盤の現場密度を求めるために行うものである。砂置換法は、原位置に内径162mmの円形のベースプレートを据え付け、土の最大粒径に応じた掘出し量をハンドスコップで採取して土試料とし、その質量m[g]とその土の含水比w[%]を測定する。ベースプレートから掘り出した土の容積は、約4Lの容器に入れ、試験用の砂の容積V[cm³]を測定する。測定された掘り出した土の質量m[g]・含水比w[%]・容積V[cm³]から、計算により、現場で締め固められた土の乾燥密度ρ_d[g/cm³]は、m÷V÷(1+w÷100)で求められる。また、掘り出した土の容積V[cm³]を求めるための試験用砂を、約4Lの容器に入れて、バルブを開けて試験用砂を入れて、掘り出した土の空隙部に入れた試験用砂の質量から、掘り出した土の容積を求める。

> **試験・測定方法**：試験用の土を掘り出した土の質量m[g]と、その土の含水比w[%]および掘り出した土の容積V[cm³]の3要素を測定する。
> **結果の利用方法**：測定結果から、締め固めた土の乾燥密度ρ_d[g/cm³]と、締め固めた土の締固め度$C = \rho_d \div \rho_{d\,max} \times 100$[%]を計算し、盛土・路床・路盤の締固め管理に用いる。

2 RI法による盛土の品質管理（詳細）

　RI法は、盛土・路床・路盤の現場における締め固められた材料の密度と含水比を求める試験である。RI計器は、密度計と水分計の一対で測定できるようになっており、測定にはガンマ線と中性子線を用いて、その透過率を測定する。締め固めた土の乾燥密度ρ_d・湿潤密度ρ_t・含水比w・締固め度Dc・飽和度Va・空隙率Srなどが直接出力されるため、施工管理上の能率が良い。土試料の採取の必要がなく、非破壊検査できるのが特徴であり、1分間の測定で結果が分かるだけではなく、個人差が出ないなどの長所がある。

> **試験・測定方法**：線源棒を締固め地盤に挿入し、締固め地盤の締固め度を測定する。
> **結果の利用方法**：盛土・路床・路盤の締固め管理に用いる。

3 現場CBR試験による盛土の品質管理（詳細）

　現場CBR試験は、原位置の土のCBRを求めるものである。路床や路盤の土の支持力は、現場CBR試験で求めるものである。ダンプトラックなどを油圧ジャッキの反力装置として利用し、現場CBR試験装置を据え付けて、ジャッキハンドルを回転させ、油圧により加圧し、荷重計を通して取り付けてある貫入ピストンを圧入し、その貫入抵抗を荷重計で、その変位（貫入量）を変位計で読み取る。このとき、貫入量が2.5mmのときの荷重計の荷重（貫入抵抗）Q[kN]を測定し、標準荷重$Q_0=13.4$kNを用いてCBR値を求める。すなわち、CBR値$=Q÷Q_0×100$[%]である。なお、Q_0（標準荷重）は代表的なクラッシャランの貫入抵抗であり、$Q_0=13.4$kNを基準としてCBR値を求めるため、CBR$=3$というのは、$3×13.4÷100=0.402$kNの貫入抵抗がある地盤と評価される。一般に、路床のCBRは3以上とし、3未満の場合には、3以上となるよう地盤の改良をしなければ、道路を施工することはできない。

> **試験・測定方法**：貫入ピストンを貫入させ、貫入量2.5mmのときの貫入抵抗を測定する。
> **結果の利用方法**：盛土・路床・路盤の設計に使用し、路床・基層・表層の厚さを求めることができる。

※「路床・路盤・基層・表層」などの用語は、盛土ではなく舗装の品質管理に関する用語になるので、問題文中に「盛土の品質管理」とあるこの問題の解答を、上記のような内容にしないように注意する。

4 ポータブルコーン貫入試験による盛土の品質管理（詳細）

　ポータブルコーン貫入試験は、粘性土や腐植土などの軟弱地盤に、人力でコーンを静的に貫入させて、コーンの貫入抵抗を求める試験である。やや硬い粘性土や砂層には、適用が困難である。試験では、ロッドの先端にコーンを取り付けて、鉛直に立てて、ハンドルを用いて静かに圧入し、10cm貫入するごとに荷重計の読み値Dを記録する。荷重計の較正係数をKとすると、先端コーンの貫入力測定値Q_{rd}[kN]は、$K×D$として求められ、コーン指数$q_c=Q_{rd}÷$コーンの底面積（6.45cm^2）で求められる。コーン指数の値により、建設機械のトラフィカビリティーの判定や、盛土の締固め管理など、地耐力の概略判定に利用することができる。

> **試験・測定方法**：コーン先端を人力で静的に圧入したときの抵抗値を測定する。
> **結果の利用方法**：抵抗値からコーン指数を求めて、建設機械のトラフィカビリティーの判定や、盛土の締固め管理など、地耐力の概要を把握する

5 プルーフローリング試験による盛土の品質管理(詳細)

　プルーフローリング試験は、仕上がり後の表面の浮きや緩みのある不良箇所を発見する目的で、仕上げ面全体に、施工時に用いた転圧機械と同等以上のタイヤローラやトラックを走行させるもので、沈下のある部分を特定し、再仕上げを行うものである。路床の場合は、追加転圧用の荷重車により3回以上転圧してから、たわみ測定用の荷重車を全面走行させ、路床・路盤面の変位状況を目視観察し、不良箇所を確認する。特に問題となる箇所では、ベンケルマンビームにより正確なたわみ量を測定する。これらのたわみ箇所やベンケルマンビームで測定した箇所のたわみ量を記録して管理する。

> **試験・測定方法**：路床・路盤の仕上げ面の不良箇所を発見するため、追加転圧用荷重車を走行させ、その後にたわみ測定用の荷重車を全面に走行させ、たわみ量の大きい箇所を特定する。
> **結果の利用方法**：特定された不良箇所を部分的に改良し、盛土・路床・路盤の品質を均一にする。

令和4年度 選択問題(1) 品質管理 土の締固め曲線

【問題 5】
土の締固めにおける試験及び品質管理に関する次の文章の □ の(イ)～(ホ)に当てはまる**適切な語句**を解答欄に記述しなさい。

(1) 土の締固めで最も重要な特性として，下図に示す締固めの含水比と密度の関係が挙げられ，これは締固め曲線と呼ばれ，ある一定のエネルギーにおいて最も効率よく土を密にすることができる含水比を □(イ)□ といい，その時の乾燥密度を最大乾燥密度という。

(2) 締固め曲線は土質によって異なり，一般に礫や □(ロ)□ では，最大乾燥密度が高く曲線が鋭くなり，シルトや □(ハ)□ では最大乾燥密度は低く曲線は平坦になる。

(3) 締固め品質の規定は，締め固めた土の性質の恒久性を確保するとともに，盛土に要求する □(ニ)□ を確保できるように，設計で設定した盛土の所要力学特性を確保するためのものであり， □(ホ)□ や施工部位によって最も合理的な品質管理方法を用いる必要がある。

考え方

1 土の締固め曲線（締固めの含水比と密度との関係）

土の締固めにおいて、最も重要とされる特性としては、「締固めの含水比と密度との関係」が挙げられる。土は、同じ方法で締め固めた（締固め条件が同じであった）としても、その含水比が異なっていると、締固め後の密度（締固めの強さ）に差異が出てしまう。この「締固めの含水比と密度との関係」を示した図は、締固め曲線と呼ばれている。

ある一定のエネルギーにおいて、最も効率よく土を締め固める（密にする）ことができる含水比は、**最適含水比**と呼ばれている。最適含水比のときの乾燥密度は、最大乾燥密度と呼ばれている。盛土材料の含水比が最もよく調整され、最適含水比かつ最大乾燥密度に締め固められた土は、その締固め条件のもとでは土の間隙が最小となる（土の密度が大きくなる）ので、盛土のせん断強度が大きくなり、盛土が浸水に対して強くなる。

2 土の締固め曲線（土質による違い）

土の締固め曲線は、概ね問題文に描かれている図（詳細については本書の 246 ページ参照）のような形状になるが、土質（礫質土・砂質土・粘性土などの違い）によっては傾向が異なる場合がある。

① **礫**や**砂**から成る土では、最大乾燥密度が高くなるので、締固め曲線が鋭くなりやすい。また、最大乾燥密度が高い土では、最適含水比が低くなりやすいので、締固め曲線が左方に寄りやすい。

② シルトや**粘性土**では、最大乾燥密度が低くなるので、締固め曲線が平坦になりやすい。また、最大乾燥密度が低い土では、最適含水比が高くなりやすいので、締固め曲線が右方に寄りやすい。

専門的事項: ゼロ空気間隙曲線

問題文の図に描かれている「ゼロ空気間隙曲線」とは、仮想的に、盛土材料の空気間隙がゼロとなるように締め固められたとするときに、盛土材料の強度が、その含水比で最大となることを示す曲線である。そして、「ゼロ空気間隙」とは、空気と水から成る間隙のうち、空気が圧縮されて空気の体積がゼロになり、その間隙がすべて水で満たされた土（飽和度が100％の土）のことである。このときの密度を描いたものが、ゼロ空気間隙曲線である。実際には、空気間隙がゼロとなるように盛土材料を締め固めることは不可能である。空気間隙率がゼロとなる状態（飽和度が100％の状態）の乾燥密度が、計算上の最大乾燥密度となる。すなわち、ゼロ空気間隙曲線は、その含水比において、理論的に最大となる乾燥密度を表している。これは、各含水比について、ゼロ空気間隙（飽和度100％）の計算をして描いた曲線である。したがって、盛土材料の締固め曲線は、ゼロ空気間隙曲線を超える（ゼロ空気間隙曲線の右上に出る）ことはできない。

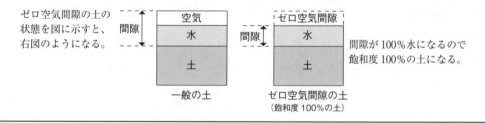

3 締固め品質の規定（盛土の締固めの目的）

土の締固め品質が規定されているのは、締め固めた土の性質について、恒久性を確保する（時間が経過しても性質が変化しないことを保証する）と共に、盛土に要求される**性能**を確保できるように、設計段階で設定した盛土の所要力学特性を確保するためである。この目的を達成するためには、**盛土材料**や施工部位によって、最も合理的な品質管理方法を用いる必要がある。

「道路土工－盛土工指針」では、この締固め品質の規定方法について、次の事項が定められている。

従来、道路盛土の締固めにおいて最も広く用いられている JIS A 1210（日本産業規格／突固めによる土の締固め試験方法）の締固め試験等による最大乾燥密度・最適含水比を基準にして締固め品質として締固め度・施工含水比を規定する方式は、施工方法（締固めの方法）を想定し、設計上要求すべき強度・変形抵抗（圧縮抵抗）を満足するような締固め度を規定することにより、締め固めた土の性質の恒久性と設計から要求される力学特性の両者を確保しているとみなすものである。

解答

(1) 土の締固めで最も重要な特性として、締固めの含水比と密度の関係が挙げられ、これは締固め曲線と呼ばれ、ある一定のエネルギーにおいて最も効率よく土を密にすることができる含水比を**(イ)最適含水比**といい、その時の乾燥密度を最大乾燥密度という。

(2) 締固め曲線は土質によって異なり、一般に礫や**(ロ)砂**では、最大乾燥密度が高く曲線が鋭くなり、シルトや**(ハ)粘性土**では最大乾燥密度は低く曲線は平坦になる。

(3) 締固め品質の規定は、締め固めた土の性質の恒久性を確保するとともに、盛土に要求する**(ニ)性能**を確保できるように、設計で設定した盛土の所要力学特性を確保するためのものであり、**(ホ)盛土材料**や施工部位によって最も合理的な品質管理方法を用いる必要がある。

出典:道路土工一盛土工指針(日本道路協会)

(イ)	(ロ)	(ハ)	(ニ)	(ホ)
最適含水比	砂	粘性土	性能	盛土材料

令和4年度　選択問題(1)　品質管理　情報化施工による盛土の締固め管理

【問題7】

情報化施工におけるTS(トータルステーション)・GNSS(全球測位衛星システム)を用いた盛土の締固め管理に関する次の文章の　　　　の(イ)〜(ホ)に当てはまる**適切な語句**を解答欄に記述しなさい。

(1) 施工現場周辺のシステム運用障害の有無,TS・GNSSを用いた盛土の締固め管理システムの精度・機能について確認した結果を　(イ)　に提出する。

(2) 試験施工において,締固め回数が多いと　(ロ)　が懸念される土質の場合,　(ロ)　が発生する締固め回数を把握して,本施工での締固め回数の上限値を決定する。

(3) 本施工の盛土に使用する材料の　(ハ)　が,所定の締固め度が得られる　(ハ)　の範囲内であることを確認し,補助データとして施工当日の気象状況(天気・湿度・気温等)も記録する。

(4) 本施工では盛土施工範囲の　(ニ)　にわたって,試験施工で決定した　(ホ)　厚以下となるように　(ホ)　作業を実施し,その結果を確認するものとする。

考え方

1 情報化施工による盛土の締固め管理

情報化施工による盛土の締固め管理とは、トータルステーション(TS/Total Station)や全球測位衛星システム(GNSS/Global Navigation Satellite System)を用いて、締固め機械の走行位置をリアルタイムで計測し、モニタに表示することにより、盛土のまき出し厚や締固め回数などの測定データを、容易に管理できるようにしたものである。

情報化施工による盛土の締固め管理は、次のような手順で行われる。
① 試験施工を行い、所定の品質を確保できるまき出し厚と締固め回数を確定させる。
② 実際の施工では、まき出し厚と締固め回数が、試験施工の通りであることを確認する。
③ 締固め後の現場密度試験を行うことなく、適切な締固めが行われたことが判明する。

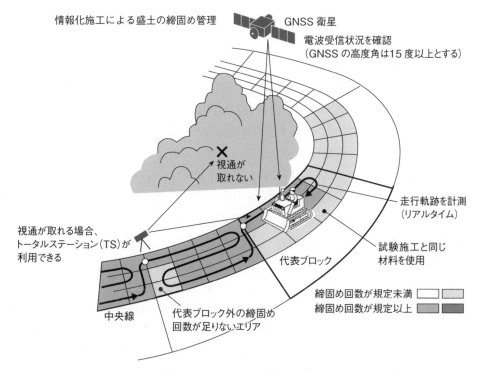

情報化施工による盛土の締固め管理における留意事項	● 地形条件・電波障害・視通の有無などを事前に調査し、情報化施工システムの適用の可否を確認する。 ● 盛土施工におけるまき出し厚や締固め回数は、使用予定材料の種類により異なるため、すべての使用予定材料について、個別に試験施工を行って決定する。 ● 試験施工と同じ土質・含水比の盛土材料を使用し、試験施工で決定した機種・まき出し厚・締固め回数で施工した盛土は、現場密度試験を省略する。
情報化施工による盛土の締固め管理の実施による利点	● 締固め機械の走行位置などを追尾・記録できるため、締固め回数の管理が厳密になり、規定の締固め度の確保が容易になるので、高精度の施工が可能になる。 ● 施工管理データが自動的に取得されるため、トレーサビリティ(施工管理データの履歴・適用・所在を追跡できること)が確保される。 ● 取得した施工管理データをコンピュータで処理できるので、データ管理の簡略化や、書類の作成作業の省力化が可能になる。

2 システム確認結果の資料作成・提出

「TS・GNSSを用いた盛土の締固め管理要領(国土交通省)」では、「施工現場周辺のシステム運用障害の有無、TS・GNSSを用いた盛土の締固め管理システムの精度・機能について確認した結果を**監督職員**に提出する」ことが定められている。具体的には、次のような事項を確認し、提出する必要がある。

①トータルステーション(TS)は、設置点と観測点の間に障害物がある(視通が取れない)と、システム運用ができないので、現場における障害物の有無などを確認する。

②全球測位衛星システム(GNSS)は、無線通信障害の原因(高圧線や空港など)があると、システム運用ができないので、現場における無線通信障害の有無などを確認する。

③トータルステーション(TS)や全球測位衛星システム(GNSS)の精度について、その誤差が基準値以内であることを、各機器の性能仕様書などで確認する。

④使用する締固め機械の機能について、モニタに表示される層厚分布などの各種機能が、正常に動作していることを確認する。

3 試験施工による締固め回数の決定

盛土施工におけるまき出し厚や締固め回数は、使用予定材料の種類により異なるため、使用予定材料ごとに(すべての使用予定材料について)、個別に試験施工を行って決定しなければならない。試験方法は、土質や目的構造物などにより、異なる場合がある。

①締固め回数が多いと**過転圧**が懸念される土質の場合は、**過転圧**が発生する締固め回数を把握し、本施工での締固め回数の上限値を決定する必要がある。

②締固め回数が多くても過転圧が懸念されない土質の場合は、締固めが十分に行われる回数を把握し、本施工での締固め回数の下限値だけを決定すればよい。

4 盛土材料の品質(含水比の確認)

盛土に使用する材料は、同じ方法で締め固めた(締固め条件が同じであった)としても、その含水比が異なっていると、締固め後の密度(締固めの強さ)に差異が出てしまう。このような土の性質は、締固め後の密度試験を行わず、締固め条件だけを確認して品質管理する情報化施工では、大きな問題となるおそれがある。そのため、情報化施工による盛土の締固め管理では、本施工の盛土に使用する材料の**含水比**が、所定の締固め度が得られる**含水比**の範囲内であることを確認しなければならない。

また、盛土に使用する材料の含水比は、降雨などを受けて湿潤すると上昇し、日射などを受けて乾燥すると低下してしまう。施工中に含水比が変化しそうな気象状況になったときは、あらためて含水比の測定を行わなければならない。そのため、情報化施工による盛土の締固め管理では、補助データとして、施工中の含水比の変化が推定できるよう、施工当日の気象状況(天気・湿度・気温など)を記録しておく必要がある。

5 盛土材料の品質(材料のまき出し)

盛土に使用する材料をまき出すときは、盛土施工範囲の**全面**にわたって、試験施工で決定した**まき出し厚**以下となるように、**まき出し作業**を実施して、その結果を確認するものとする。このまき出し厚が厚すぎる(一例として築堤盛土工のまき出し厚が30cmを超える)と、一層あたりの仕上り厚が大きすぎて、所定の締固め度が得られなくなる。

情報化施工による盛土の締固め管理では、試験施工で決定したまき出し厚と、締固め層厚分布（各地点の締固め回数と締固め後の層厚）の記録から、まき出し厚を間接的に管理することができるので、各地点におけるまき出し厚を直接測定する必要がない。

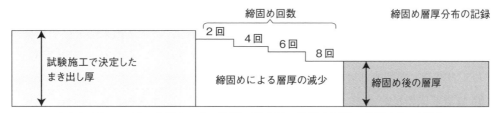

まき出し厚＝1回の締固めによる層厚の減少量×締固め回数＋締固め後の層厚

6 盛土材料の品質（材料の締固め）

盛土に使用する材料を締め固めるときは、締固め機械の車載モニタに表示される締固め回数分布図において、盛土施工範囲の全面にわたって、規定の締固め回数を示す色になるまで締め固めなければならない。

過転圧が懸念される土質の場合は、これに加えて、各エリアの締固め回数が多くなりすぎないよう、締固め機械の走行経路に注意すると共に、締固め回数の上限値に達したら、車載モニタに表示される各エリアの色を変えるなどの配慮を講じておく。

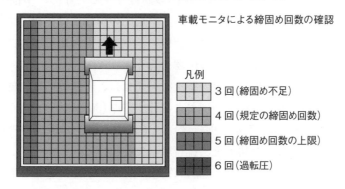

解 答

(1) 施工現場周辺のシステム運用障害の有無、TS・GNSSを用いた盛土の締固め管理システムの精度・機能について確認した結果を**(イ)監督職員**に提出する。

(2) 試験施工において、締固め回数が多いと**(ロ)過転圧**が懸念される土質の場合、**(ロ)過転圧**が発生する締固め回数を把握して、本施工での締固め回数の上限値を決定する。

(3) 本施工の盛土に使用する材料の**(ハ)含水比**が、所定の締固め度が得られる**(ハ)含水比**の範囲内であることを確認し、補助データとして施工当日の気象状況（天気・湿度・気温等）も記録する。

(4) 本施工では盛土施工範囲の**(ニ)全面**にわたって、試験施工で決定した**(ホ)まき出し**厚以下となるように**(ホ)まき出し**作業を実施し、その結果を確認するものとする。

出典：TS・GNSSを用いた盛土の締固め管理要領（国土交通省）

(イ)	(ロ)	(ハ)	(ニ)	(ホ)
監督職員	過転圧	含水比	全面	まき出し

> **参考** TS・GNSSを用いた盛土の締固め管理の要点

　この「参考」では、情報化施工におけるTS・GNSSを用いた盛土の締固め管理の要点について、この問題文に直接関係しない事項も含めて記載している。近年の盛土施工では、TS・GNSSを用いた情報化施工により、管理データ(位置情報)を取得し、トレーサビリティ(履歴)を確保することで、検査職員(発注者)による出来形・品質規格値の確認について、自動チェックを可能にすることが期待されているので、この「参考」を一読しておくことが望ましい。

1 管理要領の目的

　河川土木工事・道路土木工事などにおいて、TS・GNSSを用いた盛土の締固め管理を行う際の締固め回数の確認方法を定めることを目的とする。このことで、締固め度の適切な品質管理が困難であった岩塊盛土についても、盛土全面の締固め回数で管理できるようになった。

2 管理要領の適用範囲

　自動追尾TSまたは自動追尾GNSSを用いた盛土の締固め管理に適用される。

3 準備工の確認

　TS・GNSSの管理項目は、締固め回数とする。なお、準備工を含めた盛土施工全般について、適切な管理を実施する。準備工の留意点は、次のようである。

①盛土材料の適性のチェック・突固め試験で得られた締固め曲線により、締固め度が得られる施工含水比の範囲の確認を行う。

②試験施工では、使用予定の盛土材料ごとに、締固め回数・締固め度・表面沈下量の関係を求め、所定の締固め度および仕上り厚(30cm以下)が得られることを確認する。

③TS・GNSSシステム事前確認シートによる盛土の締固め管理システムの精度・機能について確認した結果を、監督職員に提出する。

④TS・GNSSシステムが正常に作動することを試験施工で確認するときは、締固め回数が多いと過転圧が懸念される土質の場合、過転圧が発生する締固め回数を把握し、本施工での締固め回数の上限を決定することができる。

⑤土質試験・施工試験の結果を報告書として作成し、速やかに監督職員に提出する。

4 盛土施工における管理・確認

①盛土材料の品質について、盛土施工に使用する材料は、土質の変化の有無に注意を払い、試験施工で施工仕様を決定した材料と同じ土質の材料であることを確認する。更に、盛土に先立ち、その盛土材料が、所定の締固め度が得られる含水比の範囲内であることを確認する。

②材料のまき出しについて、盛土材料をまき出す際は、盛土施工範囲の全面にわたって、試験施工で決定したまき出し厚以下のまき出し厚となるよう、適切に管理する。

③材料の締固めについて、盛土材料を締め固める際は、盛土施工範囲の全面にわたって、試験施工で決定した締固め回数を確保するよう、TS・GNSSを用いた盛土の締固め管理システムによって管理するものとし、車載パソコンのモニタに表示される締固め回数分布図において、施工範囲の管理ブロックのすべてが、規定回数だけ締め固めたことを示す色になるまで締め固めるものとする。なお、過転圧が懸念される土質においては、過転圧となる締固め回数を超えて締め固めないものとする。

④現場密度試験は、原則として省略する。ただし、試験施工と同等の品質で所定の含水比が保たれる盛土材料を使用していない場合や、所定のまき出し厚・締固め回数で施工できたことを確認できない場合には、RI法などの現場密度試験を実施し、規格値を満足しているか否かを確認する。

⑤盛土施工結果の資料の作成・提出について、盛土材料の品質記録(搬入した土取場・含水比など)・まき出し厚の記録・締固め層厚分布図(まき出し厚の記録を省略する場合)・締固め回数の記録(締固め回数分布図・走行軌跡図)は、施工時の日常管理票とし、作成・保管する。締固め回数管理で得られるログファイル(締固め機械の作業中の時刻とそのときの位置座標を記録したもの)は、電子データの形式で提出する。

5 発注者の検査

①発注者の検査に対して適切に対応するため、準備工や盛土施工での品質管理に関する資料や必要な機材を準備し、検査に臨まなければならない。

②品質管理資料について、品質基準に定められた試験項目・試験頻度・規格値を満足しているか否かを確認する。

③品質管理資料の規格値との対比と視察結果(写真確認)により適否を判断する。

令和2年度	選択問題(2)	品質管理	盛土の締固め管理方式

問題9 盛土の締固め管理方式における2つの規定方式に関して、**それぞれの規定方式名と締固め管理の方法**について解答欄に記述しなさい。

考え方

1 盛土の締固め管理方式

盛土の締固め管理方式は、建設機械の種類・締固め回数・まき出し厚などを指定する**工法規定方式**と、盛土の締固め度・飽和度などを指定する**品質規定方式**に分類されている。

2 工法規定方式

工法規定方式は、発注者が試験施工を行い、所要の盛土品質を確保するための施工方法を規定する方式である。工法規定方式では、仕様書において、締固めに必要な敷均し厚さ（まき出し厚）・締固め機械の種類・締固め回数などが定められている。施工者（受注者）は、この施工方法に従って施工する。

硬岩を破砕した岩塊で盛土をする場合など、工事現場での品質確認が難しいときは、工法規定方式が採用される。また、工法規定方式は、どのように施工するかが明確に定められているため、現場経験に乏しい施工者（受注者）であっても施工管理ができるという長所がある。

3 工法規定方式における盛土の締固め管理（品質確認）の方法

① タスクメータ・タコメータを使用するときは、作業時間の記録から施工量を確認する。

② トータルステーションや衛星測位システム（GNSS／Global Navigation Satellite System）を使用するときは、転圧機械の走行軌跡をパソコンなどの画面上に表示し、走行範囲や締固め回数を確認する。

4 品質規定方式

品質規定方式は、発注者が盛土の品質を仕様書で規定する方式である。品質規定方式では、仕様書において、「盛土の締固め度を90％以上にすること」などと定められている。この品質基準を確保するための締固め方法や頻度は、施工者（受注者）が自らの責任において定めなければならない。

5 品質規定方式における盛土の締固め管理（品質確認）の方法

① 締固め管理が困難な礫から成る盛土では、強度規定が用いられており、平板載荷試験やコーン貫入試験で求められる盛土の変形量や支持力を確認する。

② 砂質土から成る盛土では、締固め度規定が用いられており、締固め度（C_d）が仕様書で定められた品質基準の90％以上であることを確認する。この締固め度（C_d）は、砂置換法やRI計器で求められる盛土現場で締め固めた土の乾燥密度（ρ_d）と、土の締固め試験で求められる最大乾燥密度（ρ_{dmax}）と施工含水比から、「$C_d = \rho_d \div \rho_{dmax} \times 100\%$」の式で求めることができる。

③ 粘性土から成る盛土では、飽和度規定または空気間隙率規定が用いられており、飽和度（S_r）が85％以上であることか、空気間隙率（V_a）が10％以下であることを確認する。この飽和度（S_r）や空気間隙率（V_a）は、施工含水比（w）[％]の上限を定めて管理することができる。

$$\rho_d = \frac{100 \times \rho_t}{100 + w} \,[\text{g/cm}^3]$$

$$V_a = 100 \times \rho_d \times \left(\frac{100}{\rho_s} + w\right) [\%]$$

$$S_r = \frac{w}{\frac{1}{\rho_d} - \frac{1}{\rho_s}} [\%]$$

ρ_d：乾燥密度 [g/cm³]
ρ_t：湿潤密度 [g/cm³]
ρ_s：土粒子の密度 [g/cm³]
w：施工含水比 [％]
V_a：空気間隙率 [％]
S_r：飽和度 [％]

解答例

規定方式名	締固め管理の方法
工法規定方式	発注者が試験施工を行い、使用機械・敷均し厚・締固め方法を仕様書に記載し、施工者はその仕様書に書かれた通りの方法で管理する。
品質規定方式	発注者が仕様書で定めた品質条件を満たせるよう、施工者が使用機械・敷均し厚・締固め方法を定めて管理する。

出典：道路土工－盛土工指針（日本道路協会）

令和元年度　選択問題(1)　品質管理　盛土の締固め規定

問題4　盛土の品質規定方式及び工法規定方式による締固め管理に関する次の文章の□□□の(イ)～(ホ)に当てはまる**適切な語句**を解答欄に記述しなさい。

(1) 品質規定方式においては、以下の3つの方法がある。
　①基準試験の最大乾燥密度、　(イ)　を利用する方法
　②空気間げき率又は　(ロ)　を規定する方法
　③締め固めた土の　(ハ)　、変形特性を規定する方法

(2) 工法規定方式においては、タスクメータなどにより締固め機械の稼働時間で管理する方法が従来より行われてきたが、測距・測角が同時に行える　(ニ)　やGNSS（衛星測位システム）で締固め機械の走行位置をリアルタイムに計測することにより、盛土の　(ホ)　を管理する方法も普及してきている。

考え方

1 盛土の締固め管理

①盛土の締固め管理方式には、品質規定方式と工法規定方式がある。

　品質規定方式：発注者が盛土の品質（強度・締固め度・飽和度など）を仕様書に示し、その管理方法は受注者自らが定める方式。

　工法規定方式：発注者が試験施工を行い、適切な工法（締固め回数・転圧回数・施工機械の性能など）を受注者に指示する方式。

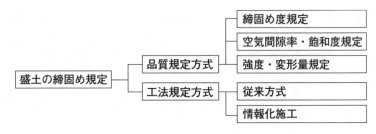

2 品質規定方式

①品質規定方式は、適用される盛土の性質等によって、「締固め度規定」「空気間隙率・飽和度規定」「強度・変形量規定」の3つの方法に分類される。

②締固め度規定は、砂質土を用いた盛土に適用されることが多い。締固め度規定では、土の締固め試験によって求めた最大乾燥密度と**最適含水比**を利用し、施工含水比の範囲を定めた後、土の含水比がこの範囲に収まるように施工管理することで、所要の締固め度を確保する。

③空気間隙率・飽和度規定は、粘性土を用いた盛土に適用されることが多い。空気間隙率・飽和度規定では、締め固まった盛土の空気間隙率または**飽和度**による品質管理を行う。

④強度・変形量規定は、礫質土を用いた盛土に適用されることが多い。強度・変形量規定では、CBR値・コーン指数・K値(平板載荷試験で求めた値)などによって盛土の**強度**を確認するか、プルーフローリング試験などを行って盛土の変形量を確認する。

3 工法規定方式

①工法規定方式は、締固め機械に据え付けられたタスクメータ(加速度センサーなどで機械の稼働時間や走行量などを計測する装置)などによって、どの程度の締固めが行われたかを管理することが一般的であった。

②近年では、測距・測角が同時に行える**トータルステーション**(TS)や、衛星測位システム(GNSS)を用いて、締固め機械の走行位置をリアルタイムで計測し、盛土のまき出し厚や**転圧回数**を管理する情報化施工が普及してきている。

解 答

(1) 品質規定方式においては、以下の3つの方法がある。
　①基準試験の最大乾燥密度、**(イ)最適含水比**を利用する方法
　②空気間げき率又は**(ロ)飽和度**を規定する方法
　③締め固めた土の**(ハ)強度**、変形特性を規定する方法

(2) 工法規定方式においては、タスクメータなどにより締固め機械の稼働時間で管理する方法が従来より行われてきたが、測距・測角が同時に行える**(ニ)トータルステーション**やGNSS(衛星測位システム)で締固め機械の走行位置をリアルタイムに計測することにより、盛土の**(ホ)転圧回数**を管理する方法も普及してきている。

出典:道路土工-盛土工指針(日本道路協会)

(イ)	(ロ)	(ハ)	(ニ)	(ホ)
最適含水比	飽和度	強度	トータルステーション	転圧回数

| 平成30年度 | 選択問題(2) | 品質管理 | 盛土の締固め規定 |

問題9 盛土の締固め管理方式における2つの規定方式に関して、**それぞれの規定方式名と締固め管理の方法**について解答欄に記述しなさい。

考え方

1 盛土の締固め管理方式は、建設機械の種類・締固め回数・まき出し厚などを指定する**工法規定方式**と、盛土の締固め度・飽和度などを指定する**品質規定方式**に分類されている。

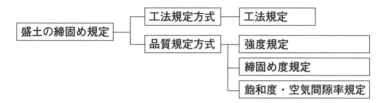

2 工法規定方式は、発注者が試験施工を行い、所要の盛土品質を確保するための施工方法を規定する方式である。工法規定方式では、仕様書において、締固めに必要な敷均し厚さ(まき出し厚)・締固め機械の種類・締固め回数などが定められている。施工者(受注者)は、この施工方法に従って施工する。

硬岩を破砕した岩塊で盛土をする場合など、工事現場での品質確認が難しいときは、工法規定方式が採用される。また、工法規定方式は、どのように施工するかが明確に定められているため、現場経験に乏しい施工者(受注者)であっても施工管理ができるという長所がある。

工法規定方式における盛土の締固め管理(品質確認)は、次のような方法で行われる。

① タスクメータ・タコメータを使用するときは、作業時間の記録から施工量を確認する。
② トータルステーションや衛星測位システム(GNSS／Global Navigation Satellite System)を使用するときは、転圧機械の走行軌跡をパソコンなどの画面上に表示し、走行範囲や締固め回数を確認する。

3 品質規定方式は、発注者が盛土の品質を仕様書で規定する方式である。品質規定方式では、仕様書において、「盛土の締固め度を90%以上にすること」などと定められている。この品質基準を確保するための締固め方法は、施工者(受注者)が自らの責任において定めなければならない。

品質規定方式における盛土の締固め管理(品質確認)は、次のような方法で行われる。

① 締固め管理が困難な礫から成る盛土では、強度規定が用いられており、平板載荷試験やコーン貫入試験で求められる盛土の変形量や支持力を確認する。
② 砂質土から成る盛土では、締固め度規定が用いられており、締固め度(C_d)が仕様書で定められた品質基準の90%以上であることを確認する。この締固め度(C_d)は、砂置換法やRI計器で求められる乾燥密度(ρ_d)と、土の締固め試験で求められる最大乾燥密度(ρ_{dmax})と施工含水比から、「$C_d = \rho_d \div \rho_{dmax} \times 100\%$」の式で求めることができる。

③ 粘性土から成る盛土では、飽和度規定または空気間隙率規定が用いられており、飽和度(S_r)が85％以上であることか、空気間隙率(V_a)が10％以下であることを確認する。この飽和度(S_r)や空気間隙率(V_a)は、施工含水比(w)[％]の上限を定めて管理することができる。

$$\rho_d = \frac{100 \times \rho_t}{100 + w} [g/cm^3]$$

$$V_a = 100 \times \rho_d \times (\frac{100}{\rho_s} + w) [\%]$$

$$S_r = \frac{w}{\frac{1}{\rho_d} - \frac{1}{\rho_s}} [\%]$$

ρ_d：乾燥密度[g/cm^3]
ρ_t：湿潤密度[g/cm^3]
ρ_s：土粒子の密度[g/cm^3]
w：施工含水比[％]
V_a：空気間隙率[％]
S_r：飽和度[％]

解答例

規定方式名	締固め管理の方法
工法規定方式	発注者が試験施工を行い、使用機械・敷均し厚・締固め方法を仕様書に記載し、施工者はその仕様書に書かれた通りの方法で管理する。
品質規定方式	発注者が仕様書で定めた品質条件を満たせるよう、施工者が使用機械・敷均し厚・締固め方法を定めて管理する。

出典：道路土工－盛土工指針（日本道路協会）

平成29年度　選択問題(1)　品質管理　盛土の締固め管理

問題4 盛土の締固め管理に関する次の文章の □ の(イ)～(ホ)に当てはまる**適切な語句**を解答欄に記述しなさい。

(1) 品質規定方式による締固め管理は、発注者が品質の規定を (イ) に明示し、締固めの方法については原則として (ロ) に委ねる方式である。

(2) 品質規定方式による締固め管理は、盛土に必要な品質を満足するように、施工部位・材料に応じて管理項目・ (ハ) ・頻度を適切に設定し、これらを日常的に管理する。

(3) 工法規定方式による締固め管理は、使用する締固め機械の機種、 (ニ) 、締固め回数などの工法そのものを (イ) に規定する方式である。

(4) 工法規定方式による締固め管理には、トータルステーションやGNSS(衛星測位システム)を用いて締固め機械の (ホ) をリアルタイムに計測することにより、盛土地盤の転圧回数を管理する方式がある。

> 考え方

1 品質規定方式

①品質規定方式による締固め管理は、盛土などの品質を、発注者が**仕様書**に明示する品質管理方法である。施工方法については、**施工者**(受注者や請負者)が決定する。

②発注者は、盛土の支持力・変形量・締固め度・飽和度・空気間隙率などの品質を、仕様書に記述する。

③施工者は、土質調査・基準試験を行い、管理項目・**基準値**・試験頻度などの管理基準を、自らの判断で定める。どのような管理基準が適切かは、土質や部位によって異なるので、施工者は自らの品質管理基準に従って管理しなければならない。

④品質規定方式では、土質に応じた管理基準を、次のように定めることが一般的である。

- 砂質土は、締固め度が90%以上になるよう管理する。
- 粘性土は、飽和度が85%以上になるよう管理するか、空気間隙率が10%以下になるよう管理する。
- 砂礫土(礫・玉石など)は、変形量または支持強度で管理する。その管理では、仕様書を基準として、平板載荷試験・コーン貫入試験・現場CBR試験・プルーフローリング試験などが行われる。

2 工法規定方式

①工法規定方式による締固め管理は、盛土などの施工方法を、発注者が仕様書に明示する品質管理方法である。

②発注者は、試験施工を行い、使用する締固め機械の機種・**まき出し厚**・締固め回数などを**仕様書**に記述する。

③施工者は、発注者が示した仕様書に書かれた方法で施工する。工法が規定されているので、施工者による管理は品質規定方式よりも容易である。

④工法規定方式による締固め管理では、トータルステーションや全球測位衛星システム(GNSS／Global Navigation Satellite System)を用いて締固め機械の**走行位置**をリアルタイムで計測し、締固め機械の走行軌跡をコンピュータの画面上に表示させることにより、盛土地盤の転圧回数を面的に管理することができる。

> 解 答

(1) 品質規定方式による締固め管理は、発注者が品質の規定を**(イ)仕様書**に明示し、締固めの方法については原則として**(ロ)施工者**に委ねる方式である。

(2) 品質規定方式による締固め管理は、盛土に必要な品質を満足するように、施工部位・材料に応じて管理項目・**(ハ)基準値**・頻度を適切に設定し、これらを日常的に管理する。

(3) 工法規定方式による締固め管理は、使用する締固め機械の機種、**(ニ)まき出し厚**、締固め回数などの工法そのものを**(イ)仕様書**に規定する方式である。

(4) 工法規定方式による締固め管理には、トータルステーションやGNSS（衛星測位システム）を用いて締固め機械の(ホ)走行位置をリアルタイムに計測することにより、盛土地盤の転圧回数を管理する方式がある。

(イ)	(ロ)	(ハ)	(ニ)	(ホ)
仕様書	施工者	基準値	まき出し厚	走行位置

※(ロ)は「受注者」や「請負者」という解答も考えられるが、この問題の出典と思われる道路土工指針では「施工者」となっているので、それに従うことが適切である。

| 平成28年度 | 選択問題(2) | 品質管理 | 盛土の締固め規定 |

問題9 盛土施工における締固め施工管理に関して、**2つの規定方式とそれぞれの施工管理の方法**を解答欄に記述しなさい。

【考え方】

1 工法規定方式は、発注者が試験施工を行い、所要の盛土品質を確保するための施工方法を規定する方式である。工法規定方式では、仕様書において、締固めに必要な敷均し厚さ・締固め機械の種類・締固め回数などが定められている。施工者は、この施工方法に従って施工する。

硬岩を破砕した岩塊で盛土をする場合など、工事現場での品質確認が難しいときは、工法規定方式が採用される。また、工法規定方式は、どのように施工するかが明確に定められているため、現場経験に乏しい施工者であっても施工管理ができるという長所がある。

工法規定方式で管理される盛土の品質確認は、次のような方法で行われる。

① タスクメータ・タコメータを使用するときは、作業時間の記録から施工量を確認する。

② トータルステーションやGNSS（衛星測位システム）を使用するときは、転圧機械の走行軌跡をパソコンなどの画面上に表示し、締固め回数を確認する。

2 品質規定方式は、発注者が盛土の品質を仕様書で規定する方式である。品質規定方式では、仕様書において、「盛土の締固め度を90％以上にすること」などと定められている。この品質基準を確保するための締固め方法は、施工者が自らの責任において定めなければならない。

品質規定方式で管理される盛土の品質確認は、次のような方法で行われる。

① 管理が困難な礫から成る盛土では、強度規定が用いられており、平板載荷試験やコーン貫入試験で求められる盛土の変形量や支持力を確認する。

② 砂質土から成る盛土では、締固め度規定が用いられており、締固め度(C_d)が仕様書で定められた品質基準の90％以上であることを確認する。

③粘性土から成る盛土では、飽和度規定または空気間隙率規定が用いられており、飽和度(S_r)が85%以上であることか、空気間隙率(V_a)が10%以下であることを確認する。

解答例

規定方式	施工管理の方法
工法規定方式	発注者が定めた品質基準と施工基準を確保するため、仕様書に定められた建設機械の種類・まき出し厚・転圧回数などを順守し、機械の作業時間や走行軌跡を基にした管理を行う。
品質規定方式	発注者が定めた品質を確保するため、盛土材料の種類に応じて仕様書に定められた強度・締固め度・飽和度・空気間隙率などの条件を満たせるよう、自主的に施工方法を定めて管理を行う。

平成27年度 　選択問題(1)　品質管理　盛土の締固め規定

問題4　盛土の品質管理に関する次の文章の____の（イ）～（ホ）に当てはまる**適切な語句**を解答欄に記入しなさい。

(1) 土の締固めで最も重要な特性は、下図に示す締固めの含水比と乾燥密度の関係があげられる。これは (イ) と呼ばれ凸の曲線で示される。同じ土を同じ方法で締め固めても得られる土の密度は土の含水比により異なる。すなわち、ある一定のエネルギーにおいて最も効率よく土を密にすることのできる含水比が存在し、この含水比を最適含水比、そのときの乾燥密度を (ロ) という。

(2) 盛土の締固め管理の適用にあたっては、所要の盛土の品質を満足するように、施工部位・材料に応じて管理項目・基準値・頻度を適切に設定し、これらを日常的に管理する。
盛土の日常の品質管理には、材料となる土の性質によって、盛土材料の基準試験の (ロ) 、最適含水比を利用する方法や空気間隙率または (ハ) 度を規定する方法が主に用いられる。

(3) 盛土材料の基準試験の (ロ) 、最適含水比を利用する方法は、砂の締め固めた土の乾燥密度と基準の締固め試験で得られた (ロ) との比である (ニ) が規定値以上になっていること、及び (ホ) 含水比がその最適含水比を基準として規定された範囲内にあることを要求する方法である。

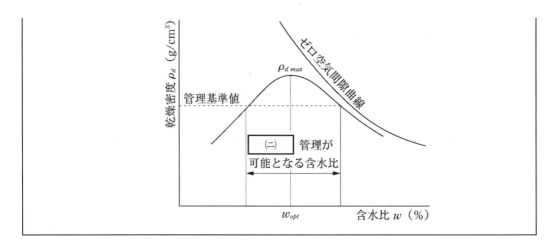

考え方

(1) **最大乾燥密度・乾燥密度・締固め度**

盛土を施工するときは、盛土材料の基準試験として締固め試験を実施し、盛土材料の最適含水比(w_{opt})[%]と**最大乾燥密度**($\rho_{d\,max}$)[g/cm³]を求める。

次に、盛土材料を一定の力で締め固め、盛土材料の含水比(w)[%]と盛土施工後の乾燥密度(ρ_d)[g/cm³]を測定する。

盛土施工後の乾燥密度(ρ_d)を、基準試験で求めた最大乾燥密度($\rho_{d\,max}$)で割った値が、盛土の**締固め度**(C_d)[%]となる。

$$C_d = \rho_d \div \rho_{d\,max} \times 100\%$$

(2) **盛土材料の締固め曲線**

盛土施工後の乾燥密度を測定するときは、含水比が異なる5種類～8種類の供試体を作成し、各含水比における乾燥密度を求める。それらのデータを、縦軸に乾燥密度(ρ_d)、横軸に含水比(w)を取ったグラフに、点(w, ρ_d)としてプロットする。この点を曲線で結ぶと、このグラフの頂点である点($w_{opt}, \rho_{d\,max}$)から**最大乾燥密度**($\rho_{d\,max}$)と最適含水比(w_{opt})が得られる。この曲線を、**締固め曲線**という。

盛土の締固め度(C_d)は、90%以上でなければならないので、0.9×$\rho_{d\,max}$ となる位置に管理線を引く。盛土の品質管理は、その含水比が、締固め曲線と管理線が交差する2つの点を結ぶ範囲内(次頁の図の含水比のaとbの間)となるように行う。この含水比の範囲は、**施工含水比**と呼ばれる。

問題4に示されているゼロ空気間隙曲線は、土からすべての空気がなくなるまで締め固めたと仮想的に考えた**飽和度**100%における最大の乾燥密度で、この線より上側に締固め曲線が出ることはない。

(3) **盛土の締固め規定**

盛土の締固め規定は、建設機械の種類・締固め回数・敷均し厚さなどを指定する工法規定方式と、盛土の締固め度・飽和度などを指定する品質規定方式に分類される。施工含水比を指定する締固め規定は、品質規定方式である。

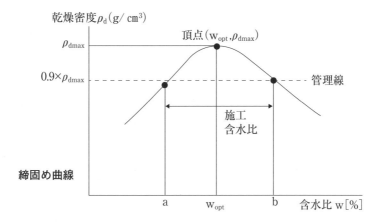

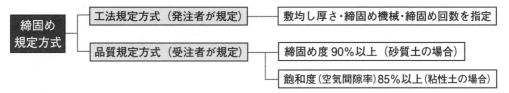

解答

(1) 土の締固めで最も重要な特性は、下図に示す締固めの含水比と乾燥密度の関係があげられる。これは**(イ)締固め曲線**と呼ばれ凸の曲線で示される。同じ土を同じ方法で締め固めても得られる土の密度は土の含水比により異なる。

すなわち、ある一定のエネルギーにおいて最も効率よく土を密にすることのできる含水比が存在し、この含水比を最適含水比、そのときの乾燥密度を**(ロ)最大乾燥密度**という。

(2) 盛土の締固め管理の適用にあたっては、所要の盛土の品質を満足するように、施工部位・材料に応じて管理項目・基準値・頻度を適切に設定し、これらを日常的に管理する。

盛土の日常の品質管理には、材料となる土の性質によって、盛土材料の基準試験の**(ロ)最大乾燥密度**、最適含水比を利用する方法や空気間隙率または**(ハ)飽和**度を規定する方法が主に用いられる。

(3) 盛土材料の基準試験の**(ロ)最大乾燥密度**、最適含水比を利用する方法は、砂の締め固めた土の乾燥密度と基準の締固め試験で得られた**(ロ)最大乾燥密度**との比である**(ニ)締固め度**が規定値以上になっていること、及び**(ホ)施工**含水比がその最適含水比を基準として規定された範囲内にあることを要求する方法である。

(イ)	(ロ)	(ハ)	(ニ)	(ホ)
締固め曲線	最大乾燥密度	飽和	締固め度	施工

品質管理（コンクリート工関係）分野の問題

令和5年度　必須問題　品質管理　コンクリート構造物の調査および検査

【問題 2】
コンクリート構造物において行われる調査及び検査に関する次の文章の □ の(イ)～(ホ)に当てはまる適切な語句を解答欄に記述しなさい。

(1) たたきによる方法は、コンクリート表面をハンマ等により打撃した際の打撃音により、コンクリート表層部の (イ) を把握する方法である。

(2) 反発度法（テストハンマー法）は、コンクリート表層の反発度を測定した結果から、コンクリートの (ロ) を推定するために用いられる。反発度法による推定結果が所定の (ロ) に達しない場合には、原位置でコンクリートの (ハ) を採取して試験を行う。

(3) 電磁波レーダ法や電磁誘導法は、コンクリート中の鉄筋等の鋼材の径や (ニ) を推定する方法である。

(4) 自然電位法は、コンクリート中の鉄筋の (ホ) 状態を推定する方法である。

考え方

1 コンクリート構造物の非破壊検査

コンクリート構造物において行われる調査および検査は、非破壊検査によって行われることが一般的である。非破壊検査だけでは不十分なときは、破壊検査が行われる。

①反発度法などによる非破壊検査は、検査の過程でコンクリート構造物に損傷を与えることがない。そのため、比較的経済的にコンクリート構造物の品質を確認できる。

②コア採取などによる破壊検査は、検査の過程でコンクリート構造物に損傷を与えてしまう。そのため、検査後にコンクリート構造物を修繕するための経費が必要になる。

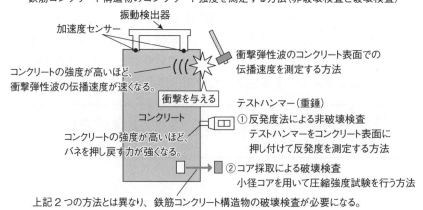

鉄筋コンクリート構造物のコンクリート強度を測定する方法（非破壊検査と破壊検査）

2 叩きによる方法（非破壊検査）

叩きによる方法（打音法）は、コンクリート表層部に**浮き**や剥離などの空隙が存在するかどうかを把握するための非破壊検査であり、次のような手順で行われる。
① コンクリート表面をハンマーなどで打撃したときの打撃音を、センサーで受信する。
② センサーで受信した打撃音に対して、マイクロフォンなどで周波数解析を実施する。
③ 健全部（浮きや剥離が存在しない部分）では、澄んだ音（周波数が高い音）が取得される。
④ 損傷部（浮きや剥離が存在する部分）では、濁った音（周波数が低い音）が取得される。
⑤ この周波数の違いから、コンクリートの表層部の浮きや剥離の有無を把握する。

3 反発度法（非破壊検査）

反発度法（テストハンマー法）は、コンクリートの**強度**（圧縮強度）を推定するための非破壊検査であり、次のような手順で行われる。
① テストハンマーをコンクリートに押し付け、バネの反発度（戻る力の強さ）を測定する。
② 強度が高い部分では、バネの反発度が大きくなる（戻る力が強くなる）。
③ 強度が低い部分では、バネの反発度が小さくなる（戻る力が弱くなる）。
※コンクリートの反発度は、コンクリートの強度だけではなく、コンクリート表面の含水状態や中性化などの影響によっても変化することには注意が必要である。

4 コア採取による方法（破壊検査）

反発度法（テストハンマー法）による非破壊検査は、上記※のような理由により、比較的精度が低いという欠点がある。したがって、反発度法による推定結果が、所定の強度に達しない場合や、強度のばらつきが大きすぎる（精度が低すぎる）場合には、原位置でコンクリートの**コア採取**による破壊検査を行う。

コア採取による破壊検査では、コンクリート構造物から小径コア（コアサンプル）を抜き取り、その小径コアに対して圧縮強度試験を実施することで、そのコンクリートの強度を比較的正確に測定することができる。

5 電磁波レーダ法（非破壊検査）

電磁波レーダ法は、コンクリート中の鉄筋などの鋼材の径・**位置**や、コンクリートのかぶり厚さ・空洞を推定するための非破壊検査であり、次のような手順で行われる。
① コンクリート中に電磁波（X線）を放射し、電磁波の反射が生じたかどうかを測定する。
② 比誘電率の異なる物質の境界では、電磁波の反射のパターンに違いが見られる。
③ 鋼材は、コンクリートに比べて、比誘電率が高いので、多くの電磁波が反射する。
④ 空洞は、コンクリートに比べて、比誘電率が低いので、電磁波がほとんど反射しない。
※電磁波レーダ法は、測定可能深度が深いので、橋脚・橋台などの大型構造物に対しても適用できる。

6 電磁誘導法（非破壊検査）

電磁誘導法は、コンクリート中の鉄筋などの鋼材の径・**位置**や、コンクリートのかぶり厚さを推定するための非破壊検査であり、次のような手順で行われる。

①交流電流が流れているコイルを、コンクリートに接触させて磁場を生じさせる。
②大径の鋼材がある部分では、磁場が大きく変化して、コイルの電圧が大きく変動する。
③小径の鋼材がある部分では、磁場が少し変化して、コイルの電圧が少し変動する。
④鋼材がない部分では、磁場が変化しないため、コイルの電圧は変動しない。

※電磁誘導法は、測定可能深度は浅いが、測定精度は電磁波レーダ法よりも高い。

7 自然電位法（非破壊検査）

自然電位法は、コンクリート中の鉄筋などの鋼材の**腐食**状態を推定するための非破壊検査であり、次のような手順で行われる。

①コンクリートに電位差計(電圧計)と照合電極を設置し、所定の電流を流す。
②鋼材の腐食が進んでいるほど、電位が低くなり、照合電極との電位差が大きくなる。
③照合電極との電位差が大きいほど、測定された自然電位は大きなマイナスの値となる。

8 コンクリート構造物の非破壊検査の分類（検査方法と測定対象の総まとめ）

非破壊検査の分類	検査方法の名称（使用機器等）	測定できるもの
弾性波を利用する方法	超音波法 衝撃弾性波法 打音法(ハンマ/**叩きによる方法**)	圧縮強度、弾性係数、ひび割れの深さ、コンクリートの**浮き・剥離**・空隙、コンクリートの厚さ
反発度を測定する方法	**反発度法**(テストハンマ) 圧縮強度試験(リバウンドハンマ)	コンクリートの圧縮**強度**
電磁波を利用する方法	電磁波レーダ法 X線法 赤外線法(サーモグラフィ)	鉄筋の**位置**、鉄筋径、かぶり厚さ、コンクリートの浮き、コンクリートの空隙、コンクリートのひび割れの分布
電磁誘導を利用する方法	電磁誘導法	鉄筋の**位置**、鉄筋径、かぶり厚さ、コンクリートの含水状態
電気化学的方法	自然電位法 分極抵抗法 四電極法	鉄筋の**腐食**傾向、鉄筋の腐食速度

解 答

(1) たたきによる方法は、コンクリート表面をハンマ等により打撃した際の打撃音により、コンクリート表層部の**(イ)浮き**を把握する方法である。

(2) 反発度法(テストハンマー法)は、コンクリート表層の反発度を測定した結果から、コンクリートの**(ロ)強度**を推定するために用いられる。反発度法による推定結果が所定の**(ロ)強度**に達しない場合には、原位置でコンクリートの**(ハ)コア**を採取して試験を行う。

(3) 電磁波レーダ法や電磁誘導法は、コンクリート中の鉄筋等の鋼材の径や**(ニ)位置**を推定する方法である。

(4) 自然電位法は、コンクリート中の鉄筋の**(ホ)腐食**状態を推定する方法である。

出典：コンクリート標準示方書(土木学会)

(イ)	(ロ)	(ハ)	(ニ)	(ホ)
浮き	強度	コア	位置	腐食

※(イ)の解答は「剥離」、(ロ)の解答は「圧縮強度」、(ハ)の解答は「コアサンプル」などとすることもできる。このような品質管理に関する問題では、土工やコンクリート工に関する問題とは異なり、出典に書かれている単語を解答としなくても、意味が通る単語が書かれていれば正解として扱われる。なお、(ニ)の解答は「かぶり」や「かぶり厚さ」とすることも考えられるが、そうすると「鋼材のかぶり厚さ」という不自然な表現になってしまう(法律上の表現は「鉄筋に対するコンクリートのかぶり厚さ」が正しい)ので、避けた方がよいと思われる。

令和5年度　選択問題(1)　コンクリート工　コンクリートの運搬・打込み・締固め

【問題 5】
コンクリートの運搬，打込み，締固めに関する次の文章の ▭ の(イ)～(ホ)に当てはまる適切な語句又は数値を解答欄に記述しなさい。

(1) コンクリートを練り混ぜてから打ち終わるまでの時間は，外気温が25℃以下のとき (イ) 時間以内とする。

(2) コンクリートを2層以上に分けて打ち込む場合， (ロ) が発生しないよう許容打重ね時間間隔を外気温25℃以下では2.5時間以内とする。

(3) 梁のコンクリートが柱のコンクリートと連続している場合には，柱のコンクリートの (ハ) がほぼ終了してから，梁のコンクリートを打ち込む。

(4) 棒状バイブレータは，コンクリートの (ニ) の原因となる横移動を目的として使用してはならない。

(5) コンクリートをいったん締め固めた後， (ホ) を適切な時期に行うことによって，コンクリート中にできた空隙や余剰水を少なくすることができる。

> 考え方

1 コンクリートの打込み時間

コンクリートは、練り混ぜてから打ち終わるまでの時間が長くなりすぎると、打ち終わる前にコンクリートが硬化してしまうなど、施工品質の著しい低下が生じてしまう。このようなコンクリートの硬化は、外気温が高いほど速く進みやすい。

したがって、コンクリートの打込みにおいては、外気温に応じて、コンクリートの打込み時間(練り混ぜてから打ち終わるまでの時間)が、次のように定められている。

① 外気温が25℃以下のときは、打込み時間を **2.0 時間以内** とする。
② 外気温が25℃を超えるときは、打込み時間を 1.5 時間以内とする。

2 コンクリートの打重ね時間間隔

コンクリートを2層以上に分けて打ち込む場合に、下層コンクリートを打ち込んでから上層コンクリートを打ち込むまでの時間が長くなりすぎる(下層コンクリートが硬化してから上層コンクリートを打ち込む)と、上層と下層との境界線に、**コールドジョイント**(上層と下層が一体化していない不良打継目)が発生してしまう。

したがって、コンクリートの打継ぎにおいては、外気温に応じて、コンクリートの許容打重ね時間間隔(下層コンクリートの打込み終了から上層コンクリートの打込み開始までの時間)が、次のように定められている。

① 外気温が25℃以下のときは、許容打重ね時間間隔を 2.5 時間以内とする。
② 外気温が25℃を超えるときは、許容打重ね時間間隔を 2.0 時間以内とする。

※コンクリートの運搬時間(練混ぜ開始から荷卸し地点に到着するまでの時間)、打込み時間(練混ぜ開始から打ち終わるまでの時間)、許容打重ね時間間隔(下層コンクリートの打込み終了から上層コンクリートの打込み開始までの時間)は、試験に出題されやすいので、混同しないように覚えておく必要がある。

運搬時間	トラックアジテータによる運搬の場合：1.5時間(90分)以内 ダンプトラックによる運搬の場合　：1.0時間(60分)以内
打込み時間	外気温が25℃以下の場合　：2.0時間(120分)以内 外気温が25℃を超える場合：1.5時間(90分)以内
許容打重ね時間間隔	外気温が25℃以下の場合　：2.5時間(150分)以内 外気温が25℃を超える場合：2.0時間(120分)以内

打重ね時間間隔が長くなりすぎると……
コールドジョイント
上層
下層

3 柱梁連続部位のコンクリートの打込み

梁のコンクリートが柱のコンクリートと連続している(コンクリート柱にコンクリート梁を打ち継ぐ)ときは、柱の頂部までコンクリートを打ち込んだ後、1時間〜2時間待ち、柱のコンクリートの**沈下**がほぼ終了した後に、梁のコンクリートを打ち込む。

柱のコンクリートの沈下が終了する前に、梁のコンクリートを打ち込むと、梁のコンクリートが硬化してから柱のコンクリートが沈下するため、右図のような沈みひび割れが生じてしまう。

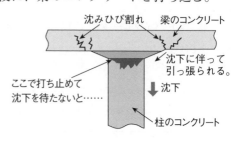

沈みひび割れ　梁のコンクリート
沈下に伴って引っ張られる。
ここで打ち止めて沈下を待たないと……
↓沈下
柱のコンクリート

4 棒状バイブレータの取扱い

コンクリートの締固めに使用する棒状バイブレータは、コンクリート中で横移動させると、その移動先にコンクリートのモルタル分だけが移動し、その移動元にコンクリートの粗骨材だけが取り残される現象（**材料分離**）が発生し、コンクリートの欠陥の原因となる。そのため、棒状バイブレータによるコンクリートの横移動は禁止されている。コンクリートは、横移動の必要がないように、50cm以下の間隔で打ち込む必要がある。

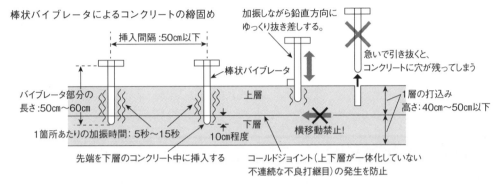

※棒状バイブレータの挿入間隔は、土木工事では50cm以下と定められているが、建築工事では60cm以下と定められている。また、1層の打込み高さは、土木工事では40cm～50cm以下とすることが一般的であるが、建築工事では50cm～70cm以下とすることが一般的である。複数種類の試験を受検している方は、このような基準の違いに注意する必要がある。

5 コンクリートの再振動

コンクリートの再振動とは、コンクリートを一旦締め固めた後、適切な時期に、コンクリートに再び振動を与えることをいう。この**再振動**を適切な時期に行うことにより、コンクリートは再び流動性を帯びるので、コンクリート中に生じた空隙や余剰水が少なくなり、コンクリート強度の増加・鉄筋との付着強度の増加・沈みひび割れの防止などの効果が期待できる。

コンクリートの再振動の時期は、コンクリートの締固めが可能な時間（コンクリートの硬化が始まる前）のうち、できるだけ遅い時期とすることが適切である。

解 答

(1) コンクリートを練り混ぜてから打ち終わるまでの時間は、外気温が25℃以下のとき **(イ)2.0 時間以内** とする。

(2) コンクリートを2層以上に分けて打ち込む場合、**(ロ)コールドジョイント** が発生しないよう許容打重ね時間間隔を外気温25℃以下では2.5時間以内とする。

(3) 梁のコンクリートが柱のコンクリートと連続している場合には、柱のコンクリートの **(ハ)沈下** がほぼ終了してから、梁のコンクリートを打ち込む。

(4) 棒状バイブレータは、コンクリートの **(ニ)材料分離** の原因となる横移動を目的として使用してはならない。

(5) コンクリートをいったん締め固めた後、**(ホ)再振動** を適切な時期に行うことによって、コンクリート中にできた空隙や余剰水を少なくすることができる。

出典：コンクリート標準示方書（土木学会）

(イ)	(ロ)	(ハ)	(ニ)	(ホ)
2.0	コールドジョイント	沈下	材料分離	再振動

※(イ)の解答は「2」と記述することもできるが、上記の出典では「2.0」と小数点以下一桁まで記載されているので、それに合わせた方が無難であると思われる。（「2」と記述しても不正解としては扱われないと考えられる）

令和3年度 選択問題(1) 品質管理 レディーミクストコンクリート

【問題 5】
レディーミクストコンクリート（JIS A 5308）の工場選定，品質の指定，品質管理項目に関する次の文章の □ の(イ)〜(ホ)に当てはまる**適切な語句**を解答欄に記述しなさい。

(1) レディーミクストコンクリート工場の選定にあたっては，定める時間の限度内にコンクリートの (イ) 及び荷卸し，打込みが可能な工場を選定しなければならない。

(2) レディーミクストコンクリートの種類を選定するにあたっては， (ロ) の最大寸法， (ハ) 強度，荷卸し時の目標スランプ又は目標スランプフロー及びセメントの種類をもとに選定しなければならない。

(3) (ニ) の変動はコンクリートの強度や耐凍害性に大きな影響を及ぼすので，受入れ時に試験によって許容範囲内にあることを確認する必要がある。

(4) フレッシュコンクリート中の (ホ) の試験方法としては，加熱乾燥法，エアメータ法，静電容量法等がある。

考え方

1 レディーミクストコンクリートの工場選定

レディーミクストコンクリート（荷卸し地点まで配達されるコンクリート）の工場の選定にあたっては、荷卸し地点となる土木工事現場までの運搬時間が最も重要である。運搬中のコンクリートは、その運搬時間に応じて品質変化を引き起こすので、運搬時間はできる限り短くすべきである。また、運搬時間は搬路の交通状況や天候などにより変動するため、こうした変動時間も考慮する必要がある。

レディーミクストコンクリートの運搬時間は、「JIS A 5308 レディーミクストコンクリート」において、「レディーミクストコンクリートの運搬は、原則として、所定の性能を有するトラックアジテータで行う。レディーミクストコンクリートの運搬時間（生産者が練混ぜを開始してから運搬車が荷卸し地点に到着するまでの時間）は、原則として、1.5時間以内とする。」ことが定められている。

　したがって、JIS認証品のコンクリートを使用する場合は、定める時間の限度内（1.5時間以内）に、コンクリートの**運搬・荷卸し・打込み**が可能な工場を選定しなければならない。

※ダンプトラックは、スランプ2.5cmの舗装コンクリートを運搬する場合に限り使用することができる。
※ダンプトラックでコンクリートを運搬する場合の運搬時間は、練混ぜを開始してから1時間以内とする。

2 レディーミクストコンクリートの種類の選定

　レディーミクストコンクリートの種類の選定にあたっては、フレッシュコンクリート（型枠に打ち込まれた硬化前のコンクリート）に必要とされる品質と、運搬中および荷卸し地点から打込み時点までの品質変化を考慮する必要がある。レディーミクストコンクリートの種類は、次の①～④の項目を基に選定しなければならない。

①**粗骨材**の最大寸法
②**呼び強度**
③荷卸し時の目標スランプまたは目標スランプフロー
④セメントの種類

レディーミクストコンクリートの種類及び区分（○：購入可能）

コンクリートの種類	粗骨材の最大寸法 [mm]	スランプまたはスランプフロー[a) [cm]	呼び強度[N/mm²] 18	21	24	27	30	33	36	40	42	45	50	55	60	曲げ4.5
普通コンクリート	20, 25	8, 10, 12, 15, 18	○	○	○	○	○	○	○	○	○	○	−	−	−	−
		21	−	○	○	○	○	○	○	○	○	○	−	−	−	−
		45	−	−	−	○	○	○	○	○	○	○	−	−	−	−
		50	−	−	−	−	○	○	○	○	○	○	−	−	−	−
		55	−	−	−	−	−	○	○	○	○	○	−	−	−	−
		60	−	−	−	−	−	−	○	○	○	○	−	−	−	−
	40	5, 8, 10, 12, 15	○	○	○	○	−	−	−	−	−	−	−	−	−	−
軽量コンクリート	15	8, 12, 15, 18, 21	○	○	○	○	○	○	○	−	−	−	−	−	−	−
舗装コンクリート	20, 25, 40	2.5, 6.5	−	−	−	−	−	−	−	−	−	−	−	−	−	○
高強度コンクリート	20, 25	12, 15, 18, 21	−	−	−	−	−	−	−	−	−	−	○	−	−	−
		45, 50, 55, 60	−	−	−	−	−	−	−	−	−	−	○	○	○	−

注a) 荷卸し地点での値であり、45cm、50cm、55cm及び60cmはスランプフローの値である。

出典：JIS A 5308 レディーミクストコンクリート

※レディーミクストコンクリートの種類は、次のような記号と数値で表される。

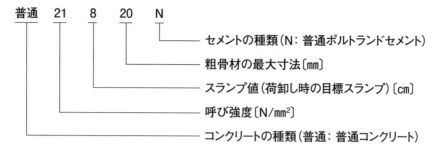

3 レディーミクストコンクリートの空気量

　レディーミクストコンクリートは、製造時の材料や配合が同じであっても、骨材の粒度・気温などが変化すると、その空気量が大きく変動することがある。**空気量**が変動すると、コンクリートの強度・耐凍害性・施工性（ワーカビリティー）に大きな影響を及ぼしてしまう。そのため、レディーミクストコンクリートの受入れ時には、空気量試験を行い、空気量が許容範囲内にあること（コンクリートの空気量が所要の範囲内にあること）を確認しなければならない。

4 レディーミクストコンクリートのスランプ

　工場で調合されたコンクリートは、運搬中にスランプの値が低下することが多い。そのため、レディーミクストコンクリートの受入れ時には、スランプ試験を行い、スランプが許容誤差の範囲内にあることを確認しなければならない。このスランプ試験は、コンクリートのコンシステンシー（硬軟の程度）を評価する試験である。コンクリートは、そのスランプが大きいほど軟らかい。

5 フレッシュコンクリートの単位水量

　フレッシュコンクリートの単位水量は、多すぎず少なすぎず、適切な値を維持していなければならない。単位水量が多すぎると、硬化後のコンクリートの乾燥収縮が増大してしまい、単位水量が小さすぎると、コンクリートの流動性が低下して作業が困難になるからである。

　フレッシュコンクリートの**単位水量**の試験方法としては、加熱乾燥法（高周波加熱法・乾燥炉法・減圧加熱乾燥法など）・エアメータ法・静電容量法などが挙げられる。しかし、これらの試験の測定精度はそれほど高くないので、これらの試験によるフレッシュコンクリート中の単位水量の検査は、単位水量が多すぎる（過度な水量を含む）コンクリートを排除することだけを目的として行うべきである。

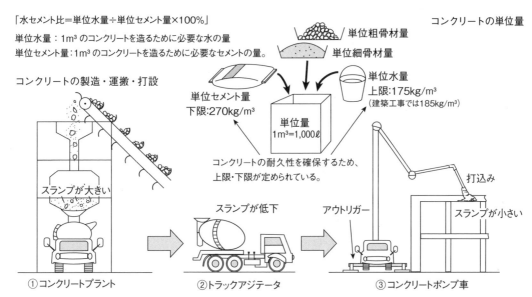

解 答

(1) レディーミクストコンクリート工場の選定にあたっては、定める時間の限度内にコンクリートの**(イ)運搬**及び荷卸し、打込みが可能な工場を選定しなければならない。

(2) レディーミクストコンクリートの種類を選定するにあたっては、**(ロ)粗骨材**の最大寸法、**(ハ)呼び**強度、荷卸し時の目標スランプ又は目標スランプフロー及びセメントの種類をもとに選定しなければならない。

(3) **(ニ)空気量**の変動はコンクリートの強度や耐凍害性に大きな影響を及ぼすので、受入れ時に試験によって許容範囲内にあることを確認する必要がある。

(4) フレッシュコンクリート中の**(ホ)単位水量**の試験方法としては、加熱乾燥法・エアメータ法・静電容量法等がある。

出典:コンクリート標準示方書(土木学会)

(イ)	(ロ)	(ハ)	(ニ)	(ホ)
運搬	粗骨材	呼び	空気量	単位水量

令和2年度 選択問題(1) 品質管理 コンクリートの打込み・締固め・養生

問題4 コンクリートの打込み、締固め、養生における品質管理に関する次の文章の□の(イ)〜(ホ)に当てはまる**適切な語句又は数値**を解答欄に記述しなさい。

(1) コンクリートを2層以上に分けて打ち込む場合、上層と下層が一体となるように施工しなければならない。また、許容打重ね時間間隔は、外気温25℃以下では (イ) 時間以内を標準とする。

(2) (ロ) が多いコンクリートでは、型枠を取り外した後、コンクリート表面に砂すじを生じることがあるため、 (ロ) の少ないコンクリートとなるように配合を見直す必要がある。

(3) 壁とスラブとが連続しているコンクリート構造物などでは、コンクリートは断面の変わる箇所でいったん打ち止め、そのコンクリートの (ハ) が落ち着いてから上層コンクリートを打ち込む。

(4) コンクリートの締固めにおいて、棒状バイブレータは、なるべく鉛直に一様な間隔で差し込む。その間隔は、一般に (ニ) cm以下にするとよい。

(5) コンクリートの養生の目的は、 (ホ) 状態に保つこと、温度を制御すること、及び有害な作用に対して保護することである。

考え方

1 上下層の一体化

コンクリートを2層以上に分けて打ち込む場合は、上層コンクリートと下層コンクリートが一体となるよう、次のようなことに留意して施工しなければならない。

① 下層コンクリートが硬化する前に、上層コンクリートを打ち込む。
② 外気温に応じた許容打ち重ね時間間隔を順守する。
③ 棒状バイブレータ(内部振動機)を下層コンクリート中に10cm程度挿入して締め固める。

2 許容打重ね時間間隔

許容打重ね時間間隔とは、下層コンクリートの打込み終了から上層コンクリートの打込み開始までの時間のことである。許容打重ね時間間隔は、次のように定められている。

① 外気温が25℃以下であれば、**2.5時間以内**
② 外気温が25℃を超えるのであれば、2.0時間以内

下層コンクリートの打込み終了から上層コンクリートの打込み開始までの時間がこれよりも長くなると、コールドジョイント(上下層が一体化していない不連続な打継目)が生じる。

※外気温に応じて定められた「許容打重ね時間間隔」の値は、同じく外気温に応じて定められた「打込み時間」の値や、コンクリートのスランプに応じて定められた「運搬時間」の値と混同しやすいので、注意が必要である。下表の数値は、試験に出題されることが多いので、確実に覚えておこう。

運搬時間	トラックアジテータによる運搬の場合 ：1.5 時間(90 分)以内 ダンプトラックによる運搬の場合 ：1.0 時間(60 分)以内
打込み時間	外気温が 25℃以下の場合 ：2.0 時間(120 分)以内 外気温が 25℃を超える場合 ：1.5 時間(90 分)以内
許容打重ね時間間隔	外気温が 25℃以下の場合 ：2.5 時間(150 分)以内 外気温が 25℃を超える場合 ：2.0 時間(120 分)以内

運搬時間：コンクリートを練り始めてから荷卸しするまでの時間

打込み時間：コンクリートの練混ぜ開始から工事現場での打込み終了までの時間

許容打重ね時間間隔：下層コンクリートの打込み終了から上層コンクリートの打込み開始までの時間

3 砂筋の発生防止

　コンクリートの打上がり面に帯水(ブリーディング水)があると、型枠に接する面が洗われるため、砂筋(型枠面に沿ってコンクリート中の水分が浮上した跡)が発生したり、打上がり面近くに脆弱層(レイタンス層)が形成されたりする。型枠に沿って上昇するブリーディング水などによって生じる帯水は、スポンジ・ひしゃく・小型水中ポンプなどを用いて除去しなければならない。

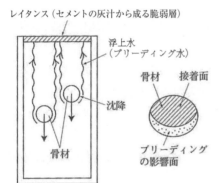

ブリーディングとレイタンス

ブリーディング：コンクリートを型枠に打ち込んだ後、重い骨材が沈降し、軽い水や遊離石灰が浮上する現象

レイタンス層は、このようなブリーディングによって形成される。

　特に、**ブリーディング**が多いコンクリートでは、型枠を取り外した後、コンクリート表面に砂筋を生じやすい。ブリーディングが多いコンクリートでは、次のような方法でその配合を見直すことで、**ブリーディングが少ないコンクリート**とする必要がある。

① 普通ポルトランドセメントの一部をシリカフュームで置換すると、余剰水が吸着されるので、ブリーディングの抑制が期待できる。

② 細骨材の一部を石灰石微粉末で置換すると、余剰水が吸着されるので、ブリーディングの抑制が期待できる。

4 コンクリートの打継ぎ

　下図のように、壁または柱が、スラブまたは梁と連続しているコンクリート構造物では、その断面が異なるそれぞれの部分で、コンクリートの沈下速度に差が生じる。

　壁とスラブが連続しているコンクリート構造物では、壁の型枠の高さ（断面が変わる箇所）でコンクリートを一旦打ち止め、1時間～2時間待ち、壁のコンクリートの**沈下**が落ち着いてから（十分に沈下した後に）、上層の（スラブの）コンクリートを打ち継がなければならない。この沈下を待たずに、壁のコンクリートを打ち込んだ後、断面が変わる箇所で打ち止めずにスラブのコンクリートを打ち込むと、断面が変わる境界面に沈みひび割れが発生する。

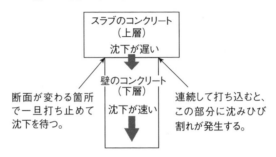

5 コンクリートの締固め

　コンクリートの締固めにおいて、棒状バイブレータ（内部振動機）を挿入するときは、次のような点に留意しなければならない。

①締固め不足の箇所ができないよう、なるべく鉛直に、一様な間隔で差し込む。
②締固め不足の箇所ができないよう、挿入間隔は**50cm**以下とする。
③振動の伝達量が適切となるよう、1箇所あたりの振動時間は**5秒～15秒**程度とする。
④上記の振動時間を確保するため、1台・1時間あたりの打込み量は$4m^3$～$8m^3$程度とする。
⑤コンクリートの材料分離を避けるため、コンクリートを横移動させないようにする。
⑥引抜きの跡に空洞が生じないよう、なるべく鉛直に、ゆっくりと引き抜く。
⑦セメントペースト線が型枠面に現れ、コンクリート表面に光沢が現れたこと（ブリーディングが終了したこと）を確認する。

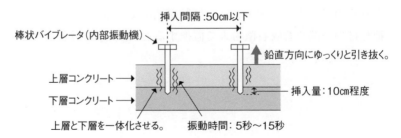

6 コンクリートの養生

コンクリートの養生とは、打込み後（ブリーディングの終了後）の一定期間、次のようなことを目的として散水・保温・被覆などを行い、コンクリートが所要の品質を確保できるようにすることをいう。

① コンクリート表面を**湿潤**状態に保つ（硬化に必要な水分を供給する）こと
② コンクリートの温度を制御する（効果に必要な温度を保持する）こと
③ 有害な作用（打撃・応力・日光・通風など）からコンクリートを保護すること

解 答

(1) コンクリートを2層以上に分けて打ち込む場合、上層と下層が一体となるように施工しなければならない。また、許容打重ね時間間隔は、外気温25℃以下では**(イ) 2.5**時間以内を標準とする。

(2) **(ロ)ブリーディング**が多いコンクリートでは、型枠を取り外した後、コンクリート表面に砂すじを生じることがあるため、**(ロ)ブリーディング**の少ないコンクリートとなるように配合を見直す必要がある。

(3) 壁とスラブとが連続しているコンクリート構造物などでは、コンクリートは断面の変わる箇所でいったん打ち止め、そのコンクリートの**(ハ)沈下**が落ち着いてから上層コンクリートを打ち込む。

(4) コンクリートの締固めにおいて、棒状バイブレータは、なるべく鉛直に一様な間隔で差し込む。その間隔は、一般に**(ニ)50**cm以下にするとよい。

(5) コンクリートの養生の目的は、**(ホ)湿潤**状態に保つこと、温度を制御すること、及び有害な作用に対して保護することである。

出典：コンクリート標準示方書（土木学会）

(イ)	(ロ)	(ハ)	(ニ)	(ホ)
2.5	ブリーディング	沈下	50	湿潤

令和元年度	選択問題(2)	品質管理	コンクリート構造物の劣化防止対策

問題9 コンクリート構造物の劣化原因である次の3つの中から2つ選び、施工時における**劣化防止対策**について、それぞれ1つずつ解答欄に記述しなさい。

- 塩害
- 凍害
- アルカリシリカ反応

> 考え方

1 コンクリート構造物の劣化原因

①コンクリート構造物は、外部環境・内部環境の影響を受けて、徐々に劣化が進行してゆく。この劣化の進行は、施工時に劣化防止対策を講じることにより、抑制することができる。

②コンクリート構造物の劣化原因として代表的なものは、塩害・凍害・アルカリシリカ反応・中性化・化学的侵食などである。

2 塩害(劣化機構と劣化防止対策)

①塩害は、コンクリート中に侵入した塩化物イオンが、コンクリートの内部にある鋼材を腐食させる現象である。

②塩害を受けたコンクリート構造物では、腐食生成物の体積膨張により、コンクリートにひび割れ・剥離・剥落が発生する。

③塩害を防止するためには、施工時に次のような劣化防止対策を講じる必要がある。
- コンクリートの塩化物イオン濃度を 0.3kg/m³ 以下にする。
- コンクリートの水セメント比を小さくして水密性を高くする。
- コンクリートの内部にある鋼材に防食処理を行う。

3 凍害(劣化機構と劣化防止対策)

①凍害は、コンクリートに含まれる水分が凍結と融解を繰り返すことで、膨張圧によるコンクリートの破壊が生じる現象である。

②凍害を受けたコンクリート構造物では、コンクリートの表面が剥がれるスケーリングや、コンクリートの骨材がその表面に飛び出すポップアップが発生する。

③凍害を防止するためには、施工時に次のような劣化防止対策を講じる必要がある。
- コンクリートの空気量を 4%～7%とする。
- AE剤を用いてコンクリート中に空気を導入する。
- 水セメント比に応じて、圧縮試験で求めた相対動弾性係数の最低値以上を確保する。

4 アルカリシリカ反応(劣化機構と劣化防止対策)

①アルカリシリカ反応は、骨材に含まれる反応性シリカ鉱物が、セメントに含まれるアルカリ性水溶液と反応する現象である。

②アルカリシリカ反応を受けたコンクリートでは、コンクリート中の骨材が膨張することで、コンクリートに膨張やひび割れが発生する。

③アルカリシリカ反応を防止するためには、施工時に次のような劣化防止対策を講じる必要がある。
- コンクリートのアルカリ総量を 3.0kg/m³ 以下とする。
- 反応を抑制できる混合セメント(高炉セメントB種またはC種)を使用する。
- 水分の供給を遮断するための表面処理(塗装や被覆)を行う。

5 中性化（劣化機構と劣化防止対策）

①中性化は、コンクリートのアルカリ性が、空気中の二酸化炭素の侵入などにより失われていくことで、コンクリートの内部にある鋼材を腐食させる現象である。

②中性化を受けたコンクリート構造物では、腐食生成物の体積膨張により、コンクリートに（鉄筋に沿って）ひび割れ・剥離・剥落が発生する。

③中性化を防止するためには、施工時に次のような劣化防止対策を講じる必要がある。
- コンクリートの水セメント比を小さくして水密性を高くする。
- 鉄筋のかぶりを厚くする。（コンクリートのかぶり厚さを大きくする）
- コンクリートの表面を被覆する。

6 化学的侵食（劣化機構と劣化防止対策）

①化学的侵食は、硫酸や硫酸塩などにより、コンクリートが溶解する現象である。

②化学的侵食を受けたコンクリート構造物では、コンクリート面が剥がれ落ちる現象が発生する。

③化学的侵食を防止するためには、施工時に次のような劣化防止対策を講じる必要がある。
- 鉄筋のかぶりを厚くする。（コンクリートのかぶり厚さを大きくする）
- コンクリートの表面を被覆する。
- 腐食防止措置を施した補強材を使用する。

解　答

　この問題では「施工時における劣化防止対策」を問われているので、「コンクリートの塩化物イオン濃度を0.3kg/m³以下にする」という塩害対策を、「コンクリートの受入検査において、コンクリートの塩化物イオン濃度が0.3kg/m³以下であることを確認する」と記述するなど、施工時の対策であることを強調した書き方にすることが望ましい。コンクリートの受入検査は、施工時の品質管理の一環である。また、「施工時における劣化防止対策」の欄に、「施工後における劣化防止対策（既に発生している劣化の補修工法）」を記述しないように注意が必要である。

解答例

劣化原因	施工時における劣化防止対策
塩害	コンクリートの受入検査において、コンクリートの塩化物イオン濃度が0.3kg/m³以下であることを確認する。
凍害	コンクリートの受入検査において、コンクリートの空気量が4％〜7％の範囲にあることを確認する。
アルカリシリカ反応	現場でコンクリートを製造するときは、高炉セメントB種または高炉セメントC種を使用する。

以上のうち、2つを選んで解答する。　　　　出典：コンクリート標準示方書（土木学会）

| 平成30年度 | 選択問題(1) | 品質管理 | 型枠・支保工の取外し |

問題4 鉄筋コンクリート構造物における型枠及び支保工の取外しに関する次の文章の____の(イ)〜(ホ)に当てはまる**適切な語句又は数値**を解答欄に記述しなさい。

(1) 型枠及び支保工は、コンクリートがその (イ) 及び (ロ) に加わる荷重を受けるのに必要な強度に達するまで取り外してはならない。

(2) 型枠及び支保工の取外しの時期及び順序は、コンクリートの強度、構造物の種類とその (ハ) 、部材の種類及び大きさ、気温、天候、風通しなどを考慮する。

(3) フーチング側面のように厚い部材の鉛直又は鉛直に近い面、傾いた上面、小さなアーチの外面は、一般的にコンクリートの圧縮強度が (ニ) (N/mm²)以上で型枠及び支保工を取り外してよい。

(4) 型枠及び支保工を取り外した直後の構造物に載荷する場合は、コンクリートの強度、構造物の種類、 (ホ) 荷重の種類と大きさなどを考慮する。

考え方

1 型枠・支保工の取外しの条件

① 鉄筋コンクリート構造物の型枠および支保工は、コンクリートがその**自重**および**施工期間中**に加わる荷重を受けるのに必要な強度に達するまでの間は、取り外してはならない。

② 上記の「必要な強度」としては、コンクリート標準示方書において、「型枠および支保工を取り外してよい時期のコンクリート圧縮強度の参考値」が、下表のように示されている。

部材面の種類	部材の例	圧縮強度の参考値
厚い部材の鉛直面 厚い部材の鉛直に近い面 傾いた上面 小さいアーチの外面	フーチングの側面	3.5N/mm²
薄い部材の鉛直面 薄い部材の鉛直に近い面 45°より急な傾きの下面 小さいアーチの内面	柱の側面 壁の側面 梁の側面	5.0N/mm²
橋・建物などのスラブ 橋・建物などの梁 45°より緩い傾きの下面	スラブの底面 梁の底面 アーチの内面	14.0N/mm²

2 型枠・支保工の取外しの時期・順序

① 型枠・支保工の取外しの時期・順序は、次のような事項を考慮して決定する。
- コンクリートの強度
- 構造物の種類（河川・鉄道・道路など）
- **構造物の重要度**
- 部材の種類（基礎・柱・梁など）
- 部材の大きさ
- 部材が受ける荷重
- 施工環境（気温・天候・風通しなど）

② 型枠・支保工を取り外すときは、比較的荷重を受けない部分を最初に取り外し、その後に残りの重要な部分を取り外すことが一般的である。
- 柱・壁などの鉛直部材の型枠は、スラブ・梁などの水平部材の型枠よりも早く取り外すことを原則とする。
- 梁の両側面の鉛直型枠は、梁の底板の水平型枠よりも早く取り外してよい。

3 鉄筋コンクリート構造物への載荷における留意点

① 型枠および支保工を取り外した直後の鉄筋コンクリート構造物は、コンクリートの圧縮強度が十分でない場合が多いので、不用意に重量物を載荷すると、ひび割れなどの損傷を受けるおそれがある。

② 型枠および支保工を取り外した直後の鉄筋コンクリート構造物に載荷する場合は、コンクリートの強度・構造物の種類・**作用**荷重の種類・作用荷重の大きさなどを考慮し、鉄筋コンクリート構造物に有害なひび割れなどを発生させないようにする。

解 答

(1) 型枠及び支保工は、コンクリートがその**(イ)自重**及び**(ロ)施工期間中**に加わる荷重を受けるのに必要な強度に達するまで取り外してはならない。

(2) 型枠及び支保工の取外しの時期及び順序は、コンクリートの強度、構造物の種類とその**(ハ)重要度**、部材の種類及び大きさ、気温、天候、風通しなどを考慮する。

(3) フーチング側面のように厚い部材の鉛直又は鉛直に近い面、傾いた上面、小さなアーチの外面は、一般的にコンクリートの圧縮強度が**(ニ)3.5**（N/mm²）以上で型枠及び支保工を取り外してよい。

(4) 型枠及び支保工を取り外した直後の構造物に載荷する場合は、コンクリートの強度、構造物の種類、**(ホ)作用**荷重の種類と大きさなどを考慮する。

出典：コンクリート標準示方書（土木学会）

(イ)	(ロ)	(ハ)	(ニ)	(ホ)
自重	施工期間中	重要度	3.5	作用

| 平成29年度 | 選択問題(2) | 品質管理 | 鉄筋の検査 |

問題9 鉄筋コンクリート構造物における「鉄筋の加工および組立の検査」「鉄筋の継手の検査」に関する品質管理項目とその判定基準を5つ解答欄に記述しなさい。ただし、解答欄の記入例と同一内容は不可とする。

考え方

1 鉄筋の加工および組立の検査

鉄筋コンクリート構造物の施工において、鉄筋の加工および組立が完了したら、コンクリートを打ち込む前に、**鉄筋の本数・径**などを確認する。その後、設計図書に定められた**鉄筋の折曲げ位置**や、**鉄筋相互の間隔・配置精度**などを検査し、下表の判定基準に合致していること(誤差が許容誤差以内であること)を確認する。

鉄筋の加工に関する検査

対象	項目	試験・検査方法	時期・回数	判定基準
鉄筋	種類・径・数量	製造会社の試験成績表による確認、目視、径の測定	加工後	設計図書通りであること
	加工寸法	スケールなどによる測定		所定の許容誤差以内であること
	固定方法	目視	組立後および組立後長時間が経過したとき	コンクリートの打込みに際し、変形・移動のおそれがないこと
スペーサ	種類・配置・数量			床版・梁などでは1m²あたり4個以上、柱では1m²あたり2個以上

出典:コンクリート標準示方書

鉄筋の組立に関する検査

対象	項目	試験・検査方法	時期・回数	判定基準
組み立てた鉄筋の配置	継手・定着の位置・長さ	スケールなどによる測定、目視	組立後および組立後長時間が経過したとき	設計図書通りであること
	かぶり			耐久性照査時に設定したかぶり以上であること
	有効高さ			許容誤差(設計寸法の±3%または±30mmのうち小さい方の値)以内であること(標準)
	中心間隔			許容誤差(±20mm)以内であること(標準)

出典:コンクリート標準示方書

2 鉄筋の加工寸法の許容誤差

前頁「鉄筋の加工に関する検査」の表に示された鉄筋の加工寸法について、「所定の許容誤差以内」を具体的に示すと、下表のようになる。

加工寸法の許容誤差

鉄筋の種類（部位）		許容誤差
スターラップ・帯鉄筋・螺旋鉄筋		右図のaおよびbについて±5mm
その他の鉄筋	径28mm以下の丸鋼・D25以下の異形鉄筋	右図のaおよびbについて±15mm
	径32mm以下の丸鋼・D29以上D32以下の異形鉄筋	右図のaおよびbについて±20mm
（加工後の全長）		右図のLについて±20mm

3 鉄筋のかぶりの検査

上記「鉄筋の組立に関する検査」の表に示された鉄筋のかぶりについて、「耐久性照査時に設定したかぶり以上」を具体的に示すと、下記のようになる。

①耐久性照査時に設定するかぶり(Cd)は、設計図書に明記されたかぶり(C)から、施工誤差(ΔCe)を差し引いた値である。(Cd＝C－ΔCe)
②かぶりの測定値(Cm)は、耐久性照査時に設定したかぶり(Cd)以上とする。(Cm≧Cd)
③鉄筋の組立では、継手部分も含めて最小かぶりを確保しなければならない。

4 鉄筋の継手の検査

鉄筋の継手として、ガス圧接継手・溶接継手・機械式継手などを用いるときは、その継手強度を確認しなければならない。鉄筋の継手の検査では、**継手の位置・長さなど**を検査し、下表の判定基準に合致していることを確認する。

鉄筋の継手に関する検査

対象	項目	試験・検査方法	時期・回数	判定基準
重ね継手	位置	目視、スケールによる測定	組立後	設計図書通りであること
	継手長さ			
ガス圧接継手	位置	目視、必要であればスケール・ノギスなどによる測定	全数検査	設計図書通りであること
	外観検査			日本圧接協会「鉄筋のガス圧接工事標準仕様書」の規定と、鉄筋定着・継手指針に適合すること
	超音波探傷検査	JIS Z 3062の方法	抜取検査	

対象	項目	試験・検査方法	時期・回数	判定基準
突合せアーク溶接継手	計測・外観目視検査	目視、スケールによる測定	全数検査	設計図書通りであること 表面欠陥がないこと
	詳細外観検査	ノギスなどの計測器具による測定	抜取検査（抜取率5％以上）	偏心が直径の1/10以内かつ3mm以内であること 角折れが測定長さの1/10以内であること 鉄筋定着・継手指針に適合すること
	超音波探傷検査	JIS Z 3062の方法	抜取検査（抜取率20％以上かつ30箇所以上）	基準レベルよりも24dB感度を高めたレベルで合否判定 鉄筋定着・継手指針に適合すること
機械式継手	検査方法については、各工法によって異なる。 （詳細については鉄筋定着・継手指針によること）			

出典：コンクリート標準示方書

ガス圧接継手の1検査ロットは、原則として、同一作業班が同一日に施工した圧接箇所とし、その大きさは200箇所程度を標準とする。手動ガス圧接の場合、SD490は全数検査、SD490以外は1検査ロットごとに30箇所抜取検査とする。自動ガス圧接の場合、1検査ロットごとに10箇所抜取検査とする。また、ガス圧接継手の超音波検査は、熱間押抜法の場合は省略できる。

5 鉄筋コンクリート構造物における型枠・支保工の検査

この問題と直接関係する事柄ではないが、鉄筋コンクリート構造物の品質管理では、型枠・支保工の検査も必要である。その検査方法・判定基準などは、下表の通りである。

型枠・支保工に関する検査

対象	項目	試験・検査方法	時期・回数	判定基準
型枠	材料	目視	型枠の組立前	指定した品質・寸法であること
	形状寸法・位置	スケールによる測定	コンクリートの打込み前および打込み中	コンクリート硬化後、コンクリート部材の表面状態・位置・形状寸法が適切であること
	最外側鉄筋との空き			耐久性照査時に設定したかぶり以上であること
支保工	材料	目視	支保工の組立前	指定した品質・寸法であること
	配置	目視、スケールによる測定	支保工の組立後	コンクリート硬化後、コンクリート部材の表面状態・位置・形状寸法が適切であること
締付け材	種類・材質・形状寸法	目視	型枠・支保工の組立前	指定した品質・寸法であること
	位置・数量	目視、スケールによる測定	コンクリートの打込み前	コンクリート硬化後、コンクリート部材の表面状態・位置・形状寸法が適切であること

出典：コンクリート標準示方書

解答例

鉄筋コンクリート構造物における「鉄筋の加工および組立の検査」および「鉄筋の継手の検査」について、品質管理項目とその判定基準をまとめると、下表のようになる。ここから5つを選択して解答する。

	品質管理項目	判定基準
加工・組立の検査	鉄筋の種類・径・数量	設計図書通りである。
	鉄筋の加工寸法	所定の許容誤差以内である。
	スペーサの配置・数量	床版・梁等では4個/m²以上、柱では2個/m²以上。
	鉄筋の固定方法	コンクリート打込みの際、変形・移動のおそれがない。
	組立鉄筋の継手・定着位置・長さ	設計図書通りである。
	組立鉄筋のかぶり	耐久性照査で設定したかぶり以上である。
	組立鉄筋の有効高さ	許容誤差以内（±3%以内かつ±30mm以内）である。
	組立鉄筋の中心間隔	許容誤差以内（±20mm以内）である。
継手の検査	重ね継手の位置・継手長さ	設計図書通りである。
	ガス圧接継手の位置	設計図書通りである。
	ガス圧接継手の外観	目視検査で、圧接工事標準仕様書に適合する。
	ガス圧接継手の欠陥の有無	超音波探傷検査で、圧接工事標準仕様書に適合する。
	機械式継手の性能	継手指針に適合する。

平成28年度	選択問題(1)	品質管理	コンクリート構造物の非破壊検査

問題4 コンクリート構造物の品質管理の一環として用いられる非破壊検査に関する次の文章の□□の(イ)〜(ホ)に当てはまる**適切な語句**を解答欄に記述しなさい。

(1) 反発度法は、コンクリート表層の反発度を測定した結果からコンクリート強度を推定できる方法で、コンクリート表層の反発度は、コンクリートの強度のほかに、コンクリートの (イ) 状態や中性化などの影響を受ける。

(2) 打音法は、コンクリート表面をハンマなどにより打撃した際の打撃音をセンサで受信し、コンクリート表層部の (ロ) や空げき箇所などを把握する方法である。

(3) 電磁波レーダ法は、比誘電率の異なる物質の境界において電磁波の反射が生じることを利用するもので、コンクリート中の (ハ) の厚さや (ニ) を調べることができる。

(4) 赤外線法は、熱伝導率が異なることを利用して表面 (ホ) の分布状況から、 (ロ) やはく離などの箇所を非接触で調べる方法である。

> 考え方

1 コンクリート構造物の主な非破壊検査方法と、各非破壊検査により推定できるコンクリートの品質特性は、下表の通りである。

非破壊検査方法	推定できる品質特性
反発度法（テストハンマーを用いる方法）	圧縮強度（コンクリートの**含水**状態は、圧縮強度に大きな影響を与える）
電磁誘導法（鋼材の磁性やコンクリートの誘電性を利用する方法）	鉄筋の位置・径・かぶり、コンクリートの含水率（小型構造物用）
弾性法（超音波法・打音法・衝撃弾性波法・AE法など）	圧縮強度、弾性係数、ひび割れ深さ、剥離、**浮き**、空隙、グラウト充填度、部材厚さ
電磁波レーダ法（X線法・サーモグラフィ法・赤外線法など）	**鉄筋の位置**・径・**かぶり**、ひび割れ深さ、浮き、PCグラウト充填度（大型構造物用）、**温度**分布（サーモグラフィ法・赤外線法のみ）
電気化学的方法（自然電位法・分極抵抗法など）	鉄筋の腐食傾向・腐食速度、コンクリートの電気抵抗
光ファイバスコープ法	コンクリート内部の状態、グラウトの充填状態

> 解 答

(1) 反発度法は、コンクリート表層の反発度を測定した結果からコンクリート強度を推定できる方法で、コンクリート表層の反発度は、コンクリートの強度のほかに、コンクリートの**(イ)含水**状態や中性化などの影響を受ける。

(2) 打音法は、コンクリート表面をハンマなどにより打撃した際の打撃音をセンサで受信し、コンクリート表層部の**(ロ)浮き**や空げき箇所などを把握する方法である。

(3) 電磁波レーダ法は、比誘電率の異なる物質の境界において電磁波の反射が生じることを利用するもので、コンクリート中の**(ハ)かぶり**の厚さや**(ニ)鉄筋の位置**を調べることができる。

(4) 赤外線法は、熱伝導率が異なることを利用して表面**(ホ)温度**の分布状況から、**(ロ)浮き**やはく離などの箇所を非接触で調べる方法である。

(イ)	(ロ)	(ハ)	(ニ)	(ホ)
含水	浮き	かぶり	鉄筋の位置	温度

| 平成 27 年度 | 選択問題 (2) | 品質管理 | コンクリートの耐久性の確保 |

問題9　コンクリートの耐久性を向上させ所要の品質を確保するために、下記の (1)、(2)のような現象に対して行うべき抑制対策をそれぞれ1つずつ解答欄に記述しなさい。

(1)アルカリシリカ反応
(2)コンクリート中の鋼材の腐食

考え方

(1) アルカリシリカ反応とは、反応性のシリカを含む細骨材・粗骨材が、強いアルカリ性を有するセメントと反応して膨張することにより、コンクリートに無数のひび割れが生じる現象である。アルカリシリカ反応を抑制するためには、次のような対策を講じるとよい。

①反応性のシリカを有さない骨材を使用する。
②混合セメントB種または混合セメントC種を使用する。
③コンクリート中のアルカリ総量を 3.0kg/m³ 以下とする。

(2) コンクリートは、空気中の二酸化炭素の影響により中性化し、腐食する。中性化が鉄筋を囲むコンクリートまで進行すると、コンクリート中の鋼材が腐食する。特に、海岸の近くにある構造物では、海水中の塩分がコンクリートのひび割れから侵入するので、鋼材が腐食しやすくなる。この他にも、酸性土壌・地下水に含まれる硫黄や、アルカリシリカ反応で生じたひび割れから浸透する水などによる化学的侵食が、鋼材を腐食させる。コンクリート中の鋼材の腐食を抑制するためには、次のような対策を講じるとよい。

①中性化を防止するため、3cm以上のかぶりを確保し、水セメント比を50％以下とする。
②コンクリート中の塩化物イオン濃度を 0.3kg/m³ 以下とする。
③海岸の近くにある構造物には、表面被覆を行い、塩分の侵入を少なくする。
④鉄筋の表面には、エポキシ樹脂塗装などの腐食防止措置を講じる。

解答例

現象	抑制対策
アルカリシリカ反応	混合セメントB種または混合セメントC種を使用する。
コンクリート中の鋼材の腐食	鉄筋の表面にエポキシ樹脂塗装を施す。

第4章 安全管理

4.1 試験内容の分析と学習ポイント

4.1.1 最新10年間の安全管理の出題内容

年　度	安全管理の出題内容
令和6年度	(●) 問題2　墜落防止用ネットの安全基準(表示事項・使用禁止・試験時期・試験内容・落下高さ)に関する用語を記入する。 (1) 問題6　移動式クレーン作業の労働災害防止対策(周知時期・ジブの傾斜角・表示事項・アウトリガー・合図)に関する用語を記入する。 (2) 問題10　悪天候後・地震後・足場組立後などに、足場における作業を開始する前に点検させる事項を2つ記述する。
令和5年度	(●) 問題3　高さ2m以上の足場等の組立て・解体・変更において、労働安全衛生法令の定めにより事業者が講じるべき措置を2つ記述する。 (1) 問題6　型枠支保工の安全基準(使用する材料・組立図の記載事項・設計荷重・支柱の継手・水平つなぎ)に関する用語を記入する。 (2) 問題10　車両系建設機械による労働者の災害防止のために、労働安全衛生規則の定めにより事業者が実施すべき安全対策を5つ記述する。
令和4年度	(●) 問題2　地下埋設物近接作業(管理者との協議・防護期間)と架空線近接作業(接触の防止・離隔の確保)に関する用語を記入する。 (1) 問題6　墜落等による危険の防止(作業床・墜落制止用器具・昇降設備・防網・手すり)に関する用語を記入する。 (2) 問題10　労働災害防止(高所作業車・工作物解体・土石流危険河川・型枠支保工・酸素欠乏危険作業・土止め支保工)に関する文章について、適切でない語句・数値を修正する。
令和3年度	(1) 問題6　車両系建設機械による労働災害防止のため、労働安全衛生規則の定めにより事業者が実施すべき安全対策(ヘッドガード・調査と記録・転落等の防止・使用の制限)に関する用語を記入する。 (2) 問題10　移動式クレーンによる設置作業について、クレーン等安全規則等に定められている措置の内容を2つ記述する。
令和2年度	(1) 問題5　事業者の行う足場等の点検時期・点検事項・安全基準について、労働安全衛生規則に定められている語句・数値を記入する。 (2) 問題10　建設工事現場における機械掘削・積込作業の事故防止対策について、事業者が実施すべき事項を5つ記述する。

※●は選択問題ではなく必須問題として出題された項目です。

年　度	安全管理の出題内容
令和元年度	(1) 問題5 車両系建設機械による労働者の災害防止のために、事業者が実施すべき安全対策に関する用語を記入する。 (2) 問題10 移動式クレーンによる搬入作業について、クレーン等安全規則に定められている労働災害防止対策を2つ記述する。
平成30年度	(1) 問題5 墜落等による危険の防止のために、事業者が行うべき安全対策に関する用語を記入する。 (2) 問題10 明り掘削作業または型枠支保工の組立・解体の作業について、事業者が実施すべき安全対策を5つ記述する。
平成29年度	(1) 問題5 車両系建設機械による労働災害防止のために、事業者が実施すべき安全対策に関する用語を記入する。 (2) 問題10 高所作業における墜落災害防止のために、事業者が実施すべき安全対策を記述する。
平成28年度	(1) 問題5 労働安全衛生規則に定められた土止め支保工の組立・点検の用語を記入する。 (2) 問題10 移動式クレーンによる撤去作業の労働災害防止対策を2つ記述する。
平成27年度	(1) 問題5 型枠支保工・足場の安全について、誤っている語句・数値を訂正する。 (2) 問題10 掘削現場で予想される労働災害と、その防止対策を記述する。

4.1.2 出題分析からの予想と学習ポイント

選択問題（1）　安全管理（空欄記入問題）の分析表　　　　　　　　　　　◯出題項目

出題項目＼年度	R6	R5	R4	R3	R2	R元	H30	H29	H28	H27
足場・型枠支保工の安全対策	●	◯	◯		◯		◯			◯
車両系建設機械・移動式クレーンの安全対策	◯			◯		◯		◯		
架空線・地下埋設物近接工事の安全対策			●							
明り掘削・土止め工の安全対策									◯	

※選択問題（1）は、主として法律に定められている語句・数値を空欄に記入する問題です。
※●は選択問題ではなく必須問題として出題された項目です。

選択問題（2）　安全管理（記述問題）の分析表　　　　　　　　　　　　◯出題項目

出題項目＼年度	R6	R5	R4	R3	R2	R元	H30	H29	H28	H27
明り掘削・土止め工・型枠支保工の安全対策					◯	◯				◯
車両系建設機械・移動式クレーンの安全対策		◯								
足場からの墜落の防止	◯	●						◯		
建設工事現場の安全対策			◯							

※選択問題（2）は、主として安全施工のための留意事項を文章で記述する問題です。
※●は選択問題ではなく必須問題として出題された項目です。

安全管理の総合分析表　　　　　　　　　　　　　　　　　　　　　　　◯出題項目

出題項目＼年度	R6	R5	R4	R3	R2	R元	H30	H29	H28	H27
足場・型枠支保工からの墜落の防止	●◯	●◯	◯		◯		◯	◯		◯
車両系建設機械・移動式クレーン	◯	◯		◯◯		◯◯		◯		
明り掘削・酸素欠乏危険作業				◯		◯			◯	
建設工事現場の安全対策			◯							
架空線や地下埋設物に近接して行う工事			●							

本年度の試験に向けた安全管理の学習ポイント
①車両系建設機械・移動式クレーンに関する労働安全衛生法令の条文を覚える。
②墜落防止のための安全対策や、掘削作業における安全対策について理解する。
③地下埋設物防護や、土石流被害防止のために、事業者が行うべき措置を理解する。

4.2 技術検定試験 重要項目集

4.2.1 足場の安全対策

❶ 作業床

(1) 高さ2m以上の箇所での作業およびスレート・床板等の屋根の上での作業においては、組立図にもとづき、図4・1のような作業床を設置すること。

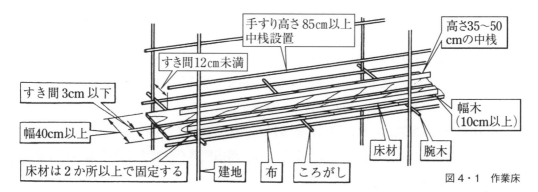

図4・1 作業床

(2) 床材は十分な強度を有するものを使用すること。また、床材の幅は **40cm以上**、床材間のすき間は **3cm以下**、**床材と建地とのすき間は12cm未満** とする。床材は、変位または脱落しないよう支持物に2箇所以上取り付けること。

(3) 足場の組立等を行う作業床の幅は40cm以上とする。作業床を長手方向に重ねるときは支点上で重ね、その重ねた部分の長さは **20cm以上** とすること。

(4) 足場の組立等、床材を作業に応じて移動させる足場板の場合は、**3箇所以上の支持物** にかけ、支点からの突出部の長さは10cm以上とし、かつ足場板長の18分の1以下とすること。

(5) 建地間の最大積載荷重(**400kg以下**)を定め、作業員に周知すること。

❷ 手すり

(1) **墜落** による危険のある(高さ2m以上の)箇所には、図4・2のように、手すり、手すり枠を設けることとし、材料は損傷・腐食等がないものとすること。

(2) 手すり高さは **85cm以上** とし、高さ **35～50cm** に中さん、高さ **10cm以上の幅木** を設けること。手すり枠に2本の斜材を交差させて用いたときは、幅木は10cm以上とする。わく組足場の交差筋かいを用いたときは、幅木は15cm以上とする。

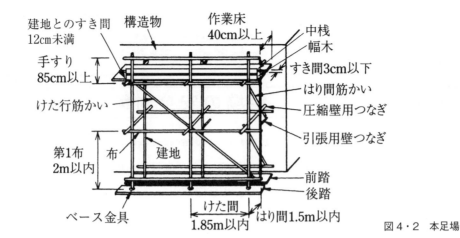

図 4・2 本足場

❸ 足場の組立設置作業

(1) 高さ 5 m 以上の足場の組立等には**足場の組立て等作業主任者**を選任する。
(2) 高さ 5 m 未満の足場の組立等には、作業を指揮する者を選任する。
(3) 作業を行う区域内には、関係作業員以外の作業員の立入りを禁止すること。
(4) 架空電路に接近して足場を設けるときは、**離隔距離**を確認するか電路の移設または電路に**絶縁防護具**を装着すること。
(5) 材料・器具・工具等の上げ下ろし時には、**吊り綱・吊り袋**を使用すること。

❹ 足場の点検等

(1) つり足場以外で作業を行うときは、その日の作業を開始する前に、作業を行う箇所に設けた足場に係る墜落防止設備の取りはずしの有無等の点検をし、異常を認めたときは、直ちに補修すること。
(2) つり足場で作業を行うときは、足場の組立て等作業主任者を選任し、その日の作業を開始する前に、足場に係る墜落防止設備および落下防止設備の取りはずしの有無等の点検をし、異常を認めたときは、直ちに補修すること。
(3) 悪天候（強風、大雨、大雪等の悪天候もしくは中震以上の地震）や、足場組立て・一部解体もしくは変更の後に、足場に係る墜落防止設備および落下防止設備の取りはずしの有無等を点検し、異常を認めたときは、直ちに補修すること。
(4) 上記(3)の点検を行ったときは、点検結果を記録し、足場を使用する作業を行う仕事が終了するまでの間、記録を保存すること。

❺ 桟橋・登り桟橋の組立・解体・撤去

(1) 図 4・3 の登り桟橋では、足場の緊結、取りはずし、受渡し等の作業には、幅 40cm、長さ **3.6m 以上**の足場を設け、作業員に要求性能墜落制止用器具（安全帯）を使用させること。

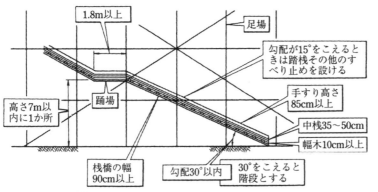

図4・3 登り桟橋

現在では、法律上の「安全帯」の名称は「要求性能墜落制止用器具」に改められている。その規格もより厳しいものに変更されている。(工事現場では安全帯という名称を使ってもよい)

(2) 材料・器具・工具等を上げ下ろしするときは、吊り綱・吊り袋等を使用すること。

(3) 最大積載荷重を定め、作業員に周知すること。登桟橋では、高さ **8m以上の登桟橋には7m以内**ごとに踊場を設ける。

(4) 解体・撤去の範囲および順序を当該作業員に周知すること。

❻ 作業構台の組立

(1) 作業構台の組立(図4・4)には、支柱の滑動・沈下を防止するため、地盤に応じた根入れをするとともに、支柱脚部に**根がらみ**を設けること。また、必要に応じて、**敷板・敷角**等を使用すること。

(2) 材料に使用する木材・鋼材は十分な強度を有し、著しい損傷、変形または腐食のないものを使用すること。

(3) 支柱・梁・筋かい等の緊結部、接続部または取付け部は、変位、脱落等が生じないように**緊結金具等**で堅固に固定すること。

(4) 道路等との取付け部においては、段差がないようにすりつけ、緩やかな勾配とすること。

(5) 組立・解体時には、次の事項を作業に従事する作業員に周知すること。

　① 材料・器具・工具等を上げ下ろしするときの**吊り綱・吊り袋**の使用

　② 仮吊り、仮受け、仮締り、仮つなぎ、控え、補強、筋かい、トラワイヤ等による倒壊防止

　③ 適正な運搬・仮置き

(6) 作業構台の**最大積載荷重**を定め、作業員に周知すること。

図4・4 作業構台

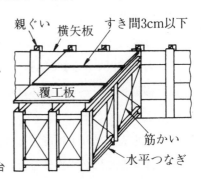

❼ 作業構台の点検

(1) その日の作業を開始する前に、作業を行う箇所に設けた作業構台に係る墜落防止設備の取りはずしの有無等の点検をし、異常を認めたときは、直ちに補修すること。

(2) 悪天候の後に、作業を開始する前に作業構台に係る墜落防止設備の取りはずしの有無等の点検をし、異常を認めたときは、直ちに補修すること。

(3) 上記（2）の点検を行ったときは、点検結果等を記録し、作業構台を使用する作業を行う仕事が終了するまでの間、その記録を保存すること。

(4) 材料および器具・工具を点検し、不良品を取り除くこと。

(5) 床材の損傷、取付けおよび掛渡しの状態、建地・布・腕木等の緊結部・接続部および取付け部のゆるみの状態を点検すること。

(6) 脚部の沈下および滑動の状態を点検すること。

(7) 作業開始前および悪天候もしくは地震の後に点検すること。

4.2.2 建設機械の安全対策

❶ 移動式クレーンの配置・据付け

(1) 移動式クレーン（図4・5）の作業範囲内に障害物がないことを確認すること。障害物がある場合は、あらかじめ作業方法をよく検討しておくこと。

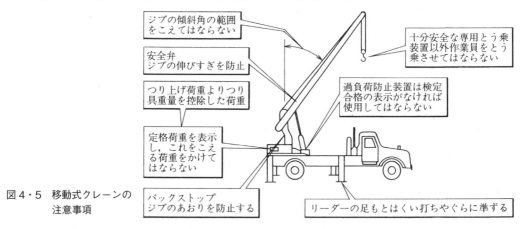

図4・5 移動式クレーンの注意事項

(2) 移動式クレーンを設置する地盤の状態を確認すること。地盤の支持力が不足する場合は、移動式クレーンが転倒しないよう地盤の改良、鉄板等により吊り荷重に相当する地盤反力が確保できるまで補強した後でなければ、移動式クレーンの操作は行わないこと。

(3) 移動式クレーンの機体は水平に設置し、アウトリガーは作業荷重に応じて、完全に張り出すこと。

(4) 荷重表で吊り上げ能力を確認し、吊り上げ荷重や旋回範囲の制限を厳守すること。

(5) 作業前には必ず点検を行い、無負荷で安全装置・警報装置・ブレーキ等の機能の状

態を確認すること(表4・1)。
(6) 運転開始からしばらくの時間が経ったところで、アウトリガーの状態を点検し、異常があれば矯正すること。

表4・1 移動式クレーンの定期自主検査

検査頻度	検査項目
1年以内ごとに1回(定期)	荷重試験
1月以内ごとに1回(定期) (異常・損傷の有無を点検)	巻過防止装置・その他の安全装置・過負荷警報装置・その他の警報装置・ブレーキ・クラッチ・ワイヤロープ・吊りチェーン・吊具(フック・グラブバケット等)・配線・配電盤・コントローラー
その日の作業を開始する前 (機能を点検)	巻過防止装置・過負荷警報装置・その他の警報装置・ブレーキ・クラッチ・コントローラー

※事業者は、定期自主検査の結果を記録し、これを3年間保存しなければならない。

❷ 移動式クレーンの運転

(1) 運転は、吊り上げ荷重により、次にあげる①、②、③の資格を有する者が行うこと。
　① 吊り上げ荷重が1t未満の移動式クレーン：特別教育、技能講習の修了者、免許取得者
　② 吊り上げ荷重が**1t以上5t未満**の移動式クレーン：**技能講習の修了者**、免許取得者
　③ 吊り上げ荷重が**5t以上**の移動式クレーン：**免許取得者**
(2) 移動式クレーンに装備されている安全装置(モーメントリミッター)は、ブームの作業状態とアウトリガーの設置状態を正確にセットして作動させること。
(3) 作業中に機械の各部に異常音、発熱、臭気、異常動作等が認められた場合は、直ちに作業を中止し、原因を調べ、必要な措置を講じてから作業を再開すること。
(4) 吊り荷、フック、玉掛け用具等吊り具を含む全体重量が定格吊り上げ荷重以内であることを確認すること。

❸ 移動式クレーンの作業

(1) 荷を吊り上げる場合は、必ず地面からわずかに荷が浮いた状態で停止し、機体の安定、吊り荷の重心、玉掛けの状態を確認すること。
(2) 荷を吊り上げる場合は、必ずフックが吊り荷の重心の真上にくるようにすること。
(3) 移動式クレーンで荷を吊り上げた際、ブーム等のたわみにより、吊り荷が外周方向に移動するため、フックの位置はたわみを考慮して作業半径の少し内側で作業をすること。
(4) 旋回を行う場合は、旋回範囲内に人や障害物のないことを確認すること。
(5) 吊り荷は安全な高さまで巻き上げたのち、静かに旋回すること。
(6) オペレーターは合図者の指示に従って運転し、常にブームの先端の動きや吊り荷の状態に注意すること。

(7) 荷降ろしは一気に着床させず、着床直前に一旦停止し、着床場所の状態や荷の位置を確認したのち、静かに降ろすこと。
  (8) オペレーターは、吊り荷を降ろし、ブレーキをかけ、エンジンを切って運転席を離れる。

❹ 玉掛け作業

  (1) 玉掛け作業は、吊り上げ荷重が **1t以上**の場合には**技能講習を修了した者**が行うこと。
  (2) 移動式クレーンのフックは吊り荷の重心に誘導し、吊り角度と水平面とのなす角度は60°以内とすること。
  (3) わく組足場材等は、種類および寸法ごとに仕分けし、玉掛用ワイヤロープ以外のもので緊結する等、抜け落ち防止の措置を行うこと。
  (4) 単管用クランプ等の小物は、吊り箱等を用いて作業を行うこと。

❺ 建設機械の作業計画

  (1) 次の事項を調査し、適切な作業計画を定める。
   ①車両系建設機械の種類・能力
   ②車両系建設機械の運行経路
   ③車両系建設機械を用いた作業の方法
  (2) 最高速度が10km/hを超える車両系建設機械を用いて作業を行うときは、その場の地形と地質に応じた適正な制限速度を定める。

❻ 車両系建設機械の現場搬入時点検

  (1) 前照灯、警報装置、ヘッドガード、シートベルト、落下物保護装置、転倒時保護装置、操作レバーロック装置、降下防止用安全ピン等の安全装置の装備を確認すること。
  (2) 前照灯、警報装置、操作レバーロック装置等の正常動作を確認すること。
  (3) 建設機械の能力の最大使用荷重、安定度、整備状況等を確認すること。

❼ 運転終了後および機械を離れるときの処置

  (1) 建設機械を地盤のよい平坦な場所に止め、バケット等を地面まで降ろし、思わぬ動きを防止すること。やむを得ず坂道に停止するときは、足回りに歯止め等を確実にすること。
  (2) 原動機を止め、ブレーキは完全に掛け、ブレーキペダルをロックすること。また、作業装置についてもロックし、キーをはずして所定の場所へ保管すること。

❽ 建設機械の使用・取扱い環境

  (1) 危険防止のため、作業箇所には必要な照度を確保すること。
  (2) 機械設備には、粉じん、騒音、高温・低温等から作業員を保護する措置を講じること。措置する事が難しいときは、保護具を着用させること。

(3) 運転に伴う加熱・発熱・漏電等で火災のおそれがある機械については、よく整備してから使用するものとし、消火器等を装備すること。また、燃料の補給は、必ず機械を停止してから行うこと。

(4) 接触のおそれのある高圧線には、必ず防護措置を講じること。

(5) 電気機器については、その特性に応じて仮建物の中に装置する時、漏電に対して安全な措置を行うこと。

(6) 異常事態発生時における連絡方法、応急処置の方法は、わかりやすい所に表示しておくこと。

(7) 機械の使用中に異常が発見された場合には、直ちに作業を中止し、原因を調べて修理を行うこと。

❾ 建設機械・工具・ロープの点検・整備

(1) 建設機械は法令で定められた点検を必ず行うこと。

(2) 機械・設備内容に応じた、始業、終業、日、月、年次の点検・給油・保守整備を行うこと。

(3) それぞれの機械に対し、適切な点検表の作成・記入を行い、必要に応じて所定の期間保存すること。

(4) 機械の管理責任者を選任し、必要に応じて、次に示す検査・点検をオペレーターまたは点検責任者に確実に実施させること。

　① 始業、終業、日常点検

　② 月例点検

　③ 年次点検、特定自主検査

(5) 杭打機等の鋼索(ワイヤロープ)が次の状態の場合には、使用してはならない。

　① 一よりの間で素線数の **10%以上の素線が断線** した場合

　② **直径の減少が公称径の7%** をこえた場合

　③ キンク、著しい形くずれまたは腐食が認められる場合

　④ 安全係数6未満のもの

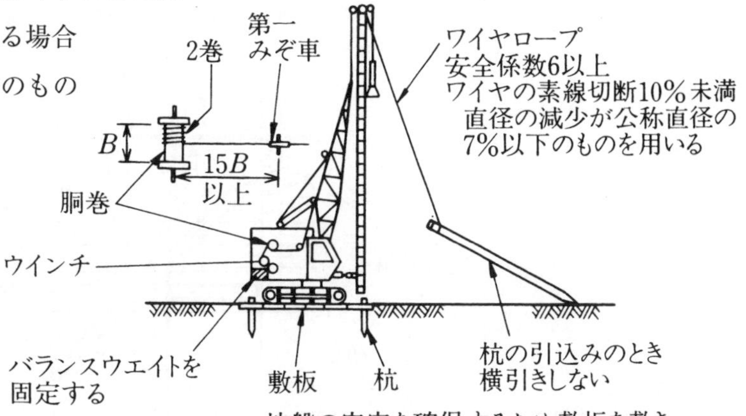

図4・6　杭打ち機・杭抜き機

❿ 建設機械の積込み・固定

(1) 大型の建設機械をトレーラまたはトラック等に積載して移送する場合は、登坂用具または専用装置を備えた移送用の車両を使用すること。

(2) 積降ろしを行う場合は、支持力のある平坦な地盤で、作業に必要な広さのある場所を選定すること。

(3) 積込み・積降ろし作業時には、移送用車両は必ず駐車ブレーキをかけ、タイヤに歯止めをすること。

(4) 登坂用具は、積降ろしする機械重量に耐えられる強度・長さおよび幅をもち、キャタピラ回転によって荷台からはずれないようにする。

4.2.3 土止め支保工と型わく支保工の安全対策

❶ 土止め支保工の計画上の留意点

(1) 掘削作業を行う場合は、掘削箇所ならびにその周囲の状況を考慮し、掘削の深さ、土質、地下水位、作用する土圧等を十分に検討したうえで、必要に応じて土圧計等の計測機器の設置を含め、土止め・支保工の安全管理計画をたて、これを実施すること。図4・7に、土止め支保工の構造を示す。

(2) 掘削する深さが **1.5m以上** の場合には、土止め工を施すこと。

(3) 腹起しは長さ **6m以上** で第1段目は地盤面より **1m以内** に設ける。腹起しの鉛直間隔は **3m以下** とする。切梁は水平間隔 **5m以下** とし、鉛直間隔は **3m以下** とする。部材は、いずれも **H300mm以上** のものを用いる。根入れ深さは、鋼矢板 **3m以上**、親杭 **1.5m以上** とする。

(4) 土止め・矢板は、根入れ、応力、変位に対して安全であるほか、土質に応じてボイリング・ヒービングの検討を行い、安全であることを確認すること。

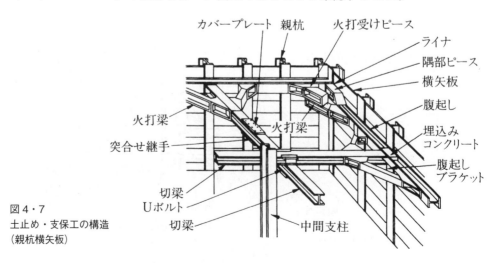

図4・7
土止め・支保工の構造
（親杭横矢板）

❷ 土止め支保工の施工上の留意点

(1) 土止め支保工の施工にあたっては、土止め支保工の設計条件を十分理解した者が施工管理に当たること。

(2) 土止め支保工は、施工計画に沿って所定の部材の取付けが完了しないうちは、次の段階の掘削を行わないこと。

(3) 道路において、杭、鋼矢板等を打ち込むため、これに先行して布掘りまたはつぼ掘りを行う場合、その作業範囲または深さは、杭、鋼矢板等の打ち込む作業の範囲にとどめ、打設後は速やかに埋め戻し、念入りに締め固めて、施工前の地盤支持力を維持し得るよう仕上げておくこと。

(4) 土止め壁の背面は、掘削後速やかに掘削面との間にすき間のないようにはめ込むこと。すき間ができたときは、裏込め、くさび等ですき間のないように固定すること。

(5) 土止め支保工を施してある間は、点検員を配置して **7日以内** ごとに点検を行い、土止め用部材の変形、緊結部のゆるみ、地下水位や周辺地盤の変化等の異常が発見された場合は、直ちに作業員全員を必ず避難させるとともに、事故防止対策に万全を期したのちでなければ、次の段階の施工は行わないこと。

(6) 必要に応じて測定計器を使用し、土止め支保工に作用する土圧・変位を測定すること。

(7) 定期的に地下水位、地盤の変化を観測・記録し、地盤の隆起・沈下等の異常が発生したときは、埋設物管理者等に連絡して保全の措置を講じるとともに、関係者に報告すること。

(8) 切梁等の材料・器具または工具の上げ下ろし時は、吊り綱・吊り袋等を使用すること。

(9) 腹起しおよび切梁は溶接、ボルト等で堅固に取り付けること。

(10) 圧縮材(コーナーの火打ちを除く)の継手は突合せ継手とし、部材全体が1つの直線となるようにすること。木材を圧縮材として用いる場合は、2個以上の添え物を用いて真すぐにつなぐこと。

❸ 土止め支保工の点検

(1) 新たな施工段階に進む前には、必要部材が定められた位置に安全に取り付けられていることを確認したのちに作業を開始すること。

(2) 作業中は、指名された点検者が常時点検を行い、異常を認めたときは直ちに作業員全員を避難させ、責任者に連絡し、必要な措置を講じること。

(3) 土止め支保工は、7日以内に点検し、特に次の事項について点検すること。
　① 矢板、背板、腹起し、切梁等の部材のきしみ・ふくらみおよび損傷の有無
　② 切梁の緊圧の度合い

③ 部材相互の接続部および継手部のゆるみの状態

④ 矢板、背板等の背面の空隙の状態

(4) 必要に応じて安全のための管理基準を定め、変位等を観測し、記録すること。

(5) 次の場合は、すみやかに点検を行い、安全を確認したのちに作業を再開すること。

① 中震以上の地震が発生したとき。

② 大雨等により、盛土または地山が軟弱化するおそれがあるとき。

❹ 型わく支保工の措置

(1) 支柱の沈下、滑動防止のため、必要に応じ敷砂・敷板の使用、コンクリート基礎の打設、杭の打込み、根がらみの取付け等を行うこと（図4・8）。

(2) 支柱の継手は突合せまたは差込みとし、鋼材相互はボルト・クランプ等を用いて緊結すること。

(3) 型わくが曲面の場合には、控の取付け等、型わくの浮き上がりを防止するための措置を講じること。

(4) 支柱は大引きの中央に取り付ける等、偏心荷重がかからないようにすること。

(5) 型わく支保工の組立・解体の作業では、作業区域には関係者以外の立入りを禁止すること。また、材料・工具の吊り上げ、吊り下げには、吊り綱・吊り袋を使用すること。

(6) 鋼管支柱は、高さ**2m以内**ごとに水平つなぎを**2方向**に設け、堅固なものに固定すること。

(7) パイプサポートは**3本以上**つないで用いないこと。また、パイプサポートをつないで用いるときは、**4個以上**のボルトまたは専用の金具を用いること。

(8) 図4・9のように、鋼管わくと鋼管わくとの間には、交差筋かいを設けること。

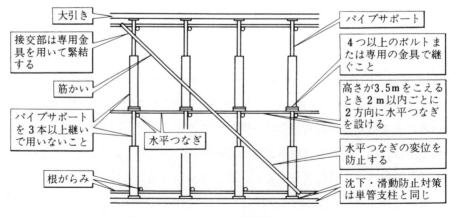

図4・8 パイプサポート支柱による支保工

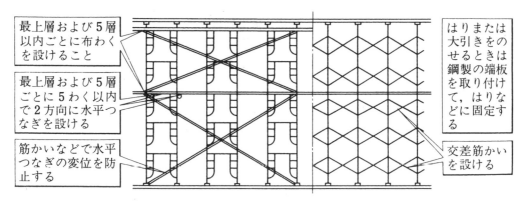

図4・9 鋼管わく組支柱による支保工

(9) 鋼管わくの最上層および **5層以内**ごとの箇所において、型わく支保工の側面ならびにわく面の方向および交差筋かい方向に、**5わく以内**ごとの箇所に水平つなぎを設け、かつ、水平つなぎの変位を防止すること。

(10) 鋼管わくの最上層および **5層以内**ごとの箇所において、型わく支保工のわく面の方向における両端および5わく以内ごとの箇所に、交差筋かいの方向に布わくを設けること。

❺ 型わくの組立・解体作業

(1) 足場は作業に適したものを使用すること。
(2) 吊り上げ、吊り下げのときは、材料が落下しないように玉掛けを確実にすること。
(3) 高所から取りはずした型わくは、投げたり、落下させたりせず、ロープ等を使用して型わくに損傷を与えないよう降ろすこと。
(4) 型わくの釘仕舞は、すみやかに行うこと。
(5) 型わくの組立・解体作業を行う区域には、関係作業員以外の者の立入りを禁止すること。

4.2.4　切土・盛土作業の安全対策

❶ 人力掘削

(1) 高さ **2.0m以上**の掘削作業は、地山掘削の技能講習修了者を作業主任者に選任し、その者に直接指摘させる。
(2) 掘削面の勾配の制限は、表4・2のようである。
(3) すかし掘りは、絶対にしないこと。
(4) 湧水のある場合には、これを処理してから掘削すること。

表4・2 掘削制限

地　　山	掘削面の高さ	勾　配	備　考
岩盤または硬い粘土からなる地山	5m 未満 5m 以上	90°以下 75°以下	掘削面とは2m以上の水平段に区切られるそれぞれの掘削面をいう。
その他の地山	2m 未満 2m 以上 5m 未満 5m 以上	90°以下 75°以下 60°以下	
砂からなる地山	5m 未満または 35°以下		
発破などにより崩壊しやすい状態の地山	2m 未満または 45°以下		

❷ 機械掘削

(1) 機械掘削作業の計画

① 高さ **2m 以上**の人力掘削を含む作業では、**作業主任者の指揮**により作業を行う。

② トラックの運転手、掘削機械の運転者は、法定の資格を有すること。

③ 作業場所が道路、建物、作業員との接触の危険、土石の崩壊のおそれのあるところでの施工では、誘導員を配置する。

④ 道路上での作業には、夜間の照明、各種バリケード、標識を基準どおりに設置する。

(2) 機械掘削作業の留意点

① 作業範囲付近の他の作業員の位置に絶えず注意し、互いに連絡をとり、作業範囲内に作業員を入れないこと。

② 後進させる時は、後方を確認し、誘導員の指示を受けてから後進すること。

③ 荷重およびエンジンをかけたまま運転席を離れないこと。

④ 斜面や崩れやすい地盤上に機械を置かないこと。

⑤ 掘削機械等は、安全能力以上の使い方および用途以外の使用をしないこと。

⑥ 既設構造物等の近傍を掘削する場合は、転倒・崩壊などに十分配慮すること。

⑦ 危険範囲内に人がいないかを常に確認しながら運転すること。また、作業区域をロープ柵・赤旗等で表示すること。

⑧ 軟弱な路肩・のり肩に接近しないように作業を行うこと。近づく場合は、誘導員を配置すること。

⑨ 落石等の危険がある場合は、運転席にヘッドガードを付けること。

❸ 盛土の施工の安全上の留意点

(1) 盛土の施工前の安全の留意点

① 盛土箇所はあらかじめ伐開除根を行う等、有害な雑物を取り除いておくこと。

② 施工に先立ち、湧水を処理すること。
③ 盛土場所は、排水処理を行うこと。
④ 急な勾配を有する地盤上に盛土を施工する場合は、段切りを設けること。

(2) 盛土施工時の安全の留意点

① 盛土ののり面、勾配はなるべく緩やかにしておくこと。
② のり肩の防護を十分にし、重量物を置かないようにすること。
③ 盛土後、転圧等を行う場合は、施工機械の能力、接地圧、周囲の状況等に十分配慮し、事故防止の措置を講じること。
④ のり肩・のり尻排水を十分に行うこと。
⑤ のり肩付近からの水の流入をできるだけ防ぐこと。

(3) 切土のり面施工時の安全の留意点

① 切土のり面の変化に注意を払うこと。
② 擁壁類が計画されているのり面では、掘削面の勾配が急勾配となるので、擁壁等の施工中には地山の点検等、安全管理を十分に行うこと。
③ 降雨後は地山が崩壊しやすいので、流水、亀裂等ののり面の変化に特に注意すること。

4.2.5 土石流のおそれのある現場での工事の安全対策

❶ 事前調査

(1) 工事対象渓流並びに周辺流域について、気象特性や地形特性、土砂災害危険箇所の分布、過去に発生した土砂災害発生状況等、流域状況を調査すること。
(2) 災害が発生した後の現場のうち、再び災害が発生する危険性のある現場では、特に十分な調査を実施すること。

❷ 施工計画

(1) 事前調査事項に基づき、土石流発生の可能性について検討すること、その結果に基づき上流の監視方法、情報伝達方法、避難路、避難場所を定めておくこと。
(2) 降雨、融雪、地震があった場合の警戒・避難のための基準を定めておくこと。このため、必要な気象資料等の把握の方法を定めておくこと。
(3) 土石流の前兆現象を把握した場合の対応について検討しておくこと。
(4) 安全教育については、避難訓練を含めたものとすること。

❸ 事業者の現地管理

(1) 土石流が発生した場合にすみやかにこれを知らせるための**警報設備**を設け、常に有効に機能するよう点検、整備を行うこと。

(2) 避難方法を検討のうえ、避難場所・避難経路等の確保を図るとともに、常に有効に機能するよう点検、整備を行うこと。避難経路に支障がある場合には登り桟橋、はしご等の施設を設けること。

(3) 「土石流の到達するおそれのある工事現場」での工事であること並びに警報設備、避難経路等について、その設置場所、目的、使用方法を工事関係者に周知すること。

(4) 作業開始 **24 時間の降雨量**を把握し、現場の時間雨量を **1 時間**ごとの雨量で把握し記録するとともに、必要な情報の収集体制・その伝達方法を確立しておくこと。なお、積雪期においては、積雪状況、気温等も合わせて把握すること。

(5) 警戒の基準雨量に達した場合は、必要に応じて、上流の監視を行い、工事現場に土石流が到達する前に避難できるよう、連絡及び避難体制を確認し工事関係者へ周知すること。

(6) 融雪又は土石流の前兆現象を把握した場合は、気象条件等に応じて、上流の監視、作業中止、避難等、必要な措置をとること。

(7) 避難の基準雨量に達した場合又は、地震があったことによって土石流の発生のおそれのある場合には、直ちに作業を中止し作業員を避難場所に避難させるとともに、作業の中止命令を解除するまで、**土石流到達危険範囲内**に立入らないよう作業員に周知すること。

4.2.6 酸素欠乏危険作業を実施するときの安全対策

❶ 酸素欠乏危険作業を実施する際の措置

(1) 空気中の酸素濃度が 18％未満の現場で行う作業や、硫化水素濃度が 10ppm（100万分の10）を超える現場で行う作業は、酸素欠乏危険作業となる。

(2) 酸素欠乏危険作業主任者を選任し、その者に作業者を直接指揮させる。作業者は、特別の教育を修了した者とする。

(3) 事業者は、同時に就業する労働者の人数と同数以上の空気呼吸器等（空気呼吸器または酸素呼吸器または送気マスク）を準備し、労働者に使用させる。

(4) 作業開始前および作業中は、常時換気を行い、酸素濃度を 18％以上かつ硫化水素濃度を 10ppm 以下に保たなければならない。

4.3 安全管理 最新問題解説

安全管理分野の空欄記入問題

令和6年度　必須問題　安全管理　墜落防止用ネットの安全基準

【問題 2】
墜落による危険を防止するためのネットの構造等の安全基準に関する次の文章中の □ の(イ)〜(ホ)に当てはまる適切な語句又は数値を解答欄に記述しなさい。

(1) ネットには見やすい箇所に，①製造者名，②製造年月，③仕立寸法，④網目，⑤新品時の網糸の □(イ)□ が，表示されていること。

(2) 網糸が規定する □(イ)□ を有しないネット，人体又はこれと同等以上の重さを有する落下物による □(ロ)□ を受けたネットは使用しないこと。

(3) ネットは，使用開始後 □(ハ)□ 年以内及びその後6ヶ月以内ごとに1回，定期に試験用糸について等速 □(ニ)□ 試験を行うこと。

(4) 作業床等とネットの取付け位置との □(ホ)□ 距離は，ネットが架設されたときにおけるネットの短辺方向の長さとネットの長辺方向のネットの支持間隔との関係より，計算して得た値以下とすること。

考え方

土木工事などの建設工事の現場において、労働者の墜落による危険を防止するために、水平に張って使用するネット(安全ネット)の構造などに関する留意事項は、労働安全衛生法に基づく「墜落による危険を防止するためのネットの構造等の安全基準に関する技術上の指針」に規定されている。(技術上の指針から出題に関する条文を抜粋・一部改変)

1 安全ネットに表示すべき事項

墜落による危険を防止するためのネット(安全ネット)には、その見やすい箇所に、「製造者名」・「製造年月」・「仕立寸法(安全ネットの縦方向および横方向の長さ)」・「網目(網地の種類および網目の大きさ)」・「新品時の網糸の**強度**(網糸の引張強度試験で得られた値)」が表示されていなければならない。

2 安全ネットの使用制限に関する規定

墜落による危険を防止するためのネット(安全ネット)については、次の①〜④の条件にひとつでも当てはまるものを使用してはならない。

①網糸が規定する**強度**(網目の大きさに応じた下記の引張強さ)を有していないネット
　①10cm網目のネット：等速引張試験を行った場合の引張強さが120kg以上
　②5cm網目のネット　：等速引張試験を行った場合の引張強さが50kg以上
②人体または人体と同等以上の重さを有する落下物による**衝撃**を受けたネット
③破損した部分が補修されていないネット
④強度(等速引張試験を行った場合の引張強さ)が明らかでないネット

3　安全ネットの定期試験などに関する規定

　安全ネットは、使用開始後**1年以内**およびその後6ヶ月以内ごとに1回、定期的に、試験用糸(ネットに取り付けられた網糸と同一の素材の糸)について、等速引張試験を行わなければならない。ただし、使用状態が近似した多数のネットがある場合において、そのうちの無作為に抽出した5枚以上のネットの試験用糸について、等速引張試験を行ったときは、他のネットの試験用糸についての等速引張試験を省略することができる。
　また、ネットの損耗が著しい場合や、ネットが有毒ガスに暴露された場合などにおいては、ネットの使用後に、試験用糸について、等速引張試験を行わなければならない。

4　安全ネットの落下高さの算出方法

　作業床などと安全ネットの取付け位置との**垂直**距離(落下高さ)は、次のような方法で計算して得られた値(許容落下高さ)以下としなければならない。なお、安全ネットの垂れの距離は、安全ネットの落下高さに加算してはならないことには注意が必要である。
①単体ネット(短辺長が支持点間隔未満)の許容落下高さ＝0.25×(短辺長＋2×支持点間隔)
②単体ネット(短辺長が支持点間隔以上)の許容落下高さ＝0.75×(短辺長)
③複合ネット(短辺長が支持点間隔未満)の許容落下高さ＝0.20×(短辺長＋2×支持点間隔)
④複合ネット(短辺長が支持点間隔以上)の許容落下高さ＝0.60×(短辺長)
※上記の「短辺長」とは、そのネットが架設されたときにおけるネットの短辺方向の長さ(複合ネットの場合はそれを構成するネットの短辺方向の長さのうち最小のもの)である。
※上記の「支持点間隔」とは、そのネットが架設されたときにおけるネットの長辺方向におけるネットの支持間隔である。

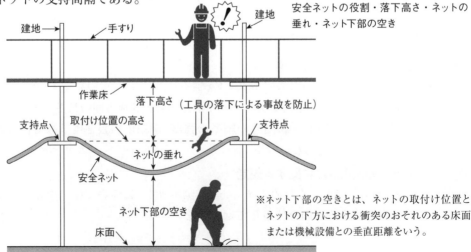

解 答

(1) ネットには見やすい箇所に、①製造者名、②製造年月、③仕立寸法、④網目、⑤新品時の網糸の(イ)強度が、表示されていること。

(2) 網糸が規定する(イ)強度を有しないネット、人体又はこれと同等以上の重さを有する落下物による(ロ)衝撃を受けたネットは使用しないこと。

(3) ネットは、使用開始後(ハ)1年以内及びその後6ヶ月以内ごとに1回、定期に試験用糸について等速(ニ)引張試験を行うこと。

(4) 作業床等とネットの取付け位置との(ホ)垂直距離は、ネットが架設されたときにおけるネットの短辺方向の長さとネットの長辺方向のネットの支持間隔との関係より、計算して得られた値以下とすること。

出典：墜落による危険を防止するためのネットの構造等の安全基準に関する技術上の指針

(イ)	(ロ)	(ハ)	(ニ)	(ホ)
強度	衝撃	1	引張	垂直

令和6年度　選択問題(1)　安全管理　移動式クレーン作業の労働災害防止対策

【問題 6】
移動式クレーン作業の安全管理上必要な労働災害防止対策に関して、クレーン等安全規則に定められている事業者が行う措置に関する次の文章中の ☐ の(イ)～(ホ)に当てはまる適切な語句を解答欄に記述しなさい。

(1) 移動式クレーンの転倒等による労働者の危険を防止するため、作業の方法、転倒を防止するための方法、作業に係る労働者の配置及び指揮の系統を定め、作業の (イ) に関係労働者に周知させなければならない。

(2) 移動式クレーン明細書に記載されているジブの (ロ) （つり上げ荷重が三トン未満の移動式クレーンにあっては、これを製造した者が指定したジブの (ロ) ）の範囲をこえて使用してはならない。

(3) 移動式クレーンの運転者及び玉掛けをする者が当該移動式クレーンの (ハ) を常時知ることができるよう、表示その他の措置を講じなければならない。

(4) アウトリガー又は拡幅式のクローラを有する移動式クレーンを用いて作業を行うときは、原則として当該アウトリガー又はクローラを (ニ) に張り出さなければならない。

(5) 原則として移動式クレーンの運転について一定の (ホ) を定め、(ホ) を行う者を指名して、その者に (ホ) を行わせなければならない。

> 考え方

移動式クレーン（原動機を内蔵して不特定の場所に移動させることができるクレーン）による作業の安全管理上必要な労働災害防止対策については、クレーン等安全規則の第63条～第75条に定められている。（クレーン等安全規則から抜粋・一部改変）

① **作業の方法等の決定等**（クレーン等安全規則第66条の2）

事業者は、移動式クレーンを用いて作業を行うときは、移動式クレーンの転倒などによる労働者の危険を防止するため、あらかじめ、その作業に係る場所の広さ・地形および地質の状態・運搬しようとする荷の重量・使用する移動式クレーンの種類および能力などを考慮して、次の事項を定めなければならない。

　一　移動式クレーンによる作業の方法
　二　移動式クレーンの転倒を防止するための方法
　三　移動式クレーンによる作業に係る労働者の配置および指揮の系統

事業者は、これらの事項を定めたときは、これらの事項について、作業の**開始前**に、関係労働者に周知させなければならない。

② **過負荷の制限**（クレーン等安全規則第69条）

事業者は、移動式クレーンに、その定格荷重を超える荷重を掛けて使用してはならない。

※移動式クレーンの定格荷重とは、そのブーム・ジブの傾斜角・長さなどに応じて負荷させることができる最大の荷重から、フック・グラブバケットなどの吊具の重量に相当する荷重を控除した荷重（吊具の重量を含まない荷重）をいう。

③ **傾斜角の制限**（クレーン等安全規則第70条）

事業者は、移動式クレーンについては、移動式クレーン明細書に記載されているジブの**傾斜角**（吊上げ荷重が3トン未満の移動式クレーンについては製造者が指定したジブの**傾斜角**）の範囲を超えて使用してはならない。

④ **定格荷重の表示等**（クレーン等安全規則第70条の2）

事業者は、移動式クレーンを用いて作業を行うときは、移動式クレーンの運転者および玉掛けをする者が、その移動式クレーンの**定格荷重**を常時知ることができるよう、表示・その他の措置を講じなければならない。

⑤ **アウトリガー等の張り出し**（クレーン等安全規則第70条の5）

事業者は、アウトリガーを有する移動式クレーンや、拡幅式のクローラを有する移動式クレーンを用いて作業を行うときは、そのアウトリガーまたはクローラを、**最大限**に張り出さなければならない。ただし、アウトリガーまたはクローラを最大限に張り出すことができない場合であって、その移動式クレーンに掛ける荷重が、その移動式クレーンのアウトリガーまたはクローラの張出し幅に応じた定格荷重を下回ることが確実に見込まれるときは、この限りでない。

⑥ **運転の合図**（クレーン等安全規則第71条）

事業者は、移動式クレーンを用いて作業を行うときは、移動式クレーンの運転について一定の**合図**を定め、**合図**を行う者を指名して、その者に**合図**を行わせなければならない。ただし、移動式クレーンの運転者に単独で作業を行わせるときは、この限りでない。

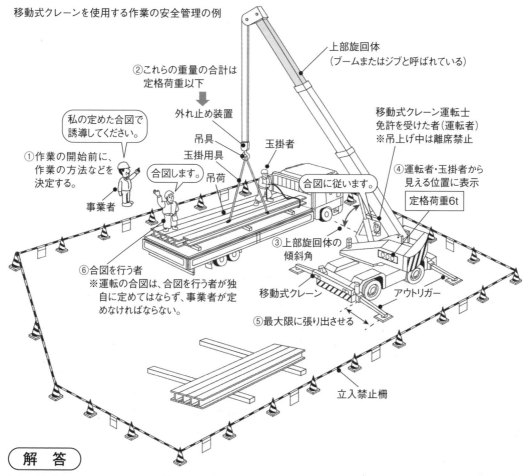

移動式クレーンを使用する作業の安全管理の例

解 答

(1) 移動式クレーンの転倒等による労働者の危険を防止するため、作業の方法、転倒を防止するための方法、作業に係る労働者の配置及び指揮の系統を定め、作業の**(イ)開始前**に関係労働者に周知させなければならない。

(2) 移動式クレーン明細書に記載されているジブの**(ロ)傾斜角**(つり上げ荷重が三トン未満の移動式クレーンにあっては、これを製造した者が指定したジブの**(ロ)傾斜角**)の範囲をこえて使用してはならない。

(3) 移動式クレーンの運転者及び玉掛けをする者が当該移動式クレーンの**(ハ)定格荷重**を常時知ることができるよう、表示その他の措置を講じなければならない。

(4) アウトリガー又は拡幅式のクローラを有する移動式クレーンを用いて作業を行うときは、原則として当該アウトリガー又はクローラを**(ニ)最大限**に張り出さなければならない。

(5) 原則として移動式クレーンの運転について一定の**(ホ)合図**を定め、**(ホ)合図**を行う者を指名して、その者に**(ホ)合図**を行わせなければならない。

出典:クレーン等安全規則

(イ)	(ロ)	(ハ)	(ニ)	(ホ)
開始前	傾斜角	定格荷重	最大限	合図

令和5年度 選択問題(1) 安全管理 型枠支保工の安全基準（事業者の責務）

【問題 6】

労働安全衛生法令で定められている型枠支保工に関し，事業者が実施すべき措置について，次の文章の ☐ の(イ)～(ホ)に当てはまる**適切な語句又は数値**を解答欄に記述しなさい。

(1) 型枠支保工の材料については，著しい損傷， (イ) 又は腐食があるものを使用してはならない。

(2) 型枠支保工を組み立てるときは，支柱， (ロ) ，つなぎ，筋かい等の部材の配置，接合の方法及び寸法が示されている組立図を作成し，かつ，当該組立図により組み立てなければならない。

(3) 型枠支保工の設計荷重は，型枠支保工が支える物の重量に相当する荷重に，型枠1m²につき (ハ) kg 以上の荷重を加えた荷重によるものとすること。

(4) 支柱の継手は， (ニ) 継手又は差込み継手とし，鋼材と鋼材との接続部及び交差部は，ボルト，クランプ等の金具を用いて緊結すること。

(5) 鋼管（パイプサポートを除く。）を支柱として用いる場合は，高さ (ホ) m 以内ごとに水平つなぎを2方向に設け，かつ，水平つなぎの変位を防止すること。

考え方

型枠支保工の安全基準（材料および組立てに関して事業者が実施すべき措置）については、労働安全衛生規則の第237条〜第247条に定められている。（労働安全衛生規則から出題に関する条文を抜粋・一部改変）

①型枠支保工の材料（労働安全衛生規則第237条）

事業者は、型枠支保工の材料については、著しい損傷・**変形**・腐食があるものを使用してはならない。

②型枠支保工の組立図（労働安全衛生規則第240条）

事業者は、型枠支保工を組み立てるときは、組立図を作成し、かつ、その組立図により組み立てなければならない。その組立図は、支柱・**はり**・つなぎ・筋かいなどの部材の配置・接合方法・寸法が示されているものでなければならない。

③ **型枠支保工の設計（労働安全衛生規則第240条）**

上記の組立図に係る型枠支保工の設計は、次に定めるところによらなければならない。なお、下記の設計荷重とは、型枠支保工が支える物の重量に相当する荷重に、型枠1m²につき150kg以上の荷重を加えた荷重をいう。

一　支柱等が組み合わされた構造の型枠支保工でないときは、設計荷重によりその支柱等に生ずる応力の値が、その支柱等の材料の許容応力の値を超えないこと。

二　支柱等が組み合わされた構造の型枠支保工であるときは、設計荷重が、その支柱等を製造した者の指定する最大使用荷重を超えないこと。

三　鋼管枠を支柱として用いる型枠支保工であるときは、その型枠支保工の上端に、設計荷重の100分の2.5に相当する水平方向の荷重が作用しても、安全な構造のものとすること。

四　鋼管枠以外のものを支柱として用いる型枠支保工であるときは、その型枠支保工の上端に、設計荷重の100分の5に相当する水平方向の荷重が作用しても、安全な構造のものとすること。

④ **型枠支保工についての措置（労働安全衛生規則第242条）**

事業者は、型枠支保工については、次に定めるところによらなければならない。

一　敷角の使用・コンクリートの打設・杭の打込みなど、支柱の沈下を防止するための措置を講じること。

二　支柱の脚部の固定・根がらみの取付けなど、支柱の脚部の滑動を防止するための措置を講じること。

三　支柱の継手は、**突合せ継手または差込み継手**とすること。

四　鋼材と鋼材との接続部および交差部は、ボルト・クランプなどの金具を用いて緊結すること。

五　型枠が曲面の型枠支保工であるときは、控えの取付けなど、その型枠の浮き上がりを防止するための措置を講じること。

⑤ **鋼管を支柱とする型枠支保工についての措置（労働安全衛生規則第242条）**

鋼管（パイプサポートを除く）を支柱として用いる型枠支保工は、その鋼管の部分について、高さ**2m以内**ごとに、水平つなぎを2方向に設け、かつ、その水平つなぎの変位を防止しなければならない。

⑥ **パイプサポートを支柱とする型枠支保工についての措置（労働安全衛生規則第242条）**

パイプサポートを支柱として用いる型枠支保工は、そのパイプサポートの部分について、高さが3.5mを超えるときは、高さ2m以内ごとに、水平つなぎを2方向に設け、かつ、その水平つなぎの変位を防止しなければならない。

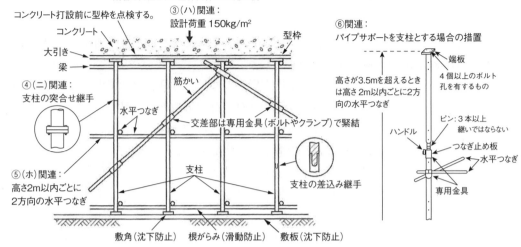

解　答

(1) 型枠支保工の材料については、著しい損傷、**(イ)変形**又は腐食があるものを使用してはならない。

(2) 型枠支保工を組み立てるときは、支柱、**(ロ)はり**、つなぎ、筋かい等の部材の配置、接合の方法及び寸法が示されている組立図を作成し、かつ、当該組立図により組み立てなければならない。

(3) 型枠支保工の設計荷重は、型枠支保工が支える物の重量に相当する荷重に、型枠 $1m^2$ につき**(ハ)150**kg以上の荷重を加えた荷重によるものとすること。

(4) 支柱の継手は、**(ニ)突合せ**継手又は差込み継手とし、鋼材と鋼材との接続部及び交差部は、ボルト、クランプ等の金具を用いて緊結すること。

(5) 鋼管（パイプサポートを除く。）を支柱として用いる場合は、高さ**(ホ)2m以内**ごとに水平つなぎを2方向に設け、かつ、水平つなぎの変位を防止すること。

出典：労働安全衛生規則

(イ)	(ロ)	(ハ)	(ニ)	(ホ)
変形	はり	150	突合せ	2

令和4年度 必須問題 安全管理 地下埋設物近接作業と架空線近接作業

【問題 2】

地下埋設物・架空線等に近接した作業に当たって、施工段階で実施する具体的な対策について、次の文章の ☐ の(イ)～(ホ)に当てはまる**適切な語句**を解答欄に記述しなさい。

(1) 掘削影響範囲に埋設物があることが分かった場合、その ☐(イ)☐ 及び関係機関と協議し、関係法令等に従い、防護方法、立会の必要性及び保安上の必要な措置等を決定すること。

(2) 掘削断面内に移設できない地下埋設物がある場合は、☐(ロ)☐ 段階から本体工事の埋戻し、復旧の段階までの間、適切に埋設物を防護し、維持管理すること。

(3) 工事現場における架空線等上空施設について、建設機械等のブーム、ダンプトラックのダンプアップ等により、接触や切断の可能性があると考えられる場合は次の保安措置を行うこと。
① 架空線等上空施設への防護カバーの設置
② 工事現場の出入り口等における ☐(ハ)☐ 装置の設置
③ 架空線等上空施設の位置を明示する看板等の設置
④ 建設機械のブーム等の旋回・☐(ニ)☐ 区域等の設定

(4) 架空線等上空施設に近接した工事の施工に当たっては、架空線等と機械、工具、材料等について安全な ☐(ホ)☐ を確保すること。

考え方

　地下埋設物に近接して行われる作業では、施工中における地下埋設物の損壊のおそれや、その損壊により労働者に危険を及ぼすおそれがある。架空線などの上空施設に近接して行われる作業では、施工中における架空線などの上空施設との接触による切断のおそれや、その接触により労働者に感電の危険を及ぼすおそれがある。こうした作業では、施工段階で適切な安全対策を講じておく必要がある。

　各作業の施工段階で実施する具体的な対策については、土木工事安全施工技術指針（国土交通省）の第3章「地下埋設物・架空線等上空施設一般」に定められている。（土木工事安全施工技術指針から出題に関する項目を抜粋・一部改変）

1 地下埋設物の事前確認に関する事項

① 埋設物が予想される場所で施工するときは、施工に先立ち、台帳と照らし合わせて、埋設物の位置(平面・深さ)を確認した上で、細心の注意のもとで試掘を行うこと。

② 埋設物の種類・位置(平面・深さ)・規格・構造などを、原則として、目視により確認すること。

③ 掘削影響範囲に埋設物があることが分かった場合は、その**埋設物の管理者**および関係機関と協議し、関係法令(労働安全衛生規則・建設工事公衆災害防止対策要綱土木工事編)などに従い、保安上の必要な措置・防護方法・立会の必要性・緊急時の通報先・方法・保安上の措置の実施区分などを決定すること。

④ 掘削影響範囲に埋設物があることが分かった場合は、埋設物の位置(平面・深さ)・物件の名称・保安上の必要事項・管理者の連絡先などを記載した表示板を取り付けるなどの方法で、工事関係者に確実に伝達すること。

⑤ 試掘によって埋設物を確認した場合には、埋設物の位置(平面・深さ)や周辺地質の状況などの情報を、道路管理者および埋設物の管理者に報告すること。

⑥ 工事施工中において、管理者の不明な埋設物を発見した場合は、必要に応じて、専門家の立会を求め、埋設物に関する調査を再度行って管理者を確認すること。その後、埋設物の管理者の立会を求め、安全を確認した後に措置すること。

2 地下埋設物の現場管理に関する事項

① 掘削断面内に、移設できない地下埋設物がある場合は、**試掘**段階から本体工事の埋戻し・路面復旧の段階までの間、適切に埋設物を防護し、維持管理すること。

② 埋戻し・路面復旧時には、地下埋設物の位置・内容などの留意事項を、関係作業員に周知徹底すること。

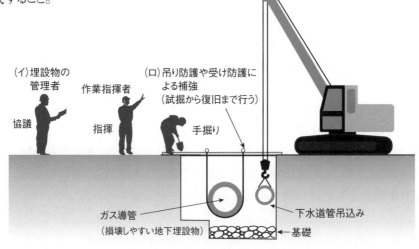

地下埋設物に近接して行われる作業の安全管理

3 架空線などの上空施設の事前確認に関する事項

① 工事現場における架空線などの上空施設については、施工に先立ち、現地調査を実施し、その種類・位置(場所・高さなど)・管理者を確認すること。

② 建設機械などのブーム・ダンプトラックのダンプアップなどにより、架空線などの上空施設との接触や、その切断の可能性があると考えられる場合は、必要に応じて、以下の保安措置を行うこと。
- 架空線などの上空施設への防護カバーの設置
- 工事現場の出入口などにおける**高さ制限**装置の設置
- 架空線などの上空施設の位置を明示する看板などの設置
- 建設機械のブームなどの旋回禁止区域・**立入り禁止**区域などの設定

4 架空線などの上空施設の現場管理に関する事項

① 架空線などの上空施設に近接した工事の施工にあたっては、架空線などと機械・工具・材料などとの間に、安全な**離隔**(離隔距離)を確保すること。

② 建設機械・ダンプトラックなどのオペレータ・運転手に対し、工事現場区域および工事用道路内に存在する架空線などの上空施設の種類・位置(場所・高さなど)を連絡すること。

③ 建設機械・ダンプトラックなどのオペレータ・運転手に対し、ダンプトラックのダンプアップ状態での移動・走行の禁止をする区域や、建設機械の旋回禁止区域や、立入り禁止区域などの留意事項について、周知徹底すること。

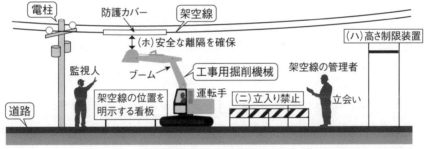

架空線などの上空施設に近接して行われる作業の安全管理

解 答

(1) 掘削影響範囲に埋設物があることが分かった場合、その**(イ)埋設物の管理者**及び関係機関と協議し、関係法令等に従い、防護方法、立会の必要性及び保安上の必要な措置等を決定すること。

(2) 掘削断面内に移設できない地下埋設物がある場合は、**(ロ)試掘**段階から本体工事の埋戻し、復旧の段階までの間、適切に埋設物を防護し、維持管理すること。

(3) 工事現場における架空線等上空施設について、建設機械等のブーム、ダンプトラックのダンプアップ等により、接触や切断の可能性があると考えられる場合は次の保安措置を行うこと。

①架空線等上空施設への防護カバーの設置
②工事現場の出入り口等における(ハ)高さ制限装置の設置
③架空線等上空施設の位置を明示する看板等の設置
④建設機械のブーム等の旋回・(ニ)立入り禁止区域等の設定

(4) 架空線等上空施設に近接した工事の施工にあたっては、架空線等と機械、工具、材料等について安全な(ホ)離隔を確保すること。

出典：土木工事安全施工技術指針（国土交通省）

(イ)	(ロ)	(ハ)	(ニ)	(ホ)
埋設物の管理者	試掘	高さ制限	立入り禁止	離隔

令和4年度　選択問題(1)　安全管理　墜落等による危険の防止

【問題 6】
建設工事の現場における墜落等による危険の防止に関する労働安全衛生法令上の定めについて、次の文章の □ の(イ)～(ホ)に当てはまる**適切な語句又は数値**を解答欄に記述しなさい。

(1) 事業者は、高さが2m以上の (イ) の端や開口部等で、墜落により労働者に危険を及ぼすおそれのある箇所には、囲い、手すり、覆い等を設けなければならない。

(2) 墜落制止用器具は (ロ) 型を原則とするが、墜落時に (ロ) 型の墜落制止用器具を着用する者が地面に到達するおそれのある場合（高さが6.75m以下）は胴ベルト型の使用が認められる。

(3) 事業者は、高さ又は深さが (ハ) mをこえる箇所で作業を行なうときは、当該作業に従事する労働者が安全に昇降するための設備等を設けなければならない。

(4) 事業者は、作業のため物体が落下することにより労働者に危険を及ぼすおそれのあるときは、 (ニ) の設備を設け、立入区域を設定する等当該危険を防止するための措置を講じなければならない。

(5) 事業者は、架設通路で墜落の危険のある箇所には、高さ (ホ) cm以上の手すり等と、高さが35cm以上50cm以下の桟等の設備を設けなければならない。

考え方

高所からの墜落などによる危険を防止するための安全対策については、労働安全衛生法の規定に基づく「労働安全衛生規則」や「墜落制止用器具の安全な使用に関するガイドライン」などに定められている。（労働安全衛生規則およびガイドラインから出題に関する条文を抜粋・一部改変）

①作業床の設置(労働安全衛生規則第518条)

　事業者は、高さが2m以上の箇所(作業床の端・開口部などを除く)で作業を行う場合において、墜落により労働者に危険を及ぼすおそれのあるときは、足場を組み立てるなどの方法により、作業床を設けなければならない。

②要求性能墜落制止用器具の使用(労働安全衛生規則第518条)

　事業者は、上記①の規定により作業床を設けることが困難なときは、防網を張り、労働者に要求性能墜落制止用器具(旧名：安全帯)を使用させるなど、墜落による労働者の危険を防止するための措置を講じなければならない。

③囲い等の設置(労働安全衛生規則第519条)

　事業者は、高さが2m以上の**作業床の端・開口部**などで、墜落により労働者に危険を及ぼすおそれのある箇所には、囲い・手すり・覆いなどを設けなければならない。

④墜落制止用器具の選定(墜落制止用器具の安全な使用に関するガイドライン)

　上記②の規定により使用させる要求性能墜落制止用器具は、**フルハーネス型**を原則とする。ただし、墜落時にフルハーネス型の墜落制止用器具を着用する者が、地面に到達するおそれのある場合は、胴ベルト型の使用が認められる。

⑤胴ベルト型の使用条件(墜落制止用器具の安全な使用に関するガイドライン)

　胴ベルト型を使用することが可能な高さの目安は、6.75m以下とする。いかなる場合にも守らなければならない最低基準として、高さが6.75mを超える箇所で作業する場合は、フルハーネス型を使用しなければならない。

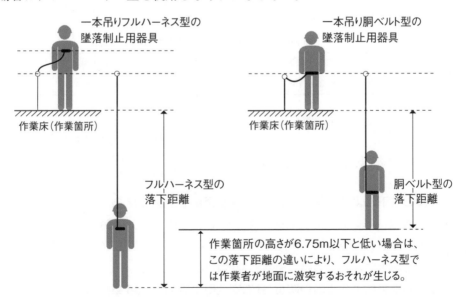

- フルハーネス型墜落制止用器具とは、墜落を制止する際に、身体の荷重を肩・腰部・腿などの複数箇所において支持する構造の部品で構成される墜落制止用器具をいう。
- 胴ベルト型墜落制止用器具とは、身体の腰部に着用する帯状の部品で構成される墜落制止用器具をいう。

⑥ **昇降するための設備の設置など（労働安全衛生規則第526条）**

事業者は、高さまたは深さが **1.5 mを超える** 箇所で作業を行うときは、その作業に従事する労働者が安全に昇降するための設備などを設けなければならない。ただし、安全に昇降するための設備などを設けることが、作業の性質上著しく困難なときは、この限りでない。

⑦ **高所からの物体投下による危険の防止（労働安全衛生規則第536条）**

事業者は、3m以上の高所から物体を投下するときは、適当な投下設備を設け、監視人を置くなど、労働者の危険を防止するための措置を講じなければならない。

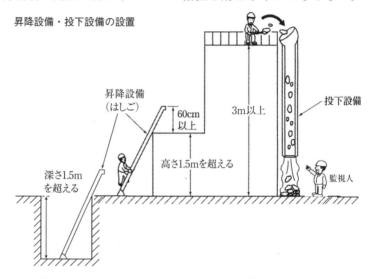

昇降設備・投下設備の設置

墜落等による危険防止のために事業者が講ずべき措置

措置が必要となる条件	措置の内容
高さ・深さが1.5mを超える箇所で作業	昇降設備の設置
高さが2m以上の箇所で作業	照度の保持 悪天候予想時の作業中止 墜落防止のための作業床の設置
高さが3m以上の箇所から物体を投下	投下設備の設置 監視人の配置

⑧ **物体の落下による危険の防止（労働安全衛生規則第537条）**

事業者は、作業のために物体が落下することにより、労働者に危険を及ぼすおそれのあるときは、**防網** の設備を設け、立入区域（立入禁止区域）を設定するなど、その危険を防止するための措置を講じなければならない。

⑨ **物体の飛来による危険の防止（労働安全衛生規則第538条）**

事業者は、作業のために物体が飛来することにより、労働者に危険を及ぼすおそれのあるときは、飛来防止の設備を設け、労働者に保護具を使用させるなど、その危険を防止するための措置を講じなければならない。

⑩ 架設通路（労働安全衛生規則第552条）

事業者は、架設通路のうち、墜落の危険のある箇所には、次に掲げる設備を設けなければならない。

- 高さ85cm以上の手すりまたはこれと同等以上の機能を有する設備（手すりなど）
- 高さ35cm以上50cm以下の桟またはこれと同等以上の機能を有する設備（中桟など）

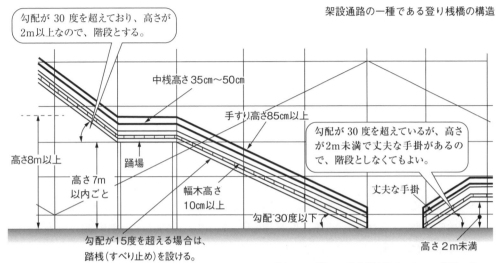

架設通路の一種である登り桟橋の構造

※手すりと中桟は、墜落災害防止のための設備である。
※幅木は、物体の落下防止のための設備である。

解 答

(1) 事業者は、高さが2m以上の(イ)**作業床**の端や開口部等で、墜落により労働者に危険を及ぼすおそれのある箇所には、囲い、手すり、覆い等を設けなければならない。

(2) 墜落制止用器具は(ロ)**フルハーネス**型を原則とするが、墜落時に(ロ)**フルハーネス**型の墜落制止用器具を着用する者が地面に到達するおそれのある場合（高さが6.75m以下）は胴ベルト型の使用が認められる。

(3) 事業者は、高さ又は深さが(ハ)**1.5**mをこえる箇所で作業を行なうときは、当該作業に従事する労働者が安全に昇降するための設備等を設けなければならない。

(4) 事業者は、作業のため物体が落下することにより労働者に危険を及ぼすおそれのあるときは、(ニ)**防網**の設備を設け、立入区域を設定する等当該危険を防止するための措置を講じなければならない。

(5) 事業者は、架設通路で墜落の危険のある箇所には、高さ(ホ)**85**cm以上の手すり等と、高さが35cm以上50cm以下の桟等の設備を設けなければならない。

出典：労働安全衛生規則

(イ)	(ロ)	(ハ)	(ニ)	(ホ)
作業床	フルハーネス	1.5	防網	85

令和4年度 選択問題(2) 安全管理 建設工事現場における労働災害防止

【問題 10】
建設工事現場で事業者が行なうべき労働災害防止の安全管理に関する次の文章の①～⑥のすべてについて、労働安全衛生法令等で定められている語句又は数値の誤りが文中に含まれている。
①～⑥から5つ選び、その番号、「誤っている語句又は数値」及び「正しい語句又は数値」を解答欄に記述しなさい。

① 高所作業車を用いて作業を行うときは、あらかじめ当該高所作業車による作業方法を示した作業計画を定め、関係労働者に周知させ、当該作業の指揮者を届け出て、その者に作業の指揮をさせなければならない。

② 高さが3m以上のコンクリート造の工作物の解体等の作業を行うときは、工作物の倒壊、物体の飛来又は落下等による労働者の危険を防止するため、あらかじめ当該工作物の形状、き裂の有無、周囲の状況等を調査し作業計画を定め、作業を行わなければならない。

③ 土石流危険河川において建設工事の作業を行うときは、作業開始時にあっては当該作業開始前48時間における降雨量を、作業開始後にあっては1時間ごとの降雨量を、それぞれ雨量計等により測定し、記録しておかなければならない。

④ 支柱の高さが3.5m以上の型枠支保工を設置するときは、打設しようとするコンクリート構造物の概要、構造や材質及び主要寸法を記載した書面及び図面等を添付して、組立開始14日前までに所轄の労働基準監督署長に提出しなければならない。

⑤ 下水道管渠等で酸素欠乏危険作業に労働者を従事させる場合は、当該作業を行う場所の空気中の酸素濃度を18%以上に保つよう換気しなければならない。しかし爆発等防止のため換気することができない場合等は、労働者に防毒マスクを使用させなければならない。

⑥ 土止め支保工の切りばり及び腹おこしの取付けは、脱落を防止するため、矢板、くい等に確実に取り付けるとともに、火打ちを除く圧縮材の継手は重ね継手としなければならない。

考え方

各種の建設工事現場において、事業者が行わなければならない労働災害防止のための安全管理(安全対策)については、「労働安全衛生法」およびその規定に基づく「労働安全衛生規則」や「酸素欠乏症等防止規則」などに定められている。(労働安全衛生法・労働安全衛生規則・酸素欠乏症等防止規則から出題に関する条文を抜粋・一部改変)

1 高所作業車 / 作業計画（労働安全衛生規則第 194 条の 9）

　事業者は、高所作業車を用いて作業を行うときは、あらかじめ、その作業に係る場所の状況・その高所作業車の種類および能力などに適応する作業計画を定め、かつ、その作業計画により作業を行わなければならない。この作業計画は、その高所作業車による作業の方法が示されているものでなければならない。

2 高所作業車 / 作業計画の周知（労働安全衛生規則第 194 条の 9）

　事業者は、上記 1 の作業計画を定めたときは、その示されている事項について、関係労働者に周知させなければならない。

3 高所作業車 / 作業指揮者（労働安全衛生規則第 194 条の 10）

　事業者は、高所作業車を用いて作業を行うときは、その作業の指揮者を**定め**、その者に、上記 1 の作業計画に基づき、作業の指揮を行わせなければならない。

> **安全管理に関する文章①の重要ポイント**
>
> 高所作業車による作業では、作業の指揮者を定める必要はあるが、作業の指揮者に関することをどこかに届け出る必要はない。

4 コンクリート造の工作物の解体 / 調査・作業計画（労働安全衛生規則第 517 条の 14）

　事業者は、コンクリート造の工作物（その高さが 5m 以上であるものに限る）の解体または破壊の作業を行うときは、工作物の倒壊・物体の飛来・物体の落下などによる労働者の危険を防止するため、あらかじめ、その工作物の形状・亀裂の有無・周囲の状況などを調査し、その調査により知り得たところに適応する作業計画を定め、かつ、その作業計画により作業を行わなければならない。

> **安全管理に関する文章②の重要ポイント**
>
> コンクリート造の工作物の解体作業を行うときの作業計画は、その工作物の高さが 5m 以上の場合は必要であるが、その工作物の高さが 5m 未満の場合は不要である。

5 土石流による危険の防止 / 降雨量の把握・記録（労働安全衛生規則第 575 条の 11）

　事業者は、土石流危険河川（降雨・融雪・地震に伴って土石流が発生するおそれのある河川）において、建設工事の作業（臨時の作業を除く）を行うときは、作業開始時にあっては作業開始前 24 時間における降雨量を、作業開始後にあっては 1 時間ごとの降雨量を、それぞれ雨量計による測定・その他の方法により把握し、かつ、記録しておかなければならない。

> **安全管理に関する文章③の重要ポイント**
>
> 土石流による危険が予想される河川における建設工事では、作業開始前の雨量について、24 時間前までは把握するが、48 時間前までは把握しなくてよい。
>
> ※「作業開始前 24 時間における降雨量」は、「作業開始前日の日雨量」とは異なることに注意が必要である。一例として、作業開始が 4 月 7 日 8 時であれば、4 月 6 日 0 時から 4 月 6 日 24 時までの日雨量ではなく、4 月 6 日 8 時から 4 月 7 日 8 時までの降雨量を把握しなければならない。

6 計画の届出 / 機械等(労働安全衛生法第88条)

事業者は、機械等で、危険もしくは有害な作業を必要とするもの・危険な場所において使用するもの・危険もしくは健康障害を防止するために使用するもののうち、厚生労働省令で定めるものを、設置・移転・変更(主要構造部分)しようとするときは、原則として、その計画を、その工事の開始日の **30 日前**までに、労働基準監督署長に届け出なければならない。

7 計画の届出 / 厚生労働省令(労働安全衛生規則第86条)

事業者は、下記の「機械等」を設置・移転・変更(主要構造部分)しようとするときは、上記 6 の規定により、所定の様式による届書に、その機械等の種類に応じて、下記の「事項」を記載した書面および下記の「図面等」を添えて、所轄労働基準監督署長に提出しなければならない。

対象となる「機械等」	書面に記載する「事項」	添える必要のある「図面等」
型枠支保工 (支柱の高さが3.5m以上の型枠支保工に限る)	●打設しようとするコンクリート構造物の概要 ●構造・材質・主要寸法 ●設置期間	●組立図 ●配置図
架設通路 (高さ・長さがそれぞれ10m以上の架設通路に限る)	●設置箇所 ●構造・材質・主要寸法 ●設置期間	●平面図 ●側面図 ●断面図
足場 (吊り足場・張出し足場・高さが10m以上の構造の足場に限る)	●設置箇所 ●種類・用途 ●構造・材質・主要寸法	●組立図 ●配置図

※土木工事で使用される代表的な機械等に関する部分を抜粋

安全管理に関する文章④の重要ポイント

型枠支保工を設置するときの労働基準監督署長への届出は、組立開始日の **30 日前までに**行う必要がある。この届出が、組立開始日の **14 日前**では遅すぎる。

---

8 酸素欠乏危険作業 / 換気(酸素欠乏症等防止規則第5条)

事業者は、酸素欠乏危険作業に労働者を従事させる場合は、その作業を行う場所の空気中の酸素濃度を 18% 以上に保つように換気しなければならない。ただし、爆発・酸化などを防止するために換気することができない場合や、作業の性質上換気することが著しく困難な場合は、この限りでない。

9 酸素欠乏危険作業 / 保護具の使用等(酸素欠乏症等防止規則第5条の2)

事業者は、上記 8 の換気ができない場合や換気が著しく困難な場合は、同時に就業する労働者の人数と同数以上の**空気呼吸器等**(空気呼吸器・酸素呼吸器・送気マスク)を備え、労働者にこれを使用させなければならない。

> **安全管理に関する文章⑤の重要ポイント**
>
> 酸素欠乏危険作業において、換気ができない場合は、労働者に空気呼吸器等を使用させる必要はあるが、労働者に防毒マスクを使用させてはならない。
>
> ※防毒マスクや防塵マスクは、送気マスクとは異なり、酸素欠乏症の防止には全く効果がない上、着用すると呼吸がしにくくなるので、酸素不足が予想される酸素欠乏危険作業で用いてはならない。

10 土止め支保工／部材の取付け等（労働安全衛生規則第371条）

事業者は、土止め支保工の部材の取付け等については、次に定めるところによらなければならない。

一 切梁・腹起しは、脱落を防止するため、矢板・杭などに確実に取り付けること。
二 火打ちを除く圧縮材（切梁・腹起しなど）の継手は、**突合せ継手**とすること。
三 切梁・火打ちの接続部や、切梁相互の交差部は、当て板をあてて、ボルトにより緊結し、溶接して接合するなどの方法により、堅固なものとすること。
四 中間支持柱を備えた土止め支保工では、切梁をその中間支持柱に確実に取り付けること。
五 切梁を部材以外の物（建築物の柱など）で支持する場合は、その支持物は、これにかかる荷重に耐えうるものとすること。

> **安全管理に関する文章⑥の重要ポイント**
>
> 土止め支保工では、火打ちを除く圧縮材の継手を、上方からの荷重に強い突合せ継手とする。この継手を、上方からの荷重に弱い重ね継手としてはならない。

解 答

① 高所作業車を用いて作業を行うときは、あらかじめ当該高所作業車による作業方法を示した作業計画を定め、関係労働者に周知させ、当該作業の指揮者を**定めて**、その者に作業の指揮をさせなければならない。

② 高さが**5m以上**のコンクリート造の工作物の解体等の作業を行うときは、工作物の倒壊、物体の飛来又は落下等による労働者の危険を防止するため、あらかじめ当該工作物の形状、き裂の有無、周囲の状況等を調査し作業計画を定め、作業を行わなければならない。

③ 土石流危険河川において建設工事の作業を行うときは、作業開始時にあっては当該作業開始前**24時間**における降雨量を、作業開始後にあっては1時間ごとの降雨量を、それぞれ雨量計等により測定し、記録しておかなければならない。

④ 支柱の高さが3.5m以上の型枠支保工を設置するときは、打設しようとするコンクリート構造物の概要、構造や材質及び主要寸法を記載した書面及び図面等を添付して、組立開始**30日前**までに所轄の労働基準監督署長に提出しなければならない。

⑤ 下水道管渠等で酸素欠乏危険作業に労働者を従事させる場合は、当該作業を行う場所の空気中の酸素濃度を18％以上に保つよう換気しなければならない。しかし、爆発等防止のため換気することができない場合等は、労働者に**空気呼吸器等**を使用させなければならない。

⑥土止め支保工の切りばり及び腹おこしの取付けは、脱落を防止するため、矢板、くい等に確実に取り付けるとともに、火打ちを除く圧縮材の継手は**突合せ継手**としなければならない。

番号	誤っている語句又は数値	正しい語句又は数値
①	届け出て	定めて
②	3m以上	5m以上
③	48時間	24時間
④	14日前	30日前
⑤	防毒マスク	空気呼吸器等
⑥	重ね継手	突合せ継手

※以上から5つを選んで解答する。　　出典：労働安全衛生法・労働安全衛生規則・酸素欠乏症等防止規則
※「誤っている語句又は数値」および「正しい語句又は数値」に記述する単語の長さは、任意に変えてもよい。一例として、⑥の解答は、「継手」の文字を入れずに、「重ね」および「突合せ」などとしても正解になる。また、⑤の解答は、「空気呼吸器」「送気マスク」などとしても正解になると思われる。

参考　各種の工事計画の届出期日と届出先（文章④に関連する事項）

工事開始日の30日前までに、労働基準監督署長に計画を届け出る工事

工事	届出が必要となる条件
型枠支保工の設置等	支柱の高さ3.5m以上
架設通路の設置等	高さ10m以上かつ長さ10m以上
吊り足場・張出し足場の設置等	（条件なし）
上記以外の足場の設置等	高さ10m以上

工事開始日の30日前までに、厚生労働大臣に計画を届け出る工事

工事	届出が必要となる条件	
塔の建設	高さ300m以上	
ダムの建設	堤高150m以上	
橋梁の建設	吊り橋	最大支間1000m以上
	吊り橋以外	最大支間500m以上
隧道の建設	長さ3000m以上	
	長さ1000m以上かつ縦坑の深さ50m以上	
圧気工法による作業	ゲージ圧力が0.3MPa以上	

工事開始日の14日前までに、労働基準監督署長に計画を届け出る工事

工事	届出が必要となる条件
建築物・工作物の建設等	高さ31mを超える
橋梁の建設	最大支間50m以上
隧道の建設	内部に労働者が立ち入る
地山の掘削	掘削の高さ(深さ)10m以上
圧気工法による作業	（条件なし）

※「いつ」「どこ」に届け出るかを混同しないように認識しておく必要がある。

参考 土止め支保工の構造と各種の継手の用途（文章⑥に関連する事項）

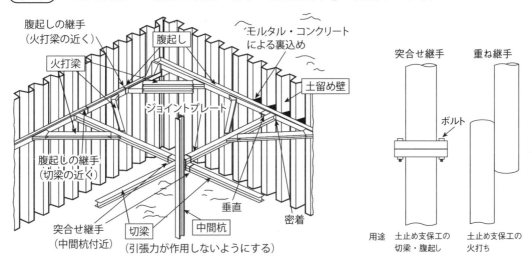

令和3年度　選択問題(1)　安全管理　車両系建設機械の使用に係る危険の防止

【問題 6】
車両系建設機械による労働災害防止のため、労働安全衛生規則の定めにより事業者が実施すべき安全対策に関する次の文章の　　　　　の(イ)〜(ホ)に当てはまる**適切な語句**を解答欄に記述しなさい。

(1) 岩石の落下等により労働者に危険が生ずるおそれのある場所で、ブルドーザ、トラクターショベル、パワーショベル等を使用するときは、当該車両系建設機械に堅固な　(イ)　を備えなければならない。

(2) 車両系建設機械の転落、地山の崩壊等による労働者の危険を防止するため、あらかじめ、当該作業に係る場所について地形、地質の状態等を調査し、その結果を　(ロ)　しておかなければならない。

(3) 路肩、傾斜地等であって、車両系建設機械の転倒又は転落により運転者に危険が生ずるおそれのある場所においては、転倒時　(ハ)　を有し、かつ、　(ニ)　を備えたもの以外の車両系建設機械を使用しないように努めるとともに、運転者に　(ニ)　を使用させるように努めなければならない。

(4) 車両系建設機械の転倒やブーム又はアーム等の破壊による労働者の危険を防止するため、その構造上定められた安定度、　(ホ)　荷重等を守らなければならない。

> 考え方

車両系建設機械による労働災害防止のために、事業者が実施すべき安全対策については、労働安全衛生規則の第152条～第171条に定められている。(労働安全衛生規則から出題に関する条文を抜粋・一部改変)

① 前照灯の設置(労働安全衛生規則第152条)

事業者は、車両系建設機械には、前照灯を備えなければならない。ただし、作業を安全に行うために必要な照度が保持されている場所において使用する車両系建設機械については、この限りでない。

② ヘッドガード(労働安全衛生規則第153条)

事業者は、岩石の落下等により労働者に危険が生ずるおそれのある場所で車両系建設機械(ブルドーザー・トラクターショベル・ずり積機・パワーショベル・ドラグショベル・解体用機械に限る)を使用するときは、当該車両系建設機械に堅固な**ヘッドガード**を備えなければならない。

③ 調査及び記録(労働安全衛生規則第154条)

事業者は、車両系建設機械を用いて作業を行うときは、当該車両系建設機械の転落・地山の崩壊等による労働者の危険を防止するため、あらかじめ、当該作業に係る場所について、地形・地質の状態等を調査し、その結果を**記録**しておかなければならない。

④ 転落等の防止等(労働安全衛生規則第157条)

事業者は、車両系建設機械を用いて作業を行うときは、車両系建設機械の転倒又は転落による労働者の危険を防止するため、当該車両系建設機械の運行経路について、路肩の崩壊を防止すること・地盤の不同沈下を防止すること・必要な幅員を保持すること等、必要な措置を講じなければならない。

事業者は、路肩・傾斜地等で車両系建設機械を用いて作業を行う場合において、当該車両系建設機械の転倒又は転落により労働者に危険が生ずるおそれのあるときは、誘導者を配置し、その者に当該車両系建設機械を誘導させなければならない。当該車両系建設機械の運転者は、この誘導者が行う誘導に従わなければならない。

事業者は、路肩・傾斜地等であって、車両系建設機械の転倒又は転落により運転者に危険が生ずるおそれのある場所においては、転倒時**保護**構造を有し、かつ、**シートベルト**を備えたもの以外の車両系建設機械を使用しないように努めるとともに、運転者に**シートベルト**を使用させるように努めなければならない。

⑤ 搭乗の制限(労働安全衛生規則第162条)

事業者は、車両系建設機械を用いて作業を行うときは、乗車席以外の箇所に労働者を乗せてはならない。

⑥ 使用の制限(労働安全衛生規則第163条)

事業者は、車両系建設機械を用いて作業を行うときは、転倒及びブーム・アーム等の作業装置の破壊による労働者の危険を防止するため、当該車両系建設機械について、その構造上定められた安定度・**最大使用**荷重等を守らなければならない。

⑦**ブーム等の降下による危険の防止（労働安全衛生規則第166条）**

事業者は、車両系建設機械のブーム・アーム等を上げ、その下で修理・点検等の作業を行うときは、ブーム・アーム等が不意に降下することによる労働者の危険を防止するため、当該作業に従事する労働者に、安全支柱・安全ブロック等を使用させなければならない。

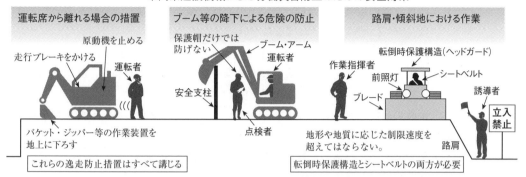

車両系建設機械による労働災害防止のための安全対策

解 答

(1) 岩石の落下等により労働者に危険が生ずるおそれのある場所で、ブルドーザ・トラクターショベル・パワーショベル等を使用するときは、当該車両系建設機械に堅固な(イ)ヘッドガードを備えなければならない。

(2) 車両系建設機械の転落、地山の崩壊等による労働者の危険を防止するため、あらかじめ、当該作業に係る場所について地形、地質の状態等を調査し、その結果を(ロ)記録しておかなければならない。

(3) 路肩、傾斜地等であって、車両系建設機械の転倒又は転落により運転者に危険が生ずるおそれのある場所においては、転倒時(ハ)保護構造を有し、かつ、(ニ)シートベルトを備えたもの以外の車両系建設機械を使用しないように努めるとともに、運転者に(ニ)シートベルトを使用させるように努めなければならない。

(4) 車両系建設機械の転倒やブーム又はアーム等の破壊による労働者の危険を防止するため、その構造上定められた安定度、(ホ)最大使用荷重等を守らなければならない。

出典：労働安全衛生規則

(イ)	(ロ)	(ハ)	(ニ)	(ホ)
ヘッドガード	記録	保護構造	シートベルト	最大使用

| 令和2年度 | 選択問題(1) | 安全管理 | 足場等の点検時期・点検事項・安全基準 |

問題5 労働安全衛生規則に定められている、事業者の行う足場等の点検時期、点検事項及び安全基準に関する次の文章の[　　]の(イ)～(ホ)に当てはまる**適切な語句又は数値**を解答欄に記述しなさい。

(1) 足場における作業を行うときは、その日の作業を開始する前に、足場用墜落防止設備の取り外し及び[（イ）]の有無について点検し、異常を認めたときは、直ちに補修しなければならない。

(2) 強風、大雨、大雪等の悪天候若しくは[（ロ）]以上の地震等の後において、足場における作業を行うときは、作業を開始する前に点検し、異常を認めたときは、直ちに補修しなければならない。

(3) 鋼製の足場の材料は、著しい損傷、[（ハ）]又は腐食のあるものを使用してはならない。

(4) 架設通路で、墜落の危険のある箇所には、高さ85cm以上の[（ニ）]又はこれと同等以上の機能を有する設備を設ける。

(5) 足場における高さ2m以上の作業場所で足場板を使用する場合、作業床の幅は[（ホ）]cm以上で、床材間の隙間は、3cm以下とする。

考え方

通路・足場等の安全基準(事業者が行うべき足場等の点検時期・点検事項に関する内容を含む)については、労働安全衛生規則の第540条～第575条に定められている。(労働安全衛生規則から出題に関する条文を抜粋・一部改変)

①足場の点検／各作業日の点検(労働安全衛生規則第567条)

事業者は、足場(吊り足場を除く)における作業を行うときは、その日の作業を開始する前に、作業を行う箇所に設けた足場用墜落防止設備の取り外し及び**脱落**の有無について点検し、異常を認めたときは、直ちに補修しなければならない。

②足場の点検／悪天候等の後の点検(労働安全衛生規則第567条)

事業者は、強風・大雨・大雪等の悪天候の後、**中震**以上の地震の後、足場の組立て・一部解体・変更の後において、足場における作業を行うときは、作業を開始する前に、次の事項について点検し、異常を認めたときは、直ちに補修しなければならない。

一　床材の損傷・取付け・掛渡しの状態
二　建地・布・腕木等の緊結部・接続部・取付部の緩みの状態
三　緊結材・緊結金具の損傷・腐食の状態
四　足場用墜落防止設備の取り外し・脱落の有無
五　幅木等の取付状態・取り外しの有無
六　脚部の沈下・滑動の状態
七　筋かい・控え・壁つなぎ等の補強材の取付状態・取り外しの有無
八　建地・布・腕木の損傷の有無
九　突梁と吊り索との取付部の状態・吊り装置の歯止めの機能

③ 足場の材料等（労働安全衛生規則第559条）

事業者は、足場の材料については、（その材料が鋼製であるか否かに関係なく）著しい損傷・**変形**・腐食のあるものを使用してはならない。また、事業者は、足場に使用する木材については、強度上の著しい欠点となる割れ・虫食い・節・繊維の傾斜等がなく、かつ、木皮を取り除いたものでなければ、使用してはならない。

④ 架設通路（労働安全衛生規則第552条）

事業者は、架設通路については、次に定めるところに適合したものでなければ使用してはならない。

一　丈夫な構造とすること。

二　勾配は、30度以下とすること。ただし、階段を設けたもの又は高さが2m未満で丈夫な手掛を設けたものはこの限りでない。

三　勾配が15度を超えるものには、踏桟・その他の滑止めを設けること。

四　墜落の危険のある箇所には、次に掲げる設備を設けること。
- 高さ85cm以上の**手すり**又はこれと同等以上の機能を有する設備（手すり等）
- 高さ35cm以上50cm以下の桟又はこれと同等以上の機能を有する設備（中桟等）

五　たて坑内の架設通路で、その長さが15m以上であるものは、10m以内ごとに踊場を設けること。

六　建設工事に使用する高さ8m以上の登り桟橋には、7m以内ごとに踊場を設けること。

⑤ 作業床（労働安全衛生規則第563条）

事業者は、足場における高さ2m以上の作業場所には、次に定めるところにより、作業床を設けなければならない。

一　床材は、支点間隔および作業時の荷重に応じて計算した曲げ応力の値が、木材の種類に応じて定められた許容曲げ応力の値を超えないこと。

二　吊り足場の場合を除き、幅・床材間の隙間・床材と建地との隙間は、次に定めるところによること。
- 幅は、**40cm**以上とすること。
- 床材間の隙間は、3cm以下とすること。
- 床材と建地との隙間は、12cm未満とすること。

三 墜落により労働者に危険を及ぼすおそれのある箇所には、次に掲げる足場の種類に応じて、それぞれ次に掲げる設備（足場用墜落防止設備）を設けること。
- 枠組足場：交差筋かいと、手すり枠と、高さ15cm以上40cm以下の桟又は高さ15cm以上の幅木又はこれらと同等以上の機能を有する設備
- 枠組足場以外の足場：手すり等と、中桟等

四 腕木・布・梁・脚立・その他作業床の支持物は、これにかかる荷重によって破壊するおそれのないものを使用すること。

五 吊り足場の場合を除き、床材は、転位・脱落しないように2以上の支持物に取り付けること。

六 作業のため物体が落下することにより、労働者に危険を及ぼすおそれのあるときは、高さ10cm以上の幅木等を設けること。

足場の安全に関する規定（作業床の構造）

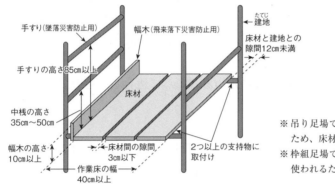

解 答

(1) 足場における作業を行うときは、その日の作業を開始する前に、足場用墜落防止設備の取り外し及び**(イ)脱落**の有無について点検し、異常を認めたときは、直ちに補修しなければならない。

(2) 強風、大雨、大雪等の悪天候若しくは**(ロ)中震**以上の地震等の後において、足場における作業を行うときは、作業を開始する前に点検し、異常を認めたときは、直ちに補修しなければならない。

(3) 鋼製の足場の材料は、著しい損傷、**(ハ)変形**又は腐食のあるものを使用してはならない。

(4) 架設通路で、墜落の危険のある箇所には、高さ85cm以上の**(ニ)手すり**又はこれと同等以上の機能を有する設備を設ける。

(5) 足場における高さ2m以上の作業場所で足場板を使用する場合、作業床の幅は**(ホ)40**cm以上で、床材間の隙間は、3cm以下とする。

出典：労働安全衛生規則

(イ)	(ロ)	(ハ)	(ニ)	(ホ)
脱落	中震	変形	手すり	40

| 令和元年度 | 選択問題(1) | 安全管理 | 車両系建設機械の安全対策 |

問題5 車両系建設機械による労働者の災害防止のため、労働安全衛生規則の定めにより、事業者が実施すべき安全対策に関する次の文章の □ の(イ)〜(ホ)に当てはまる**適切な語句**を解答欄に記述しなさい。

(1) 車両系建設機械を用いて作業を行なうときは、運転中の車両系建設機械に (イ) することにより労働者に危険が生じるおそれのある箇所に、原則として労働者を立ち入らせてはならない。

(2) 車両系建設機械を用いて作業を行なうときは、車両系建設機械の転倒又は転落による労働者の危険を防止するため、当該車両系建設機械の (ロ) について路肩の崩壊を防止すること、地盤の (ハ) を防止すること、必要な幅員を確保すること等必要な措置を講じなければならない。

(3) 車両系建設機械の運転者が運転位置を離れるときは、バケット、ジッパー等の作業装置を地上に下ろさせるとともに、 (ニ) を止め、かつ、走行ブレーキをかける等の車両系建設機械の逸走を防止する措置を講じさせなければならない。

(4) 車両系建設機械を、パワー・ショベルによる荷のつり上げ、クラムシェルによる労働者の昇降等当該車両系建設機械の主たる (ホ) 以外の (ホ) に原則として使用してはならない。

考え方

車両系建設機械による労働者の災害防止のために、事業者が実施すべき安全対策については、労働安全衛生規則の第152条〜第171条に定められている。(労働安全衛生規則から出題に関する条文を抜粋・一部改変)

①車両系建設機械の接触の防止(労働安全衛生規則第158条)

事業者は、車両系建設機械を用いて作業を行うときは、運転中の車両系建設機械に**接触**することにより労働者に危険が生ずるおそれのある箇所に、労働者を立ち入らせてはならない。ただし、誘導者を配置し、その者に当該車両系建設機械を誘導させるときは、この限りでない。

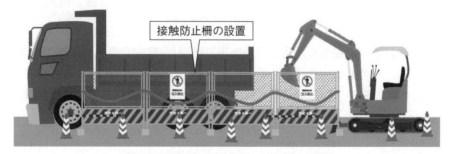

車両系建設機械の接触の防止(立入禁止措置)

② **車両系建設機械の転落等の防止等**（労働安全衛生規則第157条）

事業者は、車両系建設機械を用いて作業を行うときは、車両系建設機械の転倒又は転落による労働者の危険を防止するため、当該車両系建設機械の**運行経路**について、路肩の崩壊を防止すること・地盤の**不同沈下**を防止すること・必要な幅員を保持することなど、必要な措置を講じなければならない。

事業者は、路肩・傾斜地等で、車両系建設機械を用いて作業を行う場合において、当該車両系建設機械の転倒又は転落により労働者に危険が生ずるおそれのあるときは、誘導者を配置し、その者に当該車両系建設機械を誘導させなければならない。

事業者は、路肩・傾斜地等であって、車両系建設機械の転倒又は転落により運転者に危険が生ずるおそれのある場所においては、転倒時保護構造を有し、かつ、シートベルトを備えたもの以外の車両系建設機械を使用しないように努めるとともに、運転者にシートベルトを使用させるように努めなければならない。

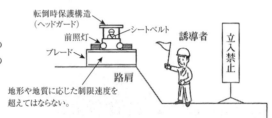

車両系建設機械の転落防止
転倒・転落により運転者に危険が生じるおそれのある場所では、転倒時保護構造とシートベルトの両方が必要である。

③ **車両系建設機械の運転位置から離れる場合の措置**（労働安全衛生規則第160条）

事業者は、車両系建設機械の運転者が運転位置から離れるときは、当該運転者に次の措置を講じさせなければならない。

一　バケット・ジッパー等の作業装置を地上に下ろすこと。
二　**原動機**を止め、かつ、走行ブレーキをかける等、車両系建設機械の逸走を防止する措置を講ずること。

車両系建設機械の逸走防止
（運転位置から離れる場合の措置）

④ **車両系建設機械の主たる用途以外の使用の制限**（労働安全衛生規則第164条）

事業者は、車両系建設機械を、パワーショベルによる荷の吊り上げ・クラムシェルによる労働者の昇降等、当該車両系建設機械の主たる**用途**以外の**用途**に使用してはならない。

解　答

(1) 車両系建設機械を用いて作業を行なうときは、運転中の車両系建設機械に **(イ)接触**することにより労働者に危険が生じるおそれのある箇所に、原則として労働者を立ち入らせてはならない。

(2) 車両系建設機械を用いて作業を行なうときは、車両系建設機械の転倒又は転落による労働者の危険を防止するため、当該車両系建設機械の**(ロ)運行経路**について路肩の崩壊を防止すること、地盤の**(ハ)不同沈下**を防止すること、必要な幅員を確保すること等必要な措置を講じなければならない。

(3) 車両系建設機械の運転者が運転位置を離れるときは、バケット、ジッパー等の作業装置を地上に下ろさせるとともに、**(ニ)原動機**を止め、かつ、走行ブレーキをかける等の車両系建設機械の逸走を防止する措置を講じさせなければならない。

(4) 車両系建設機械を、パワー・ショベルによる荷のつり上げ、クラムシェルによる労働者の昇降等当該車両系建設機械の主たる**(ホ)用途**以外の**(ホ)用途**に原則として使用してはならない。

出典：労働安全衛生規則

(イ)	(ロ)	(ハ)	(ニ)	(ホ)
接触	運行経路	不同沈下	原動機	用途

平成30年度 選択問題(1) 安全管理 墜落災害の防止対策

問題5 労働安全衛生規則の定めにより、事業者が行わなければならない「墜落等による危険の防止」に関する次の文章の □ の(イ)〜(ホ)に当てはまる**適切な語句又は数値**を解答欄に記述しなさい。

(1) 事業者は、高さが (イ) m以上の箇所で作業を行なう場合において墜落により労働者に危険を及ぼすおそれのあるときは、足場を組み立てる等の方法により (ロ) を設けなければならない。

(2) 事業者は、高さが (イ) m以上の箇所で (ロ) を設けることが困難なときは、 (ハ) を張り、労働者に (ニ) を使用させる等墜落による労働者の危険を防止するための措置を講じなければならない。

(3) 事業者は、労働者に (ニ) 等を使用させるときは、 (ニ) 等及びその取付け設備等の異常の有無について、 (ホ) しなければならない。

考え方

墜落等による危険を防止するための事業者の責務については、労働安全衛生規則の第518条〜第533条に定められている。(労働安全衛生規則から抜粋・一部改変)

①作業床の設置(労働安全衛生規則第518条)

事業者は、高さが2m以上の箇所(作業床の端・開口部等を除く)で作業を行う場合において、墜落により労働者に危険を及ぼすおそれのあるときは、足場を組み立てる等の方法により、**作業床**を設けなければならない。

事業者は、上記の規定により**作業床**を設けることが困難なときは、**防網**を張り、労働者に**安全帯**を使用させる等、墜落による労働者の危険を防止するための措置を講じなければならない。

②囲い等の設置(労働安全衛生規則第519条)

事業者は、高さが2m以上の作業床の端・開口部等で、墜落により労働者に危険を及ぼすおそれのある箇所には、囲い等(囲い・手すり・覆いなど)を設けなければならない。

事業者は、上記の規定により、囲い等を設けることが著しく困難なとき又は作業の必要上臨時に囲い等を取り外すときは、防網を張り、労働者に安全帯を使用させる等、墜落による労働者の危険を防止するための措置を講じなければならない。

③安全帯等の取付け設備等(労働安全衛生規則第521条)

事業者は、高さが2m以上の箇所で作業を行う場合において、労働者に安全帯等を使用させるときは、安全帯等を安全に取り付けるための設備等を設けなければならない。

事業者は、労働者に**安全帯**等を使用させるときは、**安全帯**等及びその取付け設備等の異常の有無について、**随時点検**しなければならない。

解　答

(1) 事業者は、高さが**(イ)2** m以上の箇所で作業を行なう場合において墜落により労働者に危険を及ぼすおそれのあるときは、足場を組み立てる等の方法により**(ロ)作業床**を設けなければならない。

(2) 事業者は、高さが**(イ)2** m以上の箇所で**(ロ)作業床**を設けることが困難なときは、**(ハ)防網**を張り、労働者に**(ニ)安全帯**を使用させる等墜落による労働者の危険を防止するための措置を講じなければならない。

(3) 事業者は、労働者に**(ニ)安全帯**等を使用させるときは、**(ニ)安全帯**等及びその取付け設備等の異常の有無について、**(ホ)随時点検**しなければならない。

出典：労働安全衛生規則

(イ)	(ロ)	(ハ)	(ニ)	(ホ)
2	作業床	防網	安全帯	随時点検

法改正情報　平成30年の法改正により、現在では、労働安全衛生規則上の「安全帯」の名称は「要求性能墜落制止用器具」に置き換えられている。ただし、工事現場で「安全帯」の名称を使い続けることに問題はないとされている。

平成29年度　選択問題(1)　安全管理　車両系建設機械の安全基準

問題5　車両系建設機械による労働者の災害防止のため、労働安全衛生規則の定めにより、事業者が実施すべき安全対策に関する次の文章の　　　の(イ)〜(ホ)に当てはまる**適切な語句**を解答欄に記述しなさい。

(1) 車両系建設機械の転落、地山の崩壊等による労働者の危険を防止するため、あらかじめ、当該作業に係る場所について地形、 (イ) の状態を調査し、その結果を (ロ) しておかなければならない。

(2) 岩石の落下等により労働者に危険が生ずるおそれのある場所で、ブルドーザやトラクターショベル、パワーショベル等を使用するときは、その車両系建設機械に堅固な (ハ) を備えていなければならない。

(3) 車両系建設機械の運転者が運転位置から離れるときは、バケット、ジッパー等の作業装置を (ニ) こと、また原動機を止め走行ブレーキをかける等の措置を講ずること。

(4) 車両系建設機械の転倒やブーム、アーム等の作業装置の破壊による労働者の危険を防止するため、構造上定められた安定度、 (ホ) 荷重等を守らなければならない。

> 考え方

　車両系建設機械の安全基準については、労働安全衛生規則の第152条～第171条を中心に定められている。(労働安全衛生規則から抜粋・一部改変)

①**車両系建設機械のヘッドガード**(労働安全衛生規則第153条)
　事業者は、岩石の落下等により労働者に危険が生ずるおそれのある場所で、車両系建設機械(ブルドーザー・トラクターショベル・ずり積機・パワーショベル・ドラグショベル・解体用機械)を使用するときは、当該車両系建設機械に、堅固な**ヘッドガード**を備えなければならない。

②**車両系建設機械の調査及び記録**(労働安全衛生規則第154条)
　事業者は、車両系建設機械を用いて作業を行うときは、当該車両系建設機械の転落や、地山の崩壊等による労働者の危険を防止するため、あらかじめ、当該作業に係る場所について、地形・**地質**の状態等を調査し、その結果を**記録**しておかなければならない。

③**車両系建設機械の作業計画**(労働安全衛生規則第155条)
　事業者は、車両系建設機械を用いて作業を行うときは、あらかじめ、労働安全衛生規則第154条の規定による調査により知り得たところに適応する作業計画を定め、かつ、当該作業計画により作業を行なわなければならない。その作業計画は、次の事項が示されているものでなければならない。
　一　使用する車両系建設機械の**種類及び能力**
　二　車両系建設機械の**運行経路**
　三　車両系建設機械による**作業の方法**
　事業者は、この作業計画を定めたときは、車両系建設機械の運行経路及び車両系建設機械による作業の方法について、関係労働者に周知させなければならない。

④**車両系建設機械の接触の防止**(労働安全衛生規則第158条)
　事業者は、車両系建設機械を用いて作業を行うときは、運転中の車両系建設機械に接触することにより労働者に危険が生ずるおそれのある箇所に、労働者を**立ち入らせてはならない**。ただし、誘導者を配置し、その者に当該車両系建設機械を誘導させるときは、この限りでない。当該車両系建設機械の運転者は、誘導者が行う誘導に従わなければならない。

⑤**車両系建設機械の合図**(労働安全衛生規則第159条)
　事業者は、車両系建設機械の運転について誘導者を置くときは、一定の**合図**を定め、誘導者に当該合図を行わせなければならない。車両系建設機械の運転者は、その合図に従わなければならない。

⑥**車両系建設機械の運転位置から離れる場合の措置**(労働安全衛生規則第160条)
　事業者は、車両系建設機械の運転者が運転位置から離れるときは、当該運転者に次の措置を講じさせなければならない。
　一　バケット・ジッパー等の作業装置を**地上**に下ろすこと。
　二　原動機を止め、かつ、走行ブレーキをかける等、車両系建設機械の**逸走を防止**する措置を講ずること。

⑦**車両系建設機械の使用の制限**（労働安全衛生規則第163条）
　事業者は、車両系建設機械を用いて作業を行うときは、転倒及びブーム・アーム等の作業装置の破壊による労働者の危険を防止するため、当該車両系建設機械について、その構造上定められた安定度・**最大使用**荷重等を守らなければならない。

⑧**車両系建設機械のブーム等の降下による危険の防止**（労働安全衛生規則第166条）
　事業者は、車両系建設機械のブーム・アーム等を上げ、その下で修理・点検等の作業を行うときは、ブーム・アーム等が不意に降下することによる労働者の危険を防止するため、当該作業に従事する労働者に、**安全支柱・安全ブロック**等を使用させなければならない。

⑨**車両系建設機械の定期自主検査／1年に1回検査する事項**（労働安全衛生規則第167条）
　事業者は、車両系建設機械については、1年以内ごとに1回、定期に、次の事項について**自主検査**を行わなければならない。ただし、1年を超える期間使用しない車両系建設機械の当該使用しない期間においては、この限りでなく、その使用を再び開始する際に、次の事項について自主検査を行うものとする。

一　圧縮圧力・弁隙間その他原動機の異常の有無
二　クラッチ・トランスミッション・プロペラシャフト・デファレンシャルその他動力伝達装置の異常の有無
三　起動輪・遊動輪・上下転輪・履帯・タイヤ・ホイールベアリングその他走行装置の異常の有無
四　かじ取り車輪の左右の回転角度・ナックル・ロッド・アームその他操縦装置の異常の有無
五　制動能力・ブレーキドラム・ブレーキシューその他ブレーキの異常の有無
六　ブレード・ブーム・リンク機構・バケット・ワイヤロープその他作業装置の異常の有無
七　油圧ポンプ・油圧モーター・シリンダー・安全弁その他油圧装置の異常の有無
八　電圧・電流その他電気系統の異常の有無
九　車体・操作装置・ヘッドガード・バックストッパー・昇降装置・ロック装置・警報装置・方向指示器・灯火装置及び計器の異常の有無

⑩**車両系建設機械の定期自主検査／1月に1回検査する事項**（労働安全衛生規則第168条）
　事業者は、車両系建設機械については、1月以内ごとに1回、定期に、次の事項について自主検査を行わなければならない。ただし、1月を超える期間使用しない車両系建設機械の当該使用しない期間においては、この限りでなく、その使用を再び開始する際に、次の事項について**自主検査**を行うものとする。

一　ブレーキ・クラッチ・操作装置・作業装置の異常の有無
二　ワイヤロープ・チェーンの損傷の有無
三　バケット・ジッパー等の損傷の有無
四　特定解体用機械にあっては、逆止め弁・警報装置等の異常の有無

⑪**車両系建設機械の定期自主検査の記録（労働安全衛生規則第169条）**

事業者は、車両系建設機械の定期自主検査を行ったときは、次の事項を記録し、これを**3年間**保存しなければならない。

一　検査年月日
二　検査方法
三　検査箇所
四　検査の結果
五　検査を実施した者の氏名
六　検査の結果に基づいて補修等の措置を講じたときは、その内容

⑫**車両系建設機械の作業開始前点検（労働安全衛生規則第170条）**

事業者は、車両系建設機械を用いて作業を行うときは、その日の作業を開始する前に、**ブレーキ及びクラッチ**の機能について点検を行わなければならない。

⑬**車両系建設機械の補修等（労働安全衛生規則第171条）**

事業者は、車両系建設機械の定期自主検査又は作業開始前点検を行った場合において、異常を認めたときは、直ちに**補修**その他必要な措置を講じなければならない。

解　答

(1) 車両系建設機械の転落、地山の崩壊等による労働者の危険を防止するため、あらかじめ、当該作業に係る場所について地形、**(イ)地質**の状態を調査し、その結果を**(ロ)記録**しておかなければならない。

(2) 岩石の落下等により労働者に危険が生ずるおそれのある場所で、ブルドーザやトラクターショベル、パワーショベル等を使用するときは、その車両系建設機械に堅固な**(ハ)ヘッドガード**を備えていなければならない。

(3) 車両系建設機械の運転者が運転位置から離れるときは、バケット、ジッパー等の作業装置を**(ニ)地上に下ろす**こと、また原動機を止め走行ブレーキをかける等の措置を講ずること。

(4) 車両系建設機械の転倒やブーム、アーム等の作業装置の破壊による労働者の危険を防止するため、構造上定められた安定度、**(ホ)最大使用**荷重等を守らなければならない。

(イ)	(ロ)	(ハ)	(ニ)	(ホ)
地質	記録	ヘッドガード	地上に下ろす	最大使用

平成 28 年度　選択問題(1)　安全管理　土止め支保工の安全管理

問題 5　労働安全衛生規則の定めにより、事業者が行わなければならない土止め支保工の安全管理に関する次の文章の　　　の（イ）～（ホ）に当てはまる**適切な語句**を解答欄に記述しなさい。

(1) 組立図

　土止め支保工の組立図は、矢板、くい、背板、腹おこし、切りばり等の部材の配置、寸法及び材質並びに取付けの時期及び　(イ)　が示されているものでなければならない。

(2) 部材の取付け等

　土止め支保工の部材の取付け等については、切りばり及び腹おこしは、脱落を防止するため、矢板、くい等に確実に取り付け、圧縮材（火打ちを除く。）の継手は、　(ロ)　継手とすること。

　切りばり又は火打ちの　(ハ)　及び切りばりと切りばりとの交さ部は、当て板をあててボルトにより緊結し、溶接により接合する等の方法により堅固なものとすること。

(3) 点検

　土止め支保工を設けたときは、その後7日をこえない期間ごと、　(ニ)　以上の地震の後及び大雨等により地山が急激に軟弱化するおそれのある事態が生じた後に、次の事項について点検し、異常を認めたときは、直ちに、補強し、又は補修しなければならない。

　一　部材の損傷、変形、腐食、変位及び脱落の有無及び状態
　二　切りばりの　(ホ)　の度合
　三　部材の　(ハ)　、取付け部及び交さ部の状態

考え方

　土止め支保工の安全管理については、「労働安全衛生規則」第2編「安全基準」第6章「掘削作業等における危険の防止」第二款「土止め支保工」（第368条～第375条）に規定されている。

①材料（労働安全衛生規則第368条）

　事業者は、土止め支保工の材料については、**著しい損傷、変形又は腐食**があるものを使用してはならない。

②構造（労働安全衛生規則第369条）

　事業者は、土止め支保工の構造については、当該土止め支保工を設ける箇所の地山に係る形状、地質、地層、き裂、含水、湧水、凍結及び埋設物等の**状態に応じた堅固な**ものとしなければならない。

③**組立図**（労働安全衛生規則第370条）

事業者は、土止め支保工を組み立てるときは、あらかじめ、**組立図**を作成し、かつ、当該組立図により組み立てなければならない。（第1項）

第1項の組立図は、矢板、くい、背板、腹おこし、切りばり等の部材の配置、寸法及び材質並びに取付けの時期及び**順序**が示されているものでなければならない。（第2項）

④**部材の取付け等**（労働安全衛生規則第371条）

事業者は、土止め支保工の部材の取付け等については、次に定めるところによらなければならない。

一　切りばり及び腹おこしは、脱落を防止するため、矢板、くい等に確実に取り付けること。

二　圧縮材（火打ちを除く。）の継手は、**突合せ継手**とすること。

三　切りばり又は火打ちの**接続部**及び切りばりと切りばりとの交さ部は、当て板をあててボルトにより緊結し、溶接により接合する等の方法により堅固なものとすること。

四　中間支持柱を備えた土止め支保工にあっては、切りばりを当該中間支持柱に確実に取り付けること。

五　切りばりを建築物の柱等部材以外の物により支持する場合にあっては、当該支持物は、これにかかる荷重に耐えうるものとすること。

⑤**切りばり等の作業**（労働安全衛生規則第372条）

事業者は、土止め支保工の切りばり又は腹起こしの取付け又は取り外しの作業を行うときは、次の措置を講じなければならない。

一　当該作業を行う箇所には、関係労働者以外の労働者が立ち入ることを禁止すること。

二　材料、器具又は工具を上げ、又はおろすときは、**つり綱、つり袋**等を労働者に使用させること。

⑥**点検**（労働安全衛生規則第373条）

事業者は、土止め支保工を設けたときは、その後7日をこえない期間ごと、**中震**以上の地震の後及び大雨等により地山が急激に軟弱化するおそれのある事態が生じた後に、次の事項について点検し、異常を認めたときは、直ちに、補強し、又は補修しなければならない。

一　部材の損傷、変形、腐食、変位及び脱落の有無及び状態

二　切りばりの**緊圧**の度合

三　部材の**接続部**、取付け部及び交さ部の状態

⑦**土止め支保工作業主任者の選任**（労働安全衛生規則第374条）

事業者は、土止め支保工の切りばり又は腹起こしの取付け又は取り外しの作業については、地山の掘削及び土止め支保工作業主任者技能講習を修了した者のうちから、**土止め支保工作業主任者**を選任しなければならない。

⑧ **土止め支保工作業主任者の職務（労働安全衛生規則第375条）**
事業者は、土止め支保工作業主任者に、次の事項を行わせなければならない。
一　作業の方法を決定し、作業を直接指揮すること。
二　材料の欠点の有無並びに器具及び工具を点検し、不良品を取り除くこと。
三　安全帯等及び保護帽の使用状況を監視すること。

解　答

(1) 組立図
　　土止め支保工の組立図は、矢板、くい、背板、腹おこし、切りばり等の部材の配置、寸法及び材質並びに取付けの時期及び**(イ)順序**が示されているものでなければならない。

(2) 部材の取付け等
　　土止め支保工の部材の取付け等については、切りばり及び腹おこしは、脱落を防止するため、矢板、くい等に確実に取り付け、圧縮材（火打ちを除く。）の継手は、**(ロ)突合せ**継手とすること。
　　切りばり又は火打ちの**(ハ)接続部**及び切りばりと切りばりとの交さ部は、当て板をあててボルトにより緊結し、溶接により接合する等の方法により堅固なものとすること。

(3) 点検
　　土止め支保工を設けたときは、その後7日をこえない期間ごと、**(ニ)中震**以上の地震の後及び大雨等により地山が急激に軟弱化するおそれのある事態が生じた後に、次の事項について点検し、異常を認めたときは、直ちに、補強し、又は補修しなければならない。
一　部材の損傷、変形、腐食、変位及び脱落の有無及び状態
二　切りばりの**(ホ)緊圧**の度合
三　部材の**(ハ)接続部**、取付け部及び交さ部の状態

(イ)	(ロ)	(ハ)	(ニ)	(ホ)
順序	突合せ	接続部	中震	緊圧

平成27年度 選択問題(1) 安全管理 型枠支保工、足場工

問題5 型わく支保工、足場工に関する次の①〜⑦の記述のうち、労働安全衛生規則に定められている語句又は数値が誤っているものが文中に含まれているものがある。これらのうちから3つを抽出し、その番号をあげ誤っている**語句又は数値**と正しい**語句又は数値**を解答欄に記入しなさい。

① 型わく支保工の設計では、設計荷重として型わく支保工が支える物の重量に相当する荷重に、型わく1m²につき100kg以上の荷重を加えた荷重を考慮する。

② 型わく支保工に鋼管（パイプサポートを除く）を支柱として用いる場合は、高さ2m以内ごとに鉛直つなぎを2方向に設ける。

③ 型わく支保工の材料については、著しい損傷、変形又は腐食があるものを使用してはならない。

④ 鋼管足場の作業床には、高さ75cm以上の手すり又はこれと同等以上の機能を有する設備及び中さん等を設ける。

⑤ 鋼管足場の作業床の幅は、40cm以上とし、床材間のすき間は、3cm以下とする。

⑥ 鋼管足場の建地間の積載荷重は、500kgを限度とする。

⑦ わく組足場では、最上層及び5層以内ごとに筋かいを設ける。

考え方

(1) 型枠支保工の設計では、型枠支保工が支える物の重量に相当する荷重に、型枠1m²につき**150kg**以上の荷重を加えた荷重を、設計荷重とする。これは、支柱などに生じる応力が、その材料の設計応力の値を超えないようにするためである。また、鋼管枠を支柱とする型枠支保工の設計では、その上端に設計荷重の2.5％に相当する水平荷重がかかっても安全な構造とする。鋼管枠以外を支柱とする型枠支保工の設計では、その上端に設計荷重の5％に相当する水平荷重がかかっても安全な構造とする。

(2) パイプサポート以外から成る型枠支保工の構造は、次の通りとする。

① 高さ2m以内ごとに、**水平つなぎ**を2方向に設ける。そして、水平方向の変位を防止する。

② 型枠の上端に梁・大引きを載せるときは、型枠の上端に鋼製の端板を取り付け、梁・大引きを端板に固定する。

③ **鋼管枠**を支柱とする場合、最上層および5層以内ごとに、布枠を設ける。その布枠は、交差筋交いの方向に設ける。

(3) 型枠支保工には、著しい損傷・変形・腐食があるものを**使用してはならない**。型枠支保工の組立て等作業主任者は、材料・器具・工具に欠陥がないかどうかを点検し、不良品があれば、それを取り除かなければならない。また、作業の方法を決定し、作業を直接指揮すると共に、作業中の安全帯・保護具などの使用状況を監視しなければならない。

(4) 鋼管足場の作業枠には、高さ **85cm** 以上の手すり、高さ 35cm〜50cm の中桟、高さ 10cm 以上の幅木を、すべて設けなければならない。

(5) 鋼管足場の作業床は、幅 **40cm** 以上、隙間 3cm 以下とする。また、建地と作業床との間隙は、12cm 未満とする。この他、高所作業では、次のような措置を講じなければならない。

① 高さが 2 m 以上となる作業場所には、作業床を設ける。
② 吊り足場・張出し足場・高さが 5 m 以上となる足場の組立・変更・解体をするときは、**足場の組立て等作業主任者**を選任する。
③ 足場の組立・変更・解体をする作業者は、**特別の教育を修了した者**とする。
④ 防網を張るなどの作業をするために手すりを取り外したときは、その作業の終了後、直ちに取り外した手すりを元に戻す。

(6) 鋼管足場の建地間の積載荷重は、**400kg** を限度とする。
(7) 枠組足場では、最上層および 5 層以内ごとに、**水平材**を設ける。

解答

番号	誤っている語句・数値	正しい語句・数値
①	100kg	150kg
②	鉛直	水平
④	75cm	85cm
⑥	500kg	400kg
⑦	筋かい	水平材

上記のうち、3つを解答する。なお、番号③と番号⑤の記述は正しい。

安全管理分野の記述問題

| 令和6年度 | 選択問題(2) | 安全管理 | 悪天候などの後に行う足場の点検 |

【問題 10】
労働安全衛生規則上,事業者が,強風,大雨,大雪等の悪天候若しくは中震(震度4)以上の地震又は足場の組立て,一部解体若しくは変更の後において,足場(つり足場を除く。)における作業を行うとき,点検者を指名して,**作業を開始する前に点検させる事項**について2つ解答欄に記述しなさい。

> 考え方

　足場の組立て等における危険の防止に関する内容のうち、事業者が行うべき足場の点検時期および点検事項に関する内容については、労働安全衛生規則の第567条～第568条に定められている。（労働安全衛生規則から出題に関する条文を抜粋・一部改変）

① **足場の点検／各作業日の点検（労働安全衛生規則第567条）**
　事業者は、足場（吊り足場を除く）における作業を行うときは、点検者を指名して、その日の作業を開始する前に、作業を行う箇所に設けた足場用墜落防止設備の取外しおよび脱落の有無について点検させ、異常を認めたときは、直ちに補修しなければならない。

② **足場の点検／悪天候などの後の点検（労働安全衛生規則第567条）**
　事業者は、強風・大雨・大雪などの悪天候の後や、中震（震度階級4）以上の地震の後や、足場の組立て・一部解体・変更の後において、足場における作業を行うときは、**点検者**を指名して、**作業を開始する前**に、次の事項について点検させ、異常を認めたときは、直ちに補修しなければならない。
　一　**床材**の損傷・取付け・掛渡しの状態
　二　建地・布・腕木などの緊結部・接続部・取付部の**緩み**の状態
　三　**緊結材**・緊結金具の損傷・腐食の状態
　四　足場用**墜落防止設備**の取外し・脱落の有無
　五　**幅木**などの取付けの状態・取外しの有無
　六　脚部の**沈下**・**滑動**の状態
　七　筋かい・控え・壁つなぎなどの**補強材**の取付けの状態・取外しの有無
　八　建地・布・腕木の**損傷**の有無
　九　突梁と吊索との取付け部の状態・吊り装置の歯止めの機能

③ **足場の点検／点検の記録（労働安全衛生規則第567条）**
　事業者は、上記②の点検を行ったときは、次の事項を記録し、足場を使用する作業を行う仕事が終了するまでの間、これを保存しなければならない。
　一　その点検の結果・点検者の氏名
　二　その点検の結果に基づいて補修などの措置を講じた場合は、その措置の内容

④ **吊り足場の点検（労働安全衛生規則第568条）**
　事業者は、吊り足場における作業を行うときは、点検者を指名して、その日の作業を開始する前に、上記②（六を除く）に掲げる事項について点検させ、異常を認めたときは、直ちに補修しなければならない。
　※吊り足場には、脚部がないので、「脚部の沈下・滑動の状態」の点検は不要である。

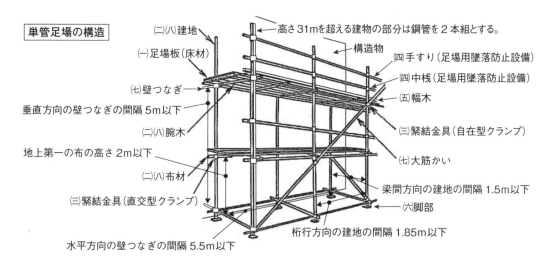

解答例

悪天候などの後に、点検者を指名して、足場の作業を開始する前に点検させる事項
足場の緊結材および緊結金具の損傷および腐食の状態
足場の脚部の沈下および滑動の状態

※上記②の「一」～「九」から2つを選んで解答する。（表現は多少変えてもよい）　　出典：労働安全衛生規則

| 令和5年度 | 必須問題 | 安全管理 | 足場の安全基準（事業者の責務） |

【問題 3】
労働安全衛生法令上，つり足場，張出し足場又は高さが2m以上の構造の足場の組立て，解体又は変更の作業を行うとき，事業者が講じなければならない措置を2つ，解答欄に記述しなさい。

> 考え方

足場の安全基準(組立て・解体・変更の作業を行うときに事業者が講じなければならない措置)については、労働安全衛生規則の第564条に定められている。(労働安全衛生規則から出題に関する条文を抜粋・一部改変)

① **足場の組立て等の作業(労働安全衛生規則第564条)**

事業者は、吊り足場・張出し足場・高さが2m以上の構造の足場の組立て・解体・変更の作業を行うときは、次の措置を講じなければならない。

一 組立て・解体・変更の作業について、その作業の**時期・範囲・順序**を、その作業に従事する**労働者**に周知させること。

二 組立て・解体・変更の作業を行う区域内には、関係労働者以外の労働者の**立入りを禁止**すること。

三 強風・大雨・大雪などの**悪天候**のため、作業の実施について危険が予想されるときは、**作業を中止**すること。

四 足場材の緊結・取外し・受渡しなどの作業については、墜落による労働者の危険を防止するため、次の措置を講じること。
- **幅40cm以上**の作業床を設けること。ただし、そのような作業床を設けることが困難なときは、この限りでない。
- **要求性能墜落制止用器具**を安全に取り付けるための設備などを設け、かつ、労働者に要求性能墜落制止用器具を使用させる措置を講じること。ただし、その措置と同等以上の効果を有する措置を講じたときは、この限りでない。

五 材料・器具・工具などを上げたり下ろしたりするときは、**吊り綱・吊り袋**などを労働者に使用させること。ただし、これらの物の落下により労働者に危険を及ぼすおそれがないときは、この限りでない。

② **足場の組立て等作業主任者の選任(労働安全衛生規則第565条)**

事業者は、吊り足場(ゴンドラの吊り足場を除く)・張出し足場・高さが5m以上の構造の足場の組立て・解体・変更の作業については、足場の組立て等作業主任者技能講習を修了した者のうちから、足場の組立て等**作業主任者**を選任しなければならない。

> 解答例

この問題に対する解答は、上記の条文のうち、問われていることに完全に合致するものを抜き出して記述することが望ましい。特に、上記の「①の一」・「①の二」・「①の三」の条文については、例外規定がない比較的簡潔な条文であるため、解答とするのにふさわしいと思われる。解答を選択するときは、次のような事項にも注意しよう。

※上記の「②」の条文は、この問題で問われている「高さが2m以上の足場」ではなく「高さが5m以上の足場」についての条文なので、これを解答としてはならない。

※実際の現場で講じなければならない事業者の措置であっても、労働安全衛生規則などの労働安全衛生法令に明記されていない措置を、解答としてはならない。

足場の組立て・解体・変更の作業を行うときに事業者が講じなければならない措置
足場の組立て・解体・変更の作業をするときは、その作業の時期・範囲・順序について、その作業に従事する労働者に周知させること。
足場の組立て・解体・変更の作業を行う区域内に、関係労働者以外の労働者の立入りを禁止するための措置を講じること。
強風・大雨・大雪などの悪天候のために、足場の組立て・解体・変更の作業の実施についての危険が予想されるときは、その作業を中止すること。

※以上のうち、2つを選んで解答する。　　　　　　　　　　　　　　　　出典：労働安全衛生規則

| 令和5年度 | 選択問題(2) | 安全管理 | 車両系建設機械の安全基準 |

【問題 10】
車両系建設機械による労働者の災害防止のため、労働安全衛生規則の定めにより事業者が実施すべき**具体的な安全対策**を5つ、解答欄に記述しなさい。

考え方

車両系建設機械による労働災害防止のために、事業者が実施すべき具体的な安全対策については、労働安全衛生規則の第152条～第171条に定められている。（労働安全衛生規則から出題に関する条文を抜粋・一部改変）

①前照灯の設置（労働安全衛生規則第152条）

事業者は、車両系建設機械には、**前照灯**を備えなければならない。ただし、作業を安全に行うために必要な照度が保持されている場所において使用する車両系建設機械については、この限りでない。

②ヘッドガード（労働安全衛生規則第153条）

事業者は、岩石の落下などにより労働者に危険が生じるおそれのある場所で、車両系建設機械のうち、ブルドーザー・トラクターショベル・ずり積・パワーショベル・ドラグショベル・解体用機械を使用するときは、その車両系建設機械に、堅固な**ヘッドガード**を備えなければならない。

③調査及び記録（労働安全衛生規則第154条）

事業者は、車両系建設機械を用いて作業を行うときは、その車両系建設機械の転落・地山の崩壊などによる労働者の危険を防止するため、あらかじめ、その作業に係る場所について、地形・地質の状態などを**調査**し、その結果を**記録**しておかなければならない。

④作業計画（労働安全衛生規則第 155 条）
　事業者は、車両系建設機械を用いて作業を行うときは、あらかじめ、上記の調査により知り得たところに適応する**作業計画**を定め、かつ、その作業計画により作業を行わなければならない。この作業計画を定めたときは、車両系建設機械の運行経路および作業方法について、関係労働者に周知させなければならない。

⑤制限速度（労働安全衛生規則第 156 条）
　事業者は、最高時速が 10km/h を超える車両系建設機械を用いて作業を行うときは、あらかじめ、その作業に係る場所の地形・地質の状態などに応じた車両系建設機械の適正な**制限速度**を定め、その制限速度によって作業を行わなければならない。

⑥転落等の防止等 / 運行経路（労働安全衛生規則第 157 条）
　事業者は、車両系建設機械を用いて作業を行うときは、車両系建設機械の転倒または転落による労働者の危険を防止するため、その車両系建設機械の運行経路について、**路肩の崩壊を防止**すること・**地盤の不同沈下を防止**すること・**必要な幅員を保持**することなど、必要な措置を講じなければならない。

⑦転落等の防止等 / 誘導者の配置（労働安全衛生規則第 157 条）
　事業者は、路肩・傾斜地などで、車両系建設機械を用いて作業を行う場合において、その車両系建設機械の転倒または転落により労働者に危険が生じるおそれのあるときは、**誘導者**を配置し、その者に車両系建設機械を誘導させなければならない。

⑧転落等の防止等 / 使用する機械（労働安全衛生規則第 157 条の 2）
　事業者は、路肩・傾斜地などで、車両系建設機械の転倒または転落により運転者に危険が生じるおそれのある場所においては、**転倒時保護構造**を有し、かつ、**シートベルト**を備えたもの以外の車両系建設機械を使用しないように努めるとともに、運転者にシートベルトを使用させるように努めなければならない。

⑨接触の防止（労働安全衛生規則第 158 条）
　事業者は、車両系建設機械を用いて作業を行うときは、運転中の車両系建設機械に接触することにより労働者に危険が生じるおそれのある箇所に、労働者を**立ち入らせてはならない**。ただし、誘導者を配置し、その者に車両系建設機械を誘導させるときは、この限りでない。

⑩合図（労働安全衛生規則第 158 条）
　事業者は、車両系建設機械の運転について誘導者を置くときは、**一定の合図**を定め、誘導者にその（事業者が定めた通りの）合図を行わせなければならない。

> **解答例**
> 　この問題に対する解答は、上記の条文のうち、いずれかを抜き出して要約し、簡潔な文章で表現することが望ましい。いずれを抜き出すかに迷うときは、例外規定がない比較的簡潔な条文のうち、具体的な内容（装備の名称や措置の事例など）が示されている条文を、解答とすることが望ましいと思われる。

車両系建設機械による労働者の災害防止のために事業者が実施すべき安全対策
岩石落下による危険がある場所で、ブルドーザーなどの車両系建設機械を使用するときは、その車両系建設機械に、堅固なヘッドガードを備えておく。
車両系建設機械を用いて作業をする場所について、地形・地質の状態などを調査し、その結果を記録しておく。
車両系建設機械を用いて作業を行うときは、作業計画を定めておく。この作業計画のうち、車両系建設機械の運行経路と作業方法は、関係労働者に周知させる。
車両系建設機械の運行経路について、路肩の崩壊の防止・地盤の不同沈下の防止・必要な幅員の保持などの措置を講じておく。
車両系建設機械の転倒のおそれがある傾斜地では、転倒時保護構造を有し、シートベルトを備えたものを使用する。その運転者には、シートベルトを使用させる。

出典：労働安全衛生規則

令和3年度　選択問題(2)　安全管理　移動式クレーンによる設置作業

【問題 10】
下図は移動式クレーンでボックスカルバートの設置作業を行っている現場状況である。
この現場において安全管理上必要な労働災害防止対策に関して「労働安全衛生規則」又は「クレーン等安全規則」に定められている措置の内容について，5つ解答欄に記述しなさい。

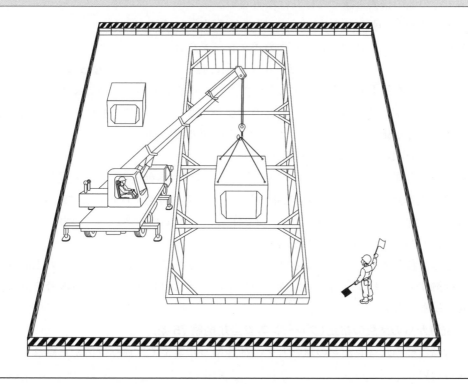

> 考え方

移動式クレーン（原動機を内蔵して不特定の場所に移動させることができるクレーン）による作業の安全管理上必要な労働災害防止対策については、クレーン等安全規則の第63条～第75条に定められている。（クレーン等安全規則から抜粋・一部改変）

① **外れ止め装置の使用（クレーン等安全規則第66条の3）**

事業者は、移動式クレーンを用いて荷を吊り上げるときは、**外れ止め装置**を使用しなければならない。

② **就業制限（クレーン等安全規則第68条）**

事業者は、吊り上げ荷重が5t以上の移動式クレーンの運転の業務については、移動式クレーン運転士**免許**を受けた者でなければ、当該業務に就かせてはならない。ただし、吊り上げ荷重が1t以上5t未満の移動式クレーンの運転の業務については、小型移動式クレーン運転**技能講習**を修了した者を当該業務に就かせることができる。

③ **過負荷の制限（クレーン等安全規則第69条）**

事業者は、移動式クレーンにその**定格荷重を超える**荷重をかけて使用してはならない。

④ **傾斜角の制限（クレーン等安全規則第70条）**

事業者は、移動式クレーンについては、移動式クレーン明細書に記載されているジブの**傾斜角**の範囲を超えて使用してはならない。

⑤ **定格荷重の表示等（クレーン等安全規則第70条の2）**

事業者は、移動式クレーンを用いて作業を行うときは、移動式クレーンの運転者および**玉掛け**をする者が、当該移動式クレーンの**定格荷重**を常時知ることができるよう、表示・その他の措置を講じなければならない。

⑥ **アウトリガー等の張り出し（クレーン等安全規則第70条の5）**

事業者は、アウトリガーを有する移動式クレーンを有する移動式クレーンを用いて作業を行うときは、当該アウトリガーを**最大限に張り出さ**なければならない。ただし、アウトリガーを最大限に張り出すことができない場合であって、当該移動式クレーンに掛ける荷重が、当該移動式クレーンのアウトリガーの張り出し幅に応じた定格荷重を下回ることが確実に見込まれるときは、この限りでない。

⑦ **運転の合図（クレーン等安全規則第71条）**

事業者は、移動式クレーンを用いて作業を行うときは、移動式クレーンの運転について**一定の合図を定め**、合図を行う者を指名して、その者に合図を行わせなければならない。ただし、移動式クレーンの運転者に単独で作業を行なわせるときは、この限りでない。

⑧ **立入禁止（クレーン等安全規則第74条）**

事業者は、移動式クレーンに係る作業を行うときは、当該移動式クレーンの**上部旋回体と接触**することにより労働者に危険が生ずるおそれのある箇所に、労働者を立ち入らせてはならない。

⑨ **運転位置からの離脱の禁止（クレーン等安全規則第75条）**

事業者は、移動式クレーンの運転者を、**荷を吊った**ままで、運転位置から離れさせてはならない。

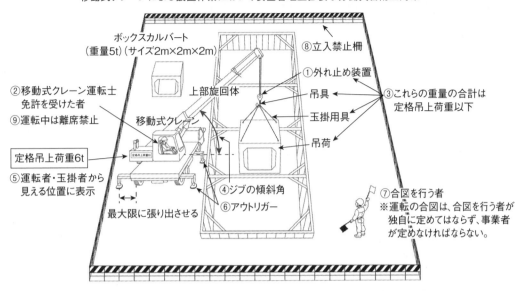

　この問題に対する解答は、上記の条文から、問題の図に示された現場で行われている労働災害防止対策に関するものを抜き出して要約し、簡潔な文章で表現することが望ましい。下記の解答例は、上記の条文のうち、①・②・⑤・⑥・⑦を要約したものである。なお、この問題では「労働安全衛生規則又はクレーン等安全規則に定められている措置の内容」を記述するよう指定されているので、実際の現場で行うべき労働災害防止対策であっても、これらの法律に明記されていない対策を解答してはならないことに注意が必要である。

解答例

安全管理上必要な労働災害防止対策（措置の内容）
移動式クレーンを用いて荷を吊り上げるときは、外れ止め装置を使用する。
吊上荷重５ｔ以上の移動式クレーンは、移動式クレーン運転士免許取得者に運転させる。
移動式クレーンの定格荷重を、運転者・玉掛者が常時知ることができる位置に表示する。
移動式クレーンを用いて作業を行うときは、アウトリガーを最大限に張り出させる。
移動式クレーンの運転について、事業者が一定の合図を定め、合図を行う者を指名する。

出典：クレーン等安全規則

| 令和2年度 | 選択問題(2) | 安全管理 | 機械掘削・積込作業の事故防止対策 |

問題10 建設工事現場における機械掘削及び積込み作業中の事故防止対策として、労働安全衛生規則の定めにより、**事業者が実施すべき事項を5つ**解答欄に記述しなさい。
ただし、解答欄の(例)と同一内容は不可とする。

考え方

建設工事現場における機械掘削および積込み作業中の事故防止対策については、明り掘削作業における危険の防止の一環として、労働安全衛生規則の第355条〜第367条に定められている。また、労働安全衛生規則の第154条〜第166条に定められている車両系建設機械(整地・運搬・積込み・掘削などに用いられる機械のうち、動力を用いて不特定の場所に自走することができるもの)の使用に係る危険の防止のうち、機械による掘削・積込みに関することを解答としてもよい。(労働安全衛生規則から出題に関する条文を抜粋・一部改変)

① **地山の崩壊等による危険の防止**(労働安全衛生規則第361条)

　事業者は、明り掘削の作業を行う場合において、地山の崩壊又は土石の落下により労働者に危険を及ぼすおそれのあるときは、あらかじめ、**土止め支保工**を設け、**防護網**を張り、労働者の立入りを禁止する等、当該危険を防止するための措置を講じなければならない。

② **掘削機械等の使用禁止**(労働安全衛生規則第363条)

　事業者は、明り掘削の作業を行う場合において、掘削機械・積込機械・運搬機械の使用によるガス導管・地中電線路・その他地下に存する工作物の**損壊**により、労働者に危険を及ぼすおそれのあるときは、これらの機械を使用してはならない。

③ **運搬機械等の運行の経路等**(労働安全衛生規則第364条)

　事業者は、明り掘削の作業を行うときは、あらかじめ、運搬機械・掘削機械・積込機械(車両系建設機械及び車両系荷役運搬機械等を除く)の**運行の経路**並びにこれらの機械の土石の積卸し場所への出入の方法を定めて、これを関係労働者に周知させなければならない。

④ **誘導者の配置**(労働安全衛生規則第365条)

　事業者は、明り掘削の作業を行う場合において、運搬機械・掘削機械・積込機械が、労働者の作業箇所に**後進**して接近するときや、**転落**するおそれのあるときは、**誘導者**を配置し、その者にこれらの機械を誘導させなければならない。

⑤ **保護帽の着用**(労働安全衛生規則第366条)

　事業者は、明り掘削の作業を行うときは、物体の飛来又は落下による労働者の危険を防止するため、当該作業に従事する労働者に**保護帽**を着用させなければならない。

⑥ **照度の保持**（労働安全衛生規則第367条）

事業者は、明り掘削の作業を行う場所については、当該作業を安全に行うために必要な**照度**を保持しなければならない。

⑦ **調査及び記録**（労働安全衛生規則第154条）

事業者は、車両系建設機械を用いて作業を行うときは、当該車両系建設機械の転落・地山の崩壊等による労働者の危険を防止するため、あらかじめ、当該作業に係る場所について、**地形・地質**の状態等を調査し、その結果を記録しておかなければならない。

⑧ **転落等の防止等**（労働安全衛生規則第157条の2）

事業者は、路肩・傾斜地等であって、車両系建設機械の**転倒**又は**転落**により運転者に危険が生ずるおそれのある場所においては、**転倒時保護構造を有し、かつ、シートベルト**を備えたもの以外の車両系建設機械を使用しないように努めるとともに、運転者にシートベルトを使用させるように努めなければならない。

解答例

事業者が実施すべき事項	①	土石の落下の危険があるときは、土止め支保工を設け、防護網を張る。
	②	掘削機械・積込機械の運行経路や土石の積卸し場所への出入方法を定める。
	③	掘削機械・積込機械が転落するおそれのあるときは、誘導者を配置する。
	④	機械の運転者に保護帽を着用させると共に、必要な照度を保持する。
	⑤	作業場所の地形・地質の状態等を調査し、その結果を記録しておく。

出典：労働安全衛生規則

※問題文中には、「ただし、解答欄の(例)と同一内容は不可とする」と書かれているが、解答欄の(例)は非公開事項になったので、ここでは省略する。上記の解答例が、解答欄の(例)に記載されていた場合は、上記④の「保護帽を着用させる」と「必要な照度を保持する」を別々の解答にするなどの工夫をする必要がある。

| 令和元年度 | 選択問題(2) | 安全管理 | 移動式クレーンによる作業の安全管理 |

問題10 下図は、移動式クレーンで土止め支保工に用いるＨ型鋼の現場搬入作業を行っている状況である。この現場において**安全管理上必要な労働災害防止対策に関して「クレーン等安全規則」に定められている措置の内容について２つ**解答欄に記述しなさい。

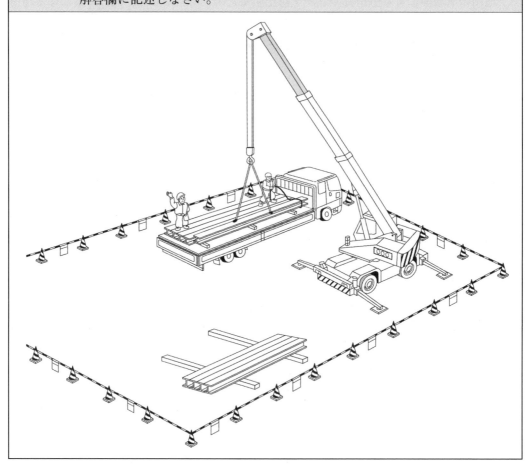

考え方

　移動式クレーンによる作業の安全管理上必要な労働災害防止対策については、クレーン等安全規則の第63条～第75条に定められている。（クレーン等安全規則から抜粋・一部改変）

①**外れ止め装置の使用（クレーン等安全規則第66条の3）**

　事業者は、移動式クレーンを用いて荷を吊り上げるときは、**外れ止め装置**を使用しなければならない。

②**特別の教育（クレーン等安全規則第67条）**

　事業者は、吊り上げ荷重が１t未満の移動式クレーンの運転の業務に労働者を就かせるときは、当該労働者に対し、当該業務に関する安全のための**特別の教育**を行わなければならない。

③**就業制限**（クレーン等安全規則第68条）
　事業者は、吊り上げ荷重が**5t以上**の移動式クレーンの運転の業務については、移動式クレーン運転士**免許**を受けた者でなければ、当該業務に就かせてはならない。
　吊り上げ荷重が**1t以上5t未満**の移動式クレーンの運転の業務については、小型移動式クレーン運転**技能講習**を修了した者を当該業務に就かせることができる。

④**定格荷重の表示等**（クレーン等安全規則第70条の2）
　事業者は、移動式クレーンを用いて作業を行うときは、移動式クレーンの**運転者**および**玉掛け**をする者が、当該移動式クレーンの**定格荷重**を常時知ることができるよう、**表示**その他の措置を講じなければならない。

⑤**アウトリガーの張り出し**（クレーン等安全規則第70条の5）
　事業者は、アウトリガーを有する移動式クレーンを用いて作業を行うときは、**当該アウトリガーを最大限に張り出さなければならない**。ただし、アウトリガーを最大限に張り出すことができない場合であって、当該移動式クレーンに掛ける荷重が、当該移動式クレーンのアウトリガーの張り出し幅に応じた定格荷重を下回ることが確実に見込まれるときは、この限りでない。

⑥**運転の合図**（クレーン等安全規則第71条）
　事業者は、移動式クレーンを用いて作業を行うときは、移動式クレーンの運転について一定の合図を定め、**合図を行う者**を指名して、その者に合図を行わせなければならない。ただし、移動式クレーンの運転者に単独で作業を行なわせるときは、この限りでない。

⑦**立入禁止**（クレーン等安全規則第74条）
　事業者は、移動式クレーンに係る作業を行うときは、当該移動式クレーンの**上部旋回体と接触**することにより労働者に危険が生ずるおそれのある箇所に、労働者を立ち入らせてはならない。

⑧**強風時の作業中止**（クレーン等安全規則第74条の3）
　事業者は、**強風**のため、移動式クレーンに係る作業の実施について危険が予想されるときは、当該**作業を中止**しなければならない。

⑨**強風時における転倒の防止**（クレーン等安全規則第74条の4）
　事業者は、強風により作業を中止した場合であって、移動式クレーンが転倒するおそれのあるときは、当該移動式クレーンの**ジブの位置を固定**させる等により、移動式クレーンの**転倒**による労働者の危険を防止するための措置を講じなければならない。

安全管理上必要な労働災害防止対策

　この問題に対する解答は、上記の条文から、問題の図に示された現場で行われている労働災害防止対策に関するものを抜き出して要約し、簡潔な文章で表現することが望ましい。

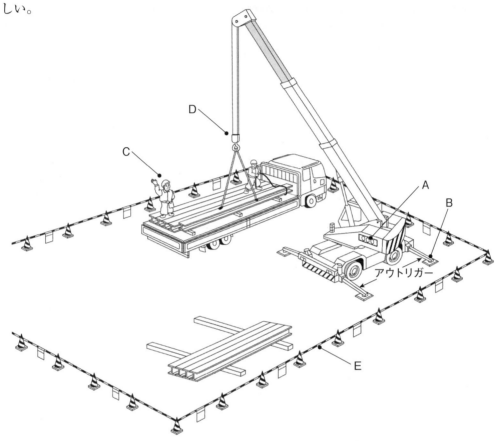

図	対策	解答例
A	定格荷重の表示等	移動式クレーンの定格荷重を、運転者・玉掛者が見やすい位置に表示する。
B	アウトリガーの張り出し	移動式クレーンによる作業では、アウトリガーを最大限に張り出させる。
C	運転の合図	移動式クレーンの運転について一定の合図を定め、合図を行う者を指名する。
D	外れ止め装置の使用	移動式クレーンで荷を吊り上げるときは、外れ止め装置を使用する。
E	立入禁止	移動式クレーンの上部旋回体の可動範囲を、立入禁止柵で囲う。

解答例

安全管理上必要な労働災害防止対策
移動式クレーンによる作業では、アウトリガーを最大限に張り出させる。
移動式クレーンの運転について一定の合図を定め、合図を行う者を指名する。

出典：クレーン等安全規則

参考

移動式クレーンの就業制限に関するまとめ

　移動式クレーンの運転業務・玉掛け業務に就くことができる者（必要な資格）は、その移動式クレーンの吊上荷重に応じて、次のように定められている。

運転業務に就くことができる者＼移動式クレーンの吊上荷重	5トン以上	1トン以上5トン未満	1トン未満
移動式クレーン運転士免許を受けた者	○	○	○
小型移動式クレーン運転技能講習を修了した者	×	○	○
移動式クレーンに関する特別の教育を受けた者	×	×	○

玉掛け業務に就くことができる者＼移動式クレーンの吊上荷重	5トン以上	1トン以上5トン未満	1トン未満
玉掛け技能講習を修了した者	○	○	○
玉掛けに関する特別の教育を受けた者	×	×	○

平成30年度	選択問題(2)	安全管理	明り掘削・型枠支保工

問題10　建設工事現場における作業のうち、次の(1)又は(2)のいずれか1つの番号を選び、**番号欄**に記入した上で、記入した番号の作業に関して労働者の危険を防止するために、労働安全衛生規則の定めにより**事業者が実施すべき安全対策**について解答欄に**5つ記述しなさい。**

(1) 明り掘削作業（土止め支保工に関するものは除く）
(2) 型わく支保工の組立て又は解体の作業

> **考え方**

明り掘削の作業に従事する労働者の危険を防止するための安全対策については、労働安全衛生規則の第355条～第367条に定められている。（労働安全衛生規則から抜粋・一部改変）

① 作業箇所等の調査（労働安全衛生規則第355条）

事業者は、地山の掘削の作業を行う場合において、地山の崩壊・埋設物等の損壊等により労働者に危険を及ぼすおそれのあるときは、**あらかじめ**、作業箇所およびその周辺の地山について、次の事項をボーリングその他適当な方法により調査し、これらの事項について知り得たところに適応する**掘削の時期および順序**を定めて、当該定めにより作業を行わなければならない。
- 形状・地質・地層の状態
- 亀裂・含水・湧水・凍結の有無・状態
- 埋設物等の有無・状態
- 高温のガス・蒸気の有無・状態

② 点検（労働安全衛生規則第358条）

事業者は、明り掘削の作業を行うときは、地山の崩壊または土石の落下による労働者の危険を防止するため、**点検者を指名**し、作業箇所およびその周辺の地山について、**その日の作業を開始する前・大雨の後・中震以上の地震の後**、浮石・亀裂の有無・状態や、含水・湧水・凍結の状態の変化を点検させなければならない。

③ 地山の掘削作業主任者の選任（労働安全衛生規則第359条）

事業者は、掘削面の高さが2m以上となる地山の掘削の作業については、地山の掘削及び土止め支保工作業主任者技能講習を修了した者のうちから、**地山の掘削作業主任者を選任**しなければならない。

④ 運搬機械等の運行の経路等（労働安全衛生規則第364条）

事業者は、明り掘削の作業を行うときは、あらかじめ、運搬機械等の運行の経路並びにこれらの機械の土石の積卸し場所への出入の方法を定めて、これを**関係労働者に周知**させなければならない。

⑤ 誘導者の配置（労働安全衛生規則第365条）

事業者は、明り掘削の作業を行う場合において、運搬機械等が、労働者の作業箇所に**後進して接近**するときや、転落するおそれのあるときは、**誘導者を配置**し、その者にこれらの機械を誘導させなければならない。

⑥ 保護帽の着用（労働安全衛生規則第366条）

事業者は、明り掘削の作業を行うときは、物体の飛来または落下による労働者の危険を防止するため、当該作業に従事する労働者に**保護帽を着用**させなければならない。

⑦ 照度の保持（労働安全衛生規則第367条）

事業者は、明り掘削の作業を行う場所については、当該作業を安全に行うため、**必要な照度を保持**しなければならない。

> 考え方

　型枠支保工の組立てや解体の作業に従事する労働者の危険を防止するための安全対策については、労働安全衛生規則の第240条～第247条に定められている。(労働安全衛生規則から抜粋・一部改変)

① **組立図（労働安全衛生規則第240条）**
　事業者は、型枠支保工を組み立てるときは、**組立図**を作成し、かつ、当該組立図により組み立てなければならない。この組立図は、支柱・梁・つなぎ・筋かい等の部材の寸法・配置・接合方法が示されているものでなければならない。

② **型枠支保工についての措置等（労働安全衛生規則第242条）**
　事業者は、型枠支保工については、次に定めるところによらなければならない。
- **敷角の使用・コンクリートの打設・杭の打込み等、支柱の沈下を防止**するための措置を講ずること。
- **支柱の脚部の固定・根がらみの取付け等、支柱の脚部の滑動を防止**するための措置を講ずること。
- 支柱の継手は、**突合せ継手または差込み継手**とすること。
- **鋼材と鋼材との接続部・交差部**は、ボルト・クランプ等の**金具**を用いて緊結すること。

③ **型枠支保工の組立て等の作業（労働安全衛生規則第245条）**
　事業者は、型枠支保工の組立てまたは解体の作業を行うときは、次の措置を講じなければならない。
- 当該作業を行う区域には、関係労働者以外の労働者の**立ち入りを禁止**すること。
- 強風・大雨・大雪等の悪天候のため、作業の実施について危険が予想されるときは、当該作業に労働者を**従事させない**こと。
- 材料・器具・工具を上げ下ろすときは、**吊り綱・吊り袋**等を労働者に使用させること。

④ **型枠支保工の組立て等作業主任者の選任（労働安全衛生規則第246条）**
　事業者は、型枠支保工(支柱・梁・つなぎ・筋かい等の部材により構成され、建設物におけるスラブ・桁等のコンクリートの打設に用いる型枠を支持する仮設の設備)の組立てまたは解体の作業については、型枠支保工の組立て等作業主任者技能講習を修了した者のうちから、**型枠支保工の組立て等作業主任者**を選任しなければならない。

> 解答例

　明り掘削作業・型枠支保工の組立て作業・型枠支保工の解体作業における安全対策をまとめると、下表のようになる。解答は、(1)または(2)のいずれか一方を選んで行う。なお、問題文中には「労働安全衛生規則の定めにより」とあるので、労働安全衛生規則で明確に定められていない安全対策については、記述しない方が無難であると思われる。

番号	作業	事業者が実施すべき安全対策		
(1)	明り掘削作業（土止め支保工に関するものは除く）	①	事前調査で地層の状態等を調査し、掘削の時期と順序を定める。	
		②	点検者を指名し、作業開始前に、掘削箇所の状態を確認させる。	
		③	運搬機械の運行経路を定め、関係労働者に周知させる。	
		④	作業に従事する労働者に、保護帽を着用させる。	
		⑤	作業を安全に行うために必要な照度を保持する。	
(2)	型枠支保工の組立て又は解体の作業	①	作業区域には、関係労働者以外の労働者の立ち入りを禁止する。	
		②	悪天候のため、危険が予想されるときは、労働者を従事させない。	
		③	材料等を上げ下ろすときは、吊り綱・吊り袋を使用させる。	
		④	敷角の使用等、支柱の沈下を防止するための措置を講じる。	
		⑤	根がらみの取付け等、支柱の脚部の滑動を防止する措置を講じる。	

出典：労働安全衛生規則

平成29年度　選択問題(2)　安全管理　墜落等による危険の防止

問題10　高所での作業において、墜落による危険を防止するために、労働安全衛生規則の定めにより、**事業者が実施すべき安全対策について5つ**解答欄に記述しなさい。

考え方

高所作業における墜落等による危険を防止するために、事業者が実施すべき安全対策については、労働安全衛生規則の第518条〜第533条を中心に定められている。（労働安全衛生規則から抜粋・一部改変）

①**作業床の設置等（労働安全衛生規則第518条）**

事業者は、**高さが2m以上の箇所**（作業床の端・開口部等を除く）で作業を行う場合において、墜落により労働者に危険を及ぼすおそれのあるときは、足場を組み立てる等の方法により**作業床**を設けなければならない。この作業床を設けることが困難なときは、防網を張り、労働者に安全帯を使用させる等、墜落による労働者の危険を防止するための措置を講じなければならない。

②**作業床への囲い等の設置（労働安全衛生規則第519条）**

事業者は、高さが2m以上の作業床の端・開口部等で、墜落により労働者に危険を及ぼすおそれのある箇所には、**囲い・手すり・覆い等（囲い等）**を設けなければならない。この囲い等を設けることが著しく困難なとき又は作業の必要上臨時に囲い等を取り外すときは、**防網を張り、労働者に安全帯を使用させる**等、墜落による労働者の危険を防止するための措置を講じなければならない。

③ **安全帯等の取付け設備等（労働安全衛生規則第521条）**

事業者は、高さが2m以上の箇所で作業を行う場合において、**労働者に安全帯等を使用させるときは、安全帯等を安全に取り付けるための設備等を設けなければならない。**
事業者は、労働者に安全帯等を使用させるときは、安全帯等及びその取付け設備等の異常の有無について、**随時点検**しなければならない。

④ **悪天候時の作業禁止（労働安全衛生規則第522条）**

事業者は、高さが2m以上の箇所で作業を行う場合において、**強風・大雨・大雪等の悪天候**のため、当該作業の実施について危険が予想されるときは、当該作業に**労働者を従事させてはならない。**

⑤ **照度の保持（労働安全衛生規則第523条）**

事業者は、**高さが2m以上の箇所で作業を行うときは、当該作業を安全に行うために必要な照度を保持**しなければならない。

⑥ **スレート等の屋根上の危険の防止（労働安全衛生規則第524条）**

事業者は、スレート・木毛板等の材料で葺かれた屋根の上で作業を行う場合において、踏み抜きにより労働者に危険を及ぼすおそれのあるときは、**幅が30cm以上の歩み板**を設け、防網を張る等、踏み抜きによる労働者の危険を防止するための措置を講じなければならない。

⑦ **昇降するための設備の設置等（労働安全衛生規則第526条）**

事業者は、**高さ又は深さが1.5mを超える箇所**で作業を行うときは、当該作業に従事する労働者が安全に昇降するための設備等を設けなければならない。ただし、**安全に昇降するための設備**等を設けることが作業の性質上著しく困難なときは、この限りでない。

⑧ **移動梯子（労働安全衛生規則第527条）**

事業者は、移動梯子については、次に定めるところに適合したものでなければ使用してはならない。

一　丈夫な構造とすること。
二　材料は、著しい損傷・腐食等がないものとすること。
三　幅は、30cm以上とすること。
四　すべり止め装置の取付けその他**転位を防止**するために必要な措置を講ずること。

⑨ **脚立（労働安全衛生規則第528条）**

事業者は、脚立については、次に定めるところに適合したものでなければ使用してはならない。

一　丈夫な構造とすること。
二　材料は、著しい損傷・腐食等がないものとすること。
三　**脚と水平面との角度を75度**以下とし、かつ、折りたたみ式のものにあっては、脚と水平面との角度を確実に保つための**金具等**を備えること。
四　踏み面は、作業を安全に行うために必要な面積を有すること。

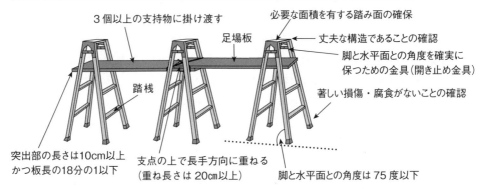

⑩ **建築物等の組立・解体・変更の作業**(労働安全衛生規則第529条)

事業者は、建築物・橋梁・足場等の組立・解体・変更の作業(**作業主任者を選任しなければならない作業を除く**)を行う場合において、墜落により労働者に危険を及ぼすおそれのあるときは、次の措置を講じなければならない。

一　**作業を指揮する者を指名**して、その者に直接作業を指揮させること。
二　あらかじめ、作業の方法及び順序を、当該作業に従事する労働者に周知させること。

⑪ **立入禁止**(労働安全衛生規則第530条)

事業者は、**墜落**により労働者に危険を及ぼすおそれのある箇所に、**関係労働者以外の労働者を立ち入らせてはならない**。

解答例

高所での作業において、墜落による危険を防止するための対策について、労働安全衛生規則の定めによって事業者が実施すべき安全対策をまとめると、下表のようになる。ここから5つを選択して解答する。

事業者が実施すべき安全対策
高さが2m以上の作業箇所に、足場などの作業床を設ける。
作業床の端や開口部などに、囲い等を設ける。
安全帯や、その取付け設備について、随時点検する。
悪天候による危険が予想されるときは、高所作業を中止する。
高所作業を安全に行うために必要な照度を保持する。
スレート屋根上における作業では、幅30cm以上の歩み板を設ける。
高さが1.5m以上の作業箇所に、安全に昇降するための設備を設ける。
幅30cm以上の丈夫な移動梯子を設ける。
脚立の脚と水平面との角度を75度以下に保つ。
作業主任者の選任が不要の場合、作業を指揮する者を指名し、その者に直接作業を指揮させる。
関係労働者以外の労働者の立入禁止措置を講じる。

| 平成28年度 | 選択問題(2) | 安全管理 | 移動式クレーンによる作業の安全管理 |

問題10 下図は、移動式クレーンで仮設材の撤去作業を行っている現場状況である。この現場において**安全管理上必要な労働災害防止対策**に関して、「労働安全衛生規則」又は「クレーン等安全規則」に定められている措置の内容について2つ解答欄に記述しなさい。

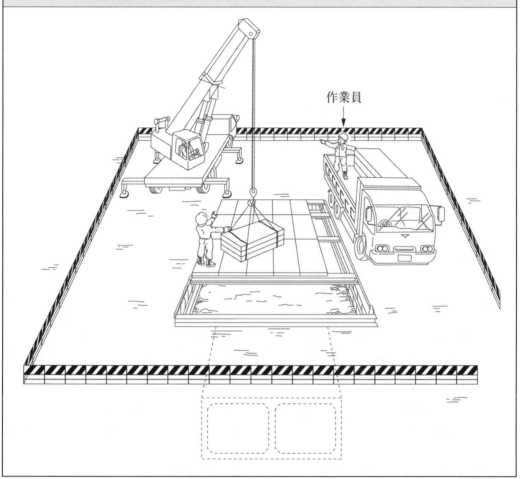

考え方

移動式クレーンの安全管理については、「労働安全衛生規則」および「クレーン等安全規則」に規定されているが、その細目はクレーン等安全規則の方に記されている。

①**就業制限（クレーン等安全規則第68条）**

事業者は、つり上げ荷重が5トン以上の移動式クレーンの運転の業務については、**移動式クレーン運転士免許**を受けた者でなければ、当該業務に就かせてはならない。ただし、つり上げ荷重が1トン以上5トン未満の小型移動式クレーンの運転の業務については、**小型移動式クレーン運転技能講習**を修了した者を当該業務に就かせることができる。

移動式クレーンの吊り上げ荷重	運転の業務に就くために必要な資格
5トン以上	移動式クレーン運転士免許の取得
1トン以上5トン未満	小型移動式クレーン運転技能講習の修了
1トン未満	業務に関する安全のための特別の教育の修了

②**過負荷の制限**(クレーン等安全規則第69条)
　事業者は、移動式クレーンにその**定格荷重**をこえる荷重をかけて使用してはならない。

③**傾斜角の制限**(クレーン等安全規則第70条の1)
　事業者は、移動式クレーンについては、移動式クレーン明細書に記載されている**ジブの傾斜角**(つり上げ荷重が3トン未満の移動式クレーンにあっては、これを製造した者が指定したジブの傾斜角)の範囲をこえて使用してはならない。

④**定格荷重の表示等**(クレーン等安全規則第70条の2)
　事業者は、移動式クレーンを用いて作業を行うときは、移動式クレーンの運転者及び玉掛けをする者が当該移動式クレーンの定格荷重を常時知ることができるよう、**表示**その他の措置を講じなければならない。

⑤**使用の禁止**(クレーン等安全規則第70条の3)
　事業者は、地盤が軟弱であること、埋設物その他地下に存する工作物が損壊するおそれがあること等により移動式クレーンが転倒するおそれのある場所においては、移動式クレーンを用いて作業を行ってはならない。ただし、当該場所において、移動式クレーンの転倒を防止するため必要な広さ及び強度を有する**鉄板等が敷設**され、その上に移動式クレーンを設置しているときは、この限りでない。

⑥**アウトリガーの位置**(クレーン等安全規則第70条の4)
　事業者は、敷設した鉄板等の上に移動式クレーンを設置している場合において、**アウトリガー**を使用する移動式クレーンを用いて作業を行うときは、当該アウトリガーを当該鉄板等の上で当該移動式クレーンが転倒するおそれのない位置に設置しなければならない。

⑦**アウトリガー等の張り出し**(クレーン等安全規則第70条の5)
　事業者は、アウトリガーを有する移動式クレーン又は拡幅式のクローラを有する移動式クレーンを用いて作業を行うときは、当該アウトリガー又はクローラを**最大限に張り出さなければならない**。ただし、アウトリガー又はクローラを最大限に張り出すことができない場合であって、当該移動式クレーンに掛ける荷重が当該移動式クレーンのアウトリガー又はクローラの張り出し幅に応じた定格荷重を下回ることが確実に見込まれるときは、この限りでない。

⑧ **運転の合図（クレーン等安全規則第71条）**

事業者は、移動式クレーンを用いて作業を行うときは、移動式クレーンの運転について一定の合図を定め、**合図を行う者を指名**して、その者に合図を行わせなければならない。ただし、移動式クレーンの運転者に**単独**で作業を行わせるときは、この限りでない。（第1項）

第1項の指名を受けた者は、同項の作業に従事するときは、同項の合図を行わなければならない。（第2項）

第1項の作業に従事する労働者は、同項の合図に従わなければならない。（第3項）

⑨ **立入禁止（クレーン等安全規則第74条の1）**

事業者は、移動式クレーンに係る作業を行うときは、当該**移動式クレーンの上部旋回体と接触**することにより労働者に危険が生ずるおそれのある箇所に労働者を立ち入らせてはならない。

⑩ **強風時の作業中止（クレーン等安全規則第74条の3）**

事業者は、強風のため、移動式クレーンに係る作業の実施について危険が予想されるときは、当該**作業を中止**しなければならない。

⑪ **強風時における転倒の防止（クレーン等安全規則第74条の4）**

事業者は、第74条の3の規定により作業を中止した場合であって移動式クレーンが転倒するおそれのあるときは、当該移動式クレーンの**ジブの位置を固定**させる等により移動式クレーンの転倒による労働者の危険を防止するための措置を講じなければならない。

解答例

	安全管理上必要な労働災害防止対策
①	事業者は、移動式クレーンの運転について一定の合図を定め、合図を行う者をこの現場に設置し、その者に合図を行わせる。
②	この現場の地下にある地下埋設物を保護し、移動式クレーンの転倒を防止するため、移動式クレーンの下に鉄板を敷く。

| 平成27年度 | 選択問題(2) | 安全管理 | 掘削作業の安全管理 |

問題10 下図は、油圧ショベル（バックホゥ）で地山の掘削作業を行っている現場状況である。この現場において**予想される労働災害とその防止対策**について、**労働安全衛生規則に定められた事項**をそれぞれ2つ解答欄に記述しなさい。

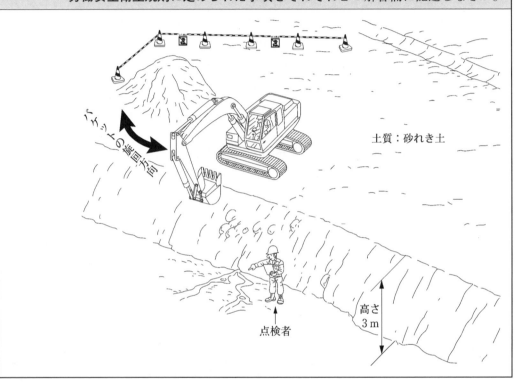

考え方

　地山の掘削作業における労働災害の防止対策は、労働安全衛生規則の「掘削作業等における危険の防止」の章において、次のような事項が定められている。

① 作業箇所において、高温ガス・高温蒸気・埋設物・湧水などの有無を事前調査する。
② 地山の種類ごとに定められた掘削面の勾配の基準に従う。
③ 砂からなる地山を手掘りにより掘削するときは、掘削面の勾配を35度以下とするか、掘削面の高さを5m未満とする。
④ 点検者を指名し、その者に掘削前の点検を行わせる。
⑤ 高さが2m以上となる地山の掘削作業では、**地山の掘削作業主任者**を選任し、その者に作業を直接指揮させる。
⑥ 地山の崩壊による危険を防止するため、土止め支保工を設置し、立入禁止措置を講じる。
⑦ **誘導者**を配置し、建設機械と労働者との接触を防止すると共に、後進する建設機械の転落を防止する。
⑧ 作業を安全に行うために必要な照度を確保する。

以上の事項等から、2項目を選択し、予想される労働災害とその防止対策を示す。なお、④の点検者の指名と、⑥の立入禁止措置は、既に講じられている。また、掘削面の高さが3mなので、②と③の条件も満たしている。そのため、解答例では、⑤と⑦を示すことにする。

解答例

	予想される労働災害	労働災害の防止対策
①	労働者が地山の崩壊に巻き込まれる。	地山の掘削作業主任者を選任し、作業を直接指揮させる。
②	ショベルが転落したり労働者に接触したりする。	誘導者を選任し、建設機械を安全に誘導させる。

参考 この問題の図では、油圧ショベルのクローラ（履帯）の向きが、掘削面と平行になっているが、安全のためには、掘削面と直角になるよう配置することが望ましい。ただし、このことは「労働安全衛生規則」には明記されていないので、解答としては不適切になると考えられる。

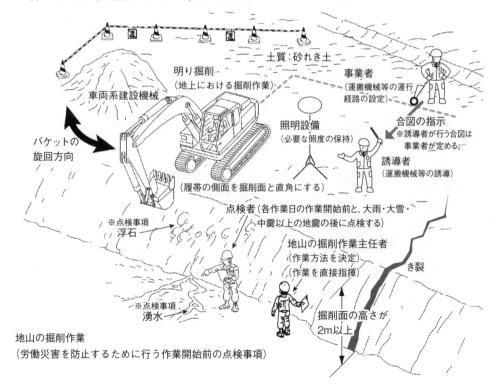

第5章 施工管理（施工計画・環境保全）

5.1 試験内容の分析と学習ポイント

5.1.1 最新10年間の施工管理の出題内容

年度	施工管理（施工計画）の出題内容
令和6年度	(●) 問題3　施工体制台帳の作成について、建設業法・入札契約適正化法に定められている事項を5つ記述する。
令和5年度	(2) 問題11　プレキャストボックスカルバートを施工する場合の施工手順の表について、**工種名**と**施工上の留意事項**を記述する。
令和4年度	（この分野からの出題はありませんでした）
令和3年度	(●) 問題3　**施工計画の立案**に関する各検討項目（契約書類確認・自然条件調査・近隣環境調査・資機材調査・施工手順）の**検討内容**を記述する。 (2) 問題11　管渠を敷設する場合の施工手順について、**工種名**と**施工上の留意事項**を記述する。
令和2年度	(1) 問題6　土木工事の**施工計画作成**時に留意すべき事項（視点・災害防止・明記事項・作業員・環境）に関する用語を記入する。
令和元年度	(2) 問題11　公共土木工事の**施工計画書**の各項目（現場組織表・主要資材・施工方法・安全管理）に記載すべき内容を記述する。
平成30年度	(2) 問題11　**プレキャストボックスカルバート**の各施工手順について、**工種名**と**施工上の留意事項**を記述する。
平成29年度	(1) 問題6　**施工計画の立案**に際して留意すべき事項に関する用語を記入する。
平成28年度	(2) 問題11　公共土木工事の**施工計画書**に記載すべき内容を記述する。
平成27年度	(1) 問題6　管渠を布設する際の施工手順と、品質管理項目・出来形管理項目。

※●は選択問題ではなく必須問題として出題された項目です。

年　度	施工管理(環境保全)の出題内容
令和6年度	(2) 問題11 建設工事に伴う**騒音・振動の防止**のための**具体的な対策・調査**を5つ記述する。
令和5年度	(1) 問題7 **産業廃棄物管理票の交付**(交付の時期・記載事項・保存期間・報告書の提出)に関する用語を記入する。
令和4年度	(2) 問題11 再排出事業者が**建設廃棄物を現場内で保管**する場合に、周辺の生活環境に影響を及ぼさないための具体的措置を5つ記述する。
令和3年度	(1) 問題7 再資源化を促進する**特定建設資材**(コンクリート塊・建設発生木材・アスファルトコンクリート塊)に関する用語を記入する。
令和2年度	(2) 問題11 建設工事に伴う**騒音と振動の防止**のための具体的対策を5つ記述する。
令和元年度	(1) 問題6 **特定建設資材廃棄物の再資源化**(コンクリート塊・建設発生木材・アスファルトコンクリート塊)に関する用語を記入する。
平成30年度	(1) 問題6 **建設副産物適正処理推進要綱**に定められている**関係者の責務と役割**に関する用語を記入する。
平成29年度	(2) 問題11 **建設廃棄物の分別・保管**において実施すべき対策を記述する。
平成28年度	(1) 問題6 **建設副産物の適正処理**(分別・保管など)に関する用語を記入する。
平成27年度	(2) 問題11 建設副産物の**一時的な保管と収集運搬**について、元請業者が行う措置。

5.1.2 出題分析からの予想と学習ポイント

※選択問題(1)は、主として法律等に定められている語句を空欄に記入する問題です。
※選択問題(2)は、主として特定の事項に関する具体的な内容を文章で記述する問題です。

施工管理(施工計画)

選択問題(1)・(2) 施工管理(施工計画)の分析表　　　　　　　　　　◯出題項目

出題項目＼年度	R6	R5	R4	R3	R2	R元	H30	H29	H28	H27
構造物の工程管理・品質管理計画		◯		◯			◯			◯
施工計画の作成・仮設計画				●	◯	◯		◯	◯	
施工体制台帳の作成	●									

※●は選択問題ではなく必須問題として出題された項目です。

施工管理(環境保全)

選択問題(1)・(2) 施工管理(環境保全)の分析表　　　　　　　　　　◯出題項目

出題項目＼年度	R6	R5	R4	R3	R2	R元	H30	H29	H28	H27
廃棄物処理法		◯	◯							◯
建設副産物適正処理推進要綱							◯	◯	◯	
建設リサイクル法				◯		◯				
現場の騒音・振動対策	◯				◯					

本年度の試験に向けた施工管理(施工計画)の学習ポイント

① 施工計画の事前調査・仮設計画の立案・機械計画の立案について、その留意点を記述できるようにする。
② ボックスカルバートなどの埋設された構造物について、施工手順・品質管理項目・出来形管理項目を理解する。

本年度の試験に向けた施工管理(環境保全)の学習ポイント

① 元請業者が行うべき手続き・再資源化を行う対象建設工事の計画・再資源化された物品の利用例を記述できるようにする。(建設リサイクル法)
② 工事現場の近隣の環境保全について、騒音対策・振動対策・交通対策を理解する。
③ 産業廃棄物の処理手順・廃棄物の最終処分・産業廃棄物管理票に関する事項を理解する。(廃棄物処理法)

5.2 技術検定試験 重要項目集

5.2.1 施工計画

❶ 事前調査

施工計画を立案するためには、契約条件の調査と現場条件の調査を十分に行い、施工技術計画の基本的な資料とする。

(1) 契約条件の調査
① 設計図書の調査：目的構造物の品質、施工工期、指定工法、仮設物の有無、契約金額、貸与材料、機械の有無など
② 施工条件の調査：地域の社会規制、使用材料の品質基準・出来形・品質検査方法

(2) 現場条件の調査
① 経済・労務調査：物価、輸送費用、労働人口、労働賃金、休祭日
② 自然環境調査：地形、地質、水文、気象
③ 工事環境調査：工事公害規制、用地・利権、電力、水、ガス、交通状況

❷ 工程計画立案の留意点
(1) 施工量は期間を通じてできるだけ平滑化(平均化)する。
(2) 建設機械は、主要機械が最小の作業量となるように組み合わせる。
(3) 組み合わされた建設機械の作業量は、作業量の最小のものにより制約される。
(4) 建設機械の組合せは、最大施工速度または正常施工速度で行う。
(5) 施工量の計画は、平均施工速度で行う。
(6) 仮設は、必要最小限として余裕をもたないように計画し、転用を多くする。
(7) 与えられた工期にかかわらず検討し、最適工期を見い出す。
(8) 工事の作業可能日数より工期が短いことを確認する。

❸ 仮設工事計画の留意点
仮設工事の注意事項は、次のとおりである。
(1) 仮設の目的を十分に把握すること。
(2) 仮設の型式と配置は安全で作業能率のよいものとし、設置期間を施工計画書に明示すること。
(3) 仮設の諸材料の規格(寸法、材質、強度)が、十分に安全であることを計算で確認する。
(4) 反復利用(転用)できるよう計画すること。
(5) 仮設備は必要最小限の規模とし、余裕をもたないこと。

❹ 盛土の施工計画

(1) **工法規定方式**：工法規定方式は、発注者が施工試験によって、規定の締固めとなる建設機械と走行回数、敷均し厚さを定めるもので、岩塊・玉石などの締固めを規定する場合に用いる。現在では、情報化施工の技術の進歩により、粘性土・シルト・砂の締固めを規定することもできるようになった。

(2) **品質規定方式**：請負者が施工法を次のように定める。

① 強度規定は、れき・玉石など含水比に左右されない土の締固めを規定するもので、CBR試験（CBR値）、平板載荷試験（K値）、コーン貫入試験（q_c値）により盛土地盤の強度を規定する。

② 変形量規定は、盛土のたわみ量が基準の変形量以下となるように規定するもので、一般に**プルーフローリング**（25tタイヤローラと試験車3回以上追加転圧）を走行させ、荷重輪の直下の最大沈下量が基準以下となるようにする規定である。特に必要のある場合、プルーフローリングの測定で異常の値がでたときは、さらにベンケルマンビームで詳しい変形量 δ（デルタ）を測定することができる。

③ 締固め度規定は、一般の砂質土に広く用いられる規定で、盛土材料を突き固める締固め試験によって、最大乾燥密度 $\rho_{d\,max}$ と、最適含水比 w_{opt} を求め、さらに、締め固められた現場の盛土の乾燥密度 ρ_d を単位体積質量試験（砂置換法、RI法）によって求め、締固め度 $C_d = \rho_d / \rho_{d\,max}$ が規定の値90％以上となるようにする。

④ 飽和度規定（または空気間隙率規定）は、高含水比の粘性土の締固めを規定するもので、締固め後の盛土の試料について土粒子の密度試験を行い、盛土の飽和度 S_r または空気間隙率 v_a を求め、S_r または v_a が管理基準を満足するよう湿地ブルドーザ等で締固めを行う。

締固めの規定のまとめを表5・1に示す。

表5・1 盛土の締固め規定一覧

規定方式		規定値	規定法	規定試験	適用土質
盛土の締固め管理	工法	工法規定	重量・回数・敷き均し厚	試験施工	全土質※
	品質	強度規定	K値、CBR値、q_c	平板載荷試験等	砂利、玉石
		変形量規定	δ（沈下量）	走行試験	砂利、玉石、礫
		乾燥密度規定	C_d	土の締固め試験等	一般の土
		飽和度規定	S_r（または v_a）	土粒子の密度試験	高含水比粘性土

※工法規定は、昔（技術が進歩する前）は「玉石・岩塊」のみが適用土質であった。

5.2.2 環境保全（建設副産物）

❶ 資源の有効な利用の促進に関する法律

(1) 建設副産物

建設副産物は、建設工事に伴い副次的に得られた物品で、次のものがある。

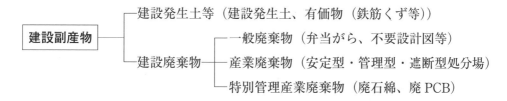

(2) 指定副産物

再生資源を利用することが技術的および経済的に可能であり、かつ資源の有効利用を図ることが特に必要な業種として、政令で定める再生資源の種類ごとに定めたものを特定業種という。

建設業も特定業種で、建設業において定められた指定副産物は次の4種類である。

① 土砂（建設発生土）
② コンクリートの塊（コンクリート塊）
③ アスファルト・コンクリートの塊（アスファルト・コンクリート塊）
④ 木材（建設発生木材）

これら4つの再生資源は、直ちに**そのまま再利用するもの**あるいは**利用可能なもの**である。建設副産物のうち、特に政令で定める指定副産物である。

土砂、木材という用語は搬入時に用い、現場から搬出する土砂は建設発生土、木材は建設発生木材といい、この建設発生土の再利用により産業廃棄物を減少させようとしている。したがって、搬入時の土砂と搬出時の建設発生土とは同じものであるが、搬入時と搬出時とで用語を区別して使用する必要がある。またコンクリートの塊はコンクリート塊、アスファルト・コンクリートの塊はアスファルト・コンクリート塊と用語が変わる。

(3) 指定副産物の利用

① **建設発生土**

建設発生土の利用を促進するため、当該工事現場における土の性質等の情報を提供し、必要とする土砂に関する情報を収集する。また、**建設発生土の利用**の主な用途は、表5・2のように**第1種**から**第4種**まである。

表5・2　建設発生土の主な利用用途

区　分	利用用途
第1種建設発生土 （砂、れきおよびこれらに準ずるものをいう）	工作物の埋戻し材料 土木構造物の裏込め材料 道路盛土材料 宅地造成用材料
第2種建設発生土 （砂質土、れき質土およびこれらに準ずるものをいう）	土木構造物の裏込め材料 道路盛土材料 河川築堤材料 宅地造成用材料
第3種建設発生土 （通常の施工性が確保される粘性土およびこれに準ずるものをいう）	土木構造物の裏込め材料 道路路体用盛土材料 河川築堤材料 宅地造成用材料 水面埋立て用材料
第4種建設発生土 （粘性土およびこれに準ずるもの（第3種建設発生土を除く）をいう）	水面埋立て用材料

② コンクリート塊

　コンクリート塊を再利用するため、当該工事現場において、分別および破砕ならびに再資源化施設の活用に努める。また、**再生骨材等の区分**に応じて、表5・3のように利用すべき用途を定めている。

表5・3　コンクリート塊の主な利用用途

再生資源（再生資材）	主な利用用途
再生クラッシャーラン	道路舗装およびその他舗装の下層路盤材料 土木構造物の裏込め材および基礎材 建設物の基礎材
再生コンクリート砂	工作物の埋戻し材料および基礎材
再生粒度調整砕石	その他舗装の上層路盤材料
再生セメント安定処理路盤材料	道路舗装およびその他舗装の路盤材料
再生石灰安定処理路盤材料	道路舗装およびその他舗装の路盤材料

（注）1）この表において「その他舗装」とは、駐車場の舗装および建築物等の敷地内の舗装をいう。
　　　2）道路舗装に利用する場合においては、再生骨材等の強度、耐久性等の品質を特に確認のうえ利用するものとする。

③ アスファルト・コンクリート塊

　アスファルト・コンクリート塊を利用するため、当該工事現場における分別および破砕ならびに再資源化施設の活用に努める。また、**再生骨材等および再生加熱アスファルト混合物の区分**に応じて表5・4のように利用すべき用途を定めている。

表5・4 アスファルト・コンクリート塊の主な利用用途

再生資源（再生資材）	主な利用用途
再生クラッシャーラン	道路舗装およびその他舗装の下層路盤材料 土木構造物の裏込め材および基礎材 建設物の基礎材
再生粒度調整砕石	その他舗装の上層路盤材料
再生セメント安定処理路盤材料	道路舗装およびその他舗装の路盤材料
再生石灰安定処理路盤材料	道路舗装およびその他舗装の路盤材料
再生加熱アスファルト安定処理混合物	道路舗装およびその他舗装の上層路盤材料
表層・基層用再生加熱アスファルト混合物	道路舗装およびその他舗装の基層用材料及び表層用材料

（注） 1）この表において「その他舗装」とは、駐車場の舗装および建築物等の敷地内の舗装をいう。
　　　 2）道路舗装に利用する場合においては、再生骨材等の強度、耐久性等の品質を特に確認のうえ利用するものとする。

④ 建設発生木材

建設発生木材（廃材は除く）は破砕し、製紙用またはボード用のチップとして再利用する。

(4) 指定副産物の利用計画

① 再生資源利用計画の作成（搬入）

元請業者は、一定規模以上の建設資材を搬入する工事を施工するとき、再生資源利用計画を作成するとともに、実施状況の記録を当該工事完成後1年間保存する。その計画を定める搬入資材の量は表5・5のようである。

表5・5 再生資源利用計画の該当工事等（搬入）

計画を作成する工事	定める内容
次の各号の一に該当する建設資材を搬入する建設工事 1．土　砂 …………………… 1,000 m³ 以上 2．砕　石 …………………… 500 t 以上 3．加熱アスファルト混合物 ……… 200 t 以上	1．建設資材ごとの利用量 2．利用量のうち再生資源の種類ごとの利用量 3．その他再生資源の利用に関する事項

表5・6 再生資源利用促進計画の該当工事等（搬出）

計画を作成する工事	定める内容
次の各号の一に該当する指定副産物を搬出する建設工事 1．建設発生土 …………… 1,000 m³ 以上 2．コンクリート塊 　　アスファルト・コンクリート塊　……… 合計 200 t 以上 　　建設発生木材	1．指定副産物の種類ごとの搬出量 2．指定副産物の種類ごとの再資源化施設又は他の建設工事現場等への搬出量 3．その他指定副産物に係る再生資源の利用の促進に関する事項

② 再生資源利用計画の作成（搬出）

元請業者は、一定規模以上の指定副産物を工事現場から搬出する工事を施工するとき、再生資源利用促進計画を作成し、その実施状況の記録を当該工事完成後1年間保存する。その規模は表5・6のようである。また、搬出に当たり、受入れ条件を勘案し、分別ならびに破砕または切断を行ったうえで、再生利用施設に運搬する。

③ 管理体制の整備

工事現場において責任者を置くなど管理体制の整備を行うこと。

❷ 廃棄物処理法

(1) 産業廃棄物管理票（マニフェスト）

産業廃棄物管理票の取扱いは次のようである。

① **事業者**は、産業廃棄物の運搬または処分を受託した者に対して、当該産業廃棄物の種類および数量、受託した者の氏名、産業廃棄物の荷姿その他省令で定める事項を記載した**産業廃棄物管理票（マニフェスト）を引渡しと同時に交付**しなければならない。

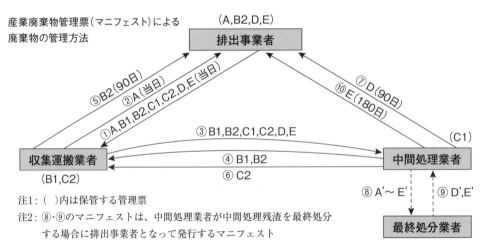

①排出事業者は、運搬車両ごと、廃棄物の種類ごとに、マニフェストを交付する。マニフェストの各票（A票,B1票,B2票,C1票,C2票,D票,E票）には、必要事項を記入し、収集運搬業者に交付する。
②収集運搬業者は、廃棄物を受け取った後、すべてのマニフェストに運転者氏名を記入し、A票を排出事業者に返す。
③収集運搬業者は、B1票,B2票,C1票,C2票,D票,E票を、廃棄物と共に処理施設に持参し、運搬終了日を記載して処理業者に渡す。
④処理業者は、B1票,B2票,C1票,C2票,D票,E票に必要事項を記入し、B1票,B2票を収集運搬業者に返す。
⑤収集運搬業者は、B1票を自ら保管する。また、交付から90日以内かつ運搬終了後10日以内にB2票を排出事業者に返送する。
⑥処理業者は、処分終了後、C1票,C2票,D票,E票に処分者氏名および処分終了日を記載し、C1票を保管する。また、処分終了後10日以内にC2票を収集運搬業者に返送する。
⑦処理業者は、交付から90日以内かつ処分終了後10日以内にD票を排出事業者に返送する。
⑧処理業者は、委託を受けた廃棄物の処理残渣について、廃棄物として他者に最終処分を委託する場合、当該廃棄物について、排出事業者としてのマニフェスト（二次マニフェストA'票～E'票）を交付する。

⑨ 処理業者は、委託したすべての廃棄物の最終処分が終了した報告（交付した二次マニフェストE'票の返送）を受けた場合、E'票に必要事項を記入する。
⑩ 処理業者は、交付から180日以内かつ二次マニフェストE'票の受領の日から10日以内にE票を排出事業者に返送する。

② 管理票の写しを送付された**事業者は管理票の原本と照合し、事業者、運搬受託者、処分受託者の3者は、この写しを5年間保存**しなければならない。

③ 現場内に産業廃棄物を保管するときの基準

　a. 保管場所の周囲には囲いを設ける、b. 産業廃棄物の一時保管場所であることを掲示板で見易い位置に表示する。c. 保管数量は、平均的な1日搬出量の7倍以下とする。d. 産業廃棄物の飛散、悪臭、浸透等のないように措置する。e. 保管場所において、ネズミの生息や蚊、ハエなどの害虫が発生しないよう措置する。などである。

(2) 産業廃棄物処理業

① **産業廃棄物の収集運搬または処分を業として行うときは、当該区域を管轄する都道府県知事の許可**を受けなければならない。

② 再利用の目的のみを受託し、厚生労働大臣の指定を受けた者は、産業廃棄物処理業の許可はいらない。

③ **許可の更新は5年**とする。

(3) 産業廃棄物処理施設

産業廃棄物処理施設を設置しようとする者は、設置地を管轄する都道府県知事の許可を受けなければならない。

産業廃棄物の処分の形式を分類すると次のようである。

最終処分の形式	産業廃棄物の内容
① 安定型産業廃棄物	廃プラスチック、ゴムくず、ガラスくず、コンクリート破片等建設廃材
② 管理型産業廃棄物	廃油、紙くず、木くず、動物の死体、汚泥（埋立処分時の含水率は85%以下にして焼却）
③ 遮断型産業廃棄物	有害燃えがら、ばいじん、有害汚泥、鉱さい

❸ 建設リサイクル法

(1) 建設資材廃棄物の分類

対象建設工事として、一定以上の規模の解体工事または特定建設資材を使用するときは、分別解体により生じた特定建設資材廃棄物について、再資源化等を行う。建設資材廃棄物は、

次のように分類される。

```
建設副産物 → 分別・解体 ┬ 特定建設資材4種類 ── 再資源化処理：建設資材
                    ├ 縮減：指定特定建設資材廃棄物 ┐
                    └ 特定建設資材廃棄物 ───────── 処分場
```

① **特定建設資材の4種類**
・コンクリート
・コンクリート及び鉄から成る建設資材（RC版など）
・木　材
・アスファルトコンクリート

　以上の4種類は、そのままでは再生資源とならないもので、建設発生土のように、そのまま再利用できない。このため、特定建設資材は、中間処理をして再資源にする必要があるもので、これを再資源化と呼ぶ。

② **再資源化等と縮減**

　特定建設資材を処理しようとするとき、再資源化施設がない場合や50km以上離れているときなど、特定建設資材を縮減してよい。**縮減**とは、体積を減少させることで、焼却、脱水、圧縮、乾燥等の行為をいう。このように特定建設資材を縮減することを再資源化「等」という。再資源化等により縮減された廃棄物を指定建設資材廃棄物として埋立処分する。

(2) 対象建設工事

① 元請業者は分別解体の施工計画を作成し、発注者に書面で報告する。この報告書に基づき、対象建設工事の発注者又は自主施工者は、工事に着手7日前までに都道府県知事に施工計画を届け出る。

② 対象建設工事の規模

工事の種類	規模の基準
建築物の解体	床面積　　80 m² 以上
建築物の新築・増築	床面積　　500 m² 以上
建築物の修繕・模様替（リフォーム等）	1億円以上
その他の工作物に関する工事（土木工事等）	500万円以上

③ 解体工事業者

　土木工事業、建築工事業、とび・土工・コンクリート工事業および都道府県知事の登録を受けた者は解体工事業者となれる。登録は5年ごとに更新しなければならない。

(3) 分別・解体等の計画

① 事前調査事項

分別・解体すべき対象建築工事における事前に調査すべき事項は次のようである。

	調査事項	調査内容（の例）
①	建築物（工作物）の状況	築40年、母屋、納屋各1棟
②	周辺状況	病院隣接、住宅密集地
③	作業場所の状況	電線あり、機械の設置場所なし
④	搬出経路の状況	一部4m幅道路120m区間あり、高さ制限3.0m
⑤	付着物の有無	アスベスト240m^{2}付着
⑥	残存物品の有無	タンス、冷蔵庫各1
⑦	その他	特に有害物なし

② 着工までに実施する措置

	事前措置事項	実施内容
①	作業場所の確保	立ち木除却
②	搬出経路の確保	敷地内敷鉄板、2tトラック使用
③	その他	周辺住民周知済み

③ 工程ごとの作業内容（工作物（建築物以外））

	工程ごとの作業事項	作業内容	方法
①	仮 設	バリケード、保安灯、足場、仮囲い	手作業
②	土 工	路盤掘削、杭打ち、盛土、締固め	機械作業
③	基 礎	分別解体	手作業 機械作業
④	本体構造	分別解体	手作業 機械作業
⑤	本体付属品	分別解体	手作業
⑥	その他	―	―

(4) 責務

① 建設業を営む者の責務

    a 建設工事の施工法を工夫することで、建設資材廃棄物を抑制する。

    b 再資源化された建設資材を使用するように努める。

② 発注者の責務

    発注者は、建設工事について分別解体・再資源化に要する適正な費用を負担し、再資源化した建設資材の使用に努める。

(5) 元請業者の手続き

① 対象建設工事の元請業者は、再資源化等の完了後、再資源化等に要した費用等を書面で発注者に報告し、再資源化等の実施状況に関する記録を作成、保存する。

② 発注者は、再資源化が適正に行われなかったことを認めたとき、都道府県知事に申告し、措置をとるべきことを求めることができる。

③ 元請業者は、下請負契約にあたり、あらかじめ発注者が都道府県知事に分別解体の届け出た事項を**下請負人に告知**しなければならない。

④ 元請業者は対象建設工事の再資源化等が完了したとき**発注者**に**書面**で**報告**する。

❹ 建設副産物適正処理推進要綱

(1) 目的：建設工事副産物で建設発生土と建設廃棄物の適正な処理の基準を示すこと。

(2) 用語の定義：リサイクル法（資源有効利用促進法）、建設リサイクル法（再資源化等に関する法律）による建設副産物の概念は、次のようである。

建設副産物と再生資源、廃棄物との関係

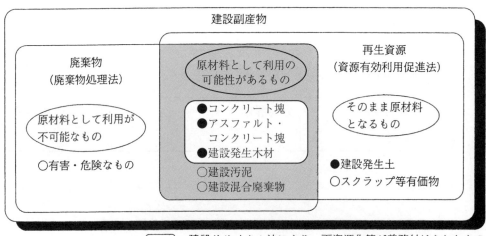

5.3 施工管理 最新問題解説

施工管理（施工計画）分野の問題

| 令和6年度 | 必須問題 | 施工計画 | 施工体制台帳の作成に関する留意事項 |

【問題 3】
発注者から直接建設工事を請け負った建設業者が、作成する施工体制台帳に関し、「建設業法令」及び「公共工事の入札及び契約の適正化の促進に関する法律」で定められていることについて5つ解答欄に記述しなさい。
ただし、解答欄の（例）と同一内容は不可とする。また、施工体系図に関する解答も不可とする。

考え方

発注者から直接建設工事を請け負った建設業者が、作成する施工体制台帳に関することは、「建設業法」および「公共工事の入札及び契約の適正化の促進に関する法律（入札契約適正化法）」において、次のように定められている。（これらの法令から抜粋・一部改変）

この問題文には「建設業法令」とあるので、建設業法・建設業法施行令・建設業法施行規則のいずれかに定められていることであれば、解答として認められる。また、施工体制台帳の作成要件は、下記①および下記②のように、公共工事と民間工事では若干異なっている。問題文には「公共工事の入札及び契約の適正化の促進に関する法律」とあるので、公共工事に関する事項を解答しなければならない。

①施工体制台帳の作成／公共工事の場合（建設業法第24条の8）
　※入札契約適正化法の第15条が適用される（建設工事が公共工事である）場合
　建設業者（一般建設業または特定建設業の許可を受けた者）は、発注者から直接建設工事を請け負った場合において、その建設工事を施工するために下請契約を締結したときは、下請契約の請負代金の総額に関係なく、建設工事の適正な施工を確保するため、その建設工事について、下請負人の商号または名称・その下請負人に係る建設工事の内容および工期・その他の国土交通省令（建設業法施行規則）で定める事項を記載した施工体制台帳を作成し、工事現場ごとに備え置かなければならない。

②施工体制台帳の作成／民間工事の場合（建設業法第24条の8）
　※入札契約適正化法の第15条が適用されない（建設工事が民間工事である）場合
　特定建設業者（一般建設業ではなく特定建設業の許可を受けた者）は、発注者から直接建設工事を請け負った場合において、その建設工事を施工するために締結した下請契約の請負代金の総額が、政令で定める金額以上になるときは、建設工事の適正な施工を確保するため、その建設工事について、下請負人の商号または名称・その下請負人に係る建設工事の内容および工期・その他の国土交通省令（建設業法施行規則）で定める事項を記載した施工体制台帳を作成し、工事現場ごとに備え置かなければならない。

③施工体制台帳の作成／再下請負人に関する通知(建設業法第24条の8)
建設工事の下請負人は、その請け負った建設工事を、他の建設業を営む者に請け負わせたときは、発注者から直接建設工事を請け負った建設業者に対して、他の建設業を営む者の商号または名称・他の建設業を営む者が請け負った建設工事の内容および工期・その他の国土交通省令で定める事項を通知しなければならない。

④施工体制台帳の作成／発注者の閲覧(建設業法第24条の8)
発注者から直接建設工事を請け負った建設業者は、その発注者から請求があったときは、工事現場ごとに備え置かれた施工体制台帳を、その発注者の閲覧に供しなければならない。

⑤施工体制台帳の作成／発注者への写しの提出(入札契約適正化法第15条)
公共工事の受注者である建設業者は、作成した施工体制台帳(記載すべき事項が変更されたときに新たに作成されたものを含む)の写しを、発注者に提出しなければならない。

⑥施工体制台帳の作成／発注者による点検の受領(入札契約適正化法第15条)
公共工事の受注者である建設業者は、発注者から、公共工事の施工の技術上の管理を司る者の設置の状況・その他の工事現場の施工体制が施工体制台帳の記載に合致しているかどうかの点検を求められたときは、これを受けることを拒んではならない。

⑦施工体制台帳の記載事項／建設業者に関する事項(建設業法施行規則第14条の2)
施工体制台帳には、それを作成した建設業者に関する事項として、次のような事項を記載しなければならない。(重要と思われる部分のみを抜粋)
①許可を受けて営む建設業の種類
②健康保険などの加入状況

⑧施工体制台帳の記載事項／建設工事に関する事項(建設業法施行規則第14条の2)
施工体制台帳には、それを作成した建設業者が請け負った建設工事に関する事項として、次のような事項を記載しなければならない。(重要と思われる部分のみを抜粋)
①建設工事の名称・内容・工期
②発注者と請負契約を締結した年月日
③発注者の商号・名称(氏名)・住所
④主任技術者または監理技術者の氏名・有する資格・専任であるか否か
⑤建設工事に従事する者の氏名・生年月日・年齢・職種
⑥一号特定技能外国人・外国人技能実習生の従事の状況

⑨施工体制台帳の記載事項／下請負人に関する事項(建設業法施行規則第14条の2)
施工体制台帳には、上記⑧の建設工事の下請負人に関する事項として、次のような事項を記載しなければならない。(重要と思われる部分のみを抜粋)
①下請負人の商号・名称(住所)・許可番号
②下請負人が請け負った建設工事に係る許可を受けた建設業の種類
③下請負人の健康保険などの加入状況

⑩ 施工体制台帳の記載事項／下請工事に関する事項（建設業法施行規則第14条の2）

施工体制台帳には、上記⑨の下請負人が請け負った建設工事に関する事項として、次のような事項を記載しなければならない。（重要と思われる部分のみを抜粋）

1. 下請負人が請け負った建設工事の名称・内容・工期
2. 下請負人が注文者と下請契約を締結した年月日
3. 下請負人が置く主任技術者の氏名・有する資格・専任であるか否か
4. 下請負人が請け負った建設工事に従事する者の氏名・生年月日・年齢・職種
5. 下請負人が雇用する一号特定技能外国人・外国人技能実習生の従事の状況

解答例

建設業者が作成する施工体制台帳に関して定められている事項
公共工事では、下請契約を締結した時は、下請金額に関係なく、施工体制台帳を作成する。
工事現場に備え置いた施工体制台帳は、発注者の請求があれば、発注者に閲覧させる。
公共工事では、作成した施工体制台帳の写しを、発注者に提出する。
作成した建設業者について、建設業の種類と、健康保険などの加入状況を記載する。
下請負人の商号または名称・その下請負人に係る建設工事の内容および工期を記載する。

出典：建設業法・建設業法施行規則・入札契約適正化法

※ 上記の解答例は、上記の 考え方 の①・④・⑤・⑦・⑨・⑩の条文を要約して解答したものである。各条文を要約して解答することが難しいと感じる場合は、上記⑦〜上記⑩の各項目にあるような「〇〇を記載する」という解答を5つ並べてもよい。なお、問題文中には、「ただし、解答欄の（例）と同一内容は不可とする」と書かれているが、解答欄の（例）は非公開事項になったので、本書では省略している。また、問題文中には、「施工体系図（建設工事における各下請負人の施工の分担関係を表示したもの）に関する解答も不可とする」と書かれているので、「施工体系図を工事現場の見やすい場所に掲げる」というような解答をしないように注意する必要がある。

令和5年度 選択問題(2) 施工計画 プレキャストボックスカルバートの施工手順

【問題 11】
下図のようなプレキャストボックスカルバートを施工する場合の施工手順が次の表に示されているが，施工手順①〜④のうちから2つ選び，その番号，該当する工種名及び施工上の留意事項（主要機械の操作及び安全管理に関するものは除く）について解答欄に記述しなさい。

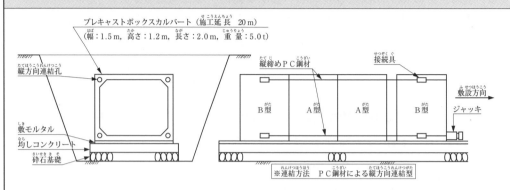

施工手順番号	工種名	施工上の留意事項（主要機械の操作及び安全管理に関するものは除く）
	準備工 ↓	
①	（バックホウ） ↓	
	砕石基礎工 ↓	地下水位に留意しドライワークとする。
	均しコンクリート工 ↓	沈下，滑動，不陸等が生じないようにする。
	敷モルタル工 ↓	凹凸のないように敷き詰める。
②	（トラッククレーン） ↓	
③	（ジャッキ） ↓	
④	（タンパ） ↓	
	後片付け	

> 考え方

　プレキャストボックスカルバートの標準的な施工手順（①→②→③→④→⑤→⑥→⑦→⑧→⑨）と、それぞれの手順における施工上の留意事項は、下記の通りである。この問題では、「主要機械の操作および安全管理に関するものを除く」と書かれているので、ここでいう「施工上の留意事項」は、主としてプレキャストボックスカルバートの品質を確保するための留意事項であると思われる。

① 準備工（概要と施工上の留意事項）
　準備工では、施工前に、ボックスカルバートの正確な位置と高さを把握するために、施工図面の通りに丁張り（施工位置に杭や板を取り付ける作業）を行う。
①事前に十分な地盤調査を行い、施工場所の土質や地下埋設物などを確認する。
②丁張りとなる杭や板は、掘削中心線・掘削幅・高さが明確になるように設置する。
※丁張りは、掘削する位置と勾配を定めるための基準となるので、正確に設置する。

② 床掘工（概要と施工上の留意事項）
　床掘工では、バックホウなどの掘削機械を用いて、丁張りの面に沿って地盤を切削する。その後、床付け面の仕上げ（掘削底面を乱さず平坦に仕上げる作業）を行う。
①床付け面付近の地盤は、手掘りとするか、掘削機械の刃を平状の刃に替えて切削する。
②掘削機械の前進によるせん断力を受けないよう、掘削機械を後進させながら切削する。
※上記の②は「主要機械の操作」に関する事項なので、これを解答としてはならない。

③ 砕石基礎工（概要と施工上の留意事項）
　砕石基礎工では、構造物の重量に対する支持力を均等に得られるように、仕上げ面の下に砕石を叩き込む。その後、叩き込んだ砕石を敷き均し、小型建設機械で突き固める。
①砕石基礎工は、ドライワーク（地下水が浸入しないように乾燥した状態）で施工する。
②地下水位が高い場合は、必要に応じて、仮排水工などを設置して地下水を排除する。

④ 均しコンクリート工（概要と施工上の留意事項）
　均しコンクリート工では、砕石基礎工の上に、ポンプやシュートなどを用いてコンクリートを打ち込む。その後、コンクリート面が水平になるように仕上げる。
①コンクリートは、基礎面の沈下・滑動・不陸（凹凸）などが生じないように打ち込む。
②コンクリートの打継目は、構造上の弱点とならない部分に、分散して配置する。

⑤ 敷モルタル工（概要と施工上の留意事項）
　敷モルタル工では、均しコンクリート上に凹凸が生じないように、空練り後に水練り（混練）したモルタルを敷き詰める。その後、モルタルが硬化するまで養生する。
①使用するモルタルは、セメントと砂の割合が1：3程度になるように空練りする。
②ボックスカルバートの底面と砕石基礎を、確実に面で密着できるように施工する。

⑥ 敷設工（概要と施工上の留意事項）
　敷設工（据付工）では、敷モルタル面を清掃した後、ボックスカルバートをトラッククレーンで吊り下げて搬入し、油圧ジャッキを用いて敷設する。
①基礎の低い方から高い方に向かって（下流側から上流側に向かって）順に施工する。
②ボックスカルバートの継手の受口側が、基礎の高い方に向くようにして施工する。

7 連結工（概要と施工上の留意事項）

連結工（接合工）では、ジャッキと縦締めPC（Prestressed Concrete）鋼材を利用して縦方向から圧縮力を加えることで、敷設したボックスカルバートを相互に密着させる。
① 急激な緊張や荷重の偏りがないように、最初は仮緊張を行い、安定後に本緊張を行う。
② 切欠穴に無収縮モルタルを充填してPC鋼材を定着させ、その表面を平滑に仕上げる。
③ 連結工では、下部のPC鋼材を先に、上部のPC鋼材を後で締め付けるようにする。

8 裏込め工（概要と施工上の留意事項）

裏込め工（埋戻し工）では、バックホウなどを用いて、掘削した部分に建設発生土を撒き出した後、タンパやランマなどの小型建設機械で十分に締め固める。
① 一層の仕上り厚さが20cm程度以下となるように撒き出し、十分に締め固める。
② ボックスカルバートの左右で荷重の偏りが生じないよう、左右均等に埋め戻す。

9 後片付け（概要と施工上の留意事項）

後片付けでは、残土処理などを行う。仮置場に残っている残土は、所定の場所に運搬する。品質管理を要する施工は終了しているが、下記のような事項には留意を要する。
① 余った資材や使った仮設物などを適切に保管し、将来の工事で使用できるようにする。
② 工事現場を清掃した後、廃材などの産業廃棄物を分別し、環境法令に従って処理する。

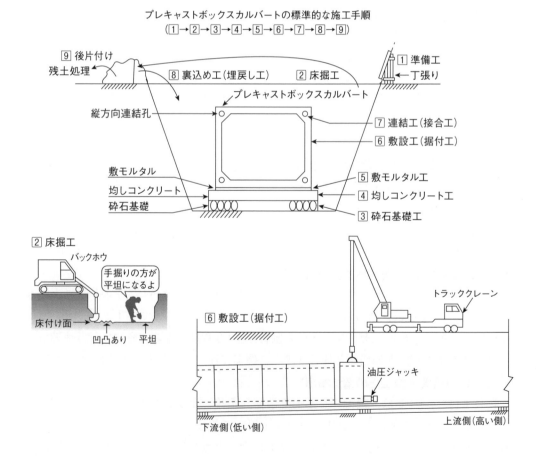

プレキャストボックスカルバートの標準的な施工手順
（1→2→3→4→5→6→7→8→9）

7 連結工（接合工） 連結方法：PC鋼材による縦方向連結型

8 裏込め工（埋戻し工）
左右均等に（①→②→③→…の順序で）埋め戻す。（この高さの差が大きくなると偏土圧が生じる）

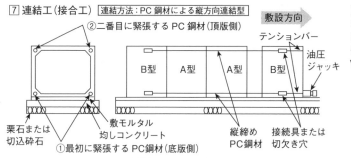

A型：接続具または切欠き穴を有しないボックスカルバート
B型：接続具または切欠き穴を有するボックスカルバート

施工手順番号	工種名	施工上の留意事項（主要機械の操作及び安全管理に関するものは除く）
	準備工 ↓	
①	床掘工（バックホウ） ↓	床付け面付近の土は、手掘りで乱さず平坦に仕上げる。
	砕石基礎工 ↓	地下水位に留意しドライワークとする。
	均しコンクリート工 ↓	沈下、滑動、不陸等が生じないようにする。
	敷モルタル工 ↓	凹凸のないように敷き詰める。
②	敷設工（トラッククレーン） ↓	基礎地盤の低い方から高い方に向かって順に据え付ける。
③	連結工（ジャッキ） ↓	急激な緊張が生じないよう、仮緊張の後に、本緊張を行う。
④	裏込め工（タンパ） ↓	一層の仕上り厚さが20cm程度以下となるように撒き出す。
	後片付け	

解答例

番号	工種名	施工上の留意事項
①	床掘工	床付け面付近の土は、手掘りで乱さず平坦に仕上げる。
②	敷設工	基礎地盤の低い方から高い方に向かって順に据え付ける。
③	連結工	急激な緊張が生じないよう、仮緊張の後に、本緊張を行う。
④	裏込め工	一層の仕上り厚さが20cm程度以下となるように撒き出す。

※以上のうち、2つの番号を選んで解答する。　　　　出典：道路土工－カルバート工指針（日本道路協会）

| 令和3年度 | 必須問題 | 施工計画 | 施工計画の立案に関する検討項目 |

【問題 3】
土木工事における，施工管理の基本となる施工計画の立案に関して，下記の5つの検討項目における検討内容をそれぞれ解答欄に記述しなさい。
ただし，（例）の検討内容と同一の内容は不可とする。

- 契約書類の確認事項
- 現場条件の調査（自然条件の調査）
- 現場条件の調査（近隣環境の調査）
- 現場条件の調査（資機材の調査）
- 施工手順

考え方

1 施工計画の立案に関する事前調査

事前調査の目的は、工事条件を把握し、目的構造物の工事数量を把握することにある。この目的を達成するため、契約条件の調査と現場条件の調査が行われる。

①契約条件の調査では、契約の三要素である工事内容・請負代金・工期を調査する。
- 工事内容の調査として、目的構造物の設計図書を確認する。
- 請負代金の調査として、原価の検討と利益見込みの算定を行う。
- 工期の調査として、約定工期（発注者が示した工程）よりも経済的な最適工程を模索する。

②契約条件の調査では、建設工事の請負契約書の確認が行われる。工事の契約内容は書面に記載し、署名または記名押印する。その契約書は2つ作成し、相互に交付する。契約変更の際も、これと同様の措置を行う。

③建設業法に定められている請負契約書に記載すべき内容には、次のものがある。
- 工事内容
- 請負代金の額
- 工事着手の時期・工事完成の時期
- 工事を施工しない日・時間帯の定めをするときは、その内容
- 請負代金の前金払・出来形部分の支払の定めをするときは、その支払の時期・方法
- 設計変更・着工延期・工事中止の申出による工期変更・請負代金額変更・損害の負担と、その算定方法
- 天災・その他不可抗力による工期の変更・損害の負担と、その額の算定方法
- 価格等の変動・変更に基づく請負代金の額・工事内容の変更
- 工事の施工により第三者が損害を受けた場合における賠償金の負担
- 注文者が工事に使用する資材を提供し、建設機械・その他の機械を貸与するときは、その内容・方法
- 注文者が工事の完成を確認するための検査の時期・方法・引渡しの時期

- ●工事完成後における請負代金の支払の時期・方法
- ●不適合を担保すべき責任・保証保険契約の締結・その他の措置に関する定めをするときは、その内容
- ●各当事者の履行の遅滞・その他債務の不履行の場合における遅延利息・違約金・その他の損害金
- ●契約に関する紛争の解決方法

④現場条件の調査では、自然条件・現地条件・社会条件を調査する。
- ●自然条件調査として、地形・地質・気象・波浪・地下水などを調査する。
- ●現地条件調査として、仮設・動力源・工事用水・建設副産物・道路・埋設物などを調査する。
- ●社会条件調査として、地域の法的制限・隣地状況を調査し、仕様品質の確認・工事数量の設定を行う。

⑤現場条件の調査の結果に基づき、目的構造物の工期設定・仕様品質の確認・工事数量の設定・原価管理(利益確保)の方針をまとめて施工計画を立案する。

⑥現場条件調査における各項目の調査内容(チェックリスト)は、次のように定める。
- ●地形に関する調査内容は、工事用地・土捨場・民家・道路などである。
- ●地質に関する調査内容は、土質・地層・地下水などである。
- ●水文・気象に関する調査内容は、降雨・雪・風・波・洪水・潮位などである。
- ●用地・権利に関する調査内容は、用地境界・未解決用地・水利・漁業権などである。
- ●環境に関する調査内容は、騒音防止・振動防止・作業時間制限・地盤沈下などである。
- ●輸送に関する調査内容は、道路状況・トンネル・橋梁などである。
- ●電力・水に関する調査内容は、工事用電力引込地点・取水場所などである。
- ●建物に関する調査内容は、事務所・宿舎・機械修理工場・病院などである。
- ●労働力に関する調査内容は、地元労働者・季節労働者・賃金などである。
- ●物価に関する調査内容は、地元調達材料価格・取扱商店などである。

2 施工計画に基づく基本計画とPDCAサイクルによる施工管理

　施工計画は、そのままでは単なる机上の計画に過ぎない。土木工事の施工計画では、仮設計画や施工技術計画を策定し、それに伴って目的構造物を造るための建設機械・資材・機材・労働力などの決定に関する調達計画を立案した後に、現場の管理計画が立案される。

　仮設計画・施工技術計画・調達計画・管理計画から構成される基本計画(Plan)を立案した後に、土木工事の実施(Do)が行われる。その後は Plan → Do → Check → Action の PDCAサイクル(デミングサークル)に準じた手順で施工現場を動かしてゆく。

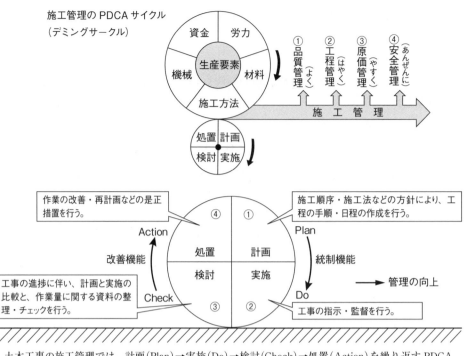

土木工事の施工管理では、計画(Plan)→実施(Do)→検討(Check)→処置(Action)を繰り返すPDCAサイクル(デミングサークル)が、根幹をなす考え方となっている。

3 施工計画時における施工手順の検討

施工手順のうち、次のような条件を満たす工程は、土木工事上の重点工程として、最初に検討すべきものである。
- 工事数量が多いものや工事費用が高い工程
- 施工に特別な技術を要する工程
- 安全施工上の危険性が高い工程
- 周辺環境に大きな影響をあたえる工程

解答例

検討項目	検討内容
契約書類の確認事項	契約条件の三要素である工事内容・請負代金・工期等についての検討を行う。
現場条件の調査(自然条件の調査)	地形・地質・水文・気象などについての調査を行う。
現場条件の調査(近隣環境の調査)	区域の法的規制・道路状況や、電力や水の引込みなどについての調査を行う。
現場条件の調査(資機材の調査)	資機材の輸送ルート・購入店・物価などについての調査を行う。
施工手順	工事費用の高いもの・工事数量の多いもの・施工技術を要するものを優先して検討する。

別解

考え方（土木工事安全施工技術指針と第一次検定の出題内容を基に解答する方法）

1 施工計画の立案に関する事前調査

土木工事における施工管理の基本となる施工計画の立案に関する事前調査の内容については、「土木工事安全施工技術指針」において、次のような内容が定められている。

① 施工計画を作成するにあたっては、あらかじめ設計図書に明示された事項に対する事前調査を行い、安全確保のための施工条件等を把握しておくこと。

② 施工計画の作成に際しては、地形・地質・気象・海象等の自然特性、工事用地・支障物件・交通・周辺環境・施設管理等の立地条件について、適切な調査を実施すること。

③ 使用機械設備の計画・選定にあたっては、施工条件・機械の能力及び適応性・現場状況・安全面・環境面等総合的な視点で検討すること。

2 施工計画の各検討項目における検討内容

施工計画の各検討項目における検討内容については、過去の第一次検定や学科試験（第一次検定の旧称）において、頻繁に問われていた内容である。この問題に対する解答としては、上記の「土木工事安全施工技術指針」や下記の「第一次検定等の出題内容」から、適切なものを抜き出すことが望ましいと思われる。

出題年度	検討項目	検討内容（第一次検定等の出題内容の概略）
令和元年 B問題5	契約書類の確認事項	契約関係書類の調査では、工事数量や仕様などのチェックを行い、契約関係書類を正確に理解することが重要である。
平成30年 B問題5	契約書類の確認事項	工事内容を十分把握するためには、契約書類を正確に理解し、工事数量、仕様（規格）のチェックを行うことが必要である。
平成30年 B問題5	近隣環境の調査	市街地の工事や既設施設物に近接した工事の事前調査では、施設物の変状防止対策や使用空間の確保などを施工計画に反映する必要がある。
令和元年 B問題5	資機材の調査	資機材の輸送調査では、輸送ルートの道路状況や交通規制などを把握し、不明な点がある場合は、道路管理者や所轄警察署に相談して解決しておく。
令和元年 B問題6	資機材の調査	資材計画では、各工種に使用する資材を種類別・月別にまとめ、納期・調達先・調達価格などを把握しておく。
令和元年 B問題6	資機材の調査	機械計画では、機械の種類・性能・調達方法のほか、機械が効率よく稼働できるよう、整備や修理などのサービス体制も確認しておく。
令和2年 B問題5	施工手順	施工手順の検討は、全体工期・全体工費に及ぼす影響の大きい工種（施工に時間がかかる工種や多額の費用がかかる工種）を優先にして行う。
平成26年 B問題5	施工手順	施工手順は、工期・工費に影響を及ぼす重要な工種を選定し、その工種に作業を集中させるよりも、全体のバランスを考える。

解答例（土木工事安全施工技術指針と第一次検定の出題内容を基にした解答例）

検討項目	検討内容
契約書類の確認事項	工事内容を十分把握するため、工事数量や仕様（規格）などのチェックを行うと共に、契約関係書類を正確に理解する。
現場条件の調査（自然条件の調査）	工事現場の地形・地質・気象・海象などの自然特性を把握すると共に、地下水や湧水などについての調査を行う。
現場条件の調査（近隣環境の調査）	既設施設物に近接した工事において、既設施設物の変状防止対策や使用空間の確保などを検討し、施工計画に反映する。
現場条件の調査（資機材の調査）	使用機械設備の選定のため、施工条件・機械の能力と適応性・現場状況・安全面・環境面など、総合的な視点で検討する。
施工手順	工期全体を通した作業量のバランスの確保を前提として、全体工期・全体工費に及ぼす影響の大きい工種を優先して検討する。

出典：土木工事安全施工技術指針＆土木施工管理技術検定試験

参考（施工計画と事前調査の総まとめ）

　各種の施工計画の主な内容と、施工計画作成のための事前調査に関しては、過去の2級土木施工管理技術検定試験において、次のような内容が出題されていた。施工計画の各検討項目における検討内容としては、下表の「主な内容に含まれるもの／契約条件の事前調査」や「調査項目に含まれるもの／自然条件・近隣環境・資機材」を並び立てて解答することもできる。なお、誤って「調査項目に含まれないもの」を解答した場合（一例として「自然条件の調査」に「地下埋設物の確認」などと解答した場合）は、その時点で不正解と判定されるので注意が必要である。

① 各種の施工計画の主な内容（過去の試験に出題されたもの）

施工計画の種類	主な内容に含まれるもの	主な内容に含まれないもの
仮設備計画	○ 仮設備の設計・配置 ○ 材料置場の設計 ○ 土留め工の設計	× 占用地下埋設物の設計 × 品質管理計画
調達計画	○ 労務計画 ○ 資材計画 ○ 機械計画	× 安全衛生計画
契約条件の事前調査	○ 契約条件の検討 ○ 設計図書の検討	× 地質の調査
現場条件の事前調査	○ 現地調査 ○ 地質の調査 ○ 近接施設への騒音・振動の影響	（出題なし）
環境保全計画	○ 規制基準に適合する計画	（出題なし）
品質管理計画	○ 規格値内に収まる計画	（出題なし）

② 施工計画作成のための事前調査（過去の試験に出題されたもの）

把握すること	調査項目に含まれるもの	調査項目に含まれないもの
近隣環境	○ 現場用地（現場周辺） ○ 近隣施設（近接構造物） ○ 地下埋設物	× 労務の供給
自然条件	○ 地質 ○ 地下水（湧水）	× 地下埋設物
工事に伴う公害	（出題なし）	× 土地の価格
工事内容	○ 設計図書（設計図面） ○ 仕様書 ○ 契約書 ○ 工事数量	× 現場事務所用地
労務・資機材	○ 労務の供給 ○ 資機材の調達先 ○ 調達の可能性（適合性）	（出題なし）
輸送・用地	○ 道路状況 ○ 工事用地	× 労働賃金の支払い条件
仮設計画	○ 道路（現場進入路） ○ 給水施設	（出題なし）

令和3年度 選択問題(2) 施工計画 管渠の施工手順

【問題 11】
下図のような管渠を敷設する場合の施工手順が次の表に示されているが、施工手順①～③のうちから2つ選び、それぞれの番号、該当する工種名及び施工上の留意事項（主要機械の操作及び安全管理に関するものは除く）について解答欄に記述しなさい。

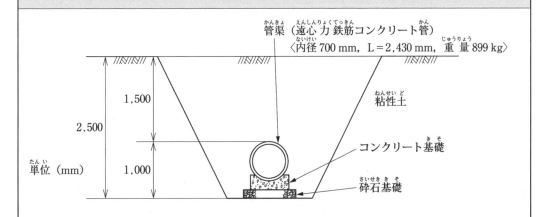

施工手順番号	工種名	施工上の留意事項（主要機械の操作及び安全管理に関するものは除く）
①	準備工（丁張り） ↓ □ （バックホウ）	・丁張りは、施工図に従って位置・高さを正確に設置する。
②	砕石基礎工 ↓ □ （トラッククレーン） ↓ 型枠工（設置）	・基礎工は、地下水に留意しドライワークで施工する。
	コンクリート基礎工 ↓ 養生工 ↓ 型枠工（撤去）	・コンクリートは、管の両側から均等に投入し、管底まで充填するようにバイブレータ等を用いて入念に行う。
③	↓ □ （タンパ） ↓ 残土処理	

> [考え方]

❶ 管渠の施工手順と各手順における施工上の留意事項

　管渠を敷設する場合の標準的な施工手順と、各手順における施工上の留意事項は、下記の通りである。

1 **準備工**：丁張り（管渠の正確な位置と高さを把握するために杭や板を取り付ける作業）を行う。この丁張りは、施工図に従って、位置（勾配）と高さ（標高）が正確になるように（施工の基準として）設置する。

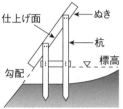

切土法面の丁張り

2 **床掘工**：バックホウなどの機械を用いて、掘削面に沿って土を掘削する。その後、人力による床付け面の仕上げを行う。この床付け面は、乱さず平坦に仕上げなければならない。

　　※床付け面付近の土は、手掘りとするか、機械の刃を平状のものに替えて、機械を後進させながら掘削する。機械を前進させながら掘削すると、掘削機械によるせん断力を受けて、地盤が乱されてしまう。

3 **砕石基礎工**：仕上げ面の下に砕石を叩き込んだ後、その砕石を敷き均し、小型建設機械で突き固める。この基礎工は、ドライワーク（地下水が浸入してこない程度に乾燥した状態）で施工し、その仕上げ高さは150mm程度とする。

4 **管敷設工**：管渠（遠心力鉄筋コンクリート管）をトラッククレーンで吊り下げて搬入した後、管渠を相互に密着させる。その際には、管渠の据付け高さや管軸の精度を確認して施工しなければならない。

管の接合方法

　　※管渠の敷設作業は、原則として、低所（下流側）から高所（上流側）に向かって行わなければならない。また、受口のある管（接合部の管）は、受口を高所（上流側）に向けて配管しなければならない。管渠を高所から施工したり、受口を低所に向けたりすると、漏水しやすくなってしまう。

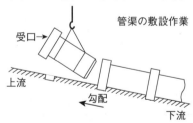

管渠の敷設作業

5 **型枠工**：コンクリートを流し込むための型枠（せき板）を設置する。型枠の締付けには、ボルトまたは棒鋼を用いるのを標準とする。また、型枠を組み立てるときは、基礎となるコンクリートの打込み前に、要求される組立て精度を確保しなければならない。

6 **コンクリート基礎工**：型枠にコンクリートを流し込み、コンクリート基礎を造成する。コンクリートは、管の両側から均等に投入した後、管底までコンクリートが充填されるよう、バイブレータ(棒形振動機)などを用いて入念に施工しなければならない。

7 **養生工**：コンクリート打込み後の一定期間は、有害な作用の影響を受けないようする。養生中は、コンクリートを十分な湿潤状態と適当な温度に保たなければならない。

8 **型枠工**：コンクリートを流し込むときに用いた型枠(せき板)を撤去する。型枠を取り外した後には、ボルトや棒鋼などの締付け材をコンクリート表面に残しておいてはならない。

9 **埋め戻し工**：管渠を敷設するために掘削した部分を、良質土を用いて埋め戻した後、タンパなどの小型建設機械を用いて締め固める。管渠の周辺を埋め戻すときは、管渠に偏土圧を加えないよう、管渠の両側から左右均等に(片埋めとならないよう薄層で)敷き均さなければならない。その後、現地盤と同程度以上の密度になるまで締め固めなければならない。

10 **残土処理**：ダンプトラックなどを用いて残土を仮置き場所に運搬する。掘削残土を野積みするときは、粉塵が発生しないように、散水や被覆などの処置を行わなければならない。

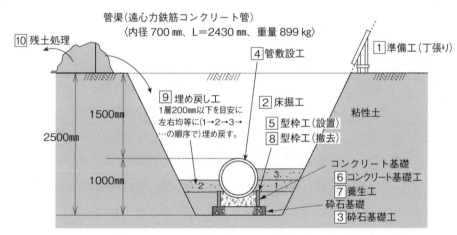

施工手順番号	工種名	施工上の留意事項 （主要機械の操作及び安全管理に関するものは除く）
①	準備工（丁張り） ↓ 床掘工 （バックホウ）	・丁張りは、施工図に従って位置・高さを正確に設置する。 ・床付け面を乱さないよう、機械を後進させながら平坦に仕上げる。
②	砕石基礎工 ↓ 管敷設工 （トラッククレーン）	・基礎工は、地下水に留意しドライワークで施工する。 ・低所から高所に向かって敷設し、受口を高所に向けて配管する。
	型枠工（設置） ↓ コンクリート基礎工 ↓ 養生工 ↓ 型枠工（撤去）	・コンクリートは、管の両側から均等に投入し、管底まで充填するようにバイブレータ等を用いて入念に行う。
③	埋め戻し工 （タンパ） ↓ 残土処理	・偏土圧を加えないよう、管渠の両側から左右均等に薄層で埋め戻す。

解答例

番号	工種名	施工上の留意事項
①	床掘工	床付け面を乱さないよう、機械を後進させながら平坦に仕上げる。
②	管敷設工	低所から高所に向かって敷設し、受口を高所に向けて配管する。
③	埋め戻し工	偏土圧を加えないよう、管渠の両側から左右均等に薄層で埋め戻す。

以上から2つを選んで解答する。　　　　　　　　　　出典：道路土エ－カルバート工指針（日本道路協会）

令和2年度 選択問題(1) 施工計画 施工計画作成時の留意事項

問題6 土木工事の施工計画作成時に留意すべき事項について、次の文章の □ の (イ)〜(ホ)に当てはまる**適切な語句**を解答欄に記述しなさい。

(1) 施工計画は、施工条件などを十分に把握したうえで、 (イ) 、資機材、労務などの一般的事項のほか、工事の難易度を評価する項目を考慮し、工事の (ロ) 施工が確保されるように総合的な視点で作成すること。
(2) 関係機関などとの協議・調整が必要となるような工事では、その協議・調整内容をよく把握し、特に都市内工事にあっては、 (ハ) 災害防止上の (ロ) 確保に十分留意すること。
(3) 現場における組織編成及び (ニ) 、指揮命令系統が明確なものであること。
(4) 作業員については、必要人員を確保するとともに、技術・技能のある人員を確保すること。やむを得ず不足が生じる時は、施工計画、 (イ) 、施工体制、施工機械などについて、対応策を検討すること。
(5) 工事による作業場所及びその周辺への振動、騒音、水質汚濁、粉じんなどを考慮した (ホ) 対策を講じること。

考え方

土木工事の施工計画作成時に留意すべき事項については、国土交通省のホームページで公開されている「土木工事安全施工技術指針」の「第1章-総則-第3節-施工計画」において、次のように定められている。(土木工事安全施工技術指針から出題に関する文面を抜粋・一部改変)

① 施工計画は、施工条件等を十分に把握したうえで、**工程**・資機材・労務等の一般的事項の他、工事の難易度を評価する項目(構造物条件・技術的特性・自然条件・社会的条件・マネジメント特性等)を考慮し、**安全**施工が確保されるように総合的な視点で作成すること。また、施工計画は、設計図書及び事前調査結果に基づいて検討し、施工方法・工程・安全対策・環境対策等、必要な事項について立案すること。

② 関係機関等との協議・調整が必要となるような工事では、その協議・調整内容をよく把握し、特に工事の安全確保に留意すること。この場合、当該事項に係わる内容は、一般的に、工程計画の立案に際して制約条件となるので、よく把握すること。特に、都市内工事にあっては、**第三者**災害防止上の**安全**確保に十分留意すること。

③ 現場における組織編成・**業務分担**・指揮命令系統が明確なものであること。また、災害等非常時の連絡系統も明記しておくこと。

④ 作業員は、必要人員を確保するとともに、技術・技能のある人員を確保すること。やむを得ず不足が生じる時は、施工計画・**工程計画**・施工体制・施工機械等について、対応策を検討すること。

⑤ 使用機械設備の計画・選定にあたっては、施工条件・機械の能力及び適応性・現場状況・安全面・環境面等、総合的な視点で検討すること。

⑥工事による作業場所及びその周辺への振動・騒音・水質汚濁・粉塵等を考慮した**環境**対策を講じること。

⑦工程は、工事の実施に必要な準備から後片付け期間まで、全工期にわたって安全作業を十分考慮するとともに、工事に従事する者の休日・天候・その他やむを得ない理由により工事等の実施が困難であると見込まれる日数等を十分考慮して作成すること。

解 答

(1) 施工計画は、施工条件などを十分に把握したうえで、**(イ)工程**、資機材、労務などの一般的事項のほか、工事の難易度を評価する項目を考慮し、工事の**(ロ)安全**施工が確保されるように総合的な視点で作成すること。

(2) 関係機関などとの協議・調整が必要となるような工事では、その協議・調整内容をよく把握し、特に都市内工事にあっては、**(ハ)第三者**災害防止上の**(ロ)安全**確保に十分留意すること。

(3) 現場における組織編成及び**(ニ)業務分担**、指揮命令系統が明確なものであること。

(4) 作業員については、必要人員を確保するとともに、技術・技能のある人員を確保すること。やむを得ず不足が生じる時は、施工計画、**(イ)工程**、施工体制、施工機械などについて、対応策を検討すること。

(5) 工事による作業場所及びその周辺への振動、騒音、水質汚濁、粉じんなどを考慮した**(ホ)環境**対策を講じること。

出典：土木工事安全施工技術指針

(イ)	(ロ)	(ハ)	(ニ)	(ホ)
工程	安全	第三者	業務分担	環境

※(4)の文章のうち、やむを得ず作業員の不足が生じた時の対応策の検討については、令和2年の土木工事安全施工技術指針の改訂により、「施工計画、工程、施工体制、施工機械」の部分が「施工計画、工程計画、施工体制、施工機械」に変更されている。しかし、(イ)の解答については、(1)の文章にも関わってくるため、(4)の文章にあわせて「工程計画」と解答するよりも「工程」と解答した方がよいと思われる。

※(ハ)の解答については、建設工事公衆災害防止対策要綱の名称に則り、「公衆」と解答することも考えられるが、土木工事安全施工技術指針では「第三者」と書かれているので、「第三者」と解答すべきである。

> **参考**

施工計画の基本事項

(1) **施工計画決定への5つのプロセス**

　　① 事前調査　　　：契約条件と現場条件の調査
　　② 施工技術計画　：基本工程計画の作成と施工方法・施工順序の決定
　　③ 仮設備計画　　：仮設備計画の作成
　　④ 調達計画　　　：材料・労務・機械の調査とその仕様計画の作成
　　⑤ 管理計画　　　：現場管理計画の作成

施工計画は次のような順序で進められてゆく。

- **① 事 前 調 査**
  - 契約条件の検討………………… 図面・仕様書・法規など
  - 現場条件などの現地調査……… 地形・地質・気象・環境・輸送・地上構造物・地下構造物

- **② 施工技術計画**
  - 施工順序と施工方法の検討…… 作業工程の流れ・施工方法
  - 工程計画………………………… 日程計画・工程表
  - 機械設備の選定………………… 使用機械設備の選定・組合せ

- **③ 仮設備計画**
  - 直接仮設の設計と配置………… 工事用道路・給排水設備・電力設備など
  - 間接仮設の設計と配置………… 現場事務所・作業員宿舎・倉庫など

- **④ 調 達 計 画**
  - 労務計画………………………… 職種・人数・使用期間
  - 機械計画………………………… 機種・数量・使用期間
  - 資材計画………………………… 種類・数量・納入時期
  - 輸送計画………………………… 輸送方法・輸送時期

- **⑤ 管 理 計 画**
  - 現場管理組織…………………… 分業・権限・諸関係
  - 工事実行予算…………………… 原価管理の測定基準
  - 安全衛生管理計画……………… 安全管理組織・安全対策
  - 工程管理計画・品質管理計画… 進度管理・作業量管理・作業標準
  - 環境保全計画…………………… 環境条件(規制基準)・環境保全対策

(2) **施工計画基本方針決定に関する5つの留意事項**

　①施工計画を決定するときは、従来の方法に固執せず、新しい方法や改良を試みる。
　②重要な工事の施工計画を検討するときは、現場代理人・主任技術者だけで検討するのではなく、全社的な高度の技術水準を用いて検討し、必要があれば専門機関からの技術指導を受ける。
　③発注者と約定した工程が、自社にとって最適な工程であるとは限らないので、安全施工や品質確保を前提としたうえで、経済的に最適な工程を求めることが望ましい。
　④代案となる施工計画を複数作成して比較検討し、最適な施工計画を探求する。
　⑤施工計画の作成にあたっては、発注者や各関係機関との間で協議・調整を行う。特に、都市内工事は、公衆(第三者)災害防止上の安全確保に留意する。

令和元年度 選択問題(2) 施工計画 施工計画書に記載すべき内容

問題11 公共土木工事の施工計画書を作成するにあたり、次の4つの項目の中から2つを選び、**施工計画書に記載すべき内容**について、解答欄の(例)を参考にして、それぞれの解答欄に記述しなさい。
ただし、解答欄の(例)と同一内容は不可とする。
- 現場組織表
- 主要資材
- 施工方法
- 安全管理

考え方

1 施工計画書の作成に関する定め

① 受注者は、工事着手前に、工事目的物を完成するために必要な手順や工法等についての施工計画書を、監督職員に提出しなければならない。

② 受注者は、施工計画書を遵守し、工事の施工に当たらなければならない。

③ 受注者は、施工計画書に、以下の事項について記載しなければならない。
- 工事概要
- 計画工程表
- 現場組織表
- 指定機械
- 主要船舶・機械
- 主要資材
- 施工方法(主要機械・仮設備計画・工事用地等を含む)
- 施工管理計画
- 安全管理
- 緊急時の体制及び対応
- 交通管理
- 環境対策
- 現場作業環境の整備
- 再生資源の利用の促進と建設副産物の適正処理方法
- その他

2 施工計画書に記載すべき内容

施工計画書の各項目に記載すべき内容は、国土交通省が作成した施工計画書作成例において、次のように定められている。(抜粋・一部改変)

① **工事概要**

工事名・工事場所・工期・請負代金・発注者・受注者を記載し、工事数量総括表の**工種・種別・数量**等を記入する。

② **計画工程表**

各工種について、作業の初めと終わりがわかる**ネットワーク工程表**または**バーチャート工程表**として作成する。

③ **現場組織表**

現場における組織の**編成・命令系統・業務分担**が分かるように記載する。監理技術者・専門技術者を置く工事については、その者の氏名を記載する。

④ **指定機械**

工事に使用する機械で、**設計図書で指定されている**機械(騒音振動・排ガス規制・標準操作等)について記載する。各機械については、名称・規格・台数・使用工種を記載する。

⑤ **主要船舶・機械**

工事に使用する船舶・機械で、**設計図書で指定されていない**主要なものについて記載する。各船舶・機械については、名称・規格・台数・性能・用途を記載する。

⑥ **主要資材**

工事に使用する**指定材料・主要資材**と、その**品質確認の手法・材料確認時期**等について記載する。各資材については、品名・規格・数量を記載する。

⑦ **施工方法**

主要な工種ごとの作業フローを記載する。各作業段階における**作業環境・実施時期・制約条件・関係機関との調整事項**等について記述する。各工種の**使用機械**や、**仮設備**の構造・配置計画についても記載する。

⑧ **施工管理計画**

土木工事の**管理基準・規格値**・写真管理基準に基づき、その工程管理(工程表の種類)・品質管理(**試験項目**)の方法について記載する。

⑨ **安全管理**

安全管理の**責任者・組織・活動方針**を記載する。また、事故発生時における**連絡方法**や**救急病院**についても記載する。

⑩ **緊急時の体制及び対応**

大雨・強風等の異常気象時や**地震**発生時における災害防災を記載する。災害が発生した場合の**体制・連絡系統**を記載する。

⑪ **交通管理**

工事に伴う**交通処理・交通対策・迂回路**を記載する。具体的な保安施設配置計画や、主要機械・主要材料の**搬入経路・搬出経路**についても記載する。

⑫ 環境対策

　騒音・振動・水質汚濁・産業廃棄物などに関して、対策計画（工事現場地域の**生活環境を保全**する方法）を記載する。

⑬ 現場作業環境の整備

　仮設・安全・営繕・イメージアップ対策に関して、**作業環境を整備**する方法を記載する。

⑭ **再生資源の利用の促進と建設副産物の適正処理方法**

　再生資源**利用計画書**・再生資源**利用促進計画書**・指定副産物**搬出計画**（マニフェスト等）を作成する。

⑮ その他

　必要に応じて、**官公庁**への手続き・**地元**への周知事項・**休日**などについて記載する。

解答例

項目	施工計画書に記載すべき内容
現場組織表	現場における組織の編成と、命令系統・業務分担について記載する。監理技術者や専門技術者を置く工事では、その者の氏名を記載する。
主要資材	工事に使用する指定材料・主要資材に関して、品質確認の手法および材料確認時期を記載する。
施工方法	主要な工種ごとの作業フローを記載する。各作業段階における作業環境や、使用機械・仮設備についても記載する。
安全管理	安全管理の責任者・組織づくり・活動方針を記載する。事故発生時における連絡方法や救急病院についても記載する。

以上のうち、2つを選択して解答する。

出典：土木工事共通仕様書（国土交通省）
出典：施工計画書作成例（国土交通省）

| 平成30年度 | 選択問題(2) | 施工計画 | プレキャストボックスカルバートの施工手順 |

問題11 下図のようなプレキャストボックスカルバートを施工する場合の施工手順が次の表に示されているが、施工手順①～③のうちから**2つ選び、それぞれの番号、該当する工種名及び施工上の具体的な留意事項**(主要機械の操作及び安全管理に関するものは除く)を解答欄に記述しなさい。

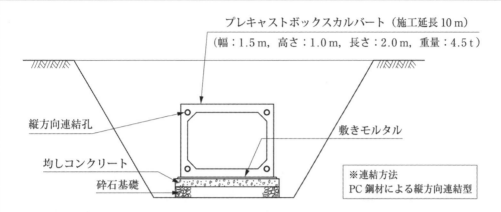

施工手順番号	工種名	施工上の具体的な留意事項 (主要機械の操作及び安全管理に関するものは除く)
	準備工(丁張) ↓	○丁張は、施工図面に従って位置・高さを正確に設置する。
①	（バックホウ） ↓	
	砕石基礎工 ↓	○基礎工は、地下水に留意しドライワークで施工する。
	均しコンクリート工 ↓	○均しコンクリートの施工にあたって沈下、滑動などが生じないようにする。
	敷きモルタル工 ↓	○ボックスカルバートの底面と砕石基礎が確実に面で密着するように、敷きモルタルを施工する。
②	（トラッククレーン） （ジャッキ） ↓	
③	（タンパ） ↓ 後片づけ工	

考え方

プレキャストボックスカルバートの標準的な施工手順と、各手順における施工上の留意事項は、下記の通りである。

1 準備工：丁張り（施工前に、ボックスカルバートの正確な位置と高さを把握するため、杭や板を取り付ける作業）を行う。その高さは、標高で表示する。

2 床掘工：バックホゥ等の機械を用いて、掘削面に沿って掘削した土を、仮置場に搬入する。続いて、人力による床付け面の仕上げを行う。この床付け面は、乱さず平坦に仕上げなければならない。

3 砕石基礎工：仕上げ面の下に砕石を叩き込んだ後、その砕石を敷き均し、小型建設機械で突き固める。この基礎工は、ドライワーク（地下水が浸入してこない程度に乾燥した状態）で施工し、その仕上げ高さは150mm程度とする。

4 均しコンクリート工：コンクリートポンプを用いて、コンクリートを打ち込み、基礎面の凹凸をなくすように仕上げる。均しコンクリートの施工にあたっては、施工後に凹凸が生じるのを防ぐため、沈下・滑動が生じないように注意する。

5 敷きモルタル工：均しコンクリート上に、敷きモルタルを施工して養生する。敷きモルタルは、ボックスカルバートの底面と砕石基礎を、確実に面で密着させるように施工する。

6 敷設工：各ボックスカルバートを、トラッククレーンで吊り下げて搬入した後、バールなどを用いて人力で敷設し、ボックスカルバートを相互に密着させる。ボックスカルバートの敷設は、基礎面を清掃した後、基礎の低い方から高い方に向かって（下流側から上流側に向かって）順に行うことが望ましい。また、相互に密着させる部分には、ジャッキを取り付けておくと、敷設時の位置ずれが少なくなるので、密着が確実になる。

7 裏込め工：バックホウなどを用いて建設発生土を撒き出した後、タンパやランマなどの小型建設機械で十分に締め固める。その際、一層の仕上り厚さは20cm程度以下とする。

8 後片付け工：残土処理などを行う。仮置場に残っている残土は、所定の場所に運搬する。

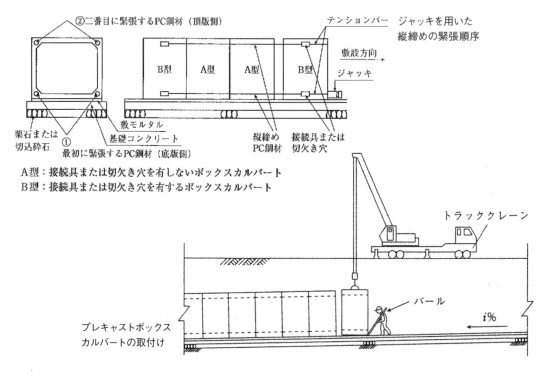

解答例

解答は、①・②・③のうちから2つを選んで行う。

番号	該当する工種名	施工上の具体的な留意事項
①	床掘工	床付け面を乱さず、平坦に仕上げる。
②	敷設工	基礎面を清掃し、基礎の低い側から高い側に向かって敷設する。
③	裏込め工	一層の仕上り厚さを20cm程度以下とし、十分に締め固める。

出典：道路土工ーカルバート工指針（日本道路協会）

平成29年度　選択問題(1)　施工計画　施工計画の立案

問題6　施工計画の立案に際して留意すべき事項について、次の文章の　　　の(イ)～(ホ)に当てはまる**適切な語句**を解答欄に記述しなさい。

(1) 施工計画は、設計図書及び　(イ)　の結果に基づいて検討し、施工方法、工程、安全対策、環境対策など必要な事項について立案する。

(2) 関係機関などとの協議・調整が必要となる工事では、その協議・調整内容をよく把握し、特に都市内工事にあたっては、　(ロ)　災害防止上の安全確保に十分留意する。

(3) 現場における組織編成及び　(ハ)　、指揮命令系統が明確であること。

(4) 環境保全計画の対象としては、建設工事における騒音、　(ニ)　、掘削による地盤沈下や地下水の変動、土砂運搬時の飛散、建設副産物の処理などがある。

(5) 仮設工の計画では、その仮設物の形式や　(ホ)　計画が重要なので、安全でかつ能率のよい施工ができるよう各仮設物の形式、　(ホ)　及び残置期間などに留意する。

考え方

1 施工計画を立案し、施工計画書を作成するときは、その施工における安全管理などについて留意しなければならない。具体的な留意事項は、次の通りである。

①施工計画は、設計図書および**事前調査**の結果に基づいて検討し、施工における技術的な方法・工程管理・品質管理・安全管理・環境対策などを考慮して立案しなければならない。

②関係機関などとの協議が必要になる工事では、安全管理上必要な措置が、工程計画の制約条件となる場合が多い。工程管理と安全管理は、相反することも多いが、より重要なのは安全管理である。特に、都市内工事においては、**第三者**災害防止などの安全管理を最重視する必要がある。

③安全管理の体制を確立するためには、現場内の組織編成・**業務分担**・指揮命令系統などを明確にした施工体制台帳・施工体系図を作成する必要がある。また、災害などの非常時における連絡系統についても、施工計画書に記載する必要がある。

④環境保全計画では、建設工事で発生する騒音・**振動**などについて、その抑制対策を明確にする必要がある。特に、典型七公害（環境の保全上の支障のうち、事業活動その他の人の活動に伴って生ずる相当範囲にわたる大気汚染・水質汚濁・土壌汚染・騒音・振動・地盤沈下・悪臭によって、人の健康・生活環境に係る被害が生ずること）の発生防止には注意しなければならない。また、地下水位の変動防止・土砂の飛散防止・建設副産物の処理などについても考慮しなければならない。

⑤仮設工事の計画にあたっては、仮設物の設置目的を十分に把握し、現場状況を踏まえて、安全で能率よく作業が行える仮設物の形式・**配置**を考える必要がある。また、仮設物の残置期間についても、施工計画書に記載する必要がある。

⑥現場で使用する機械・設備の計画・選定にあたっては、施工条件・機械能力・適応性・現場内地盤状況・工程面・安全面・環境影響などを、総合的に検討することが望ましい。

解 答

(1) 施工計画は、設計図書及び **(イ)事前調査** の結果に基づいて検討し、施工方法、工程、安全対策、環境対策など必要な事項について立案する。

(2) 関係機関などとの協議・調整が必要となる工事では、その協議・調整内容をよく把握し、特に都市内工事にあたっては、**(ロ)第三者** 災害防止上の安全確保に十分留意する。

(3) 現場における組織編成及び **(ハ)業務分担**、指揮命令系統が明確であること。

(4) 環境保全計画の対象としては、建設工事における騒音、**(ニ)振動**、掘削による地盤沈下や地下水の変動、土砂運搬時の飛散、建設副産物の処理などがある。

(5) 仮設工の計画では、その仮設物の形式や **(ホ)配置** 計画が重要なので、安全でかつ能率のよい施工ができるよう各仮設物の形式、**(ホ)配置** 及び残置期間などに留意する。

(イ)	(ロ)	(ハ)	(ニ)	(ホ)
事前調査	第三者	業務分担	振動	配置

| 平成 28 年度 | 選択問題(2) | 施工計画 | 公共土木工事における施工計画書の作成 |

問題 11 　公共土木工事の施工計画書を作成するにあたり、下記の 4 つの項目の中から 2 つを選び、**記載すべき内容**について、解答欄の(例)を参考にして、それぞれ解答欄に記述しなさい。
- 現場組織表
- 主要船舶・機械
- 施工方法
- 環境対策

考え方

　公共土木工事の施工計画書には、工事目的物を完成させるために必要な手順や工法などを明らかにするため、工事概要、計画工程表、**現場組織表**、指定機械、**主要船舶・機械**、主要資材、**施工方法**、施工管理計画、安全管理、緊急時の体制及び対応、交通管理、**環境対策**、現場作業環境の整備、再生資源の利用の促進と建設副産物の適正処理方法などの項目について記載しなければならない。それぞれの項目において記載すべき内容は、下記の通りである。

1 **工事概要の項目**には、**工事名**・工事場所・**工期**・**請負代金**・発注者・請負者・工事内容に関することを記載する。発注者・請負者については、その名称・住所・電話番号などを記入する。工事内容については、工事数量総括表の工種・種別・数量などを記入する。ただし、工種が一式表示であるものや、主要工種以外については、工種のみの記入でもよい。また、設計図書の数量総括表の写しでもよい。

2 **計画工程表の項目**は、種別ごとの作業の開始と終了が判明するネットワーク工程表またはバーチャート工程表として作成する。施工計画表を作成するときは、次のような点に留意しなければならない。
①計画工程表は、施工計画書に綴じ込むものの他、工程管理用として 1 部作成し、**現場**において管理する。
②気象(特に降雨・気温)などにより施工に大きな影響の出る工種については、**過去のデータ**などを十分に調査し、工程計画に反映させる。
③契約書に添付された**工程表との整合**を行う。
④工種ごとに、施工量や施工時期を考えて工期を設定し、それが適正に設定されていることを確認する。

3 **現場組織表の項目**は、現場における組織の編成・**命令系統**・**業務分担**が分かるように記載する。監理技術者・専門技術者を置く工事については、それも記載する。

4 **指定機械の項目**には、工事に使用する機械のうち、**設計図書で指定**されている機械の騒音・振動・排ガス規制・標準操作などについて記載する。その際、発注者側が設定した指定機械との対比をすることが望ましい。

5️⃣ **主要船舶・機械の項目**には、工事に使用する船舶や機械のうち、設計図書で指定されてない主要な機器の騒音・振動・排ガス規制・標準操作などについて記載する。その摘要欄には、用途を明記する。また、交通船と監視船が兼用の場合は、その旨を摘要欄に記入する。

6️⃣ **主要資材の項目**には、工事に使用する**指定材料・主要資材**について記載する。また、その品質を確認する手法（材料試験方法・品質証明書など）や、材料確認時期などについても記載する。

7️⃣ **施工方法の項目**には、次の内容を記載する。
   ①主要な工種ごとに**作業フロー**を記載し、各作業段階における②〜④の事項について記述する。

   作業フローの例
   丁張 ➡ 掘削・床付け ➡ 基礎工 ➡ 型枠・コンクリート ➡ 埋戻し

   ②施工実施上の留意事項・施工方法として、工事箇所の作業環境（周辺の土地利用状況・自然環境・近接状況など）や、主要な工種の施工実施時期などについて記述する。施工実施時期を決めるときは、降雨時期・出水時期・渇水時期などを考慮する。これを受けて、施工実施上の留意事項・施工方法の要点・制約条件（施工時期・作業時間・交通規制・自然保護）・関係機関との調整事項などについても記述する。また、工事の準備に関する基準点・地下埋設物・地上障害物の防護方法についても記述する。
   ③使用機械として、該当工種における使用予定機械を記載する。
   ④工事全体に共通する仮設備の構造・配置計画などについて、位置図・概略図などを用いて具体的に記載する。また、安全を確認する方法として、応力計算などについても可能な限り記載する。その他、間接的設備としての仮設建物・材料や機械などの仮置き場・プラントなどの機械設備・運搬路・仮排水や安全管理に関する仮設備などについても記載する。

   施工方法を記載するときは、次のような点に留意しなければならない。
   ①**指定仮設または重要な仮設工**に関するものを記載する。
   ②応力計算などにより安全を確認できるものは、計算の記載を行う。
   ③**作業フロー**と、各作業の留意事項・施工方法の要点を記載する。
   ④工事測量・隣接工区との関連について記載する。
   ⑤共通仕様書において、承諾を要する事項および施工計画書に記載すべき事項と、指定された事項について把握する。
   ⑥必要に応じて、下記の間接的設備を記載する。
   ▶監督員詰所・現場事務所・作業員宿舎・倉庫などの仮設建物
   ▶材料・機械などの仮置場
   ▶工事施工上必要なプラントなどの機械設備
   ▶仮道路・仮橋・現道補修などの運搬路

▶仮排水
　▶工事表示板、安全看板、立入防止柵、安全管理に関する仮設備

8 **施工管理計画の項目**には、設計図書「土木工事施工管理基準及び規格値」・「写真管理基準(案)」などに基づき、その管理方法について、次の事項を記載する。
　①**工程管理計画**として、どの作成様式の工程表を使用するか(ネットワーク工程表・バーチャート工程表など)について記載する。
　②**品質管理計画**として、その工事で行う品質管理の試験項目について、品質管理計画表を作成する。
　③**出来形管理計画**として、その工事で行う出来形管理の測定項目についてのみ記載する。なお、該当工種がないものについては、あらかじめ監督職員と協議して定める。
　④**写真管理計画**として、その工事で行う写真管理について記載する。
　⑤**段階確認計画**として、設計図書で定められた段階確認項目についての計画を記載する。
　⑥**品質証明計画**として、その工事の中で行う社内検査項目・検査方法・検査段階について記載する。

9 **安全管理の項目**には、安全管理に必要なそれぞれの責任者・組織づくり・活動方針について記載する。また、事故発生時における関係機関や被災者宅などへの連絡方法や、救急病院などについても記載する。次のような事項は、記載が必要である。
　①**工事安全管理対策**として、**安全管理組織**(安全協議会などの組織も含む)、危険物を使用する場合の保管および取扱いなどの必要事項について記載する。
　②**第三者施設安全管理対策**として、家屋・商店・鉄道・ガス・電気・電話・水道などの第三者施設と近接して工事を行う場合の対策を記載する。
　③**工事安全教育および訓練**についての活動計画として、実施が予定されている安全管理活動の参加予定者・開催頻度などを記載する。

10 **緊急時の体制および対応の項目**には、大雨・強風などの異常気象時または地震発生時における防災対策と、災害が発生した場合における体制および連絡系統を記載する。一例として、**災害対策組織**を結成し、大雨・強風などの異常気象により災害発生のおそれがある場合に、必要に応じて現場内のパトロールと警戒を行わせる場合は、次のように記述する。

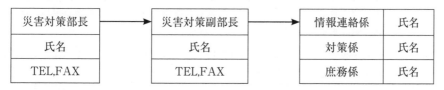

11 **交通管理の項目**には、工事に伴う交通処理・**交通対策**について記載する。迂回路を設ける場合は、迂回路の図面・安全施設・案内標識の配置図や、交通整理員などの配置についても記載する。また、具体的な保安施設配置計画・市道および出入口対策・主要機械および主要材料の搬入経路と搬出経路・積載超過運搬防止対策などについても記載する。

12 **環境対策の項目**には、工事現場地域の生活環境の保全と、円滑な工事施工を図ることを目的として、環境保全対策関係法令に準拠し、次のような事項について対策・計画を記載する。
①騒音・振動対策
②水質汚濁対策
③ゴミ・ほこりの処理
④事業損失防止対策（家屋調査・地下水観測など）
⑤産業廃棄物への対応

13 **現場作業環境の整備の項目**には、現場作業環境の整備に関して、次のような事項について計画を記載する。
①仮設関係
②安全関係
③営繕関係
④イメージアップ対策の内容

14 **再生資源の利用の促進と建設副産物の適正処理方法の項目**には、再生資源利用の促進に関する法律に基づき、次のような事項について記載する。
①**再生資源利用計画書**
②**再生資源利用促進計画書**
③指定副産物搬出計画(マニフェストなど)

解答例

項目	記載すべき内容
計画工程表（例）	契約図書の工事内訳書を参考に、各工種について、各作業の開始日と終了日を明記したネットワーク工程表またはバーチャート工程表を記載する。
現場組織表	現場における組織の編成・命令系統・業務分担を記載する。監理技術者や専門技術者を置く工事については、その者の氏名などを記載する。
主要船舶・機械	工事に使用する船舶や機械のうち、設計図書で指定されてない船舶や機械について、その騒音・振動・排ガス規制・標準操作・用途などを記載する。
施工方法	主要な工種ごとに作業フローを記載し、各作業段階における留意事項・使用機械・仮設備などを記載する。
環境対策	騒音・振動・水質汚濁・産業廃棄物などへの対策について、環境保全対策関係法令に準拠した計画を記載する。

以上のうち、2つを選択して解答する。

| 平成27年度 | 選択問題(1) | 施工計画 | 下水管渠の布設 |

問題6 下図のような断面の条件において管きょを布設する場合の施工手順が次の表に示されているが、工種名、主な作業内容及び品質管理又は出来形管理の確認項目の欄における□の(イ)〜(ホ)に当てはまる**適切な語句**を解答欄に記入しなさい。

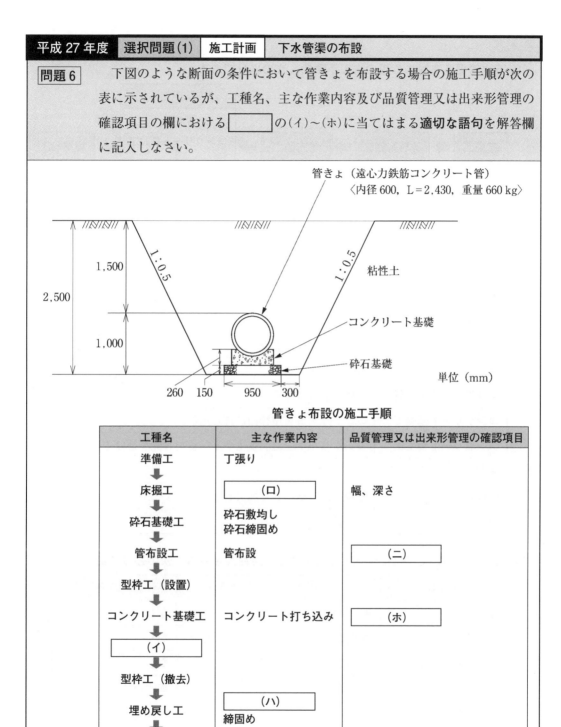

管きょ布設の施工手順

工種名	主な作業内容	品質管理又は出来形管理の確認項目
準備工	丁張り	
床掘工	(ロ)	幅、深さ
砕石基礎工	砕石敷均し 砕石締固め	
管布設工	管布設	(ニ)
型枠工（設置）		
コンクリート基礎工	コンクリート打ち込み	(ホ)
(イ)		
型枠工（撤去）		
埋め戻し工	(ハ) 締固め	
残土処理		

考え方

(1) 下水管渠を布設する際の施工手順は、次の通りである。

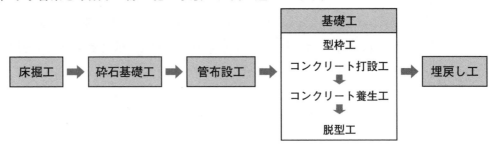

(2) 各工種における主な作業内容は、次の通りである。

工種名	主な作業内容
準備工	丁張り
床掘工	掘削
砕石基礎工	砕石敷均し、砕石締固め
管布設工	管を布設する。
型枠工（型枠の設置）	型枠を取り付ける。
コンクリート基礎工	コンクリートを型枠内に打ち込む。
コンクリート養生工	コンクリートを湿潤養生する。（直射日光を避ける）
脱型工（型枠の撤去）	型枠を取り外す。
埋戻し工	埋戻し土の敷均し、埋戻し土の締固め
残土処理	土を搬出して捨てる。

(3) 各工種において出来形管理・品質管理すべき確認項目は、次の通りである。

工種名	出来形管理の確認項目	品質管理の確認項目
床掘工	幅、深さ	なし
管布設工	基準高、延長、中心線の偏位（蛇行）	なし
コンクリート基礎工	基準高、幅、厚さ、延長	なし
埋戻し工	基準高	締固め度

解答例

(イ)	(ロ)	(ハ)	(ニ)	(ホ)
コンクリート養生工	掘削	埋戻し土の敷均し	基準高、延長	基準高、幅、厚さ

施工管理（環境保全）分野の問題

令和6年度 選択問題(2) 環境保全 騒音・振動を防止するための対策・調査

建設工事に伴う騒音又は振動を防止するための**具体的な対策又は調査**について**5つ**解答欄に記述しなさい。
ただし，騒音と振動の防止対策又は調査が同一内容のものは不可とする。

考え方

建設工事に伴う騒音・振動を防止するための具体的な対策または調査については、国土交通省のホームページで公開されている「建設工事に伴う騒音振動対策技術指針」において、次のように定められている。（建設工事に伴う騒音振動対策技術指針から出題に関する文面を抜粋・一部改変）

①**騒音・振動を防止するための調査／現地認査／施工前の調査（第5章）**

建設工事の設計・施工にあたっては、工事現場および現場周辺の状況について、原則として、施工前調査を実施しなければならない。この施行前調査では、建設工事による騒音・振動の対策を検討し、工事着手前の状況を把握するために、次のような調査を行わなければならない。

1 現場周辺状況の調査として、工事現場の周辺において、家屋・施設などの有無・規模・密集度・地質・土質や、騒音源・振動源と家屋・施設との距離などを調査する。また、必要に応じて、騒音・振動の影響についても検討する。

2 暗騒音・暗振動（建設工事以外から生じる騒音・振動）の調査として、工事現場の周辺において、作業時間帯に応じた暗騒音・暗振動を、必要に応じて測定する。

3 建造物などの調査として、工事現場の周辺において、建設工事による振動の影響が予想される建造物などについて、工事施工前の状況を調査する。

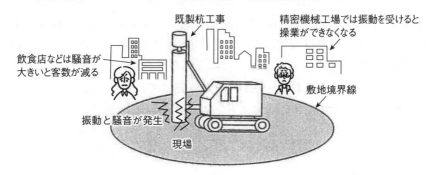

騒音と振動を伴う既製杭工事における事前調査

②騒音・振動を防止するための調査／現地認査／施工時の調査(第5章)

建設工事の設計・施工にあたっては、工事現場および現場周辺の状況について、原則として、施工時調査を実施しなければならない。この施行時調査は、建設工事の施工時において、必要に応じて、騒音・振動を測定し、工事現場の周辺の状況・建造物などの状態を把握するものである。また、施工直後においても、必要に応じて、建造物などの状態を把握するものとする。

※上記①と上記②に関して、建設工事による振動の影響が予想される建造物について、工事施工前の状況を調査すると共に、施工時および施工直後の状態を把握する必要があるのは、その建造物に何らかの損傷が生じていた際に、その損傷の原因が、建設工事による振動の影響か否かを把握しやすくするためである。

③騒音・振動を防止するための調査／運搬路の選定(第7章)

建設工事に使用する物品の運搬の計画にあたっては、交通安全に留意するとともに、運搬に伴って発生する騒音・振動について配慮しなければならない。そのため、運搬路の選定にあたっては、あらかじめ道路および付近の状況について、十分に調査しなければならない。この調査の際には、事前に、道路管理者・公安委員会(警察)などと協議することが望ましい。

④騒音・振動を防止するための対策／建設機械の使用(第4章)

建設機械の運転に伴う騒音・振動の防止には、次のような対策が有効である。

1 工事の円滑化を図り、現場管理などに留意し、不必要な騒音・振動を発生させない。
2 建設機械は、整備不良による騒音・振動が発生しないよう、点検・整備を十分に行う。
3 作業待ち時には、建設機械のエンジンをできる限り止めるなどの配慮をする。

⑤騒音・振動を防止するための対策／土工／掘削・積込み作業(第6章)

掘削作業・積込み作業に伴う騒音・振動の防止には、次のような対策が有効である。

1 掘削・積込み作業にあたっては、低騒音型建設機械の使用を原則とする。
2 掘削は、できる限り衝撃力による施工を避け、無理な負荷をかけないようにし、不必要な高速運転や無駄な空ぶかしを避けて、丁寧に運転しなければならない。
3 掘削積込機から直接トラックなどに積み込む場合や、ホッパーに取り溜めして積み込む場合は、不必要な騒音・振動の発生を避けて、丁寧に行わなければならない。

⑥騒音・振動を防止するための対策／トンネル工／掘削工(第15章)

トンネルの掘削作業に伴う騒音・振動の防止には、次のような対策が有効である。

1 坑口付近の掘削は、発破等の騒音・振動をできる限り低減させるように配慮しなければならない。
2 トンネル本体掘削時の発破騒音対策として、坑口等に防音壁・防音シートなどの設置を検討しなければならない。
3 換気設備・空気圧縮機などは、工事現場の周辺の環境を考慮して設置するとともに、必要に応じて、騒音・振動を低減させるように配慮しなければならない。

⑦騒音・振動を防止するための対策／岩石掘削工／発破工(第8章)

　岩石を掘削するために、発破掘削を行う場合は、必要に応じて、低爆速火薬などの特殊火薬や、遅発電気雷管などの使用について検討するものとする。

⑧騒音・振動を防止するための対策／基礎工／ケーソン工法(第9章)

　ニューマチックケーソン工法(地下の密閉された作業室内に高圧空気を送り込んで掘削する工法)では、昼夜連続作業で施工されることから、エアーロックの排気音・合図音や、空気圧縮機などの騒音・振動の対策を検討しておく必要がある。

⑨騒音・振動を防止するための対策／機器の設置(第19章)

　空気圧縮機・発動発電機・排水ポンプなどは、工事現場の周辺の環境を考慮して、騒音・振動の影響が少ない箇所(工事現場の敷地境界線から離れた場所)に設置しなければならない。

解答例

建設工事に伴う騒音・振動を防止するための具体的な対策または調査
工事現場の周辺について、家屋・施設の有無や、その騒音源・振動源との距離を調査する。
振動の影響が予想される建造物について、施工前・施工時・施工直後の状態を把握する。
建設機械は、点検・整備を十分に行い、作業待ち時にはエンジンを止めるようにする。
トンネルの発破掘削をするときの坑口には、防音壁や防音シートなどを設置する。
空気圧縮機・発動発電機・排水ポンプは、現場の敷地境界線から離れた場所に設置する。

出典：建設工事に伴う騒音振動対策技術指針

※上記の解答例は、上記の 考え方 の①・②・④・⑥・⑨の条文を要約して解答したものである。この問題では、騒音または振動を防止するための「具体的な対策」または「調査」について記述することが求められている。そのため、「対策」を記述するときは、上記④①などのように、極度に一般的な(具体的でない)項目を解答として記述すると、正解とならないおそれがあるので、注意が必要である。

参考

　建設工事に伴う騒音振動対策技術指針は、建設工事に伴う騒音・振動の防止について、技術的な対策を示すものである。建設工事の設計にあたっては、工事現場周辺の立地条件を調査し、全体的に騒音・振動を低減するよう、次の事項について、検討しなければならない。

①低騒音・低振動の施工法の選択
　　※この問題の解答とする場合の記述例：鋼材の接合には、電動式・油圧式のレンチを使用する。

②低騒音型建設機械の選択
　　※この問題の解答とする場合の記述例：締固め作業では、低騒音型建設機械を使用する。

③作業時間帯・作業工程の設定
　　※この問題の解答とする場合の記述例：夜間・休日には、騒音・振動を生じる作業を行わない。

④騒音・振動源となる建設機械の配置
　　※この問題の解答とする場合の記述例：アスファルトプラントは、現場の中央付近に設置する。

⑤遮音施設等の設置
　　※この問題の解答とする場合の記述例：解体作業では、防音シートや防音パネルを設置する。

令和5年度 選択問題(1) 環境保全 産業廃棄物管理票の交付

【問題 7】
「廃棄物の処理及び清掃に関する法律」に基づく廃棄物の適正な処理にあたり、産業廃棄物管理票（マニフェスト）（以下「管理票」という。）の交付等に関する次の文章の　　　の(イ)〜(ホ)に当てはまる**適切な語句又は数値**を解答欄に記述しなさい。

(1) 産業廃棄物を生ずる事業者は、その産業廃棄物の運搬又は処分を他人に委託する場合には、当該委託に係る産業廃棄物の引渡しと　(イ)　に当該産業廃棄物の運搬又は処分を受託した者に対し、管理票を交付しなければならない。

(2) 管理票には、当該委託に係る産業廃棄物の　(ロ)　及び　(ハ)　、運搬又は処分を受託した者の氏名又は名称その他環境省令で定める事項を記載するものとする。

(3) 管理票を交付した者は、当該管理票の写しを当該交付をした日から　(ニ)　年間保存しなければならない。

(4) 管理票を交付した者は、当該管理票に関する報告書を作成し、これを　(ホ)　に提出しなければならない。

考え方

産業廃棄物管理票（マニフェスト）の交付などについては、廃棄物の処理及び清掃に関する法律の第12条の3～第12条の5（関連する施行令・施行規則を含む）に定められている。
（廃棄物の処理及び清掃に関する法律から出題に関する条文を抜粋・一部改変）
※以降は「廃棄物の処理及び清掃に関する法律」を略称（廃棄物処理法）で表示している。

①**産業廃棄物管理票の交付（廃棄物処理法第12条の3）**

その事業活動に伴い、産業廃棄物を生じる事業者は、その産業廃棄物の運搬または処分を他人に委託する場合には、原則として、その委託に係る産業廃棄物の引渡しと**同時**に、その産業廃棄物の運搬を受託した者（その委託が産業廃棄物の処分のみに係る場合は処分を受託した者）に対し、産業廃棄物管理票を交付しなければならない。

②**産業廃棄物管理票の記載事項（廃棄物処理法第12条の3）**

上記で交付する産業廃棄物管理票は、次の事項を記載したものでなければならない。
- 産業廃棄物の**種類**および**数量**
- 運搬または処分を受託した者の氏名または名称
- その他環境省令で定める事項

③産業廃棄物管理票のその他の記載事項(廃棄物処理法施行規則第8条の21)

上記の「その他環境省令で定める事項」としては、次のようなものが挙げられる。
- 産業廃棄物管理票の交付年月日および交付番号
- 産業廃棄物を排出した事業者の氏名または名称および住所
- 産業廃棄物を排出した事業場の名称および所在地
- 産業廃棄物管理票の交付を担当した者の氏名
- 運搬または処分を受託した者の住所
- 運搬先の事業場の名称および所在地
- 産業廃棄物に係る最終処分を行う場所の所在地

④産業廃棄物管理票の写しの保存期間(廃棄物処理法施行規則第8条の21の2)

上記①の規定により産業廃棄物管理票を交付した者は、その産業廃棄物管理票の写しを、その交付をした日から**5年間**保存しなければならない。

※産業廃棄物管理票の保存期間は、これ以外の場合も、原則としては5年間である。

⑤産業廃棄物管理票交付者の報告書(廃棄物処理法施行規則第8条の27)

産業廃棄物管理票を交付した者は、産業廃棄物を排出する事業場ごとに、産業廃棄物管理票の交付などの状況に関する報告書を作成し、その事業場の所在地を管轄する**都道府県知事**に提出しなければならない。

解 答

(1) 産業廃棄物を生ずる事業者は、その産業廃棄物の運搬又は処分を他人に委託する場合には、当該委託に係る産業廃棄物の引渡しと**(イ)同時**に当該産業廃棄物の運搬又は処分を受託した者に対し、管理票を交付しなければならない。

(2) 管理票には、当該委託に係る産業廃棄物の**(ロ)種類**及び**(ハ)数量**、運搬又は処分を受託した者の氏名又は名称その他環境省令で定める事項を記載するものとする。

(3) 管理票を交付した者は、当該管理票の写しを当該交付をした日から**(ニ)5**年間保存しなければならない。

(4) 管理票を交付した者は、当該管理票に関する報告書を作成し、これを**(ホ)都道府県知事**に提出しなければならない。

出典:廃棄物の処理及び清掃に関する法律(廃棄物処理法)

(イ)	(ロ)	(ハ)	(ニ)	(ホ)
同時	種類	数量	5	都道府県知事

※(ロ)と(ハ)の解答は、上記の通り、法律の条文通りの順序で記述することが望ましいが、入れ替わっていても不正解にはならないと思われる。ただし、減点の対象となるおそれはあると思われる。

| 令和4年度 | 選択問題(2) | 環境保全 | 建設廃棄物の現場内保管 |

【問題 11】
　建設工事において、排出事業者が「廃棄物の処理及び清掃に関する法律」及び「建設廃棄物処理指針」に基づき、建設廃棄物を現場内で保管する場合、周辺の生活環境に影響を及ぼさないようにするための**具体的措置**を**5つ**解答欄に記述しなさい。
　ただし、特別管理産業廃棄物は対象としない。

考え方

　建設廃棄物の現場内保管における具体的措置については、廃棄物の処理及び清掃に関する法律施行令」および「建設廃棄物処理指針」に定められている。なお、建設廃棄物の多くは産業廃棄物なので、下記の条文中にある「産業廃棄物」の語句は、「建設廃棄物」に読み替えても差し支えない。（廃棄物の処理及び清掃に関する法律施行令・建設廃棄物処理指針から出題に関する条文を抜粋・一部改変）

①**産業廃棄物の保管の基準（廃棄物の処理及び清掃に関する法律施行令第6条）**
　産業廃棄物の保管を行う場合には、下記①〜⑤の規定の例による他、その保管する産業廃棄物の数量が、原則として、その保管の場所における1日あたりの平均的な搬出量に7を乗じて得られる数量を超えないようにすること。

① 産業廃棄物の保管場所は、周囲に囲い（保管する産業廃棄物の荷重が直接囲いにかかる構造である場合はその荷重に対して構造耐力上安全であるものに限る）が設けられていること。

② 産業廃棄物の保管場所は、見やすい箇所に、産業廃棄物の積替えのための保管の場所である旨・その他産業廃棄物の保管に関して必要な事項を表示した掲示板が設けられていること。

③ 産業廃棄物の保管に伴い、汚水が生じるおそれがある場合は、その汚水による公共の水域および地下水の汚染を防止するために必要な排水溝・その他の設備を設けるとともに、その底面を不浸透性の材料で覆うこと。

④ 屋外において、容器を用いずに産業廃棄物を保管する場合は、積み上げられた産業廃棄物の高さが、所定の高さを超えないようにすること。

⑤ 産業廃棄物の保管場所には、ねずみが生息したり、蚊・はえ・その他の害虫が発生したりしないようにすること。

②**産業廃棄物の現場内保管（建設廃棄物処理指針）**
　排出事業者は、建設廃棄物を作業所（現場）内で保管する場合、廃棄物処理法（廃棄物の処理及び清掃に関する法律）に定める保管基準に従うとともに、分別した廃棄物の種類ごとに保管すること。なお、現場で分別したものは、早期に現場外へ搬出することが望ましい。しかし、一時的に現場内で保管しなければならない場合には、周辺の生活環境の保全が十分確保できるよう、次の①〜⑪の項目に留意する必要がある。

①廃棄物が飛散・流出しないようにし、粉塵防止や浸透防止などの対策をとること。
②汚水が生じるおそれがある場合は、その汚水による公共の水域および地下水の汚染を防止するために必要な排水溝などを設け、その底面を不透水性の材料で覆うこと。
③悪臭が発生しないようにすること。
④保管施設には、ねずみが生息したり、蚊・はえ・その他の害虫が発生したりしないようにすること。
⑤周囲に囲いを設けること。なお、廃棄物の荷重がかかる場合には、その囲いを構造耐力上安全なものとすること。
⑥廃棄物の保管の場所である旨・その他廃棄物の保管に関して必要な事項を表示した掲示板が設けられていること。掲示板は縦・横それぞれ60cm以上とし、保管の場所の責任者の氏名または名称・連絡先・廃棄物の種類・積み上げることができる高さなどを記載すること。
⑦屋外で容器に入れずに廃棄物を保管する場合において、廃棄物が囲いに接しない場合は、囲いの下端から勾配50％以下とすること。廃棄物が囲いに接する場合は、囲いの内側2mは囲いの高さより50cm以下、2m以上内側は勾配50％以下とすること。
⑧可燃物を保管するときは、消火設備を設けるなど、火災時の対策を講じること。
⑨作業員などの関係者に、保管方法などを周知徹底すること。
⑩廃泥水などの液状または流動性を呈するものは、貯留槽で保管すること。また、必要に応じて、流出事故を防止するための堤防などを設けること。
⑪がれき類は、崩壊・流出などの防止措置を講じるとともに、必要に応じて、散水を行うなどの粉塵防止措置を講じること。

解答例

上記①および上記②から、5つの具体的措置を抜粋し、簡潔にまとめて記述する。

建設廃棄物を現場内で保管する場合の具体的措置
保管場所の周囲に囲いを設ける。その囲いは、構造耐力上安全なものとする。
保管場所において、鼠・蚊・蠅などの害虫が発生しないような措置を講じる。
縦横60cm以上の掲示板（廃棄物の保管の場所である旨などを示したもの）を設ける。
がれき類の保管では、崩壊・流出の防止措置と、散水などの粉塵防止措置を講じる。
汚水が生じる廃棄物の保管では、排水桝を設ける。その底面は、不透水材料で覆う。

出典：廃棄物の処理及び清掃に関する法律施行令・建設廃棄物処理指針

参考

この問題では、「特別管理産業廃棄物は対象としない」と書かれている。特別管理産業廃棄物とは、産業廃棄物のうち、爆発性・毒性・感染性・その他の人の健康または生活環境に係る被害を生ずるおそれがある性状を有する産業廃棄物である。そのため、特別管理産業廃棄物の現場内保管においては、それ以外の建設廃棄物の現場内保管よりも厳しい基準が定められている。

令和3年度 選択問題(1) 環境保全 特定建設資材の再資源化

【問題 7】
建設工事に係る資材の再資源化等に関する法律（建設リサイクル法）により再資源化を促進する特定建設資材に関する次の文章の□□の(イ)～(ホ)に当てはまる**適切な語句**を解答欄に記述しなさい。

(1) コンクリート塊については，破砕，選別，混合物の〔(イ)〕，〔(ロ)〕調整等を行うことにより再生クラッシャーラン，再生コンクリート砂等として，道路，港湾，空港，駐車場及び建築物等の敷地内の舗装の路盤材，建築物等の埋戻し材，又は基礎材，コンクリート用骨材等に利用することを促進する。

(2) 建設発生木材については，チップ化し，〔(ハ)〕ボード，堆肥等の原材料として利用することを促進する。これらの利用が技術的な困難性，環境への負荷の程度等の観点から適切でない場合には〔(ニ)〕として利用することを促進する。

(3) アスファルト・コンクリート塊については，破砕，選別，混合物の〔(イ)〕，〔(ロ)〕調整等を行うことにより，再生加熱アスファルト〔(ホ)〕混合物及び表層基層用再生加熱アスファルト混合物として，道路等の舗装の上層路盤材，基層用材料，又は表層用材料に利用することを促進する。

考え方

1 特定建設資材

特定建設資材とは、コンクリート・木材・その他の建設資材のうち、建設資材廃棄物となった場合におけるその再資源化が、資源の有効な利用および廃棄物の減量を図る上で特に必要であり、かつ、その再資源化が経済性の面において制約が著しくないと認められるものとして政令で定めるものをいう。

特定建設資材の一覧

コンクリート

アスファルト・コンクリート

コンクリート及び鉄から成る建設資材

木材

※特定建設資材の定義は「建設工事に係る資材の再資源化等に関する法律」において定められている。

2 特定建設資材廃棄物の再資源化等の促進のための具体的方策

各種の特定建設資材廃棄物の再資源化等を促進するための具体的な方策については、「特定建設資材に係る分別解体等及び特定建設資材廃棄物の再資源化等の促進等に関する基本方針(建設リサイクル法基本方針)」において、次のように定められている。(出題に関する部分を抜粋・一部改変)

① コンクリート塊については、破砕・選別・混合物**除去**・**粒度**調整等を行うことにより、再生クラッシャーラン・再生コンクリート砂・再生粒度調整砕石等として、道路・港湾・空港・駐車場・建築物等の敷地内の舗装の路盤材・建築物等の埋め戻し材・基礎材・コンクリート用骨材等に利用することを促進する。

② 建設発生木材については、チップ化し、**木質**ボード・堆肥等の原材料として利用することを促進する。これらの利用が技術的な困難性・環境への負荷の程度等の観点から適切でない場合には、**燃料**として利用することを促進する。

③ アスファルト・コンクリート塊については、破砕・選別・混合物**除去**・**粒度**調整等を行うことにより、再生加熱アスファルト**安定処理**混合物・表層基層用再生加熱アスファルト混合物として、道路等の舗装の上層路盤材・基層用材料・表層用材料に利用することを促進する。また、再生骨材等として、道路等の舗装の路盤材・建築物等の埋め戻し材・基礎材等に利用することを促進する。

④ 特定建設資材以外の建設資材についても、それが廃棄物となった場合に再資源化等が可能なものについては、できる限り分別解体等を実施し、その再資源化等を実施することが望ましい。

特定建設資材の処理方法と利用用途の総まとめ

特定建設資材	具体的な処理方法	処理後の材料名	用途
コンクリート (コンクリートおよび鉄から成る建設資材を含む)	・破砕 ・選別 ・混合物除去 ・粒度調整	・再生クラッシャーラン ・再生コンクリート砂 ・再生粒度調整砕石	・路盤材 ・埋め戻し材 ・基礎材 ・コンクリート用骨材
木材	・チップ化	・木質ボード ・堆肥 ・木質マルチング材	・住宅構造用建材 ・コンクリート型枠 ・発電用燃料
アスファルト・コンクリート	・破砕 ・選別 ・混合物除去 ・粒度調整	・再生加熱アスファルト安定処理混合物 ・表層基層用再生加熱アスファルト混合物	・上層路盤材 ・基層用材料 ・表層用材料 ・路盤材 ・埋め戻し材 ・基礎材

解　答

(1) コンクリート塊については、破砕、選別、混合物の**(イ)除去**、**(ロ)粒度**調整等を行うことにより再生クラッシャーラン、再生コンクリート砂等として、道路、港湾、空港、駐車場及び建築物等の敷地内の舗装の路盤材、建築物等の埋め戻し材、又は基礎材、コンクリート用骨材等に利用することを促進する。

(2) 建設発生木材については、チップ化し、**(ハ)木質**ボード、堆肥等の原材料として利用することを促進する。これらの利用が技術的な困難性、環境への負荷の程度等の観点から適切でない場合には**(ニ)燃料**として利用することを促進する。

(3) アスファルト・コンクリート塊については、破砕、選別、混合物の**(イ)除去**、**(ロ)粒度**調整等を行うことにより、再生加熱アスファルト**(ホ)安定処理**混合物及び表層基層用再生加熱アスファルト混合物として、道路等の舗装の上層路盤材、基層用材料、又は表層用材料に利用することを促進する。

出典：建設リサイクル法基本方針

(イ)	(ロ)	(ハ)	(ニ)	(ホ)
除去	粒度	木質	燃料	安定処理

| 令和2年度 | 選択問題 | 環境保全 | 建設工事に伴う騒音と振動の防止 |

問題11 建設工事にともなう**騒音又は振動防止**のための具体的対策について**5つ**解答欄に記述しなさい。
　　　　ただし、騒音と振動防止対策において同一内容は不可とする。
　　　　また、解答欄の(例)と同一内容は不可とする。

考え方

建設工事に伴う騒音・振動の防止のための具体的対策については、国土交通省のホームページで公開されている「建設工事に伴う騒音振動対策技術指針」において、次のように定められている。(建設工事に伴う騒音振動対策技術指針から出題に関する文面を抜粋・一部改変)

① **土工／掘削・積込み作業**
- 掘削・積込み作業にあたっては、低騒音型建設機械の使用を原則とする。
- 掘削は、できる限り衝撃力による施工を避け、無理な負荷をかけないようにし、不必要な高速運転や無駄な空ぶかしを避けて、丁寧に運転しなければならない。
- 掘削積込機から直接トラック等に積み込む場合は、不必要な騒音・振動の発生を避けて、丁寧に行わなければならない。ホッパーに取り溜めして積み込む場合も同様とする。

② **運搬工／運搬路の選定**
- 通勤・通学・買物等で特に歩行者が多く、歩車道の区別のない道路はできる限り避ける。
- 必要に応じ、往路・復路を別経路にする。(騒音の発生地点を集中させない)
- できる限り、舗装道路や幅員の広い道路を選ぶ。(宅地内の狭い道路は走行しない)
- 急な縦断勾配や、急カーブの多い道路は避ける。(登坂時・方向転換時の騒音を避ける)

③ **トンネル工／掘削工**
- 坑口付近の掘削は、発破等の騒音・振動をできる限り低減させるように配慮しなければならない。
- トンネル本体掘削時の発破騒音対策として、坑口等に防音壁・防音シート等の設置を検討しなければならない。
- 土かぶりの小さい箇所で発破による掘削を行う場合には、特に振動について配慮しなければならない。

④ **岩石掘削工／発破**
- 発破掘削を行う場合は、必要に応じて低爆速火薬等の特殊火薬や、遅発電気雷管等の使用について検討するものとする。

⑤ **機器の設置場所**
- 空気圧縮機・発動発電機・排水ポンプ等は、工事現場の周辺の環境を考慮して、騒音・振動の影響の少ない箇所(工事現場の敷地境界線から離れた場所)に設置しなければならない。

解答例

騒音又は振動防止のための具体的対策	①	掘削・積込み作業にあたり、低騒音型建設機械を使用する。
	②	掘削機械の運転では、不必要な高速運転や無駄な空ぶかしを避ける。
	③	トンネル本体掘削時の坑口には、防音壁や防音シートを設置する。
	④	発破掘削では、低爆速火薬や遅発電気雷管を使用する。
	⑤	排水ポンプは、工事現場の敷地境界線から離れた場所に設置する。

出典：建設工事に伴う騒音振動対策技術指針

※ 問題文中には、「ただし、解答欄の(例)と同一内容は不可とする」と書かれているが、解答欄の(例)は非公開事項になったので、ここでは省略する。

| 令和元年度 | 選択問題(1) | 環境保全 | 特定建設資材 |

問題6 特定建設資材廃棄物の再資源化等の促進のための具体的な方策等に関する次の文章の□の(イ)～(ホ)に当てはまる**適切な語句**を解答欄に記述しなさい。

(1) コンクリート塊については、破砕、(イ)、混合物除去、粒度調整等を行うことにより、再生 (ロ) 、再生コンクリート砂等として、道路、港湾、空港、駐車場及び建築物等の敷地内の舗装の (ハ) 、建築物等の埋め戻し材又は基礎材、コンクリート用骨材等に利用することを促進する。

(2) (ニ) については、チップ化し、木質ボード、堆肥等の原材料として利用することを促進する。これらの利用が技術的な困難性、環境への負荷の程度等の観点から適切でない場合には燃料として利用することを促進する。

(3) アスファルト・コンクリート塊については、破砕、(イ) 、混合物除去、粒度調整等を行うことにより、(ホ) アスファルト安定処理混合物及び表層基層用 (ホ) アスファルト混合物として、道路等の舗装の上層 (ハ) 、基層用材料又は表層用材料に利用することを促進する。

考え方

1 特定建設資材廃棄物

① 特定建設資材とは、コンクリート・木材・その他の建設資材のうち、建設資材廃棄物となった場合におけるその再資源化が、資源の有効な利用および廃棄物の減量を図る上で特に必要であり、かつ、その再資源化が経済性の面において制約が著しくないと認められるものとして政令で定めるものをいう。

② 特定建設資材廃棄物とは、特定建設資材が廃棄物となったものをいう。

2 再資源化等の促進のための具体的な方策

各種の特定建設資材廃棄物の再資源化等を促進するための具体的な方策については、「特定建設資材に係る分別解体等及び特定建設資材廃棄物の再資源化等の促進等に関する基本方針」において、次のように定められている。（出題に関する部分を抜粋・一部改変）

① コンクリート塊については、破砕・**選別**・混合物除去・粒度調整等を行うことにより、再生**クラッシャーラン**・再生コンクリート砂・再生粒度調整砕石等として、道路・港湾・空港・駐車場・建築物等の敷地内の舗装の**路盤材**・建築物等の埋め戻し材・基礎材・コンクリート用骨材等に利用することを促進する。

② **建設発生木材**については、チップ化し、木質ボード・堆肥等の原材料として利用することを促進する。これらの利用が技術的な困難性・環境への負荷の程度等の観点から適切でない場合には、燃料として利用することを促進する。

③アスファルト・コンクリート塊については、破砕・**選別**・混合物除去・粒度調整等を行うことにより、**再生加熱**アスファルト安定処理混合物・表層基層用**再生加熱**アスファルト混合物として、道路等の舗装の上層**路盤材**・基層用材料・表層用材料に利用することを促進する。また、再生骨材等として、道路等の舗装の路盤材・建築物等の埋め戻し材・基礎材等に利用することを促進する。

④特定建設資材以外の建設資材についても、それが廃棄物となった場合に再資源化等が可能なものについては、できる限り分別解体等を実施し、その再資源化等を実施することが望ましい。

コンクリート塊の主な利用用途

再生資源（再生資材）	主な利用用途
再生クラッシャーラン	道路舗装およびその他舗装の下層路盤材料 土木構造物の裏込め材および基礎材 建設物の基礎材
再生コンクリート砂	工作物の埋戻し材料および基礎材
再生粒度調整砕石	その他舗装の上層路盤材料
再生セメント安定処理路盤材料	道路舗装およびその他舗装の路盤材料
再生石灰安定処理路盤材料	道路舗装およびその他舗装の路盤材料

建設発生木材の主な利用用途

建設発生木材（資材名）	主な利用用途
木材	木質ボードの原材料 堆肥の原材料 燃料 再生木質ボード 再生木質マルチング材
合板	〃
パーティクルボード	〃
集成材（構造用集成材）	〃
繊維板（インシュレーションボード）	〃
繊維板（MDF／Medium Density Fiberboard）	〃
繊維板（ハードボード）	〃

アスファルト・コンクリート塊の主な利用用途

再生資源（再生資材）	主な利用用途
再生クラッシャーラン	道路舗装およびその他舗装の下層路盤材料 土木構造物の裏込め材および基礎材 建設物の基礎材
再生粒度調整砕石	その他舗装の上層路盤材料
再生セメント安定処理路盤材料	道路舗装およびその他舗装の路盤材料
再生石灰安定処理路盤材料	道路舗装およびその他舗装の路盤材料
再生加熱アスファルト安定処理混合物	道路舗装およびその他舗装の上層路盤材料
表層・基層用再生加熱アスファルト混合物	道路舗装およびその他舗装の基層用材料及び表層用材料

解 答

(1) コンクリート塊については、破砕、**(イ)選別**、混合物除去、粒度調整等を行うことにより、再生**(ロ)クラッシャーラン**、再生コンクリート砂等として、道路、港湾、空港、駐車場及び建築物等の敷地内の舗装の**(ハ)路盤材**、建築物等の埋め戻し材又は基礎材、コンクリート用骨材等に利用することを促進する。

(2) **(ニ)建設発生木材**については、チップ化し、木質ボード、堆肥等の原材料として利用することを促進する。これらの利用が技術的な困難性、環境への負荷の程度等の観点から適切でない場合には燃料として利用することを促進する。

(3) アスファルト・コンクリート塊については、破砕、**(イ)選別**、混合物除去、粒度調整等を行うことにより、**(ホ)再生加熱**アスファルト安定処理混合物及び表層基層用**(ホ)再生加熱**アスファルト混合物として、道路等の舗装の上層**(ハ)路盤材**、基層用材料又は表層用材料に利用することを促進する。

出典：特定建設資材に係る分別解体等及び特定建設資材廃棄物の再資源化等の促進等に関する基本方針（環境省）

(イ)	(ロ)	(ハ)	(ニ)	(ホ)
選別	クラッシャーラン	路盤材	建設発生木材	再生加熱

平成30年度　選択問題(1)　環境保全　関係者の責務と役割

問題6　建設副産物適正処理推進要綱に定められている関係者の責務と役割等に関する次の文章の____の(イ)～(ホ)に当てはまる**適切な語句**を解答欄に記述しなさい。

(1) 発注者は、建設工事の発注に当たっては、建設副産物対策の __(イ)__ を明示するとともに、分別解体等及び建設廃棄物の再資源化等に必要な __(ロ)__ を計上しなければならない。

(2) 元請業者は、分別解体等を適正に実施するとともに、 __(ハ)__ 事業者として建設廃棄物の再資源化等及び処理を適正に実施するよう努めなければならない。

(3) 元請業者は、工事請負契約に基づき、建設副産物の発生の __(ニ)__ 、再資源化等の促進及び適正処理が計画的かつ効率的に行われるよう適切な施工計画を作成しなければならない。

(4) __(ホ)__ は、建設副産物対策に自ら積極的に取り組むよう努めるとともに、元請業者の指示及び指導等に従わなければならない。

考え方

建設工事の副産物である建設発生土・建設廃棄物の適正な処理等における発注者・元請業者・自主施工者・下請負人などの関係者の責務と役割については、建設副産物適正処理推進要綱において、次のように定められている。（建設副産物適正処理推進要綱から抜粋・一部改変）

1 工事の発注及び契約（建設副産物適正処理推進要綱第12条）

発注者は、建設工事の発注に当たっては、建設副産物対策の**条件**を明示するとともに、分別解体等および建設廃棄物の再資源化等に必要な**経費**を計上しなければならない。なお、現場条件等に変更が生じた場合には、設計変更等により適切に対処しなければならない。

2 発注者の責務と役割（建設副産物適正処理推進要綱第5条）

発注者は、建設副産物の発生の抑制や分別解体等、建設廃棄物の再資源化等および適正な処理の促進が図られるような建設工事の計画・設計に努めなければならない。発注者は、発注に当たっては、元請業者に対して、適切な費用を負担するとともに、実施に関しての明確な指示を行うこと等を通じて、建設副産物の発生の抑制や分別解体等、建設廃棄物の再資源化等および適正な処理の促進に努めなければならない。

3 元請業者および自主施工者の責務と役割（建設副産物適正処理推進要綱第6条）

元請業者は、分別解体等を適正に実施するとともに、**排出**事業者として建設廃棄物の再資源化等および処理を適正に実施するよう努めなければならない。

自主施工者は、分別解体等を適正に実施するよう努めなければならない。

4 工事着手前に行うべき事項（建設副産物適正処理推進要綱第13条）

元請業者は、工事請負契約に基づき、建設副産物の発生の**抑制**、再資源化等の促進および適正処理が計画的かつ効率的に行われるよう、適切な施工計画を作成しなければならない。施工計画の作成に当たっては、再生資源利用計画及び再生資源利用促進計画を作成するとともに、廃棄物処理計画の作成に努めなければならない。

自主施工者は、建設副産物の発生の抑制が計画的かつ効率的に行われるよう、適切な施工計画を作成しなければならない。施工計画の作成に当たっては、再生資源利用計画の作成に努めなければならない。

5 下請負人の責務と役割（建設副産物適正処理推進要綱第7条）

下請負人は、建設副産物対策に自ら積極的に取り組むよう努めるとともに、元請業者の指示および指導等に従わなければならない。

6 用語の定義（建設副産物適正処理推進要綱第3条）

発注者とは、建設工事（他の者から請け負ったものを除く）の注文者をいう。

元請業者とは、発注者から直接建設工事を請け負った建設業を営む者をいう。

自主施工者とは、建設工事を請負契約によらないで自ら施工する者をいう。

下請負人とは、建設工事を他の者から請け負った建設業を営む者と、他の建設業を営む者との間で、当該建設工事について締結される下請契約における請負人をいう。

解 答

(1) 発注者は、建設工事の発注に当たっては、建設副産物対策の**(イ)条件**を明示するとともに、分別解体等及び建設廃棄物の再資源化等に必要な**(ロ)経費**を計上しなければならない。

(2) 元請業者は、分別解体等を適正に実施するとともに、**(ハ)排出**事業者として建設廃棄物の再資源化等及び処理を適正に実施するよう努めなければならない。

(3) 元請業者は、工事請負契約に基づき、建設副産物の発生の**(ニ)抑制**、再資源化等の促進及び適正処理が計画的かつ効率的に行われるよう適切な施工計画を作成しなければならない。

(4) **(ホ)下請負人**は、建設副産物対策に自ら積極的に取り組むよう努めるとともに、元請業者の指示及び指導等に従わなければならない。

出典：建設副産物適正処理推進要綱

(イ)	(ロ)	(ハ)	(ニ)	(ホ)
条件	経費	排出	抑制	下請負人

平成29年度　選択問題(2)　環境保全　排出事業者の義務

問題11 建設廃棄物の再生利用等による適正処理のために「分別・保管」を行う場合、廃棄物の処理及び清掃に関する法律の定めにより、**排出事業者が作業所(現場)内において実施すべき具体的な対策について5つ解答欄に記述しなさい。**

考え方

建設廃棄物の再生利用等による適正処理のための分別・保管を行う場合に、排出事業者(対象建設工事の施工者)が作業所(現場)内において実施すべき具体的な対策については、「廃棄物の処理及び清掃に関する法律」に基づき、国土交通省の通達により定められた「建設副産物適正処理推進要綱」に記されている。

1 分別解体等の実施の要点(建設副産物適正処理推進要綱第20条より抜粋・一部改変)

対象建設工事(特定建設資材を用いた建築物等に係る解体工事又はその施工に特定建設資材を使用する新築工事等であって、その規模が一定以上のもの)の施工者は、以下の事項を行わなければならない。また、対象建設工事以外の工事においても、施工者は以下の事項を行うよう努めなければならない。

① **事前措置の実施**として、分別解体等の計画に従い、残存物品の搬出の確認を行うとともに、特定建設資材に係る分別解体等の適正な実施を確保するために、付着物の除去その他の措置を講じなければならない。

② **分別解体等の実施**として、特定建設資材廃棄物を、その種類ごとに分別することを確保するため、適切な施工方法に関する基準に従い、分別解体を行わなければならない。

③ 元請業者及び下請負人は、解体工事及び新築工事等において、再生資源利用促進計画・廃棄物処理計画等に基づき、工事現場等において**分別**を行わなければならない。その際、粉塵の飛散等により周辺環境に影響を及ぼさないよう適切な措置を講じなければならない。

④ 施工者は、建設廃棄物の現場内保管にあたっては、周辺の生活環境に影響を及ぼさないよう、廃棄物処理法に規定する保管基準に従うとともに、分別した廃棄物の種類ごとに**保管**しなければならない。

2 現場内分別についての具体的な対策

廃棄物を現場内において確実に分別するためには、次のような対策が有効である。

① 混合廃棄物の分別として、現場内に**コンテナなどの容器を設置**し、どの廃棄物をどのコンテナに入れるかを明示する。また、分別した物が再び混合されないように集積する。

② 一般廃棄物の分別として、工事現場で働く作業員の生活に伴って発生する弁当ガラ・雑誌・新聞などを、産業廃棄物とは別に集積し、**一般廃棄物**として処理する。

③ **特別管理産業廃棄物**の分別として、飛散性アスベストの湿潤化や、PCB 廃棄物（ポリ塩化ビフェニル（Poly Chlorinated Biphenyl）が含まれた機器である廃トランス・廃蛍光灯など）の二重梱包などを確実に行い、その保管方法・運搬方法・処理方法を確認する。

④ 安定型産業廃棄物の分別として、**安定型産業廃棄物**（ガラスくず・金属くず・ゴムくず・コンクリートくず・がれき類・廃プラスチック類などの性状が変化しにくく有害物質を含まない廃棄物）は、それ以外の産業廃棄物とは別の容器に集積する。

3 現場内保管についての具体的な対策

廃棄物は、現場内で再使用・再生利用するものを除き、早急に廃棄物処理施設に搬入することが望ましい。やむを得ず、現場内で廃棄物を**保管**するときは、次のような点に留意しなければならない。

① 粉塵が発生するおそれがある廃棄物には、シート掛け・散水などの粉塵防止措置を講じる。
② 可燃性の廃棄物を保管するときは、消火設備を設ける。
③ 廃泥水などの液状または流動性のある廃棄物は、貯留槽で保管する。
④ がれき類には、崩壊・流出などの防止措置を講じる。必要があれば、散水も行う。
⑤ 作業員などの関係者に対しては、廃棄物の保管方法について、周知徹底を行う。

解答例

建設廃棄物の分別・保管の際、排出事業者が現場内において実施すべき具体的な対策
混合廃棄物の分別として、廃棄物の種類ごとにコンテナ等を設置し、その標示を行う。
一般廃棄物の分別として、作業員の生活に伴い生じる一般廃棄物用の分別容器を設置する。
特別管理産業廃棄物の分別として、飛散性アスベストの湿潤化・二重梱包等で飛散を防止する。
安定型産業廃棄物の分別として、安定型産業廃棄物は、他の産業廃棄物とは別の容器に集積する。
有機物が付着した廃容器包装・廃石膏ボード等は、管理型産業廃棄物として分別する。
粉塵が生じる建設廃棄物を保管するときは、シート掛け・散水等の防塵措置を行う。
可燃性の建設廃棄物を保管するときは、消火設備を設置する。
廃泥水などの液状または流動性のある建設廃棄物は、貯留槽で保管する。
作業員等の関係者に、保管の方法などについて周知徹底する。

※以上のうち、5つを選んで解答する。

平成28年度 選択問題(1) 環境保全 建設副産物の適正な処理

問題6 建設工事に伴い発生する建設副産物の適正な処理に関し「建設副産物適正処理推進要綱」に定められている次の文章の　　の(イ)〜(ホ)に当てはまる**適切な語句**を解答欄に記述しなさい。

(1) 元請業者は、分別解体等の計画に従い、残存物品の搬出の確認を行うとともに、 (イ) に係る分別解体等の適正な実施を確保するために、付着物の除去その他の措置を講じること。

(2) 元請業者及び (ロ) は、解体工事及び新築工事等において、 (ハ) 促進計画、廃棄物処理計画等に基づき、以下の事項に留意し、工事現場等において分別を行わなければならない。
　1) 工事の施工に当たり、粉じんの飛散等により周辺環境に影響を及ぼさないよう適切な措置を講じること。
　2) 一般廃棄物は、産業廃棄物と分別すること。
　3) (イ) 廃棄物は確実に分別すること。

(3) 元請業者は、建設廃棄物の現場内保管にあたっては、周辺の生活環境に影響を及ぼさないよう「廃棄物の処理及び清掃に関する法律」に規定する保管基準に従うとともに、分別した廃棄物の (ニ) ごとに保管しなければならない。

(4) 元請業者は、建設廃棄物の排出にあたっては、 (ホ) を交付し、最終処分(再生を含む)が完了したことを確認すること。

考え方

建設副産物適正処理推進要綱では、「分別解体等の実施」・「排出の抑制」・「処理の委託」について、次のように定められている。

1 事前措置の実施として、分別解体等の計画に従い、残存物品の搬出の確認を行うとともに、**特定建設資材**に係る分別解体等の適正な実施を確保するために、付着物の除去その他の措置を講じる。

2 分別解体等の実施として、正当な理由がある場合を除き、特定建設資材廃棄物(コンクリート・コンクリート及び鉄から成る建設資材・木材・アスファルトコンクリートが廃棄物となったもの)を、その**種類**ごとに分別することを確保するための適切な施工方法に関する基準に従い、分別解体を行うこと。

①建築物の解体工事の場合は、建築設備・内装材その他の建築物の部分(屋根ふき材・外装材及び構造耐力上主要な部分を除く)の取り外し、屋根ふき材の取り外し、外装材並びに構造耐力上主要な部分のうち基礎および基礎杭を除いたものの取り壊し、基礎及び基礎杭の取り壊しに関して、分別解体を行わなければならない。ただし、建築物の構造上その他解体工事の施工の技術上、これにより難い場合は、この限りでない。

②工作物の解体工事の場合は、柵・照明設備・標識その他の工作物に附属する物の取り外し、工作物のうち基礎以外の部分の取り壊し、基礎及び基礎杭の取り壊しに関して、分別解体を行わなければならない。ただし、工作物の構造上その他解体工事の施工の技術上、これにより難い場合は、この限りでない。

③新築工事等の場合は、工事に伴い発生する端材などの建設資材廃棄物を、その種類ごとに分別しつつ工事を施工しなければならない。

3 **元請業者**および**下請負人**は、解体工事および新築工事等において、**再生資源利用促進計画**、廃棄物処理計画等に基づき、以下の事項に留意し、工事現場等において分別を行わなければならない。

①工事の施工に当たり、粉じんの飛散等により周辺環境に影響を及ぼさないよう適切な措置を講じること。

②一般廃棄物は、産業廃棄物と分別すること。

③**特定建設資材**廃棄物は確実に分別すること。

④特別管理産業廃棄物および再資源化できる産業廃棄物の分別を行うとともに、安定型産業廃棄物とそれ以外の産業廃棄物との分別に努めること。

⑤再資源化が可能な産業廃棄物については、再資源化施設の受入条件を勘案の上、破砕等を行い、分別すること。

4 **自主施工者**は、解体工事および新築工事等において、以下の事項に留意し、工事現場等において分別を行わなければならない。

①工事の施工に当たり、粉じんの飛散等により周辺環境に影響を及ぼさないよう適切な措置を講じること。

②特定建設資材廃棄物は確実に分別すること。

③特別管理一般廃棄物の分別を行うともに、再資源化できる一般廃棄物の分別に努めること。

5 施工者は、建設廃棄物の現場内保管に当たっては、周辺の生活環境に影響を及ぼさないよう廃棄物処理法に規定する保管基準に従うとともに、分別した廃棄物の**種類ごとに保管**しなければならない。

6 発注者・元請業者・下請負人は、建設工事の施工に当たっては、資材納入業者の協力を得て建設廃棄物の発生の抑制を行うとともに、現場内での再使用・再資源化・再資源化したものの利用並びに縮減を図り、工事現場からの建設廃棄物の排出の抑制に努めなければならない。

7 自主施工者は、建設工事の施工に当たっては、資材納入業者の協力を得て建設廃棄物の発生の抑制を行うよう努めるとともに、現場内での再使用を図り、建設廃棄物の排出の抑制に努めなければならない。

8 元請業者は、建設廃棄物を**自らの責任**において適正に処理しなければならない。処理を委託する場合には、次の事項に留意し、適正に委託しなければならない。
①廃棄物処理法に規定する委託基準を遵守すること。
②運搬については産業廃棄物収集運搬業者等と、処分については産業廃棄物処分業者等と、それぞれ個別に直接契約すること。
③建設廃棄物の排出に当たっては、**産業廃棄物管理票**（マニフェスト）を交付し、最終処分（再生を含む）が完了したことを確認すること。

解　答

(1) 元請業者は、分別解体等の計画に従い、残存物品の搬出の確認を行うとともに、**(イ)特定建設資材**に係る分別解体等の適正な実施を確保するために、付着物の除去その他の措置を講じること。

(2) 元請業者及び**(ロ)下請負人**は、解体工事及び新築工事等において、**(ハ)再生資源利用**促進計画、廃棄物処理計画等に基づき、以下の事項に留意し、工事現場等において分別を行わなければならない。
　1) 工事の施工に当たり、粉じんの飛散等により周辺環境に影響を及ぼさないよう適切な措置を講じること。
　2) 一般廃棄物は、産業廃棄物と分別すること。
　3) **(イ)特定建設資材**廃棄物は確実に分別すること。

(3) 元請業者は、建設廃棄物の現場内保管にあたっては、周辺の生活環境に影響を及ぼさないよう「廃棄物の処理及び清掃に関する法律」に規定する保管基準に従うとともに、分別した廃棄物の**(ニ)種類**ごとに保管しなければならない。

(4) 元請業者は、建設廃棄物の排出にあたっては、**(ホ)産業廃棄物管理票**を交付し、最終処分（再生を含む）が完了したことを確認すること。

(イ)	(ロ)	(ハ)	(ニ)	(ホ)
特定建設資材	下請負人	再生資源利用	種類	産業廃棄物管理票

平成27年度	選択問題(2)	環境保全	廃棄物の適正処理

問題11　建設工事等から生ずる廃棄物の適正処理のために「廃棄物の処理及び清掃に関する法律」に従って**建設廃棄物の下記の（1）、（2）の措置について、元請業者が行うべき具体的事項**をそれぞれ1つずつ解答欄に記述しなさい。ただし、特別管理産業廃棄物は対象としない。

　(1) 一時的な現場内保管
　(2) 収集運搬

> 考え方

(1) 建設副産物適正処理推進要綱において、「施工者は、建設廃棄物の**現場内保管**に当たっては、周辺の生活環境に影響を及ぼさないよう廃棄物処理法に規定する保管基準に従うとともに、**分別した廃棄物の種類ごとに保管**しなければならない。」と定められている。その細目は、次の通りである。
　① 保管場所の周囲に囲いを設け、廃棄物の**一時保管場所であることを表示**する。
　② 廃棄物の飛散・流出・地下浸透・悪臭発散などを防止する。
　③ 鼠(ネズミ)・蚊(カ)・蠅(ハエ)などの害虫が発生しないようにする。
　④ 保管場所の管理者の氏名・連絡先や、積み上げ高さ・保管数量の制限などを記載した掲示板を設ける。
　⑤ 汚水の発生による地下水などの汚濁を防止するため、保管場所には排水溝などを設けると共に、その底面を不透水性材料で覆う。
　⑥ 一時保管場所の保管数量が、その現場における1日当たりの排出量の7日分を超えないようにする。

(2) 産業廃棄物を収集・運搬するときは、次のような措置を講じる。
　① 廃棄物の種類に応じた適切な構造の運搬車両・運搬容器を使用し、廃棄物の飛散・流出を防止する。
　② 廃棄物の収集・運搬のための施設を設置するときは、生活環境の保全上の支障を生じないようにする。
　③ 異なる種類の廃棄物を、**混合して積載**しないようにする。
　④ 廃棄物運搬中の車両のタイヤに、その廃棄物が付着しないようにする。
　⑤ 廃棄物の収集・運搬を委託する場合、**運搬車両が許可を受けた車両であることを**確認するため、**産業廃棄物収集運搬業許可証の写しを確認**する。

> 解答例

		元請業者が行うべき具体的事項
①	一時的な現場内保管	廃棄物の保管場所に囲いを設け、一時保管場所である旨の表示を行う。
②	収集運搬	廃棄物は、種類ごとに分けて運搬する。異なる廃棄物を混載させない。

攻略編
1級土木施工管理技術検定試験 第二次検定

1	令和7年度　虎の巻（精選模試）　施工経験記述編
2	令和7年度　虎の巻（精選模試）　第一巻
3	令和7年度　虎の巻（精選模試）　第二巻

←スマホ版無料動画コーナー
URL　https://get-supertext.com/

（注意）スマートフォンでの長時間聴講は、Wi-Fi環境が整ったエリアで行いましょう。

「虎の巻解説講習」の動画講習を、GET研究所ホームページから視聴できます。
https://get-ken.jp/

GET研究所　検索　→　無料動画公開中　→　動画を選択

※「虎の巻」解説講習では、「虎の巻（精選模試）第一巻」と「虎の巻（精選模試）第二巻」の解説を行っています。「虎の巻（精選模試）施工経験記述編」については、本書32ページで紹介している「施工経験記述の考え方・書き方講習」の動画をご覧ください。

令和7年度
1級土木施工管理技術検定試験 第二次検定
虎の巻（精選模試）施工経験記述編

実施要項

- 虎の巻（精選模試）施工経験記述編では、品質管理・安全管理・工程管理・施工計画・環境保全の5項目すべてについて、施工経験記述を準備します。
- 施工経験記述（問題1）は、必須問題なので必ず解答してください。
  第二次検定では、問題1の工事概要及び設問1のいずれかが無記載等の場合、問題1の設問2以降は採点の対象となりません。
- 試験時間は、ひとつの問題につき90分間として、合計270分間を目安にしてください。
  施工経験記述（問題1）は、2項目の組合せによりひとつの問題が構成されています。
  虎の巻（精選模試）施工経験記述編では、問題1-A・問題1-B・問題1-Cを用意しています。
  工程管理の項目は、問題1-B・問題1-Cに類似した内容を記述しても差し支えありません。
- 施工経験記述は、解答用紙に記入してください。
- 記入された解答が指定欄をはみ出している場合、その部分の評価は0点となります。
- 施工経験記述の解答方法・採点方法の詳細については、本書32ページで紹介している「施工経験記述の考え方・書き方講習」の動画をご覧ください。
- 施工経験記述の得点は、本書9ページの評価基準等を基に、自己評価してください。
- 自らの施工経験記述が合格答案になっているか否かの確認をしたい方は、本書485ページの施工経験記述添削講座をご利用ください。

自己評価・採点表（各問題40点満点）

問題	問題1-A	問題1-B	問題1-C
項目	品質管理・施工計画	安全管理・工程管理	工程管理・環境保全
配点	40点	40点	40点
得点			

※各問題の得点がいずれも26点以上であれば合格基準に達しています。

施工経験記述（品質管理・施工計画）　問題1-A は必ず解答してください。

問題1-A あなたが経験した土木工事を1つ選び、工事概要を具体的に記述したうえで、次の設問1・設問2に答えなさい。なお、あなたが経験した工事でないことが判明した場合は失格となります。

工事概要 あなたが経験した土木工事に関し、次の事項について解答欄に明確に記述しなさい。「経験した土木工事」は、あなたが工事請負者の技術者の場合は、あなたの所属会社が受注した工事内容について記述してください。例えば、あなたの所属会社が二次下請業者の場合は、発注者名は一次下請業者名となります。なお、あなたの所属が発注機関の場合の発注者名は、所属機関名になります。
(1) 工事名
(2) 工事現場における施工管理上のあなたの立場
(3) 工事の内容　（①発注者名　②工事場所　③工期　④主な工種　⑤施工量）

設問1 工事概要に記述した工事の「品質管理」に関し、次の事項について解答欄に具体的に記述しなさい。
(1) 具体的な現場状況と特に留意した品質管理上の技術的課題と、その課題を解決するために検討した項目
(2) 上記(1)で記述した検討項目の対応処置とその評価

設問2 工事概要に記述した工事の「施工計画」の作成に関し、次の事項について解答欄に具体的に記述しなさい。ただし、設問1と同一内容の解答は不可とする。
(1) 施工計画立案に先立ち行った現場の事前調査で判明した施工上の課題
(2) 上記(1)で記述した課題について施工計画の作成にあたり反映した対応処置とその評価

解答欄　　　　　　　　　　　　　　　　　　　　　　　　　　　　（40点）

工事概要　　　　　　　　　　　　　　　　　　　　　　　　　　　（10点）

(1) **工事名**

工事名	

(2) **工事現場における施工管理上のあなたの立場**

立場	

(3) **工事の内容**

①	発注者名	
②	工事場所	
③	工期	
④	主な工種	
⑤	施工量	

設問1 (1) 現場状況・品質管理上の**技術的課題**・課題を解決するために**検討した項目**　（8点）

設問1 (2) 上記(1)で記述した検討項目の**対応処置とその評価**　（8点）

設問2 (1) 施工計画立案に先立ち行った現場の事前調査で判明した**施工上の課題**　（6点）

設問2 (2) 上記(1)の課題について施工計画の作成に反映した**対応処置とその評価**　（8点）

施工経験記述（安全管理・工程管理）　問題1-B は必ず解答してください。

問題1-B あなたが経験した土木工事を1つ選び、工事概要 を具体的に記述したうえで、次の 設問1 ・ 設問2 に答えなさい。なお、あなたが経験した工事でないことが判明した場合は失格となります。

工事概要　あなたが**経験した土木工事**に関し、次の事項について解答欄に明確に記述しなさい。「経験した土木工事」は、あなたが工事請負者の技術者の場合は、あなたの所属会社が受注した工事内容について記述してください。例えば、あなたの所属会社が二次下請業者の場合は、発注者名は一次下請業者名となります。なお、あなたの所属が発注機関の場合の発注者名は、所属機関名になります。
(1) 工事名
(2) 工事現場における施工管理上のあなたの立場
(3) 工事の内容　（①発注者名　②工事場所　③工期　④主な工種　⑤施工量）

設問1　工事概要に記述した工事の「**安全管理**」に関し、次の事項について解答欄に具体的に記述しなさい。ただし、交通誘導員の配置のみに関する記述は除く。
(1) 具体的な**現場状況**と特に留意した安全管理上の**技術的課題**と、その課題を解決するために**検討した項目**
(2) 上記(1)で記述した検討項目の**対応処置**とその**評価**

設問2　工事概要に記述した工事の「**工程管理**」の実施に関し、次の事項について解答欄に具体的に記述しなさい。ただし、 設問1 と同一内容の解答は不可とする。
(1) 工程計画立案に先立ち行った現場の事前調査で判明した**工程管理上の課題**
(2) 上記(1)で記述した課題について工程管理の実施にあたり反映した**対応処置**とその**評価**

解答欄　　　　　　　　　　　　　　　　　　　　　　　　　　　　　　　　（40点）

工事概要　　　　　　　　　　　　　　　　　　　　　　　　　　　　　　　（10点）

(1) **工事名**

工事名	

(2) **工事現場における施工管理上のあなたの立場**

立場	

(3) **工事の内容**

①	発注者名	
②	工事場所	
③	工期	
④	主な工種	
⑤	施工量	

設問1 (1) 現場状況・安全管理上の**技術的課題・課題を解決するために検討した項目** (8点)

設問1 (2) 上記(1)で記述した検討項目の**対応処置**とその**評価** (8点)

設問2 (1) 工程計画立案に先立ち行った現場の事前調査で判明した**工程管理上の課題** (6点)

設問2 (2) 上記(1)の課題について工程管理の実施に反映した**対応処置**とその**評価** (8点)

施工経験記述（工程管理・環境保全）　問題1-Cは必ず解答してください。

問題1-C あなたが経験した土木工事を1つ選び、**工事概要**を具体的に記述したうえで、次の**設問1**・**設問2**に答えなさい。なお、あなたが経験した工事でないことが判明した場合は失格となります。

工事概要　あなたが**経験した土木工事**に関し、次の事項について解答欄に明確に記述しなさい。「経験した土木工事」は、あなたが工事請負者の技術者の場合は、あなたの所属会社が受注した工事内容について記述してください。例えば、あなたの所属会社が二次下請業者の場合は、発注者名は一次下請業者名となります。なお、あなたの所属が発注機関の場合の発注者名は、所属機関名になります。
(1) **工事名**
(2) **工事現場における施工管理上のあなたの立場**
(3) **工事の内容**　（①**発注者名**　②**工事場所**　③**工期**　④**主な工種**　⑤**施工量**）

設問1　工事概要に記述した工事の「**工程管理**」に関し、次の事項について解答欄に具体的に記述しなさい。
(1) 具体的な**現場状況**と特に留意した工程管理上の**技術的課題**と、その課題を解決するために**検討した項目**
(2) 上記(1)で記述した検討項目の**対応処置**とその**評価**

設問2　工事概要に記述した工事の「**環境保全**」の実施に関し、次の事項について解答欄に具体的に記述しなさい。ただし、**設問1**と同一内容の解答は不可とする。
(1) 環境保全計画立案に先立ち行った現場の事前調査で判明した**施工上の課題**
(2) 上記(1)で記述した課題について環境保全の実施にあたり反映した**対応処置**とその**評価**

解答欄　　　　　　　　　　　　　　　　　　　　　　　　　　　　　（40点）

工事概要　　　　　　　　　　　　　　　　　　　　　　　　　　　　（10点）

(1) **工事名**

工事名	

(2) **工事現場における施工管理上のあなたの立場**

立場	

(3) **工事の内容**

①	発注者名	
②	工事場所	
③	工期	
④	主な工種	
⑤	施工量	

設問1 (1) 現場状況・工程管理上の**技術的課題・**課題を解決するために**検討した項目**（8点）

設問1 (2) 上記(1)で記述した検討項目の**対応処置とその評価** （8点）

設問2 (1) 環境保全計画立案に先立ち行った現場の事前調査で判明した**施工上の課題**（6点）

設問2 (2) 上記(1)の課題について環境保全の実施に反映した**対応処置とその評価** （8点）

施工経験記述（品質管理・施工計画） 問題1-A の解答例

問題1-A あなたが経験した土木工事を1つ選び、**工事概要**を具体的に記述したうえで、次の**設問1**・**設問2**に答えなさい。なお、あなたが経験した工事でないことが判明した場合は失格となります。

工事概要 あなたが**経験した土木工事**に関し、次の事項について解答欄に明確に記述しなさい。「経験した土木工事」は、あなたが工事請負者の技術者の場合は、あなたの所属会社が受注した工事内容について記述してください。例えば、あなたの所属会社が二次下請業者の場合は、発注者名は一次下請業者名となります。なお、あなたの所属が発注機関の場合の発注者名は、所属機関名になります。
(1) 工事名
(2) 工事現場における施工管理上のあなたの立場
(3) 工事の内容（①発注者名 ②工事場所 ③工期 ④主な工種 ⑤施工量）

設問1 工事概要に記述した工事の「**品質管理**」に関し、次の事項について解答欄に具体的に記述しなさい。
(1) 具体的な**現場状況**と特に留意した品質管理上の**技術的課題**と、その課題を解決するために**検討した項目**
(2) 上記(1)で記述した検討項目の**対応処置**とその**評価**

設問2 工事概要に記述した工事の「**施工計画**」の作成に関し、次の事項について解答欄に具体的に記述しなさい。ただし、**設問1**と同一内容の解答は不可とする。
(1) 施工計画立案に先立ち行った現場の事前調査で判明した**施工上の課題**
(2) 上記(1)で記述した課題について施工計画の作成にあたり反映した**対応処置**とその**評価**

解答欄　　　　　　　　　　　　　　　　　　　　　　　　　　　　　　　　　　　（40点）

工事概要　　　　　　　　　　　　　　　　　　　　　　　　　　　　　　　　　（10点）

(1) **工事名**

工事名	三鷲市天文台通り南4号幹線再構築工事

(2) **工事現場における施工管理上のあなたの立場**

立場	現場代理人

(3) **工事の内容**

①	発注者名	東京都三鷲市下水道局
②	工事場所	東京都三鷲市寺町6丁目4－4
③	工期	令和5年3月9日～令和5年9月17日
④	主な工種	下水道敷設替工、掘削工、人孔工
⑤	施工量	掘削土量1680m³、配管（VU管）総延長1015m、人孔（3号・4号）設置18基、耐震継手38箇所

設問1 (1) 現場状況・品質管理上の**技術的課題**・課題を解決するために**検討した項目** (8点)

[1] 現場状況：三鷲市寺町の下水道管は、1960年以前に、清川上水沿いの道路下に施工されたものであるため、老朽化が進行していた。本工事は、φ350mmの排水用リサイクル硬質ポリ塩化ビニル管(REP-VU)を用いて、下水道管の敷設替えを実施するものである。

[2] 技術的課題：下水道管の敷設替えを行う地盤は、清川上水沿いにあるため、地下水位の変動による下水道管の不同沈下を抑制すると共に、地震が発生したときに下水が漏れないよう、下水道管の位置および継手の品質を確保できるようにすることを技術的課題とした。

[3] 検討した項目：下水道管の位置および継手の品質を確保するため、極軟弱地盤に適合する基礎を選定すると共に、不同沈下や地震に対応できる継手を採用することを検討した。

設問1 (2) 上記(1)で記述した検討項目の**対応処置とその評価** (8点)

[1] 対応処置①：極軟弱地盤では、はしご胴木の下部を杭で支える構造により、管渠を支持する鳥居基礎を採用した。下水道管の敷設後には、レーザーレベルを用いた勾配の確認を実施し、下水道管の位置および勾配が仕様書の通りであることを確認した。

[2] 対応処置②：マンホールと下水道管との接続部には、ゴムリングを用いた可とう性のある耐震継手を設けた。また、下水道管を埋め戻すときは、液状化しにくい埋戻し土を使用して、下水道管の左右を均等に埋め戻すことで、下水道管の不同沈下を防止できるようにした。

[3] 評価：以上の対策により、下水道管の位置および継手の品質を、仕様書の通りに確保すると共に、施工中および施工後において、不同沈下が抑制できる下水道管を敷設できた。

設問2 (1) 施工計画立案に先立ち行った現場の事前調査で判明した**施工上の課題** (6点)

[1] 事前調査：下水道管は、清川上水沿いにあるアスファルト舗装道路下の2.3m～2.6mの深さに敷設することになっていた。現場の事前調査において、試掘のためのボーリング孔を3箇所に設けて、降雨時における地下水位を観測した。その結果、降雨時には清川上水の地下水位が、掘削底面よりも上まで上昇し、地下水が掘削底面に流入することが判明した。

[2] 施工上の課題：掘削底面に地下水が流入すると、敷設する下水道管の破損や施工精度の低下に繋がるため、掘削箇所への水の流入を抑制するための土留め支保工を設置し、土留めの壁面に沿って集水路と釜場を設けることで、掘削底面を乾燥状態にすることが課題であった。これに加えて、水中ポンプによる排水の水質を確保することも課題であった。

設問2 (2) 上記(1)の課題について施工計画の作成に反映した**対応処置とその評価** (8点)

[1] 対応処置①：施工場所の掘削に先立ち、二段支保工を用いた軽量鋼矢板工法を採用した。その鋼矢板の設置にあたっては、スペーサーを用いて、ぶれや回転を防止する計画とした。

[2] 対応処置②：掘削底面の湧水を集めて排水することで、掘削底面を乾燥状態にして施工するため、1工区の掘削延長方向のサイズを20mとし、2箇所に釜場を設置した。その釜場は、深さ1m・面積0.5m^{2}とした。その排水路は、勾配が5%の素掘りとした。釜場に集めた排水は、水中ポンプで汲み上げ、沈砂層で土砂を沈殿させた後に、清川上水に排水した。

[3] 評価：地下水の流入を抑制すると共に、事前調査で求められた地下水流入量に基づく仮設計画としたので、掘削底面を乾燥させた状態で、下水道管の敷設を計画通りに完了できた。

※この解答例は架空の工事なので、本試験でそのまま転記すると不合格になります。

施工経験記述（安全管理・工程管理）　問題 1-B の解答例

問題 1-B あなたが経験した土木工事を1つ選び、**工事概要**を具体的に記述したうえで、次の**設問 1**・**設問 2**に答えなさい。なお、あなたが経験した工事でないことが判明した場合は失格となります。

工事概要 あなたが**経験した土木工事**に関し、次の事項について解答欄に明確に記述しなさい。「経験した土木工事」は、あなたが工事請負者の技術者の場合は、あなたの所属会社が受注した工事内容について記述してください。例えば、あなたの所属会社が二次下請業者の場合は、発注者名は一次下請業者名となります。なお、あなたの所属が発注機関の場合の発注者名は、所属機関名になります。
(1) **工事名**
(2) **工事現場における施工管理上のあなたの立場**
(3) **工事の内容**（①**発注者名** ②**工事場所** ③**工期** ④**主な工種** ⑤**施工量**）

設問 1 工事概要に記述した工事の「**安全管理**」に関し、次の事項について解答欄に具体的に記述しなさい。ただし、交通誘導員の配置のみに関する記述は除く。
(1) 具体的な**現場状況**と特に留意した安全管理上の**技術的課題**と、その課題を解決するために**検討した項目**
(2) 上記(1)で記述した検討項目の**対応処置**とその**評価**

設問 2 工事概要に記述した工事の「**工程管理**」の実施に関し、次の事項について解答欄に具体的に記述しなさい。ただし、**設問 1**と同一内容の解答は不可とする。
(1) 工程計画立案に先立ち行った現場の事前調査で判明した**工程管理上の課題**
(2) 上記(1)で記述した課題について工程管理の実施にあたり反映した**対応処置**とその**評価**

解答欄　　　　　　　　　　　　　　　　　　　　　　　　　　　　　　　　（40点）

工事概要　　　　　　　　　　　　　　　　　　　　　　　　　　　　　　　　（10点）

(1) **工事名**

工事名	国道16号線吉野道路改修工事

(2) **工事現場における施工管理上のあなたの立場**

立場	現場主任

(3) **工事の内容**

①	発注者名	国土交通省河越工事事務所
②	工事場所	埼玉県河越市瀬戸町2丁目3－18
③	工期	令和6年2月18日〜令和6年11月17日
④	主な工種	路床工、路盤工、アスファルト舗装工
⑤	施工量	路床土量 8600m³、路盤土量 3800m³、アスファルト舗装面積 9600m²

設問1 (1) 現場状況・安全管理上の**技術的課題**・課題を解決するために**検討した項目**（8点）

［1］現場状況：国道16号線の吉野地区は、文教地区と住宅地を区分する道路である。付近一帯は地下水位が高く、路床の不同沈下によって生じたひび割れを改修する必要があった。改修現場は、児童・生徒が通行する通学路があり、一般交通量が多い4車線の道路である。

［2］技術的課題：交通環境が厳しい地域であることから、発注者から第三者災害の防止に留意して施工を実施するように要請されていた。そのため、工事期間中において、児童・生徒を中心とした歩行者および一般車両の安全性を確保することを技術的課題とした。

［3］検討した項目：児童・生徒を中心とした歩行者が通行する通学路の仮設計画を検討すると共に、夜間における一般車両の工事現場への誤侵入防止対策について検討した。

設問1 (2) 上記(1)で記述した検討項目の**対応処置とその評価**　　　　　　　　（8点）

［1］対応処置①：通学路と工事現場との境界線に、1.5mの歩道幅を確保できるように、H形鋼で造られた長さ6m・高さ90cmの手すり付き移動柵を、4個並べて設置した。工事期間中は、この移動柵が破損したり移動したりしていないことを、常時点検した。

［2］対応処置②：工事現場の500m手前から標識を設置すると共に、交通流に対面する位置に内部照明式の標示板を設けた。工事現場と道路との境界には、夜間に150m前方から視認できる光度の保安灯を、2m間隔で配置した。

［3］評価：以上の対応処置により、通学路の児童・生徒と工事用車両との接触事故を防止し、夜間における工事現場への一般車両の侵入を防止したので、第三者災害を防止できた。

設問2 (1) 工程計画立案に先立ち行った現場の事前調査で判明した**工程管理上の課題**（6点）

［1］事前調査：路床の不同沈下によって生じたひび割れを改修するために、路床の不同沈下の原因を確認するための事前調査を、工事現場で実施した。この事前調査において、路床の不同沈下の原因が、近年における重量車両の交通量の増大により、圧密された地盤から地下水が上昇し、路床に浸水が生じたために、路床土が軟化したものであることが判明した。

［2］工程管理上の課題：本工事では、路床土の耐水性が求められることになったので、路床の安定処理工法を実施する必要性が生じたが、天候不順によって路床土の工程の着手日が遅延していた。そのため、路床土の改良に関わる工程を短縮し、かつ、路床土の耐水性を確保できる安定処理工法を選定して実施することが、工程管理上の課題として判明した。

設問2 (2) 上記(1)の課題について工程管理の実施に反映した**対応処置とその評価**（8点）

［1］対応処置①：養生日数が短くて済むセメント安定処理工法を選定した。路床土と混合するセメントは、一軸圧縮試験において0.7MPa以上の強度を確保できる配合とした。また、セメントの使用量は3.5％以上と定めた。このセメントを、路床上に均一に散布した後、スタビライザで混合し、タイヤローラで転圧することで、養生日数を7日間に短縮した。

［2］対応処置②：セメント安定処理工法の工程を短縮するため、工区を2工区に分割し、施工機械を2セット分調達して、2班体制での施工を実施した。

［3］評価：路床土の耐水性を確保しつつ、工程短縮をするという課題に対して、養生日数の短縮と2工区の同時施工により、品質を確保したうえで、所定の工期内に工事が完了できた。

※この解答例は架空の工事なので、本試験でそのまま転記すると不合格になります。

施工経験記述（工程管理・環境保全） 問題1-C の解答例

問題1-C あなたが経験した土木工事を1つ選び、**工事概要**を具体的に記述したうえで、次の**設問1**・**設問2**に答えなさい。なお、あなたが経験した工事でないことが判明した場合は失格となります。

工事概要 あなたが**経験した土木工事**に関し、次の事項について解答欄に明確に記述しなさい。「経験した土木工事」は、あなたが工事請負者の技術者の場合は、あなたの所属会社が受注した工事内容について記述してください。例えば、あなたの所属会社が二次下請業者の場合は、発注者名は一次下請業者名となります。なお、あなたの所属が発注機関の場合の発注者名は、所属機関名になります。
(1) **工事名**
(2) **工事現場における施工管理上のあなたの立場**
(3) **工事の内容**（①発注者名 ②工事場所 ③工期 ④主な工種 ⑤施工量）

設問1 工事概要に記述した工事の「**工程管理**」に関し、次の事項について解答欄に具体的に記述しなさい。
(1) 具体的な**現場状況**と特に留意した工程管理上の**技術的課題**と、その課題を解決するために**検討した項目**
(2) 上記(1)で記述した検討項目の**対応処置**とその**評価**

設問2 工事概要に記述した工事の「**環境保全**」の実施に関し、次の事項について解答欄に具体的に記述しなさい。ただし、**設問1**と同一内容の解答は不可とする。
(1) 環境保全計画立案に先立ち行った現場の事前調査で判明した**施工上の課題**
(2) 上記(1)で記述した課題について環境保全の実施にあたり反映した**対応処置**とその**評価**

解答欄 (40点)

工事概要 (10点)

(1) **工事名**

工事名	国道16号線吉野道路改修工事

(2) **工事現場における施工管理上のあなたの立場**

立場	現場主任

(3) **工事の内容**

①	発注者名	国土交通省河越工事事務所
②	工事場所	埼玉県河越市瀬戸町2丁目3-18
③	工期	令和6年2月18日～令和6年11月17日
④	主な工種	路床工、路盤工、掘削工、アスファルト舗装工
⑤	施工量	路床土量 8600m^3、路盤土量 3800m^3、掘削量 48000m^3、アスファルト舗装面積 9600m^2

設問1 (1) 現場状況・工程管理上の**技術的課題**・課題を解決するために**検討した項目**（8点）

[1] 現場状況：国道16号線の吉野地区では、近年における重量車両の交通量の増大により、圧密された地盤から地下水が上昇したために、浸水した路床土が軟化し、路床に不同沈下が生じていた。本工事は、路床の不同沈下によって生じたひび割れを改修する工事である。

[2] 技術的課題：本工事では、天候不順によって路床土の工程の着手日が遅延していた。そのため、路床土の改良に関わる工程を短縮し、かつ、路床土の耐水性を確保できる安定処理工法を選定して実施することを、工程管理上の技術的課題とした。

[3] 検討した項目：路床工の耐久性および耐水性を高めるための安定処理工法を、養生日数が短くて済むセメント安定処理工法とすることで、工程短縮することを検討した。

設問1 (2) 上記(1)で記述した検討項目の**対応処置**とその**評価**　　　　　　　　（8点）

[1] 対応処置①：路床土と混合するセメントは、一軸圧縮試験において0.7MPa以上の強度を確保できる配合とした。また、セメントの使用量は、路床のすべての箇所について、3.5%以上となるように管理した。このセメントを、路床上に均一に散布した後、スタビライザでむらのないように混合し、タイヤローラで転圧することで、養生日数を7日間に短縮した。

[2] 対応処置②：セメント安定処理工法の工程を短縮するため、工区を2工区に分割し、施工機械を2セット分調達して、2班体制での施工を実施した。

[3] 評価：路床土の耐水性を確保しつつ、工程短縮をするという課題に対して、養生日数の短縮と2工区の同時施工により、所定の品質を確保して工期内に工事が完了できた。

設問2 (1) 環境保全計画立案に先立ち行った現場の事前調査で判明した**施工上の課題**（6点）

[1] 事前調査：工事現場は、文教地区と住宅地を区分する道路であったので、周辺の家屋および学校について、騒音源となる工事現場との距離を計測したところ、当初の施工計画では、騒音規制法に基づく騒音の規制地域・規制基準等に抵触することが判明した。また、地域住民に対する工事の説明会において、地域住民から工事騒音に関する懸念が伝えられていた。

[2] 施工上の課題：騒音の発生量が多くなりやすい掘削工およびアスファルト舗装工において、円滑な工事の施工を図りつつ、周辺の生活環境を保全するために、騒音の発生量が少ない土工機械を調達し、その使用方法に留意すると共に、騒音を防止するための仮設物を適切に設置することが、環境保全に関わる施工上の課題であることが判明した。

設問2 (2) 上記(1)の課題について環境保全の実施に反映した**対応処置**とその**評価**（8点）

[1] 対応処置①：掘削工では、できる限り圧入式による施工を行い、無理な負荷をかけないようにした。また、低騒音型の土工機械を調達し、不必要な高速運転や無駄な空ぶかしを避けて、丁寧に運転した。作業時間帯は、学校の授業時間をできる限り避けるようにした。

[2] 対応処置②：舗装版取壊し作業は、油圧ジャッキ式の舗装版破砕機を使用して行う計画とした。また、アスファルトプラントは、家屋や学校から離れた空地の近くに、十分な面積を確保して設置し、その周囲に防音パネルを設けた。

[3] 評価：舗装版の取壊しから新たな舗装の敷設まで、騒音の規制基準を順守し、特に静穏が必要な時間帯には施工を避けたので、地域住民からの苦情を受けずに工事を完了できた。

※この解答例は架空の工事なので、本試験でそのまま転記すると不合格になります。

「虎の巻」解説講習 - 1

令和7年度
1級土木施工管理技術検定試験
第二次検定 虎の巻（精選模試）第一巻

実施要項

- ■虎の巻（精選模試）第一巻には、令和7年度の第二次検定に向けて、極めて重要であると思われる問題が集約されています。
- ■問題1は、本書453ページの施工経験記述編に掲載されているため、ここでは省略します。
- ■試験時間は、90分間を目安にしてください。
- ■問題2～問題3は必須問題ですので必ず解答してください。
- ■問題4～問題11までは選択問題(1)、(2)です。
  問題4～問題7までの選択問題(1)の4問題のうちから2問題を選択し解答してください。
  問題8～問題11までの選択問題(2)の4問題のうちから2問題を選択し解答してください。
  それぞれの選択指定数を超えて解答した場合は、減点となります。
- ■選択した問題は、選択欄に○印を必ず記入してください。
- ■解答は所定の解答欄に記入してください。
- ■解答は、鉛筆又はシャープペンシルで記入してください。
  （万年筆・ボールペンの使用は不可）
- ■解答を訂正する場合は、プラスチック消しゴムでていねいに消してから訂正してください。

自己評価・採点表（60点満点）

問題	問題2	問題3	問題4	問題5	問題6	問題7	問題8	問題9	問題10	問題11
選択欄	○	○								
配点	10点	10点	10点	10点	10点	10点	10点	10点	10点	10点
得点										

合計得点	点	36点以上で合格

※記述式問題の得点は、自己評価してください。

「虎の巻」解説講習 - 2

必須問題　問題 2 〜 問題 3 は必ず解答する。

問題 2　品質管理　情報化施工による盛土の締固め管理　選択欄 ○

情報化施工におけるTS（トータルステーション）・GNSS（全球測位衛星システム）を用いた盛土の締固め管理に関する次の文章の□の（イ）〜（ホ）に当てはまる**適切な語句**を解答欄に記述しなさい。

(1) 盛土施工の施工仕様（まき出し厚や（イ））は、使用予定材料の（ロ）事前に試験施工で決定する。システムが正常に作動することを、試験施工で確認してもよい。

(2) 盛土材料を締め固める際には、車載パソコンのモニタに表示される（イ）分布図において、施工範囲の管理ブロックの（ハ）が、規定回数だけ締め固めたことを示す色になるまで締め固めるものとする。なお、過転圧が懸念される土質においては、過転圧となる（イ）を超えて締め固めないものとする。

(3) 情報化施工におけるTS（トータルステーション）・GNSS（全球測位衛星システム）を用いた盛土の締固め管理では、原則として（ニ）を省略する。ただし、試験施工と同様の品質で所定の含水比の範囲が保たれる盛土材料を使用していない場合や、所定のまき出し厚・（イ）等で施工できたことを確認できない場合には、（ニ）を実施して規格値を満足しているか確認する。

(4) 盛土材料の品質の記録（搬出した土取場・含水比等）、まき出し厚の記録、（ホ）分布図（まき出し厚の記録を省略する場合）、（イ）の記録（（イ）分布図・走行軌跡図）は、施工時の日常管理帳票として作成・保管する。

解答欄　　　　　　　　　　　　　　　　　　　　　　（各 2 点 × 5 ＝ 10 点）

(イ)	(ロ)	(ハ)	(ニ)	(ホ)

問題 3　安全管理　機械掘削・型枠支保工の安全対策　選択欄 ○

建設工事現場における作業のうち、次の(1)又は(2)のいずれか 1 つの番号を選び、番号欄に記入した上で、記入した番号の作業に関して労働者の危険を防止するために、労働安全衛生規則の定めにより**事業者が実施すべき安全対策**について解答欄に 5 つ記述しなさい。

(1) 建設工事現場における機械掘削及び積込み作業
(2) 型わく支保工の組立て又は解体の作業

「虎の巻」解説講習 - 3

解答欄　番号欄　　　　　　　　　　　　　　　　　　　（各2点×5＝10点）

事業者が実施すべき安全対策
①
②
③
④
⑤

選択問題（1）　問題4～問題7までの4問題のうちから2問題を選択し、解答する。

問題4　コンクリート工（1）　コンクリートの打込み・締固め　　選択欄

コンクリートの打込み・締固めに関する次の文章の　　　　の（イ）～（ホ）に当てはまる**適切な語句**を解答欄に記述しなさい。

(1) コンクリートを打ち込む前に、鉄筋は正しい位置に配置されているか、鉄筋のかぶりを正しく保つために使用箇所に適した材質の　（イ）　が必要な間隔に配置されているか、組み立てた鉄筋は打ち込む時に動かないように固定されているか、それぞれについて確認する。

(2) コンクリートの打込みは、目的の位置から遠いところに打ち込むと、目的の位置まで移動させる必要がある。コンクリートは移動させると　（ロ）　を生じる可能性が高くなるため、目的の位置にコンクリートをおろして打ち込むことが大切である。また、コンクリートの打込み中、表面に集まった　（ハ）　水は、適当な方法で取り除いてからコンクリートを打ち込まなければならない。

(3) コンクリートをいったん締め固めた後に、　（ニ）　を適切な時期に行うと、コンクリートは再び流動性を帯びて、コンクリート中にできた空げきや余剰水が少なくなり、コンクリート強度及び鉄筋との　（ホ）　強度の増加や沈みひび割れの防止などに効果がある。

解答欄　　　　　　　　　　　　　　　　　　　　　　　　（各2点×5＝10点）

（イ）	（ロ）	（ハ）	（ニ）	（ホ）

「虎の巻」解説講習 - 4

問題5　品質管理 (1)　レディーミクストコンクリート受入検査　　選択欄

レディーミクストコンクリート(JIS A 5308)の受入れ検査に関する次の文章の□の(イ)～(ホ)に当てはまる**適切な語句又は数値**を解答欄に記述しなさい。

(1) フレッシュコンクリートのスランプ試験は、コンクリートの (イ) を評価するために広く用いられている。また、コンクリートの (ロ) についてもこの試験によってある程度判断することができる。したがって、スランプの試験値だけでなく、試験後のコンクリートの形や均質性などを注意深く観察し、 (ハ) の良否を判定するうえで参考にするとよい。

(2) スランプの判定基準としては、スランプ5cm以上8cm未満のコンクリートの場合、許容誤差は± (ニ) cmである。

(3) フレッシュコンクリート中の (ホ) を推定する試験方法として、加熱乾燥法、減圧乾燥法、エアメータ法、静電容量法などがある。

解答欄　　　　　　　　　　　　　　　　　　　　　　(各2点×5＝10点)

(イ)	(ロ)	(ハ)	(ニ)	(ホ)

問題6　安全管理 (1)　明り掘削の作業の安全対策　　選択欄

労働安全衛生規則の定めにより、事業者が行わなければならない明り掘削の作業の安全対策について、次の文章の□の(イ)～(ホ)に当てはまる**適切な語句**を解答欄に記述しなさい。

(1) 明り掘削の作業を行う場所については、当該作業を安全に行うために、照明設備等を設置し、必要な (イ) を保持しなければならない。

(2) 地山の崩壊、又は土石の落下による労働者の危険を防止するため、点検者を (ロ) し、作業箇所及びその周辺の地山について、その日の作業を開始する前に地山を点検させなければならない。

(3) 作業を行う場合において地山の崩壊、又は土石の落下により労働者に危険を及ぼすおそれのあるときは、あらかじめ (ハ) を設け、防護網を張り、労働者の立入りを禁止する等の措置を講じなければならない。

(4) 掘削面の高さが (ニ) 以上となる地山の掘削の作業の場合、地山の (ホ) を選任しなければならない。

解答欄　　　　　　　　　　　　　　　　　　　　　　(各2点×5＝10点)

(イ)	(ロ)	(ハ)	(ニ)	(ホ)

「虎の巻」解説講習 - 5

問題7　施工計画 (1)　施工計画の立案　　選択欄

施工計画の立案に際して留意すべき事項について、次の文章の□□□の(イ)～(ホ)に当てはまる**適切な語句**を解答欄に記述しなさい。

(1) 施工計画は、設計図書及び (イ) の結果に基づいて検討し、施工方法、工程、安全対策、環境対策など必要な事項について立案する。
(2) 関係機関などとの協議・調整が必要となる工事では、その協議・調整内容をよく把握し、特に都市内工事にあたっては、 (ロ) 災害防止上の安全確保に十分留意する。
(3) 現場における組織編成及び (ハ) 、指揮命令系統が明確であること。
(4) 環境保全計画の対象としては、建設工事における騒音、 (ニ) 、掘削による地盤沈下や地下水の変動、土砂運搬時の飛散、建設副産物の処理などがある。
(5) 仮設工の計画では、その仮設物の形式や (ホ) 計画が重要なので、安全でかつ能率のよい施工ができるよう各仮設物の形式、 (ホ) 及び残置期間などに留意する。

解答欄　　　　　　　　　　　　　　　　　　　　　　　（各2点×5＝10点）

(イ)	(ロ)	(ハ)	(ニ)	(ホ)

選択問題 (2)　問題8～問題11までの4問題のうちから2問題を選択し、解答する。

問題8　土工 (2)　盛土施工中の仮排水　　選択欄

盛土施工中に行う仮排水に関する、**下記の(1)、(2)の項目**について、それぞれ1つずつ解答欄に記述しなさい。

(1) 仮排水の目的
(2) 仮排水処理の施工上の留意点

解答欄　　　　　　　　　　　　　　　　　　　　　　　（各5点×2＝10点）

仮排水の目的	
仮排水処理の施工上の留意点	

「虎の巻」解説講習 - 6

問題9　コンクリート工 (2)　暑中コンクリートの打込み　　選択欄

日平均気温が25℃を超えることが予想されるときには、暑中コンクリートとしての施工を行うことが標準となっている。**暑中コンクリートを打込みする際の留意すべき事項を2つ解答欄に記述しなさい。**

ただし、通常コンクリートの打込みに関する事項は除く。また、暑中コンクリートの配合及び養生に関する事項も除く。

解答欄　　　　　　　　　　　　　　　　　　　　　（各5点×2＝10点）

暑中コンクリートを打込みする際の留意すべき事項
①
②

問題10　品質管理 (2)　盛土の締固め管理方式　　選択欄

盛土の締固め管理方式における2つの規定方式に関して、**それぞれの規定方式名と締固め管理の方法**について解答欄に記述しなさい。

解答欄　　　　　　　　　　　　　　　　　　　　　（各5点×2＝10点）

規定方式名	締固め管理の方法

「虎の巻」解説講習 - 7

問題 11 施工管理 (2) 　建設廃棄物の現場内保管　　　選択欄

建設工事において、排出事業者が「廃棄物の処理及び清掃に関する法律」及び「建設廃棄物処理指針」に基づき、建設廃棄物を現場内で保管する場合、周辺の生活環境に影響を及ぼさないようにするための**具体的措置を5つ**解答欄に記述しなさい。

ただし、特別管理産業廃棄物は対象としない。

解答欄　　　　　　　　　　　　　　　　　　　　　（各2点×5＝10点）

建設廃棄物を現場内で保管する場合の具体的措置
①
②
③
④
⑤

令和7年度　虎の巻（精選模試）第一巻　解答例

※各問題の詳しい解説については、本書452ページで紹介している「虎の巻解説講習」の動画をご覧ください。

問題2 解答　　　　　　　　　　　　　　　　　　　　　（10点）

（イ）	（ロ）	（ハ）	（ニ）	（ホ）
締固め回数	種類毎に	全て	現場密度試験	締固め層厚

「虎の巻」解説講習 - 8

問題3 解答例 (10点)

番号欄 (1) を選択した場合(建設工事現場における機械掘削及び積込み作業)

	事業者が実施すべき安全対策
①	土石の落下の危険があるときは、土止め支保工を設け、防護網を張る。
②	掘削機械・積込機械の運行経路や土石の積卸し場所への出入方法を定める。
③	掘削機械・積込機械が転落するおそれのあるときは、誘導者を配置する。
④	機械の運転者に保護帽を着用させると共に、必要な照度を保持する。
⑤	作業場所の地形・地質の状態等を調査し、その結果を記録しておく。

番号欄 (2) を選択した場合(型わく支保工の組立て又は解体の作業)

	事業者が実施すべき安全対策
①	作業区域には、関係労働者以外の労働者の立ち入りを禁止する。
②	悪天候のため、危険が予想されるときは、労働者を従事させない。
③	材料等を上げ下ろすときは、吊り綱・吊り袋を使用させる。
④	敷角の使用等、支柱の沈下を防止するための措置を講じる。
⑤	根がらみの取付け等、支柱の脚部の滑動を防止する措置を講じる。

問題4 解答 (10点)

(イ)	(ロ)	(ハ)	(ニ)	(ホ)
スペーサー	材料分離	ブリーディング	再振動	付着

問題5 解答 (10点)

(イ)	(ロ)	(ハ)	(ニ)	(ホ)
コンシステンシー	プラスティシティー	ワーカビリティー	1.5	単位水量

問題6 解答 (10点)

(イ)	(ロ)	(ハ)	(ニ)	(ホ)
照度	指名	土止め支保工	2 m	掘削作業主任者

問題7 解答 (10点)

(イ)	(ロ)	(ハ)	(ニ)	(ホ)
事前調査	第三者	業務分担	振動	配置

※(ロ)は「公衆」という解答も考えられるが、この問題の出典と思われる土木工事安全施工技術指針では「第三者」となっているので、それに従うことが適切である。

問題8 解答例 (10点)

仮排水の目的	雨水の浸透による盛土の軟化を防止することにより、盛土法面を保護し、盛土法面の侵食や崩壊を防止すること。
仮排水処理の施工上の留意点	盛土の天端に4%〜5%の横断勾配を付け、盛土表面を平滑に仕上げる。

問題9 解答例 (10点)

暑中コンクリートを打込みする際の留意すべき事項	
①	コンクリートを練り始めてから打ち終わるまでの時間は、1.5時間以内とする。
②	コンクリートを打設する前に、その温度が35℃以下であることを確認する。

問題10 解答例 (10点)

規定方式名	締固め管理の方法
工法規定方式	発注者が試験施工を行い、使用機械・敷均し厚・締固め方法を仕様書に記載し、施工者はその仕様書に書かれた通りの方法で管理する。
品質規定方式	発注者が仕様書で定めた品質条件を満たせるよう、施工者が使用機械・敷均し厚・締固め方法を定めて管理する。

問題11 解答例 (10点)

建設廃棄物を現場内で保管する場合の具体的措置	
①	保管場所の周囲に囲いを設ける。その囲いは、構造耐力上安全なものとする。
②	保管場所において、鼠・蚊・蠅などの害虫が発生しないような措置を講じる。
③	縦横60cm以上の掲示板(廃棄物の保管の場所である旨などを示したもの)を設ける。
④	がれき類の保管では、崩壊・流出の防止措置と、散水などの粉塵防止措置を講じる。
⑤	汚水が生じる廃棄物の保管では、排水桝を設ける。その底面は、不透水材料で覆う。

「虎の巻」解説講習-10

令和7年度
1級土木施工管理技術検定試験
第二次検定 虎の巻(精選模試)第二巻

実施要項

- 虎の巻(精選模試)第二巻には、令和7年度の第二次検定に向けて、比較的重要であると思われる問題が集約されています。
- 問題1は、本書453ページの施工経験記述編に掲載されているため、ここでは省略します。
- 試験時間は、90分間を目安にしてください。
- 問題2～問題3は必須問題ですので必ず解答してください。
- 問題4～問題11までは選択問題(1)、(2)です。
  問題4～問題7までの選択問題(1)の4問題のうちから2問題を選択し解答してください。
  問題8～問題11までの選択問題(2)の4問題のうちから2問題を選択し解答してください。
  それぞれの**選択指定数を超えて解答した場合**は、**減点**となります。
- 選択した問題は、**選択欄に○印を必ず記入**してください。
- 解答は**所定の解答欄**に記入してください。
- 解答は、**鉛筆又はシャープペンシル**で記入してください。
  (万年筆・ボールペンの使用は不可)
- 解答を訂正する場合は、プラスチック消しゴムでていねいに消してから訂正してください。

自己評価・採点表(60点満点)

問題	問題2	問題3	問題4	問題5	問題6	問題7	問題8	問題9	問題10	問題11
選択欄	○	○								
配点	10点	10点	10点	10点	10点	10点	10点	10点	10点	10点
得点										

合計得点	点	36点以上で合格

※記述式問題の得点は、自己評価してください。

「虎の巻」解説講習 - 11

必須問題 問題2～問題3 は必ず解答する。

問題2　安全管理　車両系建設機械による作業の安全対策　選択欄 ○

車両系建設機械による労働者の災害防止のため、労働安全衛生規則の定めにより、事業者が実施すべき安全対策に関する次の文章の　　の(イ)～(ホ)に当てはまる**適切な語句**を解答欄に記述しなさい。

(1) 車両系建設機械を用いて作業を行なうときは、運転中の車両系建設機械に (イ) することにより労働者に危険が生じるおそれのある箇所に、原則として労働者を立ち入らせてはならない。

(2) 車両系建設機械を用いて作業を行なうときは、車両系建設機械の転倒又は転落による労働者の危険を防止するため、当該車両系建設機械の (ロ) について路肩の崩壊を防止すること、地盤の (ハ) を防止すること、必要な幅員を確保すること等必要な措置を講じなければならない。

(3) 車両系建設機械の運転者が運転位置を離れるときは、バケット、ジッパー等の作業装置を地上に下ろさせるとともに、 (ニ) を止め、かつ、走行ブレーキをかける等の車両系建設機械の逸走を防止する措置を講じさせなければならない。

(4) 車両系建設機械を、パワー・ショベルによる荷のつり上げ、クラムシェルによる労働者の昇降等当該車両系建設機械の主たる (ホ) 以外の (ホ) に原則として使用してはならない。

解答欄

（各2点×5 = 10点）

(イ)	(ロ)	(ハ)	(ニ)	(ホ)

「虎の巻」解説講習 - 12

問題3　品質管理　レディーミクストコンクリート受入検査　選択欄 ○

JIS A 5308 に規定されているレディーミクストコンクリートは、荷卸し地点での品質の合格基準が定められている。普通コンクリート、粗骨材の最大寸法25mm、スランプ8cm、呼び強度30と指定されたレディーミクストコンクリートについて、その品質項目である**強度、スランプ、空気量、塩化物含有量**の荷卸し地点における品質に関して、その**合格基準となる数値等**を解答欄に記述しなさい。

解答欄　　　　　　　　　　　　　　　　　　　　　　　（各2.5点×4＝10点）

品質項目	合格基準となる数値等
強度	
スランプ	
空気量	
塩化物含有量	

選択問題（1）　問題4〜問題7までの4問題のうちから2問題を選択し、解答する。

問題4　土工(1)　軟弱地盤対策工法　選択欄

軟弱地盤対策工法に関する次の文章の　　の(イ)〜(ホ)に当てはまる**適切な語句**を解答欄に記述しなさい。

(1) 盛土載荷重工法は、構造物の建設前に軟弱地盤に荷重をあらかじめ載荷させておくことにより、粘土層の圧密を進行させ、(イ)の低減や地盤の強度増加をはかる工法である。
(2) 地下水位低下工法は、地下水位を低下させることにより、地盤がそれまで受けていた(ロ)に相当する荷重を下層の軟弱層に載荷して(ハ)を促進し強度増加をはかる工法である。
(3) 表層混合処理工法は、軟弱地盤の表層部分の土とセメント系や石灰系などの添加材をかくはん混合することにより、地盤の(ニ)を増加し、安定性増大、変形抑制及び施工機械の(ホ)の確保をはかる工法である。

解答欄　　　　　　　　　　　　　　　　　　　　　　　（各2点×5＝10点）

(イ)	(ロ)	(ハ)	(ニ)	(ホ)

「虎の巻」解説講習 - 13

問題5 コンクリート工(1) コンクリートの打継目の施工 　　選択欄

コンクリートの打継目の施工に関する次の文章の　　　の(イ)～(ホ)に当てはまる**適切な語句又は数値**を解答欄に記述しなさい。

(1) コンクリート打継目には、水平打継目と鉛直打継目がある。

(2) 水平打継目の施工にあたっては、十分な強度、耐久性及び水密性を有する打継目を造るために、既に打ち込まれた下層コンクリート上部の　(イ)　、品質の悪いコンクリート、緩んだ骨材などを取り除いてから打ち継ぐことが必要である。

　一 既に打ち込まれた下層コンクリートの打継面の処理方法には、硬化前と硬化後の方法がある。

　二 硬化前の処理方法としては、コンクリートの　(ロ)　終了後、高圧の空気または水でコンクリート表面の薄層を除去し、　(ハ)　粒を露出させる方法が用いられる。

　三 硬化後の処理方法による場合、既に打ち込まれた下層コンクリートがあまり硬くなければ、高圧の空気及び水を吹き付けて入念に洗うか、水をかけながら、ワイヤブラシを用いて表面を　(ニ)　にする必要がある。

(3) 鉛直打継目の施工にあたっては、硬化後の処理方法による場合、既に打ち込まれ硬化したコンクリートの打継目は、ワイヤブラシで表面を削るか、チッピングなどにより　(ニ)　にして、十分　(ホ)　させた後、新しくコンクリートを打ち継がなければならない。

解答欄　　　　　　　　　　　　　　　　　　　　　　　　　（各2点×5＝10点）

(イ)	(ロ)	(ハ)	(ニ)	(ホ)

「虎の巻」解説講習 - 14

問題6　品質管理(1)　盛土の締固め管理　　選択欄

盛土の締固め管理に関する次の文章の□の(イ)～(ホ)に当てはまる**適切な語句**を解答欄に記述しなさい。

(1) 品質規定方式による締固め管理は、発注者が品質の規定を (イ) に明示し、締固めの方法については原則として (ロ) に委ねる方式である。

(2) 品質規定方式による締固め管理は、盛土に必要な品質を満足するように、施工部位・材料に応じて管理項目・ (ハ) ・頻度を適切に設定し、これらを日常的に管理する。

(3) 工法規定方式による締固め管理は、使用する締固め機械の機種、 (ニ) 、締固め回数などの工法そのものを (イ) に規定する方式である。

(4) 工法規定方式による締固め管理には、トータルステーションやGNSS(衛星測位システム)を用いて締固め機械の (ホ) をリアルタイムに計測することにより、盛土地盤の転圧回数を管理する方式がある。

解答欄　　　(各2点×5 = 10点)

(イ)	(ロ)	(ハ)	(ニ)	(ホ)

問題7　施工管理(1)　建設工事に伴う騒音振動対策　　選択欄

建設工事に伴う騒音又は振動防止のための対策に関する次の文章の□の(イ)～(ホ)に当てはまる**適切な語句**を解答欄に記述しなさい。

(1) 建設工事の騒音、振動対策については、騒音、振動の大きさを下げるほか、 (イ) を短縮するなど住民の生活環境への影響を小さくするように検討しなければならない。

(2) 建設工事の計画、設計にあたっては、工事現場周辺の立地条件を調査し、騒音、振動を低減するような施工方法や (ロ) の選択について検討しなければならない。

(3) 建設工事の施工にあたっては、設計時に考慮された騒音、振動対策をさらに検討し、確実に実施するものとする。
なお、建設機械の運転においても、 (ハ) による騒音、振動が発生しないように点検、整備を十分に行うとともに、作業待ち時には、 (ニ) をできる限り止めるようにする。

(4) 建設工事の実施にあたっては、必要に応じ工事の目的、内容について事前に (ホ) に対して説明を行い、工事の実施に協力を得られるように努めるものとする。

解答欄　　　(各2点×5 = 10点)

(イ)	(ロ)	(ハ)	(ニ)	(ホ)

「虎の巻」解説講習 - 15

選択問題（2） 問題8 ～ 問題11 までの4問題のうちから2問題を選択し、解答する。

問題8　土工（2）　構造物に近接する盛土の変形抑制　選択欄

橋台やカルバートなどの構造物と盛土との接続部分では、不同沈下による段差などが生じやすくなる。接続部の段差などの変状を抑制するための**施工上留意すべき事項**を2つ解答欄に記述しなさい。

解答欄　　　　　　　　　　　　　　　　　　　　　　　　（各5点×2＝10点）

施工上留意すべき事項
①
②

問題9　コンクリート工（2）　コンクリートの劣化機構（要因と現象）　選択欄

コンクリート構造物の耐久性を低下させる劣化と判断される主な要因による**劣化機構**を2つあげ、それぞれの**劣化要因**および**劣化現象の概要**を解答欄に記述しなさい。

解答欄　　　　　　　　　　　　　　　　　　　　　　　　（各5点×2＝10点）

劣化機構	劣化要因	劣化現象の概要

※劣化機構：1点、劣化要因：2点、劣化現象の概要：2点

「虎の巻」解説講習 - 16

問題10　施工管理 (2)　機械による掘削作業の安全対策　　選択欄

下図は、油圧ショベル（バックホウ）で地山の掘削作業を行っている現場状況である。この現場において**予想される労働災害とその防止対策**について、労働安全衛生規則に定められた事項を、それぞれ2つ解答欄に記述しなさい。

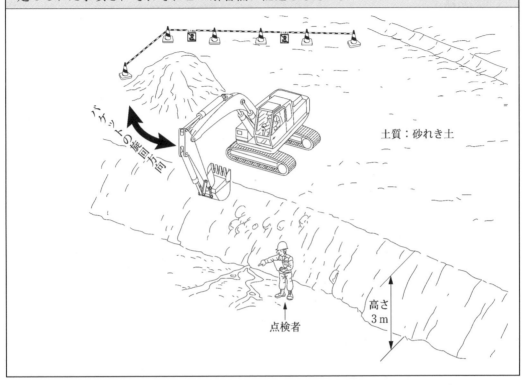

解答欄

（各5点×2＝10点）

	予想される労働災害	その労働災害の防止対策
①		
②		

※予想される労働災害：2点、その労働災害の防止対策：3点

問題11　施工管理（2）　施工計画書に記載すべき内容　　選択欄

公共土木工事の施工計画書を作成するにあたり、次の4つの項目の中から2つを選び、施工計画書に記載すべき内容について、それぞれの解答欄に記述しなさい。

(1) 現場組織表
(2) 指定機械
(3) 主要資材
(4) 施工方法

解答欄
（各5点×2＝10点）

項目	施工計画書に記載すべき内容

令和7年度　虎の巻（精選模試）第二巻　解答例

※各問題の詳しい解説については、本書452ページで紹介している「虎の巻解説講習」の動画をご覧ください。

問題2 解答
(10点)

(イ)	(ロ)	(ハ)	(ニ)	(ホ)
接触	運行経路	不同沈下	原動機	用途

「虎の巻」解説講習 - 18

問題 3 解答例 (10点)

品質項目	合格基準となる数値等
強度	1回の試験の強度値が 25.5 以上、かつ、3回の試験の平均値が 30 以上
スランプ	5.5cm 以上 10.5cm 以下（8cm ± 2.5cm）
空気量	3.0% 以上 6.0% 以下（4.5% ± 1.5%）
塩化物含有量	塩化物イオン量に換算して 0.3kg/m³ 以下

問題 4 解答 (10点)

(イ)	(ロ)	(ハ)	(ニ)	(ホ)
残留沈下量	浮力	圧密	せん断強度	トラフィカビリティー

問題 5 解答 (10点)

(イ)	(ロ)	(ハ)	(ニ)	(ホ)
レイタンス	凝結	粗骨材	粗	吸水

問題 6 解答 (10点)

(イ)	(ロ)	(ハ)	(ニ)	(ホ)
仕様書	施工者	基準値	まき出し厚	走行位置

※(ロ)は「受注者」や「請負者」という解答も考えられるが、この問題の出典と思われる道路土工指針では「施工者」となっているので、それに従うことが適切である。

問題 7 解答 (10点)

(イ)	(ロ)	(ハ)	(ニ)	(ホ)
発生期間	建設機械	整備不良	エンジン	地域住民

問題 8 解答例 (10点)

	施工上留意すべき事項
①	接続部分の不同沈下を抑制するため、良質土を薄層に撒き出す。良質土の締固めは、偏土圧により構造物に損傷を与えないよう、小型建設機械を用いて行う。
②	不同沈下による段差が生じ易い接続部分には、沈下の変状を抑制するため、鉄筋コンクリート製の踏掛版を施工する。

問題9 解答例 (10点)

劣化機構	劣化要因	劣化現象の概要
中性化	空気中の二酸化炭素とコンクリート中の水酸化物との接触。	コンクリートの内部にある鉄筋が錆びて膨張し、コンクリートがひび割れる。
塩害	コンクリート中の塩化物イオンによる鋼材の腐食。	鋼材が腐食し、鋼材の有効断面が減少することで、コンクリートと鉄筋が剥離する。
凍害	コンクリート中に含まれる水分が凍結と融解を繰り返すこと。	コンクリートの表面が剥がれ、コンクリートの骨材がその表面に飛び出す。
化学的侵食	酸性雨や火山性の硫酸・硫酸塩と、コンクリートとの接触。	コンクリートが溶解し、コンクリート表面が剥がれ落ちる。
アルカリシリカ反応	骨材中のシリカ鉱物とセメント中のアルカリ性水溶液との接触。	コンクリート中の骨材が膨張し、コンクリートに膨張やひび割れが生じる。

以上の劣化機構の中から2つをあげて解答する。

問題10 解答例 (10点)

	予想される労働災害	その労働災害の防止対策
①	点検者が砂礫土から成る地山の崩壊に巻き込まれる。	地山の掘削作業主任者を選任し、作業の方法を決定させ、作業を直接指揮させる。
②	運転者による視認だけに頼っているバックホウが転落する。	バックホウが転落するおそれのあるときは、誘導者を配置し、機械を誘導させる。

問題11 解答例 (10点)

項目	施工計画書に記載すべき内容
現場組織表	現場における組織の編成と、命令系統・業務分担について記載する。監理技術者や専門技術者を置く工事では、その者の氏名を記載する。
指定機械	工事に使用する機械のうち、設計図書で指定されている機械の騒音・振動・排ガス規制・標準操作などを記載する。
主要資材	工事に使用する指定材料・主要資材に関して、品質確認の手法および材料確認時期を記載する。
施工方法	主要な工種ごとの作業フローを記載する。各作業段階における作業環境や、使用機械・仮設備についても記載する。

以上の項目の中から2つを選んで解答する。

1級土木施工管理技術検定試験 第二次検定
有料 施工経験記述添削講座 応募規程

(1) 受付期間
　令和7年5月7日から9月7日(必着)までとします。

(2) 返信期間
　令和7年5月21日から9月21日までの間に順次返信します。

(3) 応募方法

① 本書の487ページ(A票)・489ページ(B票)・491ページ(C票)にある記入用紙(A4サイズに拡大コピーしたものでも可)を切り取ってください。

② 切り取った記入用紙に、濃い鉛筆(2B以上を推奨)またはボールペンで、あなたの施工経験記述を手書きで明確に記述してください。

③ お近くの銀行または郵便局(お客様本人名義の口座)から、下記の振込先(弊社の口座)に、添削料金をお振込みください。振込み手数料は受講者のご負担になります。

添削料金	:ひとつのテーマの組合せにつき4000円(税込)※
金融機関名 :三井住友銀行　　支店名	:池袋支店
口座種目 :普通口座　　店番号 :225　　口座番号	:3242646
振込先名義人:株式会社建設総合資格研究社(カブシキガイシャケンセツソウゴウシカクケンキュウシャ)	

※B票の施工経験記述のテーマには、品質管理・安全管理・工程管理の3種類があります。C票の施工経験記述のテーマには、工程管理・施工計画・環境保全の3種類があります。上記の「ひとつのテーマの組合せ」では、B票からひとつのテーマを選択し、C票からひとつのテーマを選択することができます。したがって、すべてのテーマの添削をご希望の場合は、4000円×3種類＝12000円の添削料金が必要になります。

④ 添削料金振込時の領収書のコピーを、493ページ(D票)の申込用紙に貼り付けてください。

⑤ 下記の内容物を23.5cm×12cm以内の定形封筒に入れてください。記入用紙と申込用紙は、コピーしたものでも構いません。ふたつ以上のテーマの組合せについて添削をご希望の方は、記入用紙と申込用紙を切り取らず、コピーしたものを使用することを推奨します。

```
チェック
□ 487ページの記入用紙(A票)
□ 489ページの記入用紙(B票)
□ 491ページの記入用紙(C票)
□ 493ページの申込用紙(D票)
□ 返信用の封筒(1枚)
※返信用の封筒には、返信先の郵便番号・住所・氏名を明記し、切手を貼り付けてください。
```

⑥ 上記の内容物を入れた封筒に切手を貼り、下記の送付先までお送りください。

```
〒171-0021
東京都豊島区西池袋3-1-7
藤和シティホームズ池袋駅前1402
株式会社　建設総合資格研究社
　　　　　　　　　(1級土木担当)
```

※この部分を切り取り、封筒宛名面にご利用いただけます。

※封筒には差出人の住所・氏名を明記してください。

(4) 注意事項

①**受付期間は、消印有効ではなく必着です。**発送されてから弊社に到着するまでには、2日間〜3日間程度かかる場合があります。特に、北海道・沖縄・海外などからの発送では、余分な日数がかかることがあるので、早めに（期日が迫っている時は速達便で）応募してください。受付期間は、必ず守ってください。受付期間が過ぎてから到着したものについては、添削はせず、受講料金から1000円（現金書留送料および事務手数料）を差し引いた金額を、現金書留にて送付します。

②**施工経験記述添削講座は、読者限定の有料講座です。**したがって、受講者が本書をお持ちでないことが判明した場合は、添削が行えなくなる場合があります。

③施工経験記述を書く前に、無料 YouTube 動画講習 にて、「施工経験記述の考え方・書き方講習」を何回か視聴し、記入用紙をコピーするなどして十分に練習してください。この練習では、施工経験記述を繰り返し書いて推敲し、「これでよし！」と思ったものを提出してください。この推敲こそが、真の実力を身につけることに繋がります。施工経験記述は、要領よく要点を記述し、記述が行をはみ出さないようにしてください。多量の空行や、記述のはみ出しがある場合、不合格と判定されます。

https://get-ken.jp/
GET研究所　検索　→　無料動画公開中　→　動画を選択

④文字が薄すぎたり乱雑であったりして判読不能なときは、合否判定・添削の対象になりません。本試験においても、文字が判読不能なときはそれだけで不合格となります。本講座においても、本試験のつもりで明確に記述してください。本講座で、「手書き（パソコン文字は不可）」と指定しているのは、これが本試験を想定したものだからです。

⑤原則として、記入用紙に多量の空行がある場合に、その部分を弊社で書き足すことはできません。記入用紙は、自らの経験を基に、できるだけ空行がないようにしてください。

⑥B票の施工経験記述のテーマには、品質管理・安全管理・工程管理の3種類があります。C票の施工経験記述のテーマには、工程管理・施工計画・環境保全の3種類があります。どのテーマにするか迷う場合は、本書の32ページを参考に判断してください。ふたつ以上のテーマの組合せについて添削をご希望の場合は、ひとつのテーマの組合せにつき4000円の添削料金が必要になります。

⑦**記入用紙については、必ず手元に原文またはコピーを保管してください。**万が一、郵便事故などがあった場合には、記入用紙の原文またはコピーが必要になります。

⑧弊社から領収書は発行いたしません。**添削料金振込時の領収書は、必ず手元に保管してください。**

⑨記入用紙の発送後、35日以上を経過しても返信の無い方や、9月21日を過ぎても返信の無い方は、弊社までご連絡ください。数日中に対応いたします。なお、弊社では、記入用紙が到着した旨の個別連絡は行っておりませんが、弊社ホームページ（https://get-ken.jp/）にて毎週末を目安に到着情報を更新しています。記入用紙の返信は、到着情報の更新から2週間程度が目安になります。

※認印が必要となる書留便のご利用はご遠慮ください。
※定形よりも大きな封筒は、弊社のポストに入らないのでご遠慮ください。

施工経験記述 記入用紙(A票)

氏名

※必ず手元に原文またはコピーを保管してください。

令和7年度　1級土木施工管理技術検定試験　第二次検定

【問題1】　あなたが経験した土木工事を1つ選び、工事概要を具体的に記述したうえで、次の〔設問1〕、〔設問2〕に答えなさい。
　　　　　なお、あなたが経験した工事でないことが判明した場合は失格となります。

〔工事概要〕あなたが経験した土木工事に関し、次の事項について解答欄に明確に記述しなさい。

　〔注意〕「経験した土木工事」は、あなたが工事請負者の技術者の場合は、あなたの所属会社が受注した工事内容について記述してください。例えば、あなたの所属会社が二次下請業者の場合は、発注者名は一次下請業者名となります。
　　　　なお、あなたの所属が発注機関の場合の発注者名は、所属機関名になります。

(1) 工事名　_____

(2) 工事現場における施工管理上のあなたの立場　_____

(3) 工事の内容

　　① 発注者名　_____

　　② 工事場所　_____

　　③ 工期　_____

　　④ 主な工種　_____

　　⑤ 施工量　_____

　　　_____

〔工事概要〕の評価	合・否	総合評価	合・準・否 (準:あと一歩で合格)
コメント	\[_ _ \]:誤りではないが書き換えが望ましい箇所　　□:修正する必要がある箇所		

※工事概要の解答に記述漏れがある場合・工事名が土木工事でない場合・あなたの立場が施工管理を実施する者でない場合は、その内容に関係なく、工事概要の評価および総合評価は「否」となります。

施工経験記述 記入用紙(B票)

氏名 _____

※必ず手元に原文またはコピーを保管してください。

※本記入用紙(B票)の_____には、品質管理・安全管理・工程管理のうち、ひとつのテーマを選択して記入してください。

〔設問1〕工事概要に記述した工事の「_____」に関し、次の事項について解答欄に具体的に記述しなさい。ただし、交通誘導員の配置のみに関する記述は除く。

(1) 具体的な**現場状況**と特に留意した_____上の**技術的課題**と、その課題を解決するために**検討した項目**

----

(2) 上記(1)で記述した検討項目の**対応処置**とその**評価**

〔設問1〕の評価	合・否	(1)の評価	合・否	(2)の評価	合・否
コメント					

[̄ ̄]:誤りではないが書き換えが望ましい箇所　　[____]:修正する必要がある箇所

※設問1の解答が設問で求められている内容以外の記述である場合や、設問1の(1)または(2)に空行やはみ出しがある場合は、その内容に関係なく、設問1の評価および総合評価は「否」となります。

施工経験記述 記入用紙（C票）

氏名　　　　　　　

※必ず手元に原文またはコピーを保管してください。

※本記入用紙（C票）の　　　　　　　には、工程管理・施工計画・環境保全のうち、ひとつのテーマを選択して記入してください。

〔設問2〕工事概要に記述した工事の「　　　　　　　」に関し、次の事項について解答欄に具体的に記述しなさい。ただし、設問1と同一内容の解答は不可とする。

(1) 　　　　　　　の計画立案に先立ち行った現場の事前調査で判明した**施工上の課題**

―――――――――――――――――――――――――――――――――――
―――――――――――――――――――――――――――――――――――
―――――――――――――――――――――――――――――――――――
―――――――――――――――――――――――――――――――――――
―――――――――――――――――――――――――――――――――――
―――――――――――――――――――――――――――――――――――
―――――――――――――――――――――――――――――――――――
―――――――――――――――――――――――――――――――――――

(2) 上記(1)で記述した課題について　　　　　　　にあたり反映した**対応処置**とその**評価**

―――――――――――――――――――――――――――――――――――
―――――――――――――――――――――――――――――――――――
―――――――――――――――――――――――――――――――――――
―――――――――――――――――――――――――――――――――――
―――――――――――――――――――――――――――――――――――
―――――――――――――――――――――――――――――――――――
―――――――――――――――――――――――――――――――――――
―――――――――――――――――――――――――――――――――――

〔設問2〕の評価	合・否	(1)の評価	合・否	(2)の評価	合・否
コメント	\[_ _ \]：誤りではないが書き換えが望ましい箇所　　□：修正する必要がある箇所				

※設問2の解答が設問で求められている内容以外の記述である場合や、設問2の(1)または(2)に空行やはみ出しがある場合は、その内容に関係なく、設問2の評価および総合評価は「否」となります。

施工経験記述 申込用紙(D票)

領収書のコピーをここに貼り付けてください。領収書の添付がない場合には、添削は行いません。なお、インターネットバンキングでの振込みなどの場合に、領収書のコピーを貼り付けることができない受講者は、代わりに、振込みに関する画面を印刷して貼り付けるか、銀行名と口座名義を下記の枠内に記入してください。

銀行名

口座名義

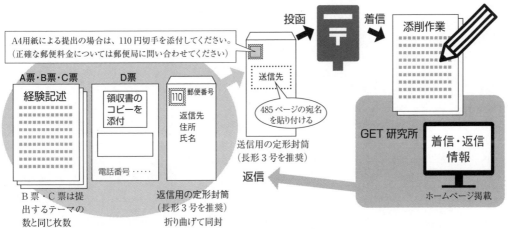

※記入用紙の送信・返信をお急ぎの場合は、送信用の定形封筒・返信用の定形封筒について、速達郵便をご利用できます。(速達料金は受講者のご負担となります)

連絡情報(できればご記入ください)

電話番号		メールアドレス	

GET研究所管理用(必ず記入してください)

1級土木第二次 提出テーマの確認 (提出する各記入用紙で選択したテーマに○印を付けてください)

B票	品質管理	安全管理	工程管理	投函日	都道府県名	フリガナ
○印欄				月		
C票	工程管理	施工計画	環境保全			氏名
○印欄				日		

B票の記入例・添削例

氏名　建設太郎

※記入例・添削例は、B票のみを示していますが、A票・C票についても同様の記入方法・添削方法になります。

※本記入用紙(B票)の ☐ には、品質管理・安全管理・工程管理のうち、ひとつのテーマを選択して記入してください。

〔設問1〕工事概要に記述した工事の「安全管理」に関し、次の事項について解答欄に具体的に記述しなさい。ただし、交通誘導員の配置のみに関する記述は除く。

(1) 具体的な現場状況と特に留意した 安全管理 上の技術的課題と、その課題を解決するために検討した項目

(1) 現場状況：本工事は、JR山川駅に接続する高架橋を施工するものである。歩道橋の支柱となるコンクリート橋脚をオープンケーソンで12本施工し、その上部に高架歩道橋を架設するものである。
（ケーソン／脚）

(2) 技術的課題：施工にあたり、現行歩道の一部を使用し工事を行うため、歩道を通行する歩行者の安全を確保すると同時に、橋桁の架設時には、架設労働者の労働災害を防止することが課題であった。
（架）

(3) 検討した事項：①歩道を通行する第三者災害を防止することと、労働災害を防止することの2項目を検討した。
② 架設時の労働災害

(2) 上記(1)で記述した検討項目の対応処置とその評価

(1) 処置①：歩行者用の通路には、高齢者や車椅子使用者が通行することから、ケーソン作業場隣接部分に、有効高さ2.1m、巾員1.5mの仮設通路を確保し、合板を用いて隔離した。

(2) 処置②：橋桁の架設は、JRの終電を待って行うため、手動式クレーンに鉄板敷を行ない転倒防止し、照明器具を用いて足元（規定の照度）を確認し、立入禁止区域を設け、誘導員を配置した。

(3) 評価：現場と歩道とを仮設材（合板）で隔離した事で第三者災害を防止した。また、周到な仮設の準備（配置）により労働災害を防止できた。

〔設問1〕の評価	合・否	(1)の評価	合・否	(2)の評価	合・否
コメント	用語、単位などの再確認をして下さい。否でないが減点になる。				

[ ]：誤りではないが書き換えが望ましい箇所　　□：修正する必要がある箇所

※設問1の解答が設問で求められている内容以外の記述である場合や、設問1の(1)または(2)に空行やはみ出しがある場合は、その内容に関係なく、設問1の評価および総合評価は「否」となります。

[著 者] 森野安信
　　　　著者略歴
　　　　1963年　京都大学卒業
　　　　1965年　東京都入職
　　　　1978年　1級土木施工管理技士資格取得
　　　　1991年　建設省中央建設業審議会専門委員
　　　　1994年　文部省社会教育審議会委員
　　　　1998年　東京都退職
　　　　1999年　GET研究所所長

[著 者] 榎本弘之

スーパーテキストシリーズ
令和7年度 分野別 問題解説集
1級土木施工管理技術検定試験 第二次検定

2025年4月25日　発行

発行者・編者	森野安信

GET 研究所
〒171-0021 東京都豊島区西池袋3-1-7
藤和シティホームズ池袋駅前 1402
https://get-ken.jp/
株式会社　建設総合資格研究社

編集	榎本弘之
デザイン	大久保泰次郎
	森野めぐみ

発売所	丸善出版株式会社

〒101-0051 東京都千代田区神田
　　　　　　神保町2丁目17番
TEL：03-3512-3256
FAX：03-3512-3270
https://www.maruzen-publishing.co.jp/

印刷・製本　　中央精版印刷株式会社
ISBN 978-4-910965-37-6 C3051

●内容に関するご質問は、弊社ホームページのお問い合わせ(https://get-ken.jp/contact/)から受け付けております。(質問は本書の紹介内容に限ります)